U0322332

高等代数

思想方法分析及应用研究

冯潞强　张仙凤　由向平　著

中国原子能出版社

图书在版编目(CIP)数据

高等代数思想方法分析及应用研究 / 冯潞强，张仙凤，由向平著. --北京：中国原子能出版社，2020.10

ISBN 978-7-5221-1031-8

Ⅰ. ①高… Ⅱ. ①冯… ②张… ③由… Ⅲ. ①高等代数一思想方法 Ⅳ. ①O15

中国版本图书馆 CIP 数据核字(2020)第 205432 号

内容简介

本书从高等代数的思想方法和问题解析两方面进行阐述，一方面主要对代数学，尤其是高等代数中涉及的基本思想和方法进行分析，阐述高等代数深广的发展背景，开阔视野，加强高等代数知识的内部联系.另一方面主要是对高等代数的基本概念和理论进行归纳，并对其中的典型习题进行解析.全书主要内容包括高等代数中的数学思想方法、多项式、行列式、线性方程组、矩阵、二次型、线性空间、线性变换、欧氏空间、双线性函数与辛空间和基本代数结构.本书论述严谨，条理分析，内容丰富，是一本值得学习研究的著作.

高等代数思想方法分析及应用研究

出版发行　中国原子能出版社(北京市海淀区阜成路 43 号　100048)
责任编辑　张　琳
责任校对　冯莲凤
印　　刷　北京亚吉飞数码科技有限公司
经　　销　全国新华书店
开　　本　787mm×1092mm　1/16
印　　张　15.375
字　　数　374 千字
版　　次　2021 年 8 月第 1 版　2021 年 8 月第 1 次印刷
书　　号　ISBN 978-7-5221-1031-8　　定　价　76.00 元

网址：http://www.aep.com.cn　　E-mail:atomep123@126.com
发行电话:010－68452845

前　言

数学中每一个独立的分支都有自己特殊的理论.高等代数中蕴含着符号化、公理化、形式化、模型化、结构化等代数学特有的思想和方法,它们是高等代数的核心和灵魂.高等代数的发展与人类社会的经济文化背景紧密相连,许多重要成果都是通过解决一个个理论难题或某些实际问题而在历史的长河中逐渐形成的.

高等代数是初等代数的延伸和拓广,相对初等数学而言,它的研究对象经过多次推广和抽象,可以是非特定的任意元素集合以及定义在这些元素之间的、满足若干条件或公理的代数运算.也就是说,它以各种代数结构(或称系统)的性质的研究为中心问题.高等代数的很多内容缺乏直观的几何背景,使大多数读者对基本概念以及定理结论的理解感到困难,具体解题时缺乏思路.为了帮助读者尽快掌握高等代数的基本理论和方法,综合运用各种解题技巧,提高分析问题和解决问题的能力,本书希望通过对大量实例的详尽解析,帮助读者理解高等代数的思想与方法,就数学的统一性而论,数学分析和高等代数依然有着密切的联系,如果能在教学中做到融会贯通,将会收到触类旁通、事半功倍的效果.

基于上述思考,本书从思想方法和问题解析两方面进行阐述,一方面主要对代数学,尤其是高等代数中涉及的基本思想和方法进行分析,阐述高等代数深广的发展背景,开阔视野,加强高等代数知识的内部联系.另一方面主要是对高等代数的基本概念和理论进行归纳,并对其中的典型习题进行解析.全书共分为 11 章,包括高等代数中的数学思想方法、多项式、行列式、线性方程组、矩阵、二次型、线性空间、线性变换、欧氏空间、双线性函数与辛空间和基本代数结构.

本书主要具有如下特点.

(1)层次分明,循序渐进.全书由 11 章内容组成,研究对象从比较具体的行列式、矩阵、向量、线性方程组、多项式到比较抽象的线性空间、线性变换、欧氏空间、酉空间、双线性函数与辛空间等,这一过程符合代数学的发展,也符合人类认识事物总是要经过从具体到抽象再到具体(思维中的具体)的过程.

(2)高等代数所使用的各种推证方法,公理化定义,抽象化思维,计算与运算技巧及应用能力等都很具有特色.为了既能够有适当的理论深度,又能便于理解,在撰写过程中,增加了一些例题,帮助读者加深对内容的理解,提高解题的能力.力求做到叙述清晰,推证严谨,深入浅出,通俗易懂.

本书的撰写凝聚了作者的智慧、经验和心血,在撰写过程中参考并引用了大量的书籍、专著和文献,在此向这些专家、编辑及文献原作者表示衷心的感谢.由于作者水平所限以及时间仓促,书中难免存在一些不足和疏漏之处,敬请广大读者和专家给予批评指正.

作　者

2020 年 9 月

目　录

第1章　高等代数中的数学思想方法

高等代数是数学专业的一门核心基础课程，是初等代数的延伸和拓广，具有理论上的抽象性、逻辑推理的严密性和广泛的应用性.它的理论、方法和思想已渗透到数学与科学的各个领域.随着通信与计算机科学的迅速发展，高等代数作为描述离散对象的各学科的重要基础，其地位和作用与日俱增.高等代数中蕴含着符号化、公理化、形式化、模型化、结构化等代数学特有的思想方法，承担着培养学生逻辑思维能力、计算能力与数学运用能力的重任.在高等代数的学习中，我们不仅要掌握具体的概念、公式、法则、性质、定理，而且更应该注重对理论的整体分析，揭示各种代数结构之间的内在联系，掌握有关的思想、语言和方法.

1.1　数学思想方法概述

在某种意义上讲，客观存在的一切事物都是质和量的统一体，事物的质和量每时每刻都在发生着变化，事物的质变和量变是密切联系、相互影响的.现实世界中，对事物的研究一般离不开量的考察和分析.从某种意义上讲，数学是研究事物的量、量的关系和量的变化的科学.为了更准确地把握事物的质，更精确地研究事物的量，有必要研究数学科学，要研究数学，概括、凝结和总结数学的思想和数学的方法是很有必要的.

一般来讲，数学思想是指人们对数学内容的本质认识，对数学事实、概念和理论体系的本质认识，是数学认知的高度概括和科学的抽象，属于对数学规律的理性认识的范畴，数学思想是数学科学的核心与灵魂.

在数学研究和教学中，不仅要注重数学知识的学习、探索、研究、传承和发展，更重要的是要注重揭示数学知识发生、发展过程和解决问题过程中蕴含的思想方法，也就是数学思想方法.

数学思想方法在人的能力培养和素质提高等方面具有重要作用.通常所讲的数学思想的内容很多，范围也很广，常用的基本数学思想有符号化的思想、结构的思想、矩阵的思想、函数和方程的思想、逻辑划分的思想(亦称“分类讨论思想”)、数形结合的思想、分解的思想、公理化的思想、转化的思想.

一般来讲，数学方法就是根据研究对象的特点，借助于数学所提供的概念理论、形式、方法和技巧，对研究对象进行的分析、描述、推导和计算，从而达到揭示事物本质和发展变化规律的一种研究方法.

数学方法是数学思想在具体数学认识过程中的具体反映和体现，是探索、提出、研究和解决数学问题、实践数学思想过程中所用的手段和工具，数学方法是数学思想的主体与灵魂.常见的解决数学问题的基本数学思想方法有数学思维方法，是数学中思考问题的基本方法，常用的数学思维方法有分析的方法、综合的方法、抽象的方法、概括的方法、观察的方法、试验的方法、联想类比的方法、猜想的方法、归纳的方法、演绎的方法、化归的方法、一般化与特殊化的方法等.

数学作为科学研究的工具，数学思想方法具有以下特点.

(1)高度的概括性.弗里德里希·恩格斯给数学的定义是:“数学是关于客观世界数量关系和空间形式的科学.”从某种意义上讲，数学是所有涉及数量关系和空间形式的科学研究的高度概括，都蕴含着丰富的数学内容、思想和方法.

(2)具体的抽象性.数学是研究客观世界数量关系和空间形式的工具性科学，如果撇开具体事物和具体科学的内容实质，从纯粹形态上研究数和形的关系，那么数学的研究对象和内容就变成了一种脱离客观实在的抽象的符号系统.

(3)严密的精确性.客观世界具有逻辑上的必然性和量的确定性，这就决定了数学中严谨的概念体系、严格的逻辑推理、严密的理论推导、精准的结论和计算的结果都具有精确性.

(4)广泛的普适性.数学通过对研究对象的高度抽象，建立起脱离具体内容实质和普遍意义的数量形式关系.这种具有普遍意义的形式关系不但具有内容抽象的广泛性，而且也具有应用的广泛性.

数学思想方法在当今社会的科学研究和社会研究中起着重要的推动作用，主要表现在：

(1)数学思想方法为科学研究提供了一种简明精确的形式化语言和辩证思维的表现形式.数学不仅是一种形式化的语言，而且也是逻辑和辩证思维的语言.如果舍弃精确的数学语言而用自然语言，科学将会像离开拐杖的老人，难以进行深入研究和健康地向前发展.

(2)数学思想方法为科学研究提供了定量分析和理论计算的方法.数学思想方法的运用往往是把一门科学从“文字化描述性”科学发展成为“数字化精确性”科学，它起到杠杆和桥梁的作用.现代科学技术越来越离不开数学的分析、推导和计算.

(3)数学思想方法为科学研究提供了逻辑推理和科学抽象的工具.自然科学中有很多重要的科学结论，就是经数学的抽象和理论推导完成的.难以想象离开科学抽象的现代数学工具和方法，科学将会怎样，世界将会怎样.

1.2　代数学中的符号化历程

数学的一个重要特征是拥有独特的符号语言，包括最简单的数字符号和由现代数理逻辑研究所发展起来的完整的符号系统.每一个数学符号系统要得到普遍采纳和使用都需要经历漫长的岁月.比如，现在世界上最完善的阿拉伯记数法，是人类花费了四千余年的时间和精力才取得的伟大成就，远比任何其他计数方法来得简易和严密.它不仅对数学发展具有重大的意义，而且对科学与技术的进步有着深远的影响.

最先向欧洲人介绍印度数码的是意大利数学家斐波那契(Leonardo Fibonacci,约 1170—1250 年),他在《算盘书》中写到:"这是印度的九个数码:987654321,还有一个阿拉伯人称之为零的符号.任何数都可以表示出来."从那时起,又经过数百年的改进,到 16 世纪,终于形成了今天世界通用的数码.

在欧洲人的印象中,这些数码来自阿拉伯国家,所以称为"阿拉伯数字".它比中国数字、罗马字符都简单易学.与之相比,其他一切的记数系统都黯然失色.阿拉伯数字最终超越国界,成为世界人民的共同财富,它在全球的普及程度是其他任何一种语言和符号都望尘莫及的.

据说 15 世纪德国大学的数学课程还只限于教授加法和减法,学乘法和除法就得去意大利留学了! 由此可见,中世纪欧洲算术的发展十分缓慢.这也正是当时人们对计算感到莫大敬畏的原因.

卡兹指出:"比数的符号形式更重要的是数的位值制."正是中国的十进位值制与印度-阿拉伯数码的完美结合,才创造了现代最简洁的数码系统.柯朗说:"像这种科学进步对日常生活有如此深刻的影响,并带来极大方便的例子还不是很多."马克思在其《数学手稿》中称赞阿拉伯数字表示的十进位制为"最妙的发明之一".拉普拉斯充分表达了欧洲数学家对这两项因东方智慧而诞生的文明之花的崇敬之情.

高斯十分重视计算方法在科学中的地位,他那一大堆算术和天文学计算,如果没有十进制记数法是难以完成的.据说他的许多计算都是靠心算完成的,改进方法只是为了那些天赋不够的人.

早在唐开元年间,阿拉伯数字就曾随历书传入过中国.但印度天文算法突出的优点,与中国传统的历算体系难以协调,因而未被当时的中国学者采用.数学史家严敦杰(1917—1988 年)认为中国没有率先接受印度数码的原因有:①中国算筹已具备位置制原则;②表示中国数字的一、二、三、四……九个文字笔画简单,即已便利;③中国很早产生多种计数符号,如暗码、会计体等,效果与外来数码异曲同工;④19 世纪末期和 20 世纪初期,大量翻译欧美和日本数学书.使用阿拉伯数码已为大势所趋.

数学符号是数学的语言单位,是人们进行计算、推理、证明以及解决问题的工具.在代数学长期的发展演变过程中,数学家们创造性地提炼出一套代数学独特的符号体系.如数字:1,2,3,…;字母:一般指英文字母、希腊字母等;约定符号:如 π,e 等;方程:一元一次方程"$ax=b$",一元二次方程"$ax^2+bx+c=0,\cdots$",指数方程,对数方程,三角方程,线性方程组,矩阵方程等;关系符号:等号"$=$",约等号"$\approx$",小于"$<$",不等于"$\neq$"等;运算符号:代数运算,如加"$+$",减"$-$",乘"$\times$",除"$\div$",乘方"a^n"($n\in N$),开方"$\sqrt[n]{a}$"($n\in N$,当 n 为偶数时 $a\geqslant 0$);指数运算 $a^x(a>0,x\in\mathbf{R})$;对数运算"$\log_a b(a,b>0,a\neq 1)$";阶乘"$n!$";组合数"C_n^m";排列数"P_n^m";求和符号"$\sum a_i$";求积符号"$\prod a_i$"等.高等代数中常用的符号,如一般数域"$\mathbf{P}$",有理数域"$\mathbf{Q}$",实数域"$\mathbf{R}$",复数域"$\mathbf{C}$",数域 $\mathbf{P}$ 上的一元多项式环"$\mathbf{P}[x]^n$",行列式"$|a_{ij}|$",矩阵"$\mathbf{A}=(a_{ij})$",二次型,向量空间,欧氏空间等.

16 世纪以前,符号化思想处于低级阶段,代数的表达方式都是文字式的,只有一些简单地与具体事物有关联的象形符号和书写符号.17 世纪以来,数学家们逐渐有意识地在其著作中引入符号体系.法国数学家韦达(1540—1603年)第一次系统地用符号取代过去的缩写,用字母表示已知数和未知数及其运算,确立了符号代数的原理和方法,使代数成为世界通用的符号体系.大数学家笛卡儿(1596—1650年)对韦达使用的字母进行改进,用 $a,b,c,\cdots$ 等表示已知数,用 $x,y,z,\cdots$ 等表示未知数.在创建微积分的过程中,莱布尼兹(1646—1716年)对各种数学符号进行了长期的研究,他创立的许多数学符号一直沿用至今.比如我们熟悉的积分符号"$\int$".与此同时,牛顿也创立了另一种不同的微积分符号体系,但由于民族的偏见,英国数学家曾在相当长的时期内抵制莱布尼兹的符号体系,仍然坚持使用牛顿的符号.后来因其使用不便而被淘汰.行列式符号"‖"是英国数学家凯莱1841年首先引用的,向量"$\overrightarrow{\gamma}$"符号是法国数学家柯西1853年引用的.这些新符号的引入,为解线性方程组提供了极大的便利,尤其是矩阵的引入,使得线性方程组解的理论问题得以彻底解决,使得二次型、向量空间、欧氏空间与矩阵建立了紧密的联系,为代数学的深入研究提供了强有力的理论工具.

经过十七八世纪的发展,数学的表述才真正实现了符号化.从19世纪开始,随着集合理论的形成和发展,数学符号化思想向更高层次迈进,代数学实现了抽象化、形式化以及公理化,对数学的发展产生了巨大而深远的影响.

1.3 化归思想概述

在数学研究中,数学家最善于利用化归思想解决问题,他们往往不是对问题实行正面的攻击,而是不断地将它变形,直至把它转化为能够得到解决的问题,如欧几里得创立欧氏几何,笛卡儿创立解析几何,牛顿和莱布尼兹发明微积分、代数学中方程的解等.

化归是转化与归结的简称,化归方法是数学中解决问题的一般方法.其基本的思想是:解决数学问题时,常常将待解决问题A,通过某种转化手段,归结为另一问题B,而问题B是相对较易解决或已有固定解决程式.通过问题B的解决可得原问题A的解答,如图1.1.

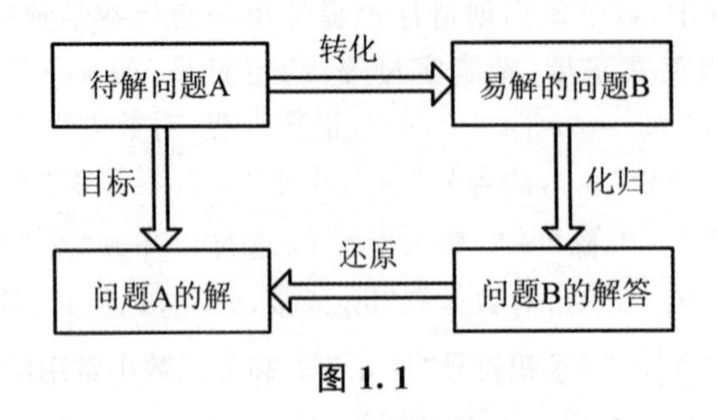

图1.1

在数学中化未知为已知、化难为易、化繁为简、化曲为直等处处都会用到转化与化归思想.在中学数学中,我们利用转化与化归思想处理过很多数学问题.

1.3.1　方程问题

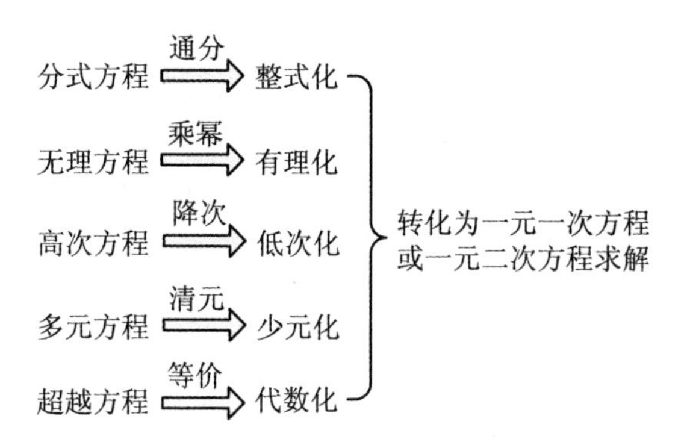

1.3.2　欧氏几何问题

空间问题$\xrightarrow{\text{通过位置关系}}$平面化.

面面关系→线面关系→线线关系→点线关系→点点关系.

两千多年前的欧几里得，通过对命题的巧妙选择和合乎逻辑的安排，使得《几何原本》成为严密的理论体系.他把每一个命题作为前面某些命题演绎推理的结论，而这些作为演绎推理前提的命题又是由它前面的命题推出的，将当时已知命题的证明归结为某几个简单命题的推证.

1.3.3　解析几何问题

17 世纪初，法国数学家笛卡儿在其所著《思维的方法》一书中就提出：一切问题都可以转化为数学问题，一切数学问题都可以转化为代数问题，一切代数问题都可以转化为方程问题.他通过建立坐标系，使得几何问题和代数问题可以互相转化，从而创立了解析几何.其基本思想是通过映射实现化归，建立欧氏平面 $E=\{$平面上的点$\}$到有序实数对的集合 $\mathbf{R}^2=\{(a,b)\mid a,b\in\mathbf{R}\}$的同构映射 f，将平面上的点 P 映射为有序实数对(a,b).即平面上的点 P(几何形式)与有序实数对(a,b)(代数形式)对应，从而使得方程与曲线对应.例如：

直线 $l\xleftrightarrow{\text{对应}}$方程 $Ax+By+C=0$(A、B 不同时为零)；

圆$\xleftrightarrow{\text{对应}}$方程 $x^2+y^2+Dx+Ey+F=0$($D^2+E^2-4F>0$)；

研究点 P 满足的几何关系 φ，变成研究实数对(a,b)是否满足代数关系 φ^*；求两直线交点的问题变成联立解方程组的问题；判断两直线垂直的问题变为判断两直线的斜率是否互为负倒数或者 $A_1A_2+B_1B_2=0$.

1.3.4 对数问题

文艺复兴以来,随着新航路的开辟,特别是 1492 年哥伦布发现美洲,掀起了地理大发现的高潮.从 16 世纪开始,欧洲进入了一个航海与探险的新时代.由于航海事业的大发展,对于精确的天文历表的需要变得日益迫切.但是,用以编制历表的托勒密(Ptolemy Soter,前 367—前 283 年)理论显得越来越烦琐,人们开始关注天文学理论的变革.随着天文观测资料日益丰富,要准确地把握天体运动,天文学家就必须完成大量的计算工作.例如开普勒(Kepler,1571—1630 年)研究天体运动学时,经常遇到许多非常大的数值计算,据说欧拉(Euler,1707—1783 年)为了计算谷神星的轨道,连续工作了三天三夜,导致右眼失明.因此,解决繁重的数字计算,尤其是大数的乘除成了当时最紧迫的课题.

纳皮尔(John Napier,1550—1617 年)把复杂的数字乘、除、乘方、开方等运算问题通过对数划归为简单的加、减、倍乘问题,使计算方法实现了一次革命.对数的发明给计算带来了便利,实现了降级运算,彻底解决了乘方、开方运算的难题,极大地减轻了运算工作量,很快风靡欧洲.高斯为了计算小行星的轨道,用到的数据多达数十万个.因不断地使用对数表,他几乎能背出表中所有的对数值.1623 年英国数学家冈特(1581—1626 年)利用对数原理设计了“对数计算尺”,通用了三个世纪之久.拉普拉斯曾赞誉道:“对数的发明以其节省劳动力而延长了天文学家的寿命.”伽利略甚至说:“给我空间、时间和对数,我将造出一个宇宙.”

1.4 公理化方法意义、作用及应用

欧氏几何的创始人是公元前 3 世纪的古希腊伟大数学家欧几里得.在他以前,古希腊人已经积累了大量的几何知识,并开始用逻辑推理的方法去证明一些几何命题的结论.欧几里得按照逻辑系统把几何命题整理出来,完成了数学史上的光辉著作《几何原本》.这本书的问世,标志着欧氏几何学的建立.这部科学著作是发行最广而且使用时间最长的书.后又被译成多种文字,共有二千多种版本.它的问世是整个数学发展史上意义极其深远的大事,也是整个人类文明史上的里程碑.两千多年来,这部著作在几何教学中一直占据着统治地位,其地位至今也没有被动摇,包括我国在内的许多国家仍以它为基础作为几何教材,被认为是学习几何知识和培养逻辑思维能力的典范教材.《几何原本》除了有它的数学教育意义外,还有它的数学方法论意义.欧几里得从一些定义、公理和公设出发,运用演绎推理的方法,从已得到的命题逻辑地推出后面的命题,从而展开《几何原本》的全部几何内容.从当时的人类文化水平来看,这是一种很严谨的几何逻辑结构,欧几里得这种逻辑地建立几何的尝试,成为现代公理方法的源流.

1.4.1 公理化方法

公理化就是将已有的数学知识进行抽象概括、分析综合,找出其内部联系,进而确定基本

概念(原始概念)和初始命题(公理),以此为出发点,利用纯逻辑推理的方法,构建一个演绎体系的过程.

在证明几何命题时,每一个命题总是从前一个命题推导出来的,而前一个命题又是从再前一个命题推导出来的.《几何原本》存在一个数学知识的逻辑体系,其结构是由定义、公设、公理、定理组成的演绎推理系统.在《几何原本》第一卷中,欧几里得给出23个定义,如:①点是没有部分的东西;②线有长度没有宽度;③线的界是点;④直线的点是同样放置的;⑤面只有长度和宽度;⑥面的边沿是线.

在定义之后又给出5个公设:①任意两个点可以通过一条直线连接;②任意线段能无限延伸成一条直线;③给定任意线段,可以以其一个端点作为圆心,该线段作为半径作一个圆;④所有直角都全等;⑤若两条直线都与第三条直线相交.并且在同一边的内角之和小于两个直角,则这两条直线在这一边必定相交.

此外,还给出5个公理:①等于同量的量彼此相等;②等量加等量,其和仍相等;③等量减等量,其差仍相等;④彼此能够重合的物体是全等的;⑤整体大于部分.

《几何原本》是人类理性思维的一座丰碑.两千多年来,其影响早已超出数学范围,成为展示人类智慧和认识能力的光辉典范.爱因斯坦(Einstein,1879—1955年)曾说:"世界第一次目睹了一个逻辑体系的奇迹,这个逻辑体系如此精密地一步一步推进,以致它的每一个命题都是不容置疑的——我这里说的是欧几里得几何."推理的这种可赞叹的胜利,使人类获得了为取得以后的成就所必需的信心.

牛顿(Isaac Newton,1643—1727年)划时代的巨著《自然哲学之数学原理》,就是依照《几何原本》的结构而写成的.此外,斯宾诺莎(Baruch Spinoza,1632—1677年)的名著《按几何次序证明的伦理学》,模仿欧几里得的体例也是显而易见的;莱布尼兹曾设想把法学和政治学公理化;威士顿也试图将气象学公理化.这些努力无一不是希望能达到像欧氏几何那样严密和精确的境界.清末力主变法图强的康有为(1858—1927年)认为几何公理是"一定之法",是"必然之实".他提出"人类平等是几何公理"的主张,以几何著《人类公理》,就是要"推平等之义".后来他以此为基础而著成名震一时的《大同书》.

当然,欧几里得公理系统也不完备,许多证明不得不借助于直观来完成.此外,个别公理不是独立的,即可以由其他公理推出.直到19世纪末期,数学大师希尔伯特(Hilbert,1862—1943年)才在其著名的《几何基础》一书中,以严格的公理化方法重新阐述了欧几里得几何.在这部名著中,希尔伯特成功地建立了欧几里得几何的完整、严谨的公理体系,即所谓的希尔伯特公理体系.希尔伯特首先把抽象的几何基本对象叫作点、直线、平面.作为不定义元素,分别用$A,B,C,\cdots;a,b,c,\cdots;\alpha,\beta,\gamma,\cdots$等表示,然后用5组公理:结合公理、顺序公理、合同公理、平行公理、连续公理来确定几何基本对象的性质,用这5组公理作为推理的基础,可以逻辑地推出欧几里得几何的所有定理,因而使欧几里得几何成为一个逻辑结构非常完善而严谨的几何体系.从此,数学公理方法基本形成,促使20世纪整个数学有了较大的发展,这种影响甚至扩大到其他科学领域,如物理学、力学等.希尔伯特开创了形式化公理方法的新时代.其影响不仅遍及于集合论、代数、拓扑、度量几何、概率论等数学各分支,而且对物理学等自然科学的发展也产生了深远的影响.因为没有公理化就没有形式化,没有形式化就没有数学化.如果不能数学化,那么现代科学就难以达到如此精确与严谨的高度,人类文明也将为之黯然失色.

1.4.2 公理化相关概念

公理化思想方法，就是从尽可能少的、无定义的原始概念(基本概念)和一组不证自明的命题(基本公理)出发，利用纯逻辑推理法则，去定义其他概念，证明其他命题，把一门理论建成演绎系统的思想方法，公理化方法在近代数学的发展中起着巨大的作用，对现代数学的各个分支有着极其深刻的影响.公理化思想方法的出发点是给出的基本原始概念和一组基本公理，这就要求这些基本原始概念和基本公理要符合以下要求.

相容性：也称为无矛盾性或和谐性，是指同一系统中的公理不能自相矛盾.而且由这些公理推出的所有结论中，也不能含有两个相互矛盾的命题.

独立性：是指公理系统中的每个公理，都不能由其他公理用逻辑推导的方法导出，从而保证公理系统尽可能简洁，使得公理系统中的公理数目尽可能少.

完备性：是指公理系统的所有模型都同构.而模型的同构是指公理系统的两个模型(X,R)与(Y,S)(X,Y是两个集合，R,S分别是这两个集合中的关系)，如果它们之间存在一个双射$f:X\to Y$，使得x_1Rx_2时有y_1Sy_2，反之也成立(其中$y_1=f(x_1)$，$y_2=f(x_2)$).模型同构意味着它们的元素之间的关系结构是一样的，仅仅是元素的名称与具体含义不同而已.

公理化思想的源泉可追溯到毕达哥拉斯时代，当时人们从明确的原始假设出发，通过一定的演绎推理，推出所要证明的判断.一般认为，公理化的雏形形成标志是公元前2世纪左右.古希腊数学家欧几里得(约公元前330—前275年)搜集了当时已有的几何材料，继承和发扬了毕达哥拉斯、亚里士多德等的公理化思想，提炼出一些基本概念与公理(5条公设和9条公理)，按照逻辑的规则，运用演绎的方法，构成一个有机的整体，编撰成《几何原本》一书.

20世纪以来，公理化思想在数学中得到了广泛的应用，现代代数学、现代概率论等各数学分支都是用公理化方法建立起来的.物理学的公理化作为希尔伯特第六问题，自20世纪初提出以来也获得了很大进展.时至今日，公理化方法已经成为现代数学中一个重要的思想方法.当然，公理化思想也不是数学所专有的思想方法，在其他学科中也有广泛的应用.

代数学中的主要研究对象是代数结构，例如：群、环/域、模等.高等代数是代数学的一个重要组成部分.线性(向量)空间作为特殊的模类是高等代数中最基本的概念之一，也是高等代数中一个重要的内容，线性空间体现着许多公理化的思想方法.

1.4.3 公理化方法的意义和作用

公理化方法不仅在现代数学和数理逻辑中广泛应用，而且已经远远超出数学的范围，渗透到其他自然科学领域，甚至某些社会科学部门，并在其中发挥着重要作用，具有分析、总结数学知识的作用.当一门科学积累了相当丰富的经验知识，需要按照逻辑顺序加以综合整理，使之条理化、系统化，上升到理性认识的时候，公理化方法便是一种有效的手段.例如在代数方面，由于公理化方法的应用，在群论、域论、理想论等理论部门形成了一系列新的概念，建立了一系列新的联系并导致了一系列深远的结果.群论其实就经历了一个公理化的过程.人们在研究了许多具体的群结构以后，发现了它们具有基本的共同属性，就用一个满足一定条件的公理集合来定义群，形成一个群的公理系统，并在这个系统上展开群的理论，推导出一系列定理.

在几何方面，由于对平行公设的深入研究导致了非欧几何的创立.因此，公理化方法也是在理论上探索事物发展规律，作出新的发现和预见的一种重要方法.介乎于逻辑学和数学之间的边缘学科——数理逻辑，用数学方法研究思维过程中的逻辑规律，也系统地研究数学中的逻辑方法.因此，数学中的公理方法是数理逻辑所研究的一个重要内容.由于数理逻辑是用数学方法研究推理过程的，它对公理化方法进行研究，一方面使公理化方法向着更加形式化和精确化的方向发展；另一方面把人的某些思维形式，特别是逻辑推理形式加以公理化、符号化.这种研究使数学工作者增进了使用逻辑方法的自觉性.

任何一门科学都不仅仅是搜集资料，也绝不是一大堆事实及材料的简单积累，而都是有其自身的出发点和符合一定规则的逻辑体系.公理化方法对现代理论力学及各门自然科学理论的表述方法都起到了积极的借鉴作用.例如，牛顿在他的《自然哲学的数学原理》巨著中，系统地运用公理化方法表述了经典力学理论体系；20世纪40年代波兰的巴拿赫完成了理论力学的公理化；爱因斯坦运用公理化方法创立了相对论理论体系.狭义相对论的出发点是两个基本假设：相对性原理和光速不变原理.爱因斯坦以此为前提，逻辑地演绎出四个推论："尺缩效应""钟慢效应""质量增大效应"和"关系式".这些就是爱因斯坦运用公理化方法，创立的狭义相对论完整理论体系的精髓.

1.4.4　公理化方法的应用

线性空间是度量空间的基础，也是几何空间的推广，是众多研究对象共同的抽象化产物，其理论方法在数学的其他分支及物理、化学、计算机科学、管理学等领域都有着广泛的应用.

线性空间是在研究大量数学对象的基础上，提取它们的共性，最后以公理化形式给出的一个定义.具体定义如下.

定义1.4.1　设V是一个非空集合，$\mathbf{P}$是一个数域.如果V中定义了一个加法运算(即$V\times V$到V的一个映射)，V的元素与$\mathbf{P}$的元素之间定义了一个纯量乘法运算(即$\mathbf{P}\times V$到V的一个映射)，并且满足下述8条运算法则($\forall\alpha,\beta,\gamma\in V$，$\forall k,l\in\mathbf{P}$)：

(1)$\alpha+\beta=\beta+\alpha$(加法交换律)；

(2)$(\alpha+\beta)+\gamma=\alpha+(\beta+\gamma)$(加法结合律)；

(3)V中有一个元素，记作0，使得对任意的$\alpha\in V$，有
$$\alpha+0=\alpha,$$
具有该性质的元素0称为V的零元素；

(4)对于$\alpha\in V$，存在$\beta\in V$，使得
$$\alpha+\beta=0,$$
具有该性质的元素β称为α的负元素；

(5)$1\alpha=\alpha$，其中1是F的单位元；

(6)$(kl)\alpha=k(l\alpha)$；

(7)$(k+l)\alpha=k\alpha+l\alpha$；

(8)$k(\alpha+\beta)=k\alpha+k\beta$,

那么称 V 是数域 $\mathbf{P}$ 上的一个线性空间.

线性空间这一概念具有高度的抽象性.首先,它的元素是抽象的,就是对一个具体的线性空间而言,它的元素不一定是数,可以是向量、矩阵、多项式、函数等;其次,它的运算也是抽象的,加法未必就是通常的加法,更不必是数的加法,数乘也不必是通常的乘法.在线性空间的定义中,两种运算并没有具体规定,只要能满足定义中的 8 条运算公理即可.

例 1.4.1 设 $\mathbf{R}$ 为实数域,$\mathbf{R}^+$ 是所有正实数构成的集合.规定:加法 $a \oplus b = ab$,数量乘法 $k \cdot a = a^k (a, b \in \mathbf{R}^+, k \in \mathbf{R})$,则 $\mathbf{R}^+$ 对于规定的加法和数量乘法作成实数域 $\mathbf{R}$ 上的线性空间.

证明:加法满足下面四条规则:

(1)$a \oplus b = ab = ba = b \oplus a$;

(2)$(a \oplus b) \oplus c = (ab) \oplus c = (ab)c = a(bc) = a \oplus bc = a \oplus (b \oplus c)$;

(3)$\mathbf{R}^+$ 中有零元素 1,对任意的 $a \in \mathbf{R}^+$,都有 $a \oplus 1 = a$;

(4)任意的 $a \in \mathbf{R}^+$ 都有负元素 $a^{-1} \in \mathbf{R}^+$,使得 $a \oplus a^{-1} = 1$.

数量乘法满足下面两条规则:

(1)$1 \cdot a = a^1 = a$;

(2)$k \cdot (l \cdot a) = k \cdot (a^l) = (a^l)^k = a^{lk} = (kl) \cdot a$.

数量乘法与加法满足下面两条规则:

(1)$(k+l) \cdot a = a^{k+l} = a^k \cdot a^l = a^k \oplus a^l = (k \cdot a) \oplus (l \cdot a)$;

(2)$k \cdot (a \oplus b) = k \cdot (ab) = (ab)^k = a^k b^k = (a^k) \oplus (b^k) = (k \cdot a) \oplus (k \cdot b)$.这里,$k, l \in \mathbf{R}$,$a, b, c \in \mathbf{R}^+$.

因此,$\mathbf{R}^+$ 对于规定的加法和数量乘法作成实数域 $\mathbf{R}$ 上的线性空间.

注记:任意非 1 的正实数都可作为基,如 2,3,故 $\dim \mathbf{R}^+ = 1$.

例 1.4.2 实数集.

全体实数集对于实数的加法,以及有理数和实数的乘法是否形成有理数域 $\mathbf{Q}$ 上的一个线性空间?

解:由于 $(-1)\sqrt{3} = -\sqrt{3} \notin \mathbf{R}^+$,所以有理数和实数的乘法不是 $\mathbf{R}^+$ 的数量乘法,从而 $\mathbf{R}^+$ 对于实数的加法以及有理数和实数的乘法不是 $\mathbf{Q}$ 上的一个线性空间.

线性映射、同构映射、线性变换、(双)线性函数等基本概念都包含着丰富的公理化思想.

定义 1.4.2 设 V 与 V' 是数域 $\mathbf{P}$ 上两个线性空间.如果 V 到 V' 的一个映射 f 保持加法运算和数量乘法运算,即

$$f(\alpha+\beta) = f(\alpha) + f(\beta), \forall \alpha, \beta \in V \tag{1-4-1}$$

$$f(k\alpha) = kf(\alpha), \forall \alpha \in V, k \in \mathbf{P} \tag{1-4-2}$$

那么称 f 是 V 到 V' 的一个线性映射,进一步,若 f 是一一映射,则称 f 是同构映射.

线性空间 V 到自身的线性映射通常称为线性变换.数域 $\mathbf{P}$ 上的线性空间 V 到 $\mathbf{P}$ 的线性映射称为 V 上的线性函数.

例 1.4.3 用 $C[a, b]$ 表示 $[a, b]$ 上所有实连续函数组成的集合,它对于函数的加法和数量乘法构成 $\mathbf{R}$ 上的一个线性空间.函数的定积分(记作 J)是 $C[a, b]$ 到 $\mathbf{R}$ 的一个映射:

$$J(f(x)) = \int_a^b f(x)\,\mathrm{d}x.$$

根据定积分的性质立即得出，J 是 $C[a,b]$ 到 $\mathbf{R}$ 的一个线性映射.

公理化思想方法是贯穿高等代数的一种重要方法，其他的留给读者去探索发现.

1.5　形式化思想方法

众所周知，数学是从人们的生产和生活的实际需要中产生和发展起来的，并且随着认识的逐步深入，数学向着理论层次越来越高，内容越来越丰富的方向发展，它不仅建立起各种数学结构和公理系统，而且还愈来愈广泛地应用于解决各个领域和现实生活中的实际问题.就这个意义上来说，数学是人类在观察、认识和改造客观世界的过程中，逐步形成的概念、法则和思想方法，并将它们应用于社会实践，继而又经过进一步抽象化、形式化形成新的数学概念、定理和数学思想方法，并为数学的更广泛应用奠定基础，从而推动数学不断向前发展.

现代数学已经是一门高度形式化了的学科.不仅数学如此，任何理论都可以形式化(如逻辑学).所谓形式系统，乃是实现了完全形式化的公理系统，它既是由一整套的表意符号构成的形式语言，又是具有初始公式的公理系统.简而言之，公理化加符号化等于形式化.构成形式系统的要素有四点：①作为出发点的初始符号；②规定初始符号如何构成合式公式的形成规则；③与自然语言中推理规则相应的合式公式之间的变形规则；④与作为推理的出发点的公理相应的初始公式.

数学的形式化理论体系作为一种高度抽象而又简洁明快的表达方式，正是人类理性思维活动创造的精妙产物.形式化发展的高级形态是和公理化方法的结合.建立形式系统，使符号的使用产生出更大的能量.普遍认为范德瓦尔登《近世代数》的问世，是代数学成为形式化科学的标志.

形式化是数学的显著特点，代数学起始于用字母形式地表示数.随后，代数关系、运算律、运算法则等都被形式地表示出来.因此从某种意义上说，学习数学就是学习一种有特定语义的形式化语言.以及用这种形式化语言去表述、解释、解决各种问题.数学的符号表示与数学的语义解释不是一一对应的，同一种数学符号(式子)可以用不同的语义进行解释，从而实现转化.如$\sqrt{a^2+b^2}$，其中 a,b 为实数.最基本的意义是两个实数 a 与 b 的平方和的算术根.我们可以对它作不同的解释，当 $a>0,b>0$ 时，在平面几何中可以认为是以 a,b 为直角边的直角三角形的斜边的长；在直角坐标平面内，可以认为它是点(a,b)到原点$(0,0)$的距离；在复数域中则表示复数 $a+b\mathrm{i}$ 的模.

从欧几里得《几何原本》中的实质性公理系统(对象—公理—演绎)，到希尔伯特《几何基础》中的形式化公理系统，再到现代纯形式的策梅洛—弗兰克(ZFC)公理系统，数学符号加规则这种奇特的理论形式甚至引发了诸多的哲学反思与争论.

形式主义的另一种流行说法是把数学比喻成诸如象棋之类的游戏.数学家只关心数字在“数学游戏”中的角色.著名的冯·诺依曼即把数学看成是符号的组合游戏，居于主导地位的则是一些需要遵循的规则.美国数学家罗宾逊和柯恩等人也是这一论调的支持者.激进的游戏论形式主义者认为数学的公理系统或逻辑的公理系统，基本概念都是没有意义的.公理也只是一行行的符号,无所谓真假,只要能够证明该公理系统是相容的,不互相矛盾,便代表了某一方面的真理.他们之所以把数学看成没有意义的公式,是想要证明数学理论的相容性与完备性.

形式化方法是要用一套表意符号去表达事物的结构及其规律,从而把对事物的研究转变为对符号的研究.的确,形式主义凸显了数学的一个方面,但可能忽略或低估了其他方面的一些重要内容.

希尔伯特的形式公理化研究方法,主张构造抽象的形式系统,但他并不认为数学只是一套没有现实意义的符号操作,也不否认数学对象的客观实在性.数学的形式化需大量借助逻辑学已取得的成果,同时又以自己的成果哺育逻辑的形式化.

1.6 结构思想方法

1.6.1 结构的思想

我们做任何事情或解决某些问题时,总是要抓住主要因素,忽略次要因素,这样可以少走弯路,更快地抓住问题实质和核心,更容易解决问题;或抓共性特征,通过研究一些类似的、具有共性的替代物,借鉴具有一般性的共性用以解决问题.

一般地,所谓结构,就是指通过把握住某种事物的整体框架结构,来对其进行研究.而结构思想是通过对研究对象的某些相似类进行研究,用来指导对原问题的研究的一种思想方法.另一方面,从代数的观点看,一个抽象的集合无所谓结构,引入了运算或变换的集合才形成结构.结构中必须包含元素间的关系,这些关系通常是由运算或变换联系着的,如最早提出的简单结构——群,以及环、域,还有高等代数中的线性空间、欧氏空间等.布巴基学派将数学结构分为三大类:代数结构(如群、环、域、代数系统、范畴、线性空间等)、序结构(如半序集、全序集、良序集等)和拓扑结构(如拓扑空间、紧致集、列紧空间、连通集、完备性空间等).上述结构称为母结构,在此基础上,可以导出各种子结构,结构间交叉可以形成分支结构(如拓扑群、希尔伯特空间、巴拿赫空间等).

结构的思想就是从总体大局入手,利用对比的思想,抽取某些共性的整体性质,构建起某些框架结构的思想.在处理或研究某种事物时,首先要定性地搞清它们的结构,提纲挈领,然后利用类比和转化的思想,最终解决问题,这样我们就能更好地认识世界、改造世界.

结构是抽象的,是对具体客观实在的抽象,是具有一般性的抽象.讨论结构虽然不是直接讨论具体的实在,但是是通过对具体实在的一般共性的抽象,然后利用整体的结构思想和类比的思想,反过来可以指导具体的研究——具体的、看得见、摸得着的一类数学实质,这也是研究结构的意义所在.结构的思想的宗旨就是:忽略个性差别,提取共同点;对具体的事物抽象出它们的共性,利用抽象的共性研究具体的对象.

1.6.2　高等代数体现的结构的思想方法

代数学的主要研究对象就是代数结构，高等代数是代数学的一个重要组成部分，结构的思想方法在高等代数中有着广泛的应用.

1.6.2.1　多项式中体现的结构的思想方法

多项式是代数学中研究的最基本的对象之一，也是高等代数中重要的一部分.它不但与高次方程的讨论有关，而且是进一步学习代数学以及其他数学分支的重要基础之一.

德国数学家闵科夫斯基(1864—1909 年)曾说过：整数是所有数学的源泉.事实上，数域 **P** 上的多项式的全体构成一个环，它的整体结构与我们从牙牙学语开始最先接触到的整数的全体构成的整数环在整体结构上是相同的.它们都是同一种代数结构——环(并且还都是整环)，都具备环这一代数结构的基本性质.因此在学习多项式时，要突出“它是环”这一代数结构的基本特征.同时二者的本身属性不同，因此它们的个性也有差异.如果能把握住这两方面，就能得到事半功倍的学习效果.

1.6.2.2　线性方程组中体现的结构的思想方法

线性方程组是高等代数的一个重要研究对象，高等代数中对线性方程组进行了系统的讨论，首先给出线性方程组的统一的具体的解法：利用化归的思想，把线性方程组转化为矩阵处理，利用矩阵的初等行变换给出统一解法；然后给出了线性方程组的解的表示方法，最后确定线性方程组的解的结构：利用向量来表示解(一般称为解向量)，在向量组的线性相关性基础上，可以利用有限个解向量表示无穷多个解，从而确定线性方程组的解的结构，化无限为有限，化抽象为具体.

1.6.2.3　线性空间中体现的结构的思想方法

线性空间是学习过程中遇到的由第一个公理化体系建立的代数结构，它有两个集合(一个是研究对象，另一个是相关数域)，在这两个集合中定义两个代数运算(一般称为“线性运算”，即加法和数量乘积)，这两个运算需要满足八条运算法则.线性空间是在研究大量数学对象的基础上，提取它们的共性，最后以公理化形式给出的一个定义.正像美国数学家伯斯(1914—1993 年)所说：数学的力量是抽象，但是抽象只有在覆盖了大量特例时才是有用的.同时，线性空间是度量空间的基础，也是以后学习抽象代数的必备基础.

凡是具备线性空间公理化概念结构的非空集合均可作成线性空间.高等代数中常见的线性空间有：向量空间 F^n，矩阵空间 $F^{m\times n}$，多项式空间 $F[x]$.

1.6.2.4　欧氏空间中体现的结构的思想方法

欧氏空间是高等代数中又一个公理化体系建立的代数结构，是特殊的线性空间.简单地说，它是具有内积的实线性空间.所谓内积，也是通过公理化定义的一种二元实函数.欧氏空间是一个度量空间，是几何空间的推广，也是研究对象共同的抽象化产物.欧氏空间在数学其他分支有着广泛的应用.

欧氏空间是带有内积的实线性空间，因此具备线性空间的所有性质，同时也有区别于一般线性空间的关于内积的特殊性质.高等代数中常见的欧氏空间有：欧氏空间 R^n（实线性空间），$R^{m\times n}$（实矩阵空间），$R[x]$（实多项式空间）.

第2章　多项式

多项式理论是高等代数中重要组成部分，也是主要研究对象，其中包含着丰富的数学思想方法.本章主要介绍多项式理论中的几种常见的数学思想方法，包括函数和方程的思想、分解的思想方法、构造的思想方法、归纳与演绎的思想方法和转化与化归的思想方法.

2.1　多项式中的函数和方程思想

2.1.1　函数和方程的思想

早在17世纪初，数学家笛卡儿就在他的不朽之作《思维的法则》(1628)中提出了如下科学法则：

一切问题可以化为数学问题；

一切数学问题可以化为代数问题；

一切代数问题可以化为方程的求解问题.

求解多项式方程这个代数的基本问题，一度曾是数学研究的核心，并且直到19世纪前期一直占据着代数舞台的中心.

函数描述了自然界中量与量之间的依赖关系，函数的思想是用联系和变化的观点，从实际问题中抽象出数量关系的特征，建立函数关系，从而研究变量的变化规律.方程思想是在解决问题时，先设定一些未知数，然后根据问题的条件找出已知数与未知数之间的等量关系(组)，进而列出方程，然后通过解出方程(组)中的未知数，最终使问题得到解决.函数和方程的思想是数学中最基本的数学思想方法之一.

多项式理论是高等代数中的一个重要组成部分，而通常意义上讲的方程求解问题中的方程是指多项式函数的根的问题.高等代数中的函数和方程的思想应用非常广泛.高等代数中有很多概念、理论和解题方法中都蕴含着函数的思想，从函数的思想的角度来理解它们，可以提高对数学的理解和认识，从而培养分析问题、解决问题的能力.

2.1.2　多项式中的函数和方程的思想

高等代数中的多项式理论是初等代数中的多项式的理论化抽象，是初等代数的继续和发展.研究和讨论多项式有两种主要的思想方法:一种是形式化的多项式的“形式”,另一种是在函数观点下研究和讨论多项式.多项式概念和理论中都包含着丰富的函数和方程的思想方法,并且函数观点下的多项式的应用非常广泛,也是数学大厦的一个重要基础.

定义 2.1.1 设 $f(x)=a_nx^n+a_{n-1}x^{n-1}+\cdots+a_1x+a_0\in P[x]$,$\forall\alpha\in P$,称用 α 代 x 所得的数 $a_n\alpha^n+a_{n-1}\alpha^{n-1}+\cdots+a_1\alpha+a_0$ 为 $f(x)$ 当 $x=\alpha$ 时的值,记为 $f(\alpha)$.

这样就建立了一个以多项式 $f(x)$ 诱导出的数域 **P** 上的函数,并称为数域上的多项式函数 $f(x)$.我们推出形式化的多项式与函数观点下的多项式是一致的,并且在下面讨论多项式时不再加以区分.

函数和方程的思想方法是数学中的重要解题方法之一,也是高等代数中一种常用的解题方法.函数和方程的思想方法是在解决问题时,先根据已知条件设定需求的一些未知量,然后确定已知量与未知量之间的等量关系,一般是把它们放在同一个等式里面,得到一个方程,最后通过解方程得到未知量来解决问题.函数和方程的思想方法在多项式解题中有着广泛的应用.

2.2 多项式的分解与构造思想方法

2.2.1 多项式中的分解的思想方法

提到多项式的因式分解,只要学过初中代数的人都知道,分解因式就是把一个代数式分解成若干个代数式之积,并且分解到最简(即分解到不能再分解为止).在高等代数中,把这个“最简”抽象成不可约多项式,这也是高等代数与初等代数的典型差异.

在高等代数中,多项式的分解已经上升到抽象的理论,重点是定性地来分析和讨论因式分解,具体讲是分解成不可约多项式之积,并整理出标准分解式.关于因式分解的具体方法,在高等代数中并未作任何增加,只是多了一些处理手段,而具体的方法都是来自于初等数学.在中学代数中,具体分解因式的方法有提公因式法、公式法、十字相乘法、分组分解法、拆项添项等.

2.2.2 多项式理论中构造的思想方法

解决数学问题时,常规的思考方法是由条件到解决的定向思考,但有些问题按照这样的思维方式来寻求解题途径却比较困难,有时甚至无从下手.在这种情况下,如果改变思维方向,换一个角度思考,以找到一条绕过障碍的新途径,构造方法就是这样的手段之一.

构造的方法在高等代数中有着广泛的应用,在具体数学问题或研究对象中,根据实际情况需要构造函数、构造等式、构造基、构造多项式、构造矩阵、构造变换等来解决问题,几乎在高等代数中每一部分都会碰到.

构造的方法在多项式理论中有着广泛的应用，主要是借助已知条件，利用多项式的性质，构造出符合条件的多项式，从而最终得到解.

例 2.2.1　任意一个次数大于零的有理系数多项式都可以表示成两个有理数域上的不可约多项式的和.

分析：关于多项式的和分解的讨论和题目很少出现，并且本题中讨论的是任意多项式的一种定性分解，因此，本题的解决必须要定性地构造出结论中的表示形式.问题的关键是这两个有理系数不可约的多项式如何构造，而我们常见的不可约有理系数多项式有一次多项式和满足 Eisenstein 判别法条件的有理系数多项式.

证明：(1)若 $f(x)\in Z[x]$，不妨设 $f(x)=\sum_{i=0}^{n}a_ix^i$，其中 $a_n\neq 0,n\geqslant 1$.

①若 $a_0=0$，取素数 p，令 $g(x)=pf(x)+x^2+p$，其中 $s>n$，由 Eisenstein 判别法可得：$g(x),h(x)=x'+p$ 在有理数域上不可约，所以 $f(x)=\frac{1}{p}g(x)-\frac{1}{p}h(x)$ 在有理数域上也不可约.

②若 $a_0\neq 0$，取素数 p，使得：$p\nmid a_0,p>2$，令 $g(x)=pf(x)+x^2+p(p-2)a_0$，其中 $s>n$，$g(x)$的常数项为：$pa_0+p(p-2)a_0=p(p-1)a_0$，可见：$p^2\nmid p(p-1)a_0$，由 Eisenstein 判别法可得：$g(x),h(x)=x'+p(p-2)a_0$ 在有理数域上不可约，所以 $f(x)=\frac{1}{p}g(x)-\frac{1}{p}h(x)$ 在有理数域上不可约.

(2)若 $f(x)\in Q[x]$，则 $\exists m\in Z$，使得：$mf(x)\in Z[x]$，由(1)得：有理数域不可约多项式 $u(x),v(x)\in Q[x]$，使得 $mf(x)=u(x)+v(x)$，故存在有理数域不可约：$\frac{1}{m}u(x)$，$\frac{1}{m}v(x)$，使得 $f(x)=\frac{1}{m}u(x)+\frac{1}{m}v(x)$.

2.3　多项式理论中的归纳与演绎的思想

2.3.1　归纳与演绎的思想方法

科学研究有两个最基本认识途径：一是由个别到一般；二是由一般到个别.由个别发现一般的推理方法是归纳的方法；由一般发现个别的推理方法是演绎的方法.归纳和演绎是既相互对立又相互依存的思维方法.归纳法的客观基础是事物共性和个性的对立统一，在科学研究中具有重要的方法论意义.

归纳法有完全归纳法和不完全归纳法之分.完全归纳法是根据某类事件的全体对象给出概括的推理方法，如数学中的穷举法，或称枚举法.不完全归纳法是根据某类事物部分对象给出概括的推理方法.归纳法是从实验事实中抽象概括普遍特征的基本认识方法，通过归纳法可以使我们根据部分或有限的事实，给出假说和猜想.归纳法也可以为我们合理安排科学实验提供逻辑根据.但是归纳法有很多局限性，具体表现在：①归纳是以直观的感性经验为基础，所以归纳法一般不可能深刻揭露出事物的本质和规律.恩格斯曾指出："我们用世界上的一切归纳法都永远不能把归纳过程弄清楚."②归纳法是根据已经把握的部分事实的某些属性进行归纳，一般无法穷尽同类事物的全部属性，因而得出的结论不一定是完全可靠的，也可能出现与客观事物相矛盾的情况.因此列宁曾指出："以最简单的归纳方法所得到的最简单的真理，总是不完全的，因为经验总是未完成的."

演绎法是以两个或两个以上判断为前提推出新判断的间接推理方法.演绎法是一种由一般到个别的推理方法，也就是利用已知的一般原理来考察某一特殊对象，推导出这个对象的有关结论.演绎推理最简单的形式是"三段论"，由大前提、小前提、结论三部分组成.大前提是已知的一般原理，小前提是研究的特殊场合，结论是将特殊场合归到一般原理之下得出的新的判断、演绎推理是一种必然推理，可揭示出个别到一般的必然联系.演绎推理是科学研究的一种重要方法和手段，可以使我们的原有知识得到深化和拓展，并且能够作出科学预见，为新的科学发现提供线索，使科学研究沿着正确的方向前进.虽然演绎方法在科学认识中有着重要作用，但也有其局限性：①孤立的演绎本身不能保证结论的正确；②孤立的演绎本身往往不能正确地反映不断变化着的物质世界.归纳和演绎这两种方法既相互区别、互相对立，又相互联系、互相补充.一方面归纳是演绎的基础；另一方面演绎是归纳的前导.一切科学真理都是归纳和演绎辩证统一的产物.归纳和演绎互为条件，互相渗透，并在一定条件下相互转化.归纳出来的结论成为演绎的前提，归纳转化为演绎；以一般科学理论为指导，通过对大量材料的概括总结得出一般结论，演绎就转化为归纳.人们的认识在这种交互作用的过程中，从个别到一般，又从一般到个别，循环往复，步步深化.

在数学尤其是代数学中，有很多问题是与自然数有关的命题.自然数有无限多个，不可能对所有的自然数一一加以验证，所以完全归纳法对于这类问题就失效了.而对部分自然数进行验证，即用不完全归纳法得到的结论，又是不可靠的.这样，解决这类与自然数有关的问题的方法——数学归纳法就应运而生.

数学归纳法以自然数最小数原理的归纳公理为理论基础，因此，数学归纳法仅限于与自然数有关的命题.它是帮助我们对与自然数 n 有关猜想的正确与否进行预测的一种重要的方法.数学归纳法一般有两个步骤.

第一步，验证起始数时待判命题成立，是递推的基础.

第二步，假设当取到某自然数时待判命题成立，验证其后继数时待判命题成立，是递推的根据.

最终判断命题对某自然数以后的自然数都成立，从而得到证明.

两个步骤缺以不可，有第一步无第二步，属于不完全归纳法，论断的普遍性是不可靠的；有第二步而无第一步，则第二步中的假设就失去了判断的基础.只有把第一步结论与第二步结论联系在一起，才可以断定命题对所有的自然数 n 都成立.

第一数学归纳法(一般称为数学归纳法)的步骤是：

①证明当 $n=1$ 时命题是正确的.

②假设当 $n=k-1$ 时命题是正确的(k 为任意自然数),如果我们能推出 $n=k$ 时命题也正确,则该命题对一切自然数都正确.

第二数学归纳法的步骤是：

①证明当 $n=1$ 时命题是正确的.

②假设当 $n<k$ 时命题都是正确的(k 为任意自然数),如果我们能推出 $n=k$ 时命题也正确,则该命题对一切自然数都正确.

数学第一归纳法和第二归纳法是两个等价的归纳法.有很多命题利用第——归纳法证明不大方便,可以用第二归纳法证明.

归纳与演绎法在高等代数中有着广泛的应用,特别是数学归纳法更是高等代数中一种常用的重要方法.如 n 次多项式、n 阶行列式、n 阶矩阵、n 元二次型、n 维线性空间、n 个向量等与自然数有关的各类问题,在很多时候都可以利用数学归纳法,并且在有些时候是不可替代的重要方法.当然,演绎法也有很多应用.

2.3.2　多项式理论中的归纳与演绎法的思想方法

归纳与演绎法在多项式中有着广泛的应用,特别是数学归纳法更是一种常用的重要方法.

例 2.3.1　一个非零多项式 $f(x)\in F[x]$ 可以唯一地表示成另一个多项式 $g(x)\in F[x](\partial(g(x))=k(\geqslant 1)\in Z)$ 的多项式,即

$$f(x)=\sum_{i=0}^{m} r_i(x)g^i(x),$$

其中,$r_i(x)\in F[x]$,$r_i(x)=0$ 或者 $\partial(r_i(x))<\partial(g(x))$,$i=0,1,2,\cdots,m$,$r_m(x)\neq 0$,且这种表示法是唯一的.(上式一般称为“广义带余除法”)

证明:首先证明存在性.

设 $\partial(f(x))=n$,$\partial(g(x))=k$,当 $n<k$ 时,结论显然成立.下证 $n\geqslant k$ 的情形.

利用数学归纳法对 $n-k$ 归纳：

①当 $n-k=0$ 时,有 $f(x)=ag(x)+b$,$a,b\in F$,只需取 $r_1(x)=a$,$r_0(x)=b$ 即可.

②假设当$\leqslant n-k-1$ 时,结论成立,则当 $n-k$ 时,$\exists f_1(x),r_0(x)\in F[x]$,使得：

$$f(x)=f_1(x)g(x)+r_0(x) \tag{1}$$

设 $\partial(f_1(x))=n_1$,有:$n_1-k\leqslant n-k-1$,则有归纳假设得：

$$f_1(x)=\sum_{i=1}^{m} r_i(x)g^{i-1}(x) \tag{2}$$

把(2)式代入(1)式,即得结论.

综合①②,结论成立[特别当 $f(x)=0$ 时,结论显然成立.]

其次证明唯一性.

设另有 $f(x)=\sum_{i=0}^{l}s_i(x)g^i(x)$，其中 $s_i(s)\in F[x]$，$s_i(x)=0$ 或者 $\partial(s_i(x))<\partial(g(x))$，$i=0,1,2,\cdots,m$，$s_l(x)\neq 0$，则有：

$$\sum_{i=1}s_i(x)g^i(x)-\sum_{i=1}^{l}s_i(x)g^i(x)-s_0(x)-r_0(x)\in F.$$

比较上式系数可得：$m=l$，$r_i(x)=s_i(x)$，$i=0,1,2,\cdots m$.

故唯一性得证.

2.4 多项式中的转化与化归

2.4.1 转化方法在证明中的应用

设所要证明的命题是"$A\Rightarrow B$"，则如果有 $A\Rightarrow A_1$ 和 $B_1\Rightarrow B$，那么原问题就转换为"$A_1\Rightarrow B_1$"，进一步，如果有 $A_1\Rightarrow A_2$ 和 $B_2\Rightarrow B_1$，则问题又转化为"$A_2\Rightarrow B_2$"……如此继续，最终由于"$A_i\Rightarrow B_i$"的解决，得到一个命题转化的链条：

$$A\Rightarrow A_1\Rightarrow A_2\Rightarrow\cdots\Rightarrow A_i\Rightarrow B_i\Rightarrow B_{i-1}\Rightarrow\cdots\Rightarrow B_1\Rightarrow B,$$

从而原命题得证.

不难看出，设计并通过推理实现命题转化的链条是思考证明的重要方面.

注意，在上述链条中，从条件 A 出发的链 $A\Rightarrow A_1\Rightarrow A_2\Rightarrow\cdots\Rightarrow A_i$ 与从结论 B 需找到的链 $B_i\Rightarrow B_{i-1}\Rightarrow\cdots\Rightarrow B_1\Rightarrow B$ 其方向是不同的.当然，这两个链中把单向箭头部分或全部的变成双向都是可以的.

众所周知，反证法和数学归纳法其实也是命题转化的运用，事实上，如下转化即反证法：

$$A\Rightarrow B\Leftrightarrow 非\ A\Rightarrow 非\ B\Leftrightarrow 非\ B\ 且\ A\Rightarrow 矛盾$$

而第一数学归纳法无非是把与自然数 n 有关的命题 A 的证明转化为证明两个命题：

(1)当 $n=1$ 时，A 成立；

(2)由当 $n=k$ 时，A 成立$\Rightarrow$当 $n=k+1$ 时，A 成立，这两个命题等价于将命题 A 的证明转化为链条：

当 $n=1$ 时，命题 A 成立$\Rightarrow$当 $n=2$ 时，命题 A 成立$\Rightarrow\cdots$

第二数学归纳法的证明过程也可以类似地转化为命题链条.

2.4.2 掌握基本观点、开拓转化思路

所谓观点，常常是人们考虑问题的角度，一种立意的出发点，一种思想的宏观框架.在高等代数中，一个习题常常有许多等价叙述，其实正是从不同角度对问题的描述.一个命题可以有许多转化方法加以解决，其实常常来源于不同观点下对它的观察.

从大的方面来说，线性代数有两大基本观点，即 n 维向量、矩阵的观点和线性空间、线性变换的观点，处理问题时，当然可以选用之，各取所长.从小的方面来看，即使一个 n 阶矩阵 $\mathbf{A}$，也可以从多方面来观察它，可以把它看成一个整体，也可以把它看成具体的 n^2 个元素；可以把它看成行向量组或列向量组，也可以把它看成各种分解的表达式，或按一定需要分块表现的形式；当然，方阵还可以看成 n 维列空间的一个线性变换，如此等等.

线性代数中已经提供了许多等价叙述.例如，矩阵可逆的等价条件、线性方程组有解的充要条件、矩阵秩的多种描述方式、二次型的多种表现形式、正定、半正定二次型的多种等价描述、子空间的和为直和的充要条件、欧氏空间正交变换的等价叙述等，我们应从不同角度观察问题、处理问题.同时，也为解决习题提供了一些天然的转化思路.

一般地，从宏观把握解决线性代数问题，应该掌握以下基本观点.

(1)线性方程组的观点；

(2)标准形处理问题的观点；

(3)基底的观点；

(4)线性变换的观点；

(5)初等变换的观点；

(6)用子空间处理问题的观点；

(7)矩阵分解的观点；

(8)矩阵分块处理问题的观点.

2.4.3　在等价条件的探求与证明中提高转化本领

给出一个命题的等价条件是挖掘命题本质的一项重要研究，探求等价条件的过程，实质上是从不同角度转化命题的条件与结论的过程，探求的成功依赖于最终能否证明其等价，因此，在探求与证明若干等价条件中，它可以大大提高转化方法运用的本领.

2.5　多项式的整除判定

关于多项式整除性的讨论，也就是一个多项式能否除尽另一个多项式的讨论，左多项式可约性的讨论中占有重要的地位，因此本节将针对一个数域 $\mathbf{P}$ 上的一元多项式环 $\mathbf{P}[x]$ 内的整除性，以类似于整数环的整除性的讨论方法展开讨论.

2.5.1　带余除法

定义 2.5.1　设多项式 $f(x), g(x) \in \mathbf{P}[x]$，且 $g(x) \neq 0$，如果有多项式 $q(x), r(x) \in \mathbf{P}[x]$ 满足下面条件.

(1)$f(x)=q(x)g(x)+r(x)$；

(2)$r(x)=0$ 或 $\deg[r(x)]<\deg[g(x)]$，

则称 $q(x)$ 是 $g(x)$ 除 $f(x)$ 的商，$r(x)$ 是 $g(x)$ 除 $f(x)$ 的余式.

自然，$f(x)$ 和 $g(x)$ 分别称为被除式和除式.已知 $f(x)$ 和 $g(x)$ 求条件(1)中的 $q(x)$ 和 $r(x)$，称为带余除法.

例 2.5.1 已知 $f(x)=x^3+2x^2+x+6$，$g(x)=x^2+x+1$，求 $g(x)$ 除 $f(x)$ 所得的商式 $q(x)$ 和余式 $r(x)$.

解：根据中学多项式除法，有：

$$
\begin{array}{r|l}
 & x+2 \\
x^2+1 & x^3+2x^2+x+6 \\
 & x^3 \quad\quad +x \\
\hline
 & \quad 2x^2 \quad +6 \\
 & \quad 2x^2 \quad +2 \\
\hline
 & \quad\quad\quad\quad 4
\end{array}
$$

所以，$q(x)=x+2$，$r(x)=4$，且 $\deg[r(x)]=0<\deg[g(x)]=2$.

一般地，求多项式 $g(x)$ 除 $f(x)$ 的商和余式，除上面的通除法或长除法外，还有竖式除法.

$$
g(x)\left|\begin{array}{c} f(x) \\ -)\,q(x)g(x) \\ \hline r(x) \end{array}\right| q(x) \text{ 或 } q(x)\left|\begin{array}{c} f(x) \\ -)\,q(x)g(x) \\ \hline r(x) \end{array}\right| g(x)
$$

在求多项式 $g(x)$ 除 $f(x)$ 的商和余式时，要逐步利用除式 $g(x)$ 确定商式 $q(x)$ 中由高次到低次的项来消去被除式的首项，进而得到次数低于 $g(x)$ 的余式 $r(x)$.

按照求多项式 $g(x)$ 除 $f(x)$ 的商和余式的竖式除法，我们把给定的多项式按降幂排列成 $f(x)=a_nx^n+a_{n-1}x^{n-1}+\cdots+a_1x+a_0$，于是每一多项式都与一个 $n+1$ 元数组 $(a_n,a_{n-1},\cdots,a_1,a_0)$ 一一对应.在施行带余除法时，用数组代替多项式，这样操作起来较为方便.这种方法称为分离系数法.例 2.5.1 的解答过程用分离系数法可简化表述如下：

解：

$$
\begin{array}{c|c|c}
\text{除式} & \text{被除式} & \text{商式} \\
(1,0,1) & (1,2,1,6) & (1,2) \\
 & \underline{(1,0,1,0)} & \\
 & (2,0,6) & \\
 & \underline{(2,0,2)} & \\
 & (4) & \\
 & \text{余式} &
\end{array}
$$

由此得商式 $q(x)=x+2$，余式 $r(x)=4$.

下面讨论当除式为 $g(x)=x-c$ 时，商式和余式求法的特殊性.设：

$$f(x)=a_0x^n+a_1x^{n-1}+\cdots+a_{n-1}x+a_n,\ a_0\neq 0$$

$$f(x)=(x-c)q(x)+r(x)$$

其中，$q(x)=b_0x^n+b_1x^{n-2}+b_2x^{n-3}+\cdots+b_{n-2}x+b_{n-1}$，$\deg[r(x)]=0$.

由 $f(x)=(x-c)q(x)+r(x)$，比较两端系数可得：

$$\begin{cases} a_0=b_0 \\ a_1=b_1-cb_0 \\ a_2=b_2-cb_1 \\ \quad\vdots \\ a_{n-1}=b_{n-1}-cb_{n-2} \\ a_n=r-cb_{n-1} \end{cases}，即 \begin{cases} b_0=a_0 \\ b_1=a_1+cb_0 \\ b_2=a_2+cb_1 \\ \quad\vdots \\ b_{n-1}=a_{n-1}+cb_{n-2} \\ r=a_n+cb_{n-1} \end{cases}$$

将上面算法简化即得商式 $q(x)$ 和余式 $r(x)$ 的求法：

$$\begin{array}{c|ccccc} c & a_0 & a_1 & \cdots & a_{n-1} & a_n \\ & +) & cb_0 & \cdots & cb_{n-2} & cb_{n-1} \\ \hline & b_0 & b_1 & \cdots & b_{n-1} & f(c) \end{array}$$

这种算法称为综合除法.

例 2.5.2　求用 $x+3$ 除 $f(x)=x^4+x^2+4x-9$ 的商式和余式.

解：做综合除法：

$$\begin{array}{c|ccccc} -3 & 1 & 0 & 1 & 4 & -9 \\ & +) & -3 & 9 & -30 & 78 \\ \hline & 1 & -3 & 10 & -26 & 69 \end{array}$$

所以，得商式 $q(x)=x^3-3x^2+10x-26$，余式 $r(x)=69$.

对于除式 $g(x)=ax-b$，要求 $g(x)$ 除 $f(x)$ 的商式和余式，用综合除法可按如下方法进行：$f(x)=\left(x-\dfrac{b}{a}\right)[aq(x)]+r=(ax-b)q(x)+r$.

例 2.5.3　求用 $2x-1$ 除 $f(x)=2x^4+3x^3+4x^2+5x+1$ 的商式和余式.

解：用综合除法：

$$\begin{array}{c|ccccc} \frac{1}{2} & 2 & 3 & 4 & 5 & 1 \\ \hline & 2 & 4 & 6 & 8 & |5=r \end{array}$$

可得：

$$\begin{aligned} f(x) &= \left(x-\frac{1}{2}\right)(2x^3+4x^2+6x+8)+5 \\ &= (2x-1)(x^3+2x^2+3x+4)+5 \end{aligned}$$

即得商式和余式为：

$$q(x)=x^3+2x^2+3x+4,\ r(x)=5.$$

2.5.2　整除的概念

定义 2.5.2　设多项式 $f(x), g(x)\in \mathbf{P}[x]$，如果存在 $h(x)\in \mathbf{P}[x]$，使得

$$f(x)=h(x)g(x),$$

则称 $g(x)$ 整除 $f(x)$，记为 $g(x)\mid f(x)$. 而用 $g(x)\nmid f(x)$ 表示 $g(x)$ 不能整除 $f(x)$. 当 $g(x)\mid f(x)$ 时，$g(x)$ 称为 $f(x)$ 的因式，$f(x)$ 称为 $g(x)$ 的倍式.

当 $g(x)\neq 0$ 时，用带余除法可以给出整除性的一个判别法.

定理 2.5.1 设多项式 $f(x),g(x)\in \mathbf{P}[x]$，其中 $g(x)\neq 0$，则 $g(x)\mid f(x)$ 的充分必要条件是 $g(x)$ 除 $f(x)$ 的余式为零.

证明：充分性.因为 $r(x)=0$，所以 $f(x)=q(x)g(x)$，即 $g(x)\mid f(x)$.

必要性.因为 $g(x)\mid f(x)$，所以 $f(x)=q(x)g(x)=q(x)g(x)+0$.即 $r(x)=0$.

需要指出的是，在带余除法中 $g(x)$ 必须不为零；但在整除的定义中，并没有假设因式 $g(x)\neq 0$；如果因式 $g(x)=0$，则倍式 $f(x)=0$，即零多项式的倍式只有零多项式，由定义还可看出：

$$f(x)\mid f(x);f(x)\mid 0;c\mid f(x)\ (c\text{ 为非零常数})$$

例 2.5.4 令 $f(x)=(x+1)^{2n}+2x(x+1)^{2n-1}+\cdots+2^nx^n(x+1)^n$，证明

$$F(x)=(x-1)f(x)+(x+1)^{2n+1}$$

能被 x^{n+1} 整除.

证明：

方法一：

$$\begin{aligned}(x-1)f(x)&=(x-1)(x+1)^n[(x+1)^n+2x(x+1)^{n-1}+\cdots+2^{n-1}x^{n-1}(x+1)+2^nx^n]\\&=-(x+1)^n[(x+1)-2x][(x+1)^n+2x(x+1)^{n-1}+\cdots+2^{n-1}x^{n-1}(x+1)+2^nx^n]\\&=-(x+1)^n[(x+1)^{n+1}-(2x)^{n+1}]\\&=-(x+1)^{2n+1}+2^{n+1}x^{n+1}(x+1)^n.\end{aligned}$$

所以

$$F(x)=(x-1)f(x)+(x+1)^{2n+1}=2^{n+1}x^{n+1}(x+1)^n,$$

故

$$x^{n+1}\mid F(x).$$

方法二：将 $f(x)$ 写成和式，即利用等比数列求和公式，其首项为 $(x+1)^{2n}$，公比为 $\dfrac{2x}{x+1}$，得

$$f(x)=\frac{(x+1)^{2n}\left[\dfrac{(2x)^{n+1}}{(x+1)^{n+1}}-1\right]}{\dfrac{2x}{x+1}-1}=\frac{(2x)^{n+1}(x+1)^n-(x+1)^{2n+1}}{x-1},$$

从而

$$(x-1)f(x)+(x+1)^{2n+1}=2^{n+1}x^{n+1}(x+1)^n,$$

故 x^{n+1} 整除 $F(x)=(x-1)f(x)+(x+1)^{2n+1}$.

例 2.5.5 证明对任意非负整数 n，均有 $x^2+x+1\mid x^{n+2}+(x+1)^{2n+1}$.

证明：

方法一：对 n 用数学归纳法：

当 $n=0$ 时，结论成立；假定 $n=k$ 时，结论成立，即

$$x^2+x+1\mid x^{k+2}+(x+1)^{2k+1}$$

当 $n=k+1$ 时

$$\begin{aligned}x^{k+3}+(x+1)^{2k+3}&=x^{k+3}+(x+1)^2(x+1)^{2k+1}\\&=x^{k+3}+(x^2+x+1)(x+1)^{2k+1}+x(x+1)^{2k+1}\\&=x[x^{k+2}+(x+1)^{2k+1}]+(x^2+x+1)(x+1)^{2k+1}\end{aligned}$$

所以 $x^2+x+1\mid x^{k+3}+(x+1)^{2k+3}$，即当 $n=k+1$ 时结论成立.命题得证.

方法二：令 ω 为 x^2+x+1 的任一根，则

$$\omega^2+\omega+1=0,\omega+1=-\omega^2,\omega^3=1,$$

由此得

$$\begin{aligned}\omega^{n+2}+(\omega+1)^{2n+1}&=\omega^{n+2}+(-\omega^2)^{2n+1}\\&=\omega^{n+2}(1-\omega^{3n})=0.\end{aligned}$$

即 x^2+x+1 的根都是 $x^{n+2}+(x+1)^{2n+1}$ 的根，故 $x^2+x+1\mid x^{n-2}+(x+1)^{2n+1}$.

2.6　多项式恒等及恒等变形方法

处理多项式及相关问题，一个基本的思想方法是从恒等和恒等变形的角度来观察问题，分析问题，找到解决问题的思路.首先用恒等及恒等变形的思路来归纳一般高等代数教材中关于多项式的一些基础知识，同时引出一些解决问题的基本方法.

2.6.1　多项式恒等的定义

设 $F[x]$ 表示数域 **P** 上关于 x 的全体一元多项式的集合，$f(x)\in F[x]$，$g(x)\in F[x]$，则

$$f(x)=g(x)\Leftrightarrow f(x)\text{与 }g(x)\text{的对应项系数相等.}$$

由此可以引出处理问题的次数比较法、系数比较法、待定系数法.

如果把多项式看成函数，则 $f(x)=g(x)$ 意味着对 F 上的任意数 c 有 $f(c)=g(c)$.由此可以引出恒等取值法.

2.6.2　带余除法表达式

设 $f(x)\in F[x]$，$g(x)\in F[x]$ 且 $g(x)\neq 0$，则存在唯一的 $q(x)$ 和 $r(x)\in F[x]$，使得

$$f(x)=g(x)q(x)+r(x),$$

其中 $r(x)=0$ 或 $\deg r(x)<\deg g(x)$（次数）.

特别地，当 $g(x)=x-c$ 时可得如下定理.

余数定理设 $f(x)=(x-c)q(x)+r$，则 $r=f(c)$.

2.6.3　整除及其简单性质

设 $f(x)=g(x)q(x)$，则记 $g(x)f(x)$，称为 $g(x)$ 整除 $f(x)$，$g(x)$ 为 $f(x)$ 的因式，

$f(x)$为$g(x)$的倍式.整除有如下简单性质：

(1)传递性.若$f(x)|g(x)$,$g(x)h(x)$,则$f(x)h(x)$.

(2)若$f(x) \mid g_i(x)(i=1,..,t)$,则$f(x)\left|\sum_{t=1}^{t}h_i(x)g_i(x)\right.$,$f(x)\left|\prod_{i=1}^{t}g_i(x)\right.$,其中$h_i(x)\in F[x](\forall i=1,\cdots,t)$.

(3)若$f(x)|g(x)$,$g(x)|f(x)$,则存在$0\neq c\in F$,使得$f(x)=cg(x)$.

由性质(3)可引出证明两个多项式恒等的一个方法:设法使它们互相整除且首项系数相等.

2.6.4 最大公因式、互素

定义 2.6.1 设$d(x)$为$f(x)$与$g(x)$的公因式,$d(x)$能被$f(x)$与$g(x)$的任意公因式整除,则称$d(x)$为$f(x)$与$g(x)$的最大公因式若$d(x)$的首项系数为1,则记$d(x)=(f(x),g(x))$.

最大公因式$(f(x),g(x))$存在且唯一,可以用辗转相除法求得.

设$d(x)$为$f(x)$与$g(x)$的最大公因式,则存在$u(x)\in F[x]$,$v(x)\in F[x]$,使得$f(x)u(x)+g(x)v(x)=d(x)$.

上式为关于最大公因式的一个恒等表达式.

如果$(f(x),g(x))=1$,则称$f(x)$与$g(x)$互素.互素有以下常用的基本性质：

(1)$(f(x),g(x))=1\Leftrightarrow$存在$F$上多项式$u(x)$,$v(x)$,使得

$$f(x)u(x)+g(x)v(x)=1;$$

(2)如果$f(x)g(x)h(x)$且$f(x),g(x))=1$,则$f(x)h(x)$;

(3)若$f(x)|h(x)$,$g(x)h(x)$且$(f(x),g(x))=1$,则$f(x)g(x)|h(x)$.

2.6.5 唯一分解定理

$F[x]$中任意次数大于等于1的多项式$f(x)$必有如下分解：

$$f(x)=cp_1^{\alpha 1}(x)\cdots p_t^{\alpha t}(x), \tag{2-6-1}$$

其中,$p_1(x),\cdots,p_t(x)$为不可约多项式(即次数大于0且不能写成次数比其低的两个多项式之积的多项式),$c\in F$,.$\alpha_1,\cdots,\alpha_t$为正整数且$\sum_{i=1}^{t}\alpha_i=\deg f(x)$.

如果不记$p_i(x)$的顺序,假定$p_i(x)$首项系数均为1,则分解式(2-6-1)是唯的.

分解式(2-6-1)是多项式的一种重要的恒等变形.称不可约多形式$p_i(x)$是$f(x)$的α_i重因式,关于k重因式的判断有如下的结果：

(1)$p(x)$是$f(x)$的k重因式的充要条件为$p(x)$是$f(x),f'(x),\cdots,f^{(k-1)}(x)$的公因式且$p(x)|f^{(k)}(x)$,其中$f^{(i)}(x)$为$f(x)$的$i$阶导式.

(2)$f(x)$无重因式的充要条件是$(f(x),f'(x))=1$. 由此及(2-6-1)可得

$$f(x)=cp_1(x)\cdots p_r(x)(f(x),f'(x)).$$

2.6.6　不同数域上多项式的根及分解式

2.6.6.1　查根数证恒等法.

数域 **P** 上 $n(>0)$ 次多项式至多有 n 个根.由此可得查根数证恒等法:设 $n=\max\{\deg f(x),\deg(x)\}$,若 $f(x)-g(x)$ 有 $n+1$ 个不同的根,则 $f(x)=g(x)$.

2.6.6.2　代数基本定理

任意 $n(>0)$ 次复系数多项式在复数域中至少有一个根.由此推出 $f(x)=c(x-x_1)\alpha_1\cdots(x-x_t)\alpha_t$,其中 $x_1,\cdots,x_t$ 互不相同且 $\sum\limits_{i=1}^{t}\alpha_i=n$,$\alpha_i(i=1,\cdots,t)$ 为正整数.

2.6.6.3　实数域上的多项式分解

由实系数多项式的虚根成对原理可推出

$$f(x)=c[(x-a_1)^2+b_1^2]^{\alpha 1}\cdots c[(x-a_t)^2+b_t^2]^{\alpha t}\cdots(x-x_1)^{\beta 1}\cdots(x-x_s)^{\beta s}$$

其中,$\sum\limits_{i=1}^{t}2\alpha_i+\sum\limits_{i=1}^{s}\beta_i=n=\deg f(x)$,$c,a_i,b_i,x_i$ 均为实数.

2.6.6.4　有理系数多项式

(1)高斯引理:两个本原多项式(各项系数互素的整系数多项式)的积仍为本原多项式.

(2)整系数多项式 $f(x)$ 在整数环上可约的充要条件是 $f(x)$ 在有理数域上可约.

(3)设既约分数 $\dfrac{q}{p}$ 为整系数多项式 $f(x)=a_0+a_1x+\cdots+a_nx^n$ 的根,则

$$p\,|\,a_0\ \text{且}\ q\,|\,a_n.$$

(4) Eisenstein 判别法.设 $f(x)=a_0+a_1x+\cdots+a_nx^n$ 为整系数多项式,如果存在素数 p 满足

(i) $p\,|\,a_n$;

(ii) $p\,|\,a_i$, $\forall\, i=0,1,\cdots,n-1$;

(iii) $p^2\,|\,a_0$,

则 $f(x)$ 在有理数域上不可约.

2.6.7　韦达定理

设 $x_1,\cdots,x_n$ 为 $f(x)=a_0x^n+a_1x^{n-1}+\cdots+a_n$ 的全部根,则由 $f(x)=a_0(x-x_1)\cdots(x-x_n)$ 应用恒等原理,比较系数可得韦达定理

$$\begin{cases}\sum_{i=1}^{n} x_i = -\dfrac{a_1}{a_0}, \\ \sum_{j>i} x_i x_j = \dfrac{a_2}{a_0}, \\ \cdots \\ x_1 \cdots x_n = (-1)^n \dfrac{a_n}{a_0}.\end{cases}$$

在恒等的前提下，可以运用次数比较、系数比较、待定系数、根数比较、根比较、因子比较、恒等取值等诸方法解决问题.

例 2.6.1 求 $f(x)=2x^4+x^3-x^2+3x-2$ 在有理数域上的分解式.

思路：先分析分解式的基本模式，再利用待定系数法求之.

解：经查，$\pm 1, \pm 2, \pm \dfrac{1}{2}$都不是 $f(x)$的有理根.这说明 $f(x)$如果可约，则必为两个整系数二次多项式的积.不妨设

$$2x^4+x_3-x_2+3x-2=(x^2+ax+b)(2x^2+cx+d),$$

对比两端系数得

$$\begin{cases} bd=-2, \\ 2a+c=1, \\ ac+2b+d=-1, \\ ad+bc=3. \end{cases}$$

由此求出 $b=-1, a=1, d=2, c=-1$，即

$$f(x)=(x^2+x-1)(2x^2-x+2).$$

2.7 因式分解和多项式函数

2.7.1 因式分解定理

在讨论因式分解定理之前，我们先来看一下可约多项式和不可约多项式的概念.

在中学代数里我们讨论过多项式的因式分解.例如，在 **Q** 上，x^4-4 只能分解为

$$x^4-4=(x^2+2)(x^2-2)$$

但在 **R** 上，可以进一步分解成

$$x^4-4=(x^2+2)(x^2-2)=(x^2+2)(x-\sqrt{2})(x+\sqrt{2})$$

而在 **C** 上，还可更进一步解成

$$x^4-4=(x^2+2)(x^2-2)=(x-\sqrt{2}\mathrm{i})(x+\sqrt{2}\mathrm{i})(x-\sqrt{2})(x+\sqrt{2})$$

由此可见，一个多项式是否可分解是依赖于系数域的.

定义 2.7.1 设 $f(x)\in F[x]$，$\deg(f(x))\geqslant 1$，若 $f(x)$不能表示数域 **P** 上的两个次数比

$f(x)$次数小的多项式的积，则称 $f(x)$为 F 上不可约多项式，否则，称 $f(x)$为 F 上可约多项式.

由上面的例子可以看出，一个多项式是否可约与其系数域密切相关.又由定义，任何域上的一次多项式总是不可约多项式.与整数的情况相类似，$F[x]$中的多项式可以分成四类：①零多项式；②零次多项式；③不可约多项式；④可约多项式.

不可约多项式有下述一些性质：

(1)若 $p(x)$不可约，则 $cp(x)$，$(0\neq c\in F)$也不可约.事实上，由整除的性质，$p(x)$与 $cp(x)$有相同的因式；

(2)若 $p(x)$不可约，则对任意的 $f(x)\in F[x]$，有$(p(x),f(x))=1$，或 $p(x)\mid f(x)$.事实上，设$(p(x),f(x))=d(x)\neq 1$，则由 $d(x)\mid p(x)$得 $d(x)=cp(x)$，$(c\neq 0)$，于是由 $d(x)\mid f(x)$推出 $p(x)\mid f(x)$.

(3)设 $p(x)$不可约，则对任意的 $f(x),g(x)\in F[x]$，若 $p(x)\mid f(x)\cdot g(x)$，则有 $p(x)\mid f(x)$或 $p(x)\mid g(x)$.

事实上，若 $p(x)\nmid f(x)$，则由上述性质(2)得

$$(p(x),f(x))=1.$$

于是由前面的定理即得 $p(x)\mid g(x)$.

在性质(3)中，$p(x)$不可约的条件是必需的.显然，性质(3)可以推广到 n 个多项式的乘积的情形，它对于下面主要定理的证明起着重要的作用.

接下来讨论因式分解定理，即分解唯一定理.

定理 2.7.1(分解唯一定理)　域 **P** 上任一次数大于零的多项式 $f(x)$都可以分解成域 **P** 上的不可约多项式 $p_i(x)$的乘积，即

$$f(x)=p_1(x)p_2(x)\cdots p_n(x), \tag{2-7-1}$$

并且如果

$$f(x)=q_1(x)q_2(x)\cdots q_m(x).$$

其中 $q_j(x)(j=1,2,\cdots,m)$一是不可约多项式，则 $m=n$，且适当调换 $q_j(x)$的次序后有

$$p_i(x)=cq_j(x),$$

其中 $0\neq c_i\in F$，$i=1,2,\cdots,n$，且 $c_1c_2\cdots c_n=1$.

证明：先证(2-7-1)成立，若 $f(x)$已是不可约多项式，式(2-7-1)显然成立.若 $f(x)$为可约多项式，则存在 $f_1(x)$，$f_2(x)$使

$$f(x)=f_1(x)f_2(x),$$

其中 $0<\deg(f_i(x))<\deg(f(x))$，$i=1,2,\cdots$

若 $f_1(x)$，$f_2(x)$均为不可约多项式，则分解完毕，式(2-7-1)成立，若 $f_1(x)$或 $f_2(x)$为可约多项式，则其又可分解成两个次数较低的非零次多项式的乘积.继续下去，由于的次数为有限，故有限步后必可分解完毕，而得(2-7-1)式成立.

再证唯一性，对 n 用数学归纳法，设

$$f(x)=p_1(x)p_2(x)\cdots p_n(x)=q_1(x)q_2(x)\cdots q_m(x). \tag{2-7-2}$$

当 $n=1$ 时，$f(x)$为不可约多项式，由定义即知 $m=1$，$p_1(x)=q_1(x)$，$c_1=1$.

设定理对 $n-1$ 已成立.由式(2-7-2)知，$p_1(x)\mid q_1(x)q_2(x)\cdots q_m(x)$必能整除 $q_1(x)$，

$q_2(x),\cdots,q_m(x)$中的一个.不失一般性,可设 $p_1(x)\mid q_1(x)$.由于 $q_1(x)$也是不可约多项式,得

$$p_1(x)=c_1q_1(x)$$

将上式代入式(2-7-2),再从两边消去 $q_1(x)$得

$$c_1p_2(x)\cdots p_n(x)=q_2(x)\cdots q_m(x)$$

由归纳假设有 $n-1=m-1$,即 $n=m$,并且适当调换次序有 $c_1p_2(x)=c_2^*q_2(x)$,$p_j(x)=c_jq_j(x)$,$j=3,4,\cdots,n$,且 $c_2^*c_3\cdots c_n=1$,令 $c_2=c_1^{-1}c_2^*$,便得

$$p_1(x)=c_iq_i(x),i=1,2,\cdots,n$$

且 $c_1c_2\cdots c_n=1$.

在 $f(x)$的分解式(2-7-1)中,可以把每一个不可约因式的首项系数提到前面,使它们成为首项系数为 1 的不可约因式.再把相同的不可约因式合并,写成方幂的形式.于是 $f(x)$的分解式成为:

$$f(x)=cp_1^{\alpha_1}(x)p_2^{\alpha_2}(x)\cdots p_k^{\alpha_k}(x),\alpha_i>0,i=1,2,\cdots,k \tag{2-7-3}$$

其中,c 是 $f(x)$的首项系数,$p_1(x)p_2(x)\cdots p_k(x)$是两两不同的首项系数为 1 的不可约多项式.式(2-7-3)称为 $f(x)$在 F 上的标准分解式.

容易证明:域 **P** 上的任意一个次数大于 0 的多项式在 **P** 上的标准分解式是唯一的.

例 2.7.1 在 p 元域上,求多项式 x^p+1 标准分解式.

解:对于组合数

$$C_p^i=\frac{p(p-1)\cdots(p-i+1)}{i!},1\leqslant i\leqslant p-1$$

因 $0<i<p$ 时,$(i,p)=1$,从而$(i!,p)=1$,有 $p\mid C_p^i$,故

$$(x+1)^p=x^p+C_p^1x^{p-1}+\cdots+C_p^{p-1}x+1\equiv x^p+1(\bmod p)$$

所以 $x^p+1\equiv(x+1)^p$,且 $x+1$ 是它的 p 重因式.

例 2.7.2 找出 2 元域 $\mathbf{Z}_2$ 上的一切一次与二次不可约多项式.

解:因 $\mathbf{Z}_2=\{0,1\}$,又因域上的一次多项式均为不可约多项式,故 $\mathbf{Z}_2$ 上的一切一次不可约多项式为 x,$x+1$,而 $\mathbf{Z}_2$ 上的一切二次多项式为 x^2,x^2+x,x^2+1,x^2+x+1,显然 x^2,x^2+x 为可约多项式.又由例 2.7.1 知 $x^2+1=(x+1)^2(\bmod 2)$,则 x^2+1 也为可约多项式.由此易知 $\mathbf{Z}_2$ 上的二次不可约多项式只有 x^2+x+1.

从前几节的讨论可以看出,域上的一元多项式与整数有完全相平行的理论.事实上,一元多项式环与整数环都是更一般的环的特殊情形.

2.7.2 多项式函数

我们在定义数域 **P** 上的多项式 $f(x)$时,未定元 x 被看成是一个形式元,多项式 $f(x)$是一个形式多项式.若

$$f(x)=a_nx^n+a_{n-1}x^{n-1}+\cdots+a_1x+a_0,$$

对 F 中任一元 b,定义

$$f(b)=a_nb^n+a_{n-1}b^{n-1}+\cdots+a_1b+a_0,$$

则称 $f(b)$为 $f(x)$在点 b 的值.这样多项式 $f(x)$又可看成是数域 **P** 上的函数,这个函数称为

多项式函数.若两个多项式 $f(x)$ 与 $g(x)$ 在 **P** 上的取值相同,那么必有 $f(x)=g(x)$,即它们对应的各次项的系数相同? 我们将在下面给予证明.

定义 2.7.2　若 $b\in F$ 且 b 适合某个非零多项式 $f(x)$,即 $f(b)=0$,则称 b 是 $f(x)$ 的一个根或零点.

定理 2.7.2　设 $f(x)\in F[x]$,$b\in F$,则存在,使

$$f(x)=(x-b)g(x)+f(b),$$

特别,b 是 $f(x)$ 的根当且仅当 $(x-b)\mid f(x)$.

证明:由带余除法知

$$f(x)=(x-b)g(x)+r(x), \tag{2-7-4}$$

因此 $r(x)$ 为常数多项式.在式(2-7-4)中用 b 代替 x,即得 $r(x)=f(b)$,证毕.

定理 2.7.3　设 $f(x)$ 是 F 上的 n 次多项式,则 $f(x)$ 在 F 内至多有 n 个不同的根.

证明:设 $b_1,b_2,\cdots,b_r$ 是 $f(x)$ 在 F 上的 r 个不同根.作 $g(x)=(x-b_1)(x-b_2)\cdots(x-b_r)$.现用归纳法证明 $g(x)\mid f(x)$.当 $r=1$ 时就是余数定理.设 $r-1$ 时结论成立,则

$$f(x)=(x-b_1)(x-b_2)\cdots(x-b_{r-1})h(x)$$

将 b_r 代入得:

$$0=f(b_r)=(b_r-b_1)(b_r-b_2)\cdots(b_r-b_{r-1})h(b_r)$$

由于 b_i 互不相同,故 $(b_r-b_1)(b_r-b_2)\cdots(b_r-b_{r-1})\neq 0$,于是 $h(b_r)=0$,由余数定理知

$$h(x)=(x-b_r)q(x)$$

所以

$$f(x)=(x-b_1)(x-b_2)\cdots(x-b_{r-1})(x-b_r)q(x)$$

即 $g(x)\mid f(x)$.由于 $f(x)$ 因式的次数不超过 $f(x)$ 的次数,故 $r\leqslant n$.证毕.

推论 2.7.1　若 $f(x)$ 与 $g(x)$ 是 F 上的次数不超过 n 的两个多项式,且存在 F 上 $n+1$ 个不同的数 $b_1,b_2,\cdots,b_{n+1}$,使

$$f(b_i)=g(b_i),\quad i=1,2,\cdots,n+1$$

则 $f(x)=g(x)$.

证明:作 $h(x)=f(x)-g(x)$,显然 $h(x)$ 次数不超过 n,但有 $n+1$ 个不同的根,因此只可能 $h(x)=0$,即 $f(x)=g(x)$,证毕.

关于重根,若 $(x-b)^k\mid f(x)(b\in F)$,但 $(x-b)^{k+1}$ 不能整除 $f(x)$,则称 b 是 $f(x)$ 的一个 k 重根.若 $k=1$,则称 b 为单根.如果把 k 重根看成 $f(x)$ 有 k 个根,则有下述命题.

命题 2.7.1　若 $f(x)$ 是数域 **P** 上的 n 次多项式,则 $f(x)$ 在 F 中最多有 n 个根.

证明:将 $f(x)$ 作标准分解,则 $f(x)$ 在 F 中根的个数等于该分解式中一次因式的个数,它不会超过 n,证毕.

2.8　特殊数域上的多项式的因式分解

现在来研究复数域和实数域上的多项式,首先我们要证明重要的“代数基本定理”.

定理 2.8.1(代数基本定理)　每个次数大于零的复数域上的多项式都至少有一个复数根.

证明:设复数域上的 n 次多项式为

$$f(z)=a_nz^n+a_{n-1}z^{n-1}+\cdots+a_1z+a_0 \tag{2-8-1}$$

我们首先证明,必存在一个复数 z_0,使对一切复数 z,有

$$|f(z)|\geqslant|f(z_0)|$$

令 $z=x+y\mathrm{i}$,其中 x,y 是实变量,展开 $f(x+y\mathrm{i})$并分开实部和虚部,则

$$f(z)=u(x,y)+\mathrm{i}v(x,y)$$

其中 $u(x,y)$及 $v(x,y)$为实系数二元多项式函数.又

$$|f(z)|=\sqrt{u(x,y)^2+v(x,y)^2}$$

是一个二元连续函数,但

$$\begin{aligned}f(z)|&=|a_nz^n+a_{n-1}z^{n-1}+\cdots+a_1z+a_0|\\&\geqslant|a_nz^n|-|a_{n-1}z^{n-1}+\cdots+a_1z+a_0\\&\geqslant|z_n|\left[|a_n|-\left(\frac{|a_{n-1}|}{|z|}+\frac{|a_{n-2}|}{|z^2|}+\cdots+\frac{|a_0|}{|z^n|}\right)\right],\end{aligned}$$

因此,当$|z|\to\infty$时,$|f(z)|\to\infty$.于是必存在一个实常数 R,当$|z|>R$ 时,$|f(z)|$充分大,因此$|f(z)|$的最小值必含于圆$|z|\leqslant R$ 中,但这是平面上的一个闭区域.因此必存在 z_0,使$|f(z_0)|$为最小.

接下去证明 $f(z_0)=0$,用反证法,即若 $f(z_0)\neq 0$,则必可找到 z_1,使$|f(z_1)|<|f(z_0)|$,这样就与 $f(z_0)$是最小值相矛盾.

将 $z=z_0+h$ 代入式(2-8-1)便可得到一个关于 h 的 n 次多项式:

$$f(z_0+h)=b_nh^n+b_{n-1}h^{n-1}+\cdots+b_1h+b_0, \tag{2-8-2}$$

当 $h=0$ 时,$f(z_0)=b_0$,由假定 $f(z_0)\neq 0$,故

$$\frac{f(z_0+h)}{f(z_0)}=\frac{b_n}{f(z_0)}h^n+\frac{b_{n-1}}{f(z_0)}h^{n-1}+\cdots+\frac{b_1}{f(z_0)}h+1,$$

$b_1,b_2,\cdots,b_n$ 中有些可能为零,但决不全为零.设 b_k 是第一个不为零的复数,则

$$\frac{f(z_0+h)}{f(z_0)}=1+c_kh^k+c_{k+1}h^{k+1}+\cdots+c_nh^n. \tag{2-8-3}$$

其中 $c_j=\dfrac{b^j}{f(z_0)}$,令 $d=\sqrt[k]{-\dfrac{1}{c_k}}$,$h=ed$ 代入(2-8-3)式得

$$\frac{f(z_0+h)}{f(z_0)}=1-e^k+e^{k+1}(c_{k+1}d^{k+1}+c_{k+2}d^{k+2}e+\cdots),$$

取充分小的正实数 e(至少小于 1),使

$$e(|c_{k+1}d^{k+1}|+|c_{k+2}d^{k+2}|+\cdots)<\frac{1}{2},$$

于是

$$\begin{aligned}\left|\frac{f(z_0+h)}{f(z_0)}\right|&\leqslant|1-e^k|+|e^{k+1}(c_{k+1}d^{k+1}+c_{k+2}d^{k+2}+\cdots)|\\&\leqslant 1-e^k+e^{k+1}(|c_{k+1}d^{k+1}|+|c_{k+2}d^{k+2}|+\cdots)\end{aligned}$$

$$<1-e^k+\frac{1}{2}e^k$$

$$=1-\frac{1}{2}e^k<1.$$

将这样的 e 代入 $h=ed$,得

$$|f(z_0+ed)|<|f(z_0)|,$$

这就推出了矛盾,证毕.

推论 2.8.1 复数域上的一元 n 次多项式在复数域中恰有 n 个复根(包括重根).

推论 2.8.2 复数域上的不可约多项式都是一次多项式.

推论 2.8.3 复数域上的一元 n 次多项式必可分解为一次因式的乘积.

现设 $x_1,x_2,\cdots,x_n$ 是多项式 $f(x)=x^n+p_1x^{n-1}+p_2x^{n-2}+\cdots+p_n$ 的 n 个根,则我们有如下的 Vieta(韦达)定理.

定理 2.8.2(Vieta 定理) 若数域 **P** 上的多项式

$$f(x)=x^n+p_1x^{n-1}+p_2x^{n-2}+\cdots+p_n$$

在 F 中有 n 个根 $x_1,x_2,\cdots,x_n$,则

$$\sum_{i=1}^{n}x_i=-p_1,\ \sum_{1\leqslant i<j\leqslant n}^{n}x_ix_j=p_2,\ \sum_{1\leqslant i<j<k\leqslant n}^{n}x_ix_jx_k=-p_3,$$

$$\cdots\cdots$$

$$x_1x_2\cdots x_n=(-1)^np_n.$$

证明:$f(x)=(x-x_1)(x-x_2)\cdots(x-x_n)$,将这个式子的右边展开与 $f(x)$ 比较系数即得结论.证毕.

由代数基本定理,一个复数域上的一元 n 次方程必有 n 个根.对于一元二次、一元三次、一元四次方程也有求根公式,当然要复杂得多.下面我们介绍一下如何来求解一元三次、一元四次方程.

由于将一个方程式两边乘以非零常数不影响该方程的根,因此不妨设有下列一元三次方程式:

$$f(x)=x^3+ax^2+bx+c=0$$

作变换 $x=y-\frac{1}{3}a$,代入上述方程化简后得到一个缺二次项的方程:

$$y^3+py+q=0,$$

显然,只要将上面方程的根加上$\frac{1}{3}a$ 即可得原方程的根,因此我们把问题归结为求:

$$f(x)=x^3+px+q=0 \tag{2-8-4}$$

这一类方程式的根.

若 $q=0$,则 $x_1=0,x_2=\sqrt{-p},x_3=-\sqrt{-p}$ 便是方程的根.若 $q=0$,则

$$x_1=\sqrt[3]{-q},x_2=\sqrt[3]{-q}\,\omega,x_3=\sqrt[3]{-q}\,\omega^2$$

就是方程的根.其中

$$\omega=-\frac{1}{2}+\frac{1}{2}\sqrt{3}\,\mathrm{i}.$$

因此我们只需讨论 $p\neq 0,q\neq 0$ 的情形.

引进新的未知数 $x=u+v$,则

$$x^3=u^3+v^3+3uv(u+v)=u^3+v^3+3uvx$$

或

$$x^3-3uvx-(u^3+v^3)=0,$$

与式(2-8-4)比较得

$$\begin{cases} uv=-\dfrac{1}{3}p, \\ u^3+v^3=-q. \end{cases} \tag{2-8-5}$$

如可求出(2-8-5)中的 u,v,即可求出 x,但式(2-8-5)又可变为

$$\begin{cases} u^3v^3=-\dfrac{1}{27}p^3, \\ u^3+v^3=-q. \end{cases} \tag{2-8-6}$$

由 Vieta 定理可知 u^3,v^3 是下列二次方程的两个根:

$$y^2+qy-\frac{p^3}{27}=0.$$

于是

$$u^3=-\frac{q}{2}+\sqrt{\frac{q^2}{4}+\frac{p^3}{27}},v^3=-\frac{q}{2}-\sqrt{\frac{q^2}{4}+\frac{p^3}{27}},$$

令

$$\Delta=\frac{q^2}{4}+\frac{p^3}{27}.$$

注意 u,v 必须适合式(2-8-5),故可得方程(2-8-4)的根为

$$\begin{cases} x_1=\sqrt[3]{-\dfrac{q}{2}+\sqrt{\Delta}}+\sqrt[3]{-\dfrac{q}{2}-\sqrt{\Delta}} \\ x_2=\omega\sqrt[3]{-\dfrac{q}{2}+\sqrt{\Delta}}+\omega^2\sqrt[3]{-\dfrac{q}{2}-\sqrt{\Delta}} \\ x_3=\omega^2\sqrt[3]{-\dfrac{q}{2}+\sqrt{\Delta}}+\omega\sqrt[3]{-\dfrac{q}{2}-\sqrt{\Delta}} \end{cases} \tag{2-8-7}$$

上式通常称为 Cardan(卡丹)公式.

现在来考虑四次方程,我们采用与讨论三次方程同样的方法,令 $x=y-\frac{1}{4}a$,可消去方程 $x^4+ax^3+bx^2+cx+d=0$ 的三次项,把求解四次方程的问题归结为求解下面类型的方程:

$$x^4+ax^2+bx+c=0 \tag{2-8-8}$$

引进新的未知数 u,在(2-8-8)式中加 $ux^2+\frac{1}{4}u^2$,再减 $ux^2+\frac{1}{4}u^2$,得

$$x^4+ux^2+\frac{1}{4}u^2-[(u-a)x^2-bx+\frac{1}{4}u^2-c]=0 \tag{2-8-9}$$

式中,$x^4+ux^2+\frac{1}{4}u^2=(x^2+\frac{1}{2}u)^2$,如果中括号内是一个完全平方,则式(2-8-9)可化为两个

二次方程来解.而中括号是一个完全平方的条件是

$$b^2-4(u-a)\left(\frac{1}{4}u^2-c\right)=0 \tag{2-8-10}$$

这是一个 u 的三次方程，称为方程(2-8-8)的预解式.假定 u 已解出，式(2-8-9)将变成

$$\left(x^2+\frac{1}{2}u\right)^2-\left(\sqrt{u-a}\,x-\frac{b}{2\sqrt{u-a}}\right)^2=0$$

分解因式后得到两个二次方程：

$$x^2+\sqrt{u-a}\,x+\frac{u}{2}-\frac{b}{2\sqrt{u-a}}=0, \tag{2-8-11}$$

$$x^2-\sqrt{u-a}\,x+\frac{u}{2}+\frac{b}{2\sqrt{u-a}}=0. \tag{2-8-12}$$

这样便可求出方程(2-8-8)的所有根.

这里需要注意的是，式(2-8-10)是一个三次方程，u 有 3 个根.如依次将这 3 个根代入式(2-8-11)式(2-8-12)会得到方程(2-8-8)的 12 个根.其实，我们只需取式(2-8-10)的一个根就可以了.因为任取其他根所得的结果是完全一样的.事实上，式(2-8-11)式(2-8-12)之积就是方程式(2-8-8)，因此方程式(2-8-11)、方程式(2-8-12)的根总是方程(2-8-8)的根，只不过在方程(2-8-11)、方程(2-8-12)中出现的情形不同而已.比如设 x_1,x_2,x_3,x_4 为方程(2-8-8)的 4 个根.可能 x_1,x_2 为方程(2-8-11)的根，这时 x_3,x_4 为方程(2-8-12)的根；又可能 x_3,x_4 为方程(2-8-11)的根，这时 x_1,x_2 为方程(2-8-12)的根，等等.四次方程的这种解法通常称为 Ferrari(费拉里)解法.

高于四次以上的方程一般是不能用根式来求解的，这一结论在 19 世纪 30 年代被法国数学家 Galois(伽罗瓦)证明.他的证明要涉及群、域等抽象代数知识.读者将在抽象代数的课程中学到它.需要注意的是，我们这里说五次及五次以上的方程一般不能用根式求解，但是并不是说不能解.另外，也并不是所有五次及五次以上的方程都不能用根式求解.什么时候可用根式解，什么时候不能用根式解，Galois 给出了一个充分必要条件.读者欲知其详，请参阅有关 Galois 理论的著作.

复数域上的不可约多项式都是一次的.实数域上的不可约多项式应该是什么样的呢?

定理 2.8.3　设

$$f(x)=a_nx^n+a_{n-1}x^{n-1}+\cdots+a_1x+a_0$$

是实系数多项式，若复数 $a+b\mathrm{i}(b\neq0)$ 是其根，则 $a-b\mathrm{i}$ 也是它的根.

证明: 令 $z=a+b\mathrm{i}$，其共轭复数为 $\bar{z}=a-b\mathrm{i}$，则

$$\begin{aligned}f(\bar{z})&=a_n\bar{z}^n+a_{n-1}\bar{z}^{n-1}+\cdots+a_1\bar{z}+a_0\\&=\overline{a_nz^n+a_{n-1}z^{n-1}+\cdots+a_1z+a_0}=0\end{aligned}$$

由此即得结论.证毕.

定理 2.8.3 表明，多项式 $f(x)$ 虚部不为零的复根必成对出现.

推论 2.8.4　实数域上的不可约多项式或为一次或为二次多项式：

$$ax^2+bx+c\text{，且 }b^2-4ac<0$$

证明: 一次多项式显然为不可约.当 $b^2-4ac<0$ 时，ax^2+bx+c 没有实根，故不可约.反过

来，任一高于二次的实系数多项式 $f(x)$ 如有实根，则 $f(x)$ 可约.如有一复根 $a+bi(b\neq 0)$，则 $a-bi$ 也是它的根，故

$$[x-(a+bi)][x-(a-bi)]=x^2-2ax+(a^2+b^2)$$

是 $f(x)$ 的因式，$f(x)$ 可约.证毕.

推论 2.8.5 实数域上的多项式 $f(x)$ 必可分解为有限个一次因式及不可约二次因式的乘积.

2.9 多项式的应用

2.9.1 密码

在当今信息时代，广泛采用数字通信.首先把 26 个字母 $a,b,c,\cdots,x,y,z$ 分别对应到前 26 个自然数 0,1,2,…,23,24,25.为了通信的安全，需要作加法或乘法运算，因此应当让 26 个字母分别对应到模 26 剩余类环 $\mathbb{Z}_{26}$ 的元素 $\overline{0},\overline{1},\overline{2},\cdots,\overline{25}$.在工程上很容易识别两种状态，但很难识别 26 种状态.因此，把 $\mathbb{Z}_{26}$ 每个元素的代表（小于 26 的自然数）用二进制表示.例如，由于 $22=1\times 2^4+1\times 2^2+1\times 2$，因此 22 的二进制表示是 10110. 由于需要作加法运算，因此把 0 和 1 分别看成 $\mathbb{Z}_2$ 的元素 $\overline{0},\overline{1}$.这样就可以把通信中要发送的消息（称为明文）转换成由 $\mathbb{Z}_2$ 的元素 $\overline{0},\overline{1}$ 组成的一个序列（称为明文序列）.例如，“algebra”转换成下述序列：

$$1011001110100010001l. \tag{2-9-1}$$

我们约定把 $\mathbb{Z}_2$ 的元素 $\overline{0},\overline{1}$ 分别写成 0，1.序列(2-9-1) 中每个元素称为一个“位”(bit).在通信过程中，有可能出现窃听者，为了保密，就需要将明文序列作一些变化，这称为加密，加密后的序列称为密文序列.把密文序列发出去，同时把加密规则通过秘密渠道告诉接收者，使接收者能把密文序列还原成明文序列，这称为解密.窃听者即使截获了密文序列，也看不懂它的意思最容易在工程上实现的加密规则是：选取 $\mathbb{Z}_2$ 的一个序列（称为密钥序列），把密钥序列与明文序列的对应位相加（$\mathbb{Z}_2$ 中的加法），产生密文序列.解密时，把密文序列与密钥序列的对应位相加，便还原成明文序列（因为在 $\mathbb{Z}_2$ 中 $\bar{a}-\bar{b}=\bar{a}+\bar{b}$）.例如，选取一个密钥序列 010100…它是周期为 7 的序列，把明文序列(2-9-1)与这个密钥序列的对应位相加，便产生密文序列：

明文序列 101 1011101000100011；

密钥序列 01 101000110100011010；

密文序列 10111100111001.

把密文序列与密钥序列的对应位相加，便还原成明文序列.这种类型的密码称为序列密码.在序列密码中，密钥序列起着关键作用.窃听者会千方百计地破译密钥序列，以便在截获了密文序列后，能还原成明文序列.如何构造密钥序列才能使它很难被破译呢？设明文序列的长度为 v，我们用掷硬币来产生一个长度为 v 的序列.第一次掷一枚硬币，着地时若正面向上，则

写 1;若反面向上,则写 0.这样依次下去,掷一枚硬币 v 次,便产生出一个长度为 v 的序列 α.把 α 作为密钥序列,就很难破译出它.因为掷一枚硬币,着地时出现正面向上和反面向上的概率都等于$\frac{1}{2}$,所以猜中这个序列 α 的概率为$\left(\frac{1}{2}\right)^v=\frac{1}{2^v}$.当 v 很大时,这个概率很小.用掷硬币产生的序列作为密钥序列虽然很难破译,但是每一次通信,发送者都要把掷硬币产生的与明文序列一样长的密钥序列通过秘密渠道传送给接收者,既费力又费钱.如果这个秘密渠道真是安全的,那为何不直接把明文序列通过该渠道传递给接收者呢?由此可见,用掷硬币来产生的密钥序列是不实用的.但是我们应当仔细分析这样的序列有什么性质,从中受到启迪,以便构造出既实用又不容易被破译的密钥序列.

设用掷硬币的方法产生的$\mathbb{Z}_2$上周期为 v 的序列为

$$\alpha=a_0a_1a_2\cdots a_{v-1}\cdots \tag{2-9-2}$$

由于每一次掷硬币,着地时出现正面向上的概率与出现反面向上的概率都等于$\frac{1}{2}$,因此在序列 α 的一个周期中,1 的个数与 0 的个数接近相等.现在考虑 α 的一个周期中,每相隔 $s-1$ 位的两个元素之间的关系($0<s<v$).为了便于看清楚每相隔 $s-1$ 位的两个元素,我们在序列 α 的下方写出把 α 左移 s 位后得到的序列 α_S(α_S 的元素的下标按模 v 计算):

$$\alpha=a_0a_1a_2\cdots a_{S-1}a_Sa_{S+1}\cdots a_{v-1},$$

$$\alpha=a_Sa_{S+1}a_{S+2}\cdots a_{2S-1}a_{2S}a_{2S+1}\cdots a_{S-1}.$$

α 与 α_S,对应位的元素分别是

$$\begin{pmatrix}a_0\\a_S\end{pmatrix},\begin{pmatrix}a_1\\a_{S+1}\end{pmatrix},\cdots,\begin{pmatrix}a_{v-1}\\a_{S-1}\end{pmatrix}$$

其中每一对元素都是掷一枚硬币两次产生的结果.由于掷一枚硬币两次,可能出现的结果有 4 个:

$$\begin{pmatrix}1\\1\end{pmatrix},\begin{pmatrix}1\\0\end{pmatrix},\begin{pmatrix}0\\1\end{pmatrix},\begin{pmatrix}0\\0\end{pmatrix},$$

其中出现每一个结果的概率都是$\frac{1}{4}$.因此在 α 与 α_S 的 v 对元素中,出现$\begin{pmatrix}1\\1\end{pmatrix}$与的次$\begin{pmatrix}0\\0\end{pmatrix}$的次数之和 h_S,出现$\begin{pmatrix}1\\0\end{pmatrix}$与$\begin{pmatrix}0\\1\end{pmatrix}$的次数之和 l_S,它们接近相等,即 h_S-l_S 接近于 0.

2.9.2　多项式与密码

由此受到上节启发,引出下述概念.

定义 2.9.1　设 $\alpha=a_0a_1a_2\cdots a_{v-1}\cdots$是$\mathbb{Z}_2$上周期为 v 的序列,用 α_S 表示把 α 左移 s 位得到的序列($0\leqslant s<v$),把 α 与 α_S 的对应位元素相同的位数记作 h_S,对应位元素不同的位数记作 l_S.令

$$C_\alpha(s)=h_s-l_s, \tag{2-9-1}$$

则称 $C_\alpha(s)$是 α 的周期自相关函数(简称为 α 的自相关函数).

显然，$C_\alpha(s)=v$.当 $0<s<v$ 时，$C_\alpha(s)$的值统称为旁瓣值.

从前面的讨论得出，用掷硬币产生的$\mathbb{Z}_2$上周期为 v 的序列，其自相关函数的 $C_\alpha(s)$值都接近于 0.由此受到启发，引出下述概念.

定义 2.9.2 设 $\alpha=a_0a_1a_2\cdots a_{v-1}\cdots$是$\mathbb{Z}_2$上周期为 0 的序列，如果 α 的自相关函数的 $C_\alpha(s)$值都为 0，那么称 α 是完美序列；如果旁瓣值都为-1，那么称 α 是拟完美序列(或伪随机序列).

从掷硬币产生的序列特性的分析知道，用完美序列或拟完美序列作为密钥序列，只要周期足够大，就很难被破译.

猜想不存在周期大于 4 的完美序列，于是我们的任务是去构造拟完美序列.

设$\mathbb{Z}_2$上周期为 7 的序列为

$$\alpha=1001011\cdots \tag{2-9-2}$$

容易求出 $C_\alpha(s)=-1,1\leqslant s\leqslant 6$.因此 α 是一个拟完美序列.现在我们来仔细观察 α 各元素之间的关系

$$a_0=1,a_1=0,a_2=0,a_3=1=a_1+a_0,$$
$$a_4=0=a_2+a_1,a_5=1=a_3+a_2,a_6=1=a_4+a_3.$$

由此看出，序列 α 适合下述递推关系：

$$a_{k+3}=a_{k+1}+a_k,k=0,1,2,\cdots \tag{2-9-3}$$

于是只要给出初始值 a_0,a_1,a_2，就可通过递推关系(2-9-3)产生出序列 α.这用计算机相关软件很容易实现，如图 2.1 所示.

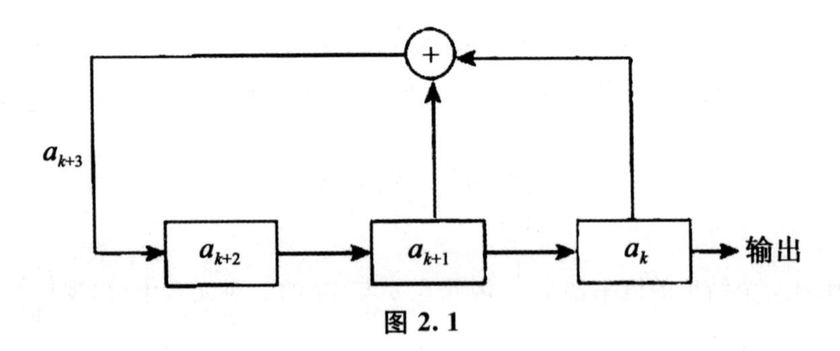

图 2.1

一般地，设$\mathbb{Z}_2$上的一个递推关系为

$$a_{k+n}=c_1a_{k+n-1}+c_2a_{k+n-2}+\cdots+c_{n-1}a_{k+1}+c_na_k,k=1,2,\cdots \tag{2-9-4}$$

若 $c_n\neq 0$，则称递推关系(2-9-4)是$\mathbb{Z}_2$上的一个 n 阶常系数线性齐次递推关系.

可以制作 n 级线性反馈移位寄存器，用它产生满足 n 阶常系数线性齐次递推关系(2-9-4)的$\mathbb{Z}_2$上的序列，称这样的序列为 n 级线性移位寄存器序列.

n 级线性移位寄存器序列有没有周期？如果有，它的周期如何确定？下面先给出序列的周期的定义.

定义 2.9.3 设 $\alpha=a_0a_1a_2\cdots$，如果存在正整数 l，使得

$$a_{i+l}=a_i,i=0,1,2,\cdots \tag{2-9-5}$$

那么称 l 是 α 的一个周期，此时称 α 是一个周期序列；使得式(2-9-5)成立的最小正整数 l 称

为 α 的最小正周期.

设 l 是序列 α 的最小正周期，显然 l 的任意整数倍都是 α 的周期.反之若 u 是 α 的一个周期，作带余除法：

$$u=hl+r,0\leqslant r< l.$$

假如 $r\neq 0$，则对于 $i=0,1,2\cdots$，有

$$a_i=a_{i+n}=a_{i+hl+r}=a_{(i+r)+hl}=a_{i+r},$$

于是 r 也是 α 的一个周期，这与 l 是序列 α 的最小正周期矛盾.因此，$r=0$，即 $v=hl$.于是我们证明了下述命题.

命题 2.9.4　设 l 是序列 $\alpha=a_0a_1a_2\cdots$ 的最小正周期，则 u 是 α 的周期当且仅当 $u=hl$，其中 h 是某个正整数.

设 $\alpha=a_0a_1a_2\cdots$ 是满足递推关系(2-9-4)的 $\mathbb{Z}_2$ 上的一个序列.我们来探索正整数 d 是 α 的一个周期的条件.

从递推关系(2-9-4)看出，只要知道了初始值 $a_0,a_1,\cdots,a_{n-1}$，就可以确定出序列 α 的所有项.为了把 α 的任一项都通过 $a_0,a_1,\cdots,a_{n-1}$ 表示出来，我们在递推关系式(2-9-4)下面添加 $n-1$ 个明显的等式，得

$$\begin{cases} ca_{k+n}=c_1a_{k+n-1}+c_2a_{k+n-2}+\cdots+c_{n-1}a_{k+1}+c_na_k, \\ a_{k+n-1}=a_{k+n-1}, \\ \cdots \\ a_{k+1}=a_{k+1}. \end{cases} \tag{2-9-6}$$

利用矩阵的乘法，式(2-9-6)可以写成

$$\begin{pmatrix} a_{k+n} \\ a_{k+n-1} \\ a_{k+n-2} \\ \vdots \\ a_{k+1} \end{pmatrix}=\begin{pmatrix} c_1 & c_2 & c_3 & \cdots & c_{n-1} & c_n \\ 1 & 0 & 0 & \cdots & 0 & 0 \\ 0 & 1 & 0 & \cdots & 0 & 0 \\ \vdots & \vdots & \vdots & & \vdots & \vdots \\ 0 & 0 & 0 & \cdots & 1 & 0 \end{pmatrix}\begin{pmatrix} a_{k+n-1} \\ a_{k+n-2} \\ a_{k+n-3} \\ \vdots \\ a_k \end{pmatrix} \tag{2-9-7}$$

其中，$k=0,1,2,\cdots$.式(2-9-7)右端的 n 级矩阵称为 n 阶递推关系(2-9-4)产生的序列的生成矩阵，记作 A.由式(2-9-7)可得出

$$\begin{pmatrix} a_{k+n} \\ a_{k+n-1} \\ a_{k+n-2} \\ \vdots \\ a_{k+1} \end{pmatrix}=A^k\begin{pmatrix} a_{n-1} \\ a_{n-2} \\ a_{n-3} \\ \vdots \\ a_0 \end{pmatrix},k=0,1,2,\cdots \tag{2-9-8}$$

利用式(2-9-8)可得出：d 是 n 阶递推关系(2-9-4)产生的序列 $\alpha=a_0a_1a_2\cdots$ 的周期：

$$\Leftrightarrow\begin{pmatrix} a_{d+n-1} \\ a_{d+n-2} \\ \vdots \\ a_d \end{pmatrix}=\begin{pmatrix} a_{n-1} \\ a_{n-2} \\ \vdots \\ a_0 \end{pmatrix}$$

$$\Leftrightarrow \begin{pmatrix} a_{n-1} \\ a_{n-2} \\ \vdots \\ a_0 \end{pmatrix} = \begin{pmatrix} a_{n-1} \\ a_{n-2} \\ \vdots \\ a_0 \end{pmatrix}$$

$\Leftrightarrow (a_{n-1}, a_{n-2}, \cdots a_0)^{\mathrm{T}}$ 是 A^d 的属于 1 的一个特征向量.这样我们证明了下述命题.

命题 2.9.5 d 是$\mathbb{Z}_2$上 n 阶递推关系(2-9-4)产生的序列 $\alpha = a_0 a_1 a_2 \cdots$的一个周期的充分必要条件是 α 的初始值向量$(a_{n-1}, a_{n-2}, \cdots, a_0)$是 A^d 的属于特征值 1 的一个特征向量,其中 A 是生成矩阵、特别地,当 $A^d = E$ 时,是 d 是$\mathbb{Z}_2$上 n 阶递推关系(2-9-4)产生的任一序列的周期.

判断 A^d 是否等于E,应当充分挖掘 n 阶递推关系(2-9-4)提供的信息.对于任给的初始值向量$(a_{n-1}, a_{n-2}, \cdots a_0)^{\mathrm{T}}$,有

$$\begin{cases} a_{n+n-1} = c_1 a_{n+n-2} + c_2 a_{n+n-3} + \cdots + c_n a_{n-1}, \\ a_{n+n-2} = c_1 a_{n+n-3} + c_2 a_{n+n-4} + \cdots + c_n a_{n-2}, \\ \cdots \\ a_n = c_1 a_{n-1} + c_2 a_{n-2} + \cdots + c_n a_0 \end{cases} \tag{2-9-9}$$

利用式(2-9-8)可以把式(2-9-9)改写成

$$(A^n - c_1 A^{n-1} - c_2 A^{n-2} - \cdots - c_n E) \begin{pmatrix} a_{n-1} \\ a_{n-2} \\ \vdots \\ a_0 \end{pmatrix} = \begin{pmatrix} 0 \\ 0 \\ \vdots \\ 0 \end{pmatrix}, \tag{2-9-10}$$

由于式(2-9-10)对于任意列向量$(a_{n-1}, a_{n-2}, \cdots a_0)^{\mathrm{T}}$ 都成立,因此得出

$$A^n - c_1 A^{n-1} - c_2 A^{n-2} - \cdots - c_n E = 0 \tag{2-9-11}$$

令

$$f(x) = x^n - c_1 x^{n-1} - c_2 x^{n-2} - \cdots - c_n = 0, \tag{2-9-12}$$

称 $f(x)$是 n 阶递推关系(2-9-4)的特征多项式.

从(2-9-11)式得出 $f(A) = 0$.

在$\mathbb{Z}_2|x|$中,若 $f(x) | x^d - \bar{1}$,则存在 $h(x) \in \mathbb{Z}_2|x|$,使得

$$x^d - \bar{1} = h(x) f(x). \tag{2-9-13}$$

x 用生成矩阵$\boldsymbol{A}$ 代入,从式(2-9-13)得

$$A^d - E = h(A) f(A) = 0. \tag{2-9-14}$$

根据命题 2.9.5,从式(2-9-14)得出 d 是 n 阶递推关系(2-9-4)产生的任一序列的周期.这样我们证明了下述定理.

定理 2.9.6 设 $f(x)$是$\mathbb{Z}_2$上 n 阶递推关系(2-9-4)的特征多项式,若 $f(x) | x^d - \bar{1}$,则 d 是 n 阶递推关系(2-9-4)产生的任一序列的周期.

定理 2.9.6 的逆命题是否成立? 让我们看一个例子.设$\mathbb{Z}_2$上 3 阶递推关系为

$$a_{k+3} = a_{k+2} + a_{k+1} + a_k, k = 0, 1, 2, \cdots \tag{2-9-15}$$

取初始值 $a_0 = 0, a_1 = 1, a_2 = 0$,产生一个序列 β:

$$\beta=01010101\cdots.$$

猜测 β 的最小正周期是 2.我们来证明它.生成矩阵 $\boldsymbol{A}$ 为

$$\boldsymbol{A}=\begin{pmatrix}1&1&1\\1&0&0\\0&1&0\end{pmatrix}$$

直接计算可得,初始值向量$(0,1,0)^{\mathrm{T}}$ 是 A^2 的属于特征值$\overline{1}$的一个特征向量.

根据命题 2.9.5 得 2 是 β 的一个周期,显然 1 不是 β 的周期,因此 2 是 β 的最小正周期. 3 阶递推关系(2-9-15) 的特征多项式 $f(x)=x^3-x^2-x-\overline{1}$.显然 $f(x)\mid x^2-\overline{1}$.这表明定理 2.9.6 的逆命题是不成立的.注意到

$$f(x)=x^3+x^2+r+\overline{1}=(x^2+\overline{1})(x+\overline{1}),$$

因此 $f(x)$在$\mathbb{Z}_2$上可约.由此猜测,如果 n 阶递推关系的特征多项式 $f(x)$在$\mathbb{Z}_2$上不可约,那么很可能定理 2.9.6 的逆命题就成立了.

定理 2.9.7　设$\mathbb{Z}_2$上 n 阶递推关系(2-9-4)的特征多项式 $f(x)$在$\mathbb{Z}_2$上不可约,如果 d 是 n 阶递推关系(2-9-4)产生的非零序列 $\alpha=a_0a_1a_2\cdots a_{n-1}\cdots$的一个周期,那么 $f(x)x^d-\overline{1}$.

证明:假如 $f(x)\mid x^2-\overline{1}$.由于 $f(x)$ 在$\mathbb{Z}_2$上不可约,因此$(f(x),x^d-\overline{1})=\overline{1}$.从而在$\mathbb{Z}_2\mid x\mid$中存在 $u(x)$,$v(x)$,使得

$$u(x)f(x)+v(x)(x^d-\overline{1})=\overline{1}.\tag{2-9-16}$$

x 用 n 阶递推关系(2-9-4)的生成矩阵 $\boldsymbol{A}$ 代入,从式(2-9-16)得

$$u(A)f(A)+v(A)(A^d-E)=E.\tag{2-9-17}$$

由于 $f(A)=0$,因此从(2-9-17) 式得

$$v(A)(A^d-E)=E.\tag{2-9-18}$$

在(2-9-18)式两边右乘$(a_{n-1},a_{n-2},\cdots,a_0)^{\mathrm{T}}$,得

$$v(A)(A^d-E)\begin{pmatrix}a_{n-1}\\a_{n-2}\\\vdots\\a_0\end{pmatrix}=\begin{pmatrix}a_{n-1}\\a_{n-2}\\\vdots\\a_0\end{pmatrix}\tag{2-9-19}$$

由于 d 是 n 阶递推关系(2-9-4) 产生的非零序列 α 的一个周期,故根据命题 2.9.5 得,式(2-9-19)左边是零向量,而右边是非零向量,矛盾.于是 $f(x)\mid x^2-\overline{1}$.

定理 2.9.8　$\mathbb{Z}_2$上 n 阶递推关系(2-9-4)产生的任一序列都有周期,且它的最小正周期不超过 2^n-1.

证明:设 $\boldsymbol{A}$ 是 n 阶递推关系(2-9-4)的生成矩阵,从(2-9-11)式得

$$A^n=c_1A^{n-1}+\cdots+c_{n-1}A+c_nE.\tag{2-9-20}$$

于是 $\boldsymbol{A}$ 的所有方幂都属于下述集合:

$$\Omega=\{b_1A^{n-1}+\cdots+b_{n-1}A+b_nE\mid b_i\in\mathbb{Z}_2,i=1.2\cdots n\}.$$

显然,则$|\Omega|\leqslant 2^n$.从而 Ω 中非零矩阵的个数小于 2^n.从(2-9-7)式看出,$|A|\neq 0$.因此 $\boldsymbol{A}$ 是可逆矩阵、于是 $E,A,A^2,\cdots,A^{2^n-1}$都是非零矩阵,且它们都属于 Ω.从而必有一对 i,j 使得

$$A_i=A_j,0\leqslant i<j\leqslant 2^n-1.\tag{2-9-21}$$

在式(2-9-21)两边右乘$(A^{-1})^i$,得$E=A_{j-i}$.根据命题2.9.5得,$j-i$是n阶递推关系(2-9-4)产生的任一序列α的一个周期.由于α的最小正周期1是$j-i$的正因数,因此

$$l\leqslant j-i\leqslant 2^n-1.$$

由定理2.9.8受到启发,引出下述概念.

定义2.9.9 $\mathbb{Z}_2$上n阶常系数线性齐次递推关系产生的序列α,如果它的最小正周期等于2^n-1,那么称α是m序列.

n阶递推关系(2-9-4)的特征多项式$f(x)$需要满足哪些条件才能使产生的任一非零序列α是m序列呢?根据定理2.9.6,如果$f(x)|x^{2n-1}-\bar{1}$,那么2^n-1是α的一个周期.于是α的最小正周期l是2^n-1的正因数.为了使$l=2^n-1$,根据定理2.9.7,若$f(x)$在$\mathbb{Z}_2$上不可约,且对于2^n-1的任一正因数$d<2^n-1$,都有$f(x)|x^d-\bar{1}$,则d不是α的周期.从而α的最小正周期$l=2^n-1$.由此自然而然地引出了下述概念.

定义2.9.10 $\mathbb{Z}_2$上一个n次多项式$f(x)$如果满足

(1)$f(x)$在$\mathbb{Z}_2$上不可约;

(2)$f(x)|x^{2n-1}-\bar{1}$;

(3)对于2^n-1的任一正因数$d<2^n-1$,都有$f(x)|x^d-\bar{1}$,

那么称$f(x)$是$\mathbb{Z}_2$上的一个本原多项式.

根据上一段的讨论立即得到如下结论.

定理2.9.11 对于$\mathbb{Z}_2$上n阶常系数线性齐次递推关系(2-9-4),如果它的特征多项式$f(x)$是$\mathbb{Z}_2$的一个本原多项式,那么由它产生的任一非零序列都是m序列.

m序列是不是拟完美序列?首先探讨m序列α在一个周期中1的个数与0的个数各为多少?

定理2.9.12 如果$\mathbb{Z}_2$上n阶常系数线性齐次递推关系(2-9-4)产生的序列α是m序列,那么在α的一个周期中,1的个数为2^{n-1},0的个数为$2^{n-1}-1$.

证明:α的最小正周期为2^n-1,因此

$$\alpha=a_0a_1a_2\cdots a_{2^n-2}\cdots \tag{2-9-22}$$

给了初始值$(a_0,a_1,a_2,\cdots,a_{n-1})$后,$\alpha$就由递推关系(2-9-4)唯一确定.由此受到启发,考虑下述n维向量:

$$\gamma_0=(a_0,a_1,a_2,\cdots,a_{n-1}),$$

$$\gamma_1=(a_1,a_2,a_3,\cdots,a_n),$$

$$\cdots$$

$$\gamma_{2^n-2}=(a_{2^n-2},a_0,a_1,\cdots,a_{n-2})$$

对于$0\leqslant i<j\leqslant 2^n-2$,根据(2-9-8)式,有

$$\begin{pmatrix} a_{i+n-1} \\ \vdots \\ a_{i+1} \\ a_i \end{pmatrix}=A^i\begin{pmatrix} a_{n-1} \\ \vdots \\ a_1 \\ a_0 \end{pmatrix} \tag{2-9-23}$$

假如$\gamma_i=\gamma_j$,则可得出

$$(A^{j-i}-E)\begin{pmatrix}a_{n-1}\\ \vdots\\ a_1\\ a_0\end{pmatrix}=\begin{pmatrix}0\\ \vdots\\ 0\\ 0\end{pmatrix}. \qquad (2\text{-}9\text{-}24)$$

根据式(2-9-5)得,$j-i$ 是α 的一个周期.但是 $j-i\leqslant 2^n-2<2^n-1$,这与α 的最小正周期为 2^n-1 矛盾.从而当 $i\neq j$ 时,$\gamma_i\neq\gamma_j$.于是 $\gamma_0,\gamma_1\cdots.\gamma_{2^n-2}$是$\mathbb{Z}_2^n$中全部非零向量(因为$\mathbb{Z}_2^n$中非零向量的个数为 2^n-1). $\mathbb{Z}_2^n$中非零向量分为两大类:第一大类型如$(1,b_1,\cdots,,b_{n-1})$,这一类共有 2^n-1 个非零向量;第二大类型如$(1,..,d_1,d_{n-1})$,这一类共有 $2^{n-1}-1$ 个非零向量.由于$\gamma_0,\gamma_1\cdots.\gamma_{2^n-2}$的第 1 个分量依次为 $a_0,a_1,a_2,\cdots,a_{2^n-2}$,因此在 α 的一个周期中,1 的个数为 2^n-1,0 的个数为 $2^{n-1}-1$.

定理 2.9.13　m 序列都是拟完美序列(伪随机序列).

证明:设α 是由 n 阶常系数线性齐次递推关系(2-9-4)产生的 m 序列.把α 左移 s 位得到的序列记作 $\alpha_s(1\leqslant s\leqslant 2^n-2)$,显然 α_s 仍是 m 序列.显然 $\alpha+\alpha_s$.仍然适合递推关系(2-9-4).由于 α,α_s 的前 n 位组成的有序组分别为定理 2.9.12 证明中所列的 γ_0,γ_s,在定理 2.9.12 中已证$\gamma_0\neq\gamma_s$,因此 $\gamma_0+\gamma_s\neq 0$.从而 $\alpha+\alpha_s$ 的初始值 $a_0+a_s,a_1+a_{s+1},\cdots,a_{n-1}a_{s+n-1}$不全为 0.于是 $\alpha+\alpha_s$是 m 序列.根据定理 2.9.12 得,在 $\alpha+\alpha_s$ 的一个周期中,1 的个数为 2^n-1,0 的个数为 $2^{n-1}-1$.

即在下述 2^n-1 元组

$$(a_0+a_s,a_1+a_{s+1},\cdots,a_{2^n-2}a_{s+2^n-2})$$

中,有 2^{n-1}个元素是 1,$2^{n-1}-1$ 个元素是 0.由于

$$a_i+a_j=1\Leftrightarrow(a_i+a_j)=(1,0)\text{或}(0,1);$$

$$a_i+a_j=0\Leftrightarrow(a_i+a_j)=(1,1)\text{或}(0,0),$$

因此在

$$a_0a_1a_2\cdots a_{2^n-2},$$

$$a_sa_{s+1}a_{s+2}\cdots a_{s+2^n-2}$$

中,上下对应位元素相同的位数有 $2^{n-1}-1$ 位,对应位元素不同的位数有 2^{n-1}位,从而 α 的自相关函数在 s 处的函数值为

$$C_\alpha(s)=(2^{n-1}-1)-2^{n-1}=-1,1\leqslant s\leqslant 2^{n-1}-2.$$

因此,α 是拟完美序列.

当$\mathbb{Z}_2$上 n 阶常系数线性齐次递推关系(2-9-4)的特征多项式 $f(x)=x^n-c_1x^{n-1}-\cdots-c_{n-1}x-c_n$ 是$\mathbb{Z}_2$上的本原多项式时,由 n 阶递推关系(2-9-4)产生的任一非零序列都是 m 序列,从而都是拟完美序列.当 n 很大时,这种序列的最小.

正周期 2^n-1 非常大,用它来作为密钥序列,对手很难破译它大多数实际的序列密码都围绕线性反馈移位寄存器而设计,非常容易构造.挪威政府的首席密码学家 ErnstSelmer 于 1965 年研究出移位寄存器序列的理论.

下面列出$\mathbb{Z}_2$上次数 $n\leqslant 7$ 的一些本原多项式,每个次数的本原多项式只写出一个(注意在$\mathbb{Z}_2$中,$-1=1$):

$$x+1,x^2+x+1,x^3+x+1,x^4+x+1$$

$$x^5+x^2+1,x^6+x+1,x^7+x+1$$

第3章　行列式

行列式是高等代数中的重要组成部分,包含着丰富的数学思想方法.本章主要介绍行列式中的相关内容,包括排列和行列式的定义、构造的思想方法、拉普拉斯定理及行列式的展开行列式的计算、行列式中的降阶与递推的思想方法、行列式与数列、多项式、行列式与体积、行列式的初步应用、克拉默法则的几何解释.

3.1　排列和行列式的定义

3.1.1　排列与逆序

定义 3.1.1　由 $1,2,\cdots,n$ 组成的一个有序数组称为一个 n 级排列.

由 1,2,3 组成的 3 级排列共有 $3!=6$ 个,分别是 123,231,312,132,213,321.一般地,由 $1,2,\cdots,n$ 组成的 n 级排列共有 $n!$ 个.

定义 3.1.2　在一个 n 级排列 $i_1i_2\cdots i_t\cdots i_s\cdots i_n$ 中,若数 $i_t>i_s$,则称 i_t 与 i_s 构成一个逆序.排列 $i_1i_2\cdots i_n$ 中所有逆序的总数称为该排列的逆序数,记为 $\tau(i_1i_2\cdots i_n)$.

定义 3.1.3　逆序数为奇数的排列叫做奇排列;逆序数为偶数的排列叫做偶排列.

我们可按下面方法计算一个排列的逆序数:

设有一个 n 级排列 $i_1i_2\cdots i_n$,从最左边元素开始,考虑元素 $i_k(k=1,2,\cdots,n)$,如果比 i_k 小的且排在 i_k 后面的元素有 m_k 个,就说 i_k 这个元素的逆序数是 m_k,则此排列的逆序数为

$$\tau(i_1i_2\cdots i_n)=m_1+m_2+\cdots+m_n=\sum_{k=1}^{n}m_k.$$

定义 3.1.4　在一个 n 级排列中,交换其中某两个数的位置,而其余数的位置保持不动,就得到另一个 n 级排列,进行一次这种操作称为一次**对换**

定理 3.1.1　一个排列中的任意两个元素进行一次对换,此排列的奇偶性改变.(证略)

定理 3.1.2　在 $n!$ 个 n 级排列中,奇、偶排列的个数都为 $\frac{n!}{2}$.(证略)

3.1.2　行列式的定义

若用

$$\begin{vmatrix} a_{11} & a_{12} & \cdots & a_{1n} \\ a_{21} & a_{22} & \cdots & a_{2n} \\ \vdots & \vdots & & \cdots \\ a_{n1} & a_{n2} & \cdots & a_{nn} \end{vmatrix}$$

表示一个 n 阶行列式.行列式的横排称为行，竖排称为列.数 a_{ij} 从其下标可以立即看出，它位于行列式第 i 行、第 j 列的位置上.前一个的下标 i 称为 a_{ij} 的行标，第 2 个下标 j 称为 a_{ij} 的列标.也可以称数 a_{ij} 为元素.

下面先就二阶、三阶行列式的构造规律进行分析，由此推广到 n 阶行列式中去.

已知

$$\begin{vmatrix} a_{11} & a_{12} \\ a_{21} & a_{22} \end{vmatrix} = a_{11}a_{22} - a_{12}a_{21},$$

$$\begin{vmatrix} a_{11} & a_{12} & a_{13} \\ a_{21} & a_{22} & a_{23} \\ a_{31} & a_{32} & a_{33} \end{vmatrix} = a_{11}a_{22}a_{33} + a_{12}a_{23}a_{31} + a_{13}a_{21}a_{32} - a_{13}a_{22}a_{31} - a_{12}a_{21}a_{33} - a_{11}a_{23}a_{32}$$

由此可以总结出二阶、三阶行列式的一些规律：

(1)三阶行列式中的每一项都是三个数的乘积，并由行标和列标可以看出，这三个数取自行列式的不同行、不同列，且每项中三个数的行标可以按自然顺序排列，这样我们就可以将其写成标准形式.如三阶行列式右边的任一项都已写成标准形式 $a_{1j_1}a_{2j_2}a_{3j_3}$

(2)三阶行列式中恰好有 $3!=6$ 项，它恰好又是 j_1,j_2,j_3 的可能个数，即 1,2,3 全排列的个数.

(3)每项 $a_{1j_1}a_{2j_2}a_{3j_3}$ 前面的符号为 $(-1)^{\tau(j_1,j_2,j_3)}$.如项 $a_{12}a_{23}a_{31}$，由于 $\tau(2,3,1)=2$，因此前面符号为 $(-1)^{\tau(2,3,1)}=(-1)^2=1$，即 $a_{12}a_{23}a_{31}$ 前带正号.而对项 $a_{13}a_{22}a_{31}$，由于 $\tau(3,2,1)=3$，因此前面符号为

$$(-1)^{\tau(3,2,1)}=(-1)^3=-1,$$

即 $a_{13}a_{22}a_{31}$ 前面带负号.

在三阶行列式的展开式中，写成标准形式的每项 $a_{1j_1}a_{2j_2}a_{3j_3}$ 按其列标的排列 j_1,j_2,j_3 的奇偶性赋予符号 $(-1)^{\tau(j_1j_2j_3)}$，可以得到

$$(-1)^{\tau(j_1,j_2,j_3)}a_{1j_1}a_{2j_2}a_{3j_3},$$

再把所有的项相加，得到

$$\sum_{j_1,j_2,j_3}(-1)^{\tau(j_1,j_2,j_3)}a_{1j_1}a_{2j_2}a_{3j_3},$$

这里 $\sum\limits_{j_1,j_2,j_3}$ 表示对 1,2,3 的全部排列求和，即

$$\begin{vmatrix} a_{11} & a_{12} & a_{13} \\ a_{21} & a_{22} & a_{23} \\ a_{31} & a_{32} & a_{33} \end{vmatrix} = \sum_{j_1,j_2,j_3} (-1)^{\tau(j_1,j_2,j_3)} a_{1j_1} a_{2j_2} a_{3j_3},$$

如果将上述三条规律应用到 n 阶行列式中，就可以因此 n 阶行列式的概念.

定义 3.1.5 n 阶行列式

$$\begin{vmatrix} a_{11} & a_{12} & \cdots & a_{1n} \\ a_{21} & a_{22} & \cdots & a_{2n} \\ \vdots & \vdots & & \vdots \\ a_{n1} & a_{n2} & \cdots & a_{nn} \end{vmatrix}$$

是 n！项代数和；每项是取自不同行、不同列的 n 个数的乘积，写成标准形式是 $a_{1j_1} a_{2j_2} \cdots a_{nj_n}$；每项带有符号 $(-1)^{\tau(j_1,j_2,j_3)}$，即

$$\begin{vmatrix} a_{11} & a_{12} & \cdots & a_{1n} \\ a_{21} & a_{22} & \cdots & a_{2n} \\ \vdots & \vdots & & \vdots \\ a_{n1} & a_{n2} & \cdots & a_{nn} \end{vmatrix} = \sum_{j_1,j_2,\cdots,j_n} (-1)^{\tau(j_1,j_2,\cdots,j_n)} a_{1j_1} a_{2j_2} \cdots a_{nj_n}, \tag{3-1-1}$$

这里的 $\sum\limits_{j_1,j_2,\cdots,j_n}$ 是对 $1,2,\cdots,n$ 的全排列求和.式(3-1-1) 就是 n 阶行列式的展开式.

例 3.1.1 计算下列行列式

$$(1) D = \begin{vmatrix} a_{11} & 0 & \cdots & 0 \\ a_{21} & a_{22} & \cdots & 0 \\ \vdots & \vdots & & \vdots \\ a_{n1} & a_{n2} & \cdots & a_{nn} \end{vmatrix} \quad (2) D = \begin{vmatrix} 0 & \cdots & 0 & a_{1n} \\ 0 & \cdots & a_{2,n-1} & a_{2n} \\ \cdots & \cdots & \cdots & \cdots \\ a_{n1} & a_{n2} & \cdots & a_{nn} \end{vmatrix}.$$

分析：因为求和时只需要找出非零项，因此，这里只需找出行列式展开式中的可能零的项.

解：(1)D 的可能的非零项在第一行中的元只能取 a_{11}，在第二行中的元只能取 a_{22}，…，在第 n 行中的元只能取 a_{nn}.于是行列式(1)的可能的非零项只有 1 项：$a_{11}a_{22}\cdots a_{nn}$，从而

$$D = (-1)^{\tau(12\cdots n)} a_{11} a_{22} \cdots a_{nn} = a_{11} a_{22} \cdots a_{nn}.$$

(2)类似于(1)的解法，找出行列式展开式的可能不为零的项．这样的项在第一行中的元只能取 a_{1n}，而在第二行中的元只能取 $a_{2,n-1}$，…，在第 n 行中的元只能取 a_{n1}.于是行列式(2)的可能的非零项只有 1 项：$a_{1n}a_{2,n-1}\cdots a_{n1}$，从而得到

$$\begin{aligned} D = \begin{vmatrix} 0 & \cdots & 0 & a_{1n} \\ 0 & \cdots & a_{2,n-1} & a_{2n} \\ \vdots & & \vdots & \vdots \\ a_{n1} & a_{n2} & \cdots & a_{nn} \end{vmatrix} &= (-1)^{\tau(n\,\overline{n-1}\cdots 21)} a_{1n} a_{2,n-1} \cdots a_{n1} \\ &= (-1)^{\frac{n(n-1)}{2}} a_{1n} a_{2,n-1} \cdots a_{n1} \end{aligned}$$

称主对角线上的元全为零元的行列式为下三角行列式.主对角线以下的元全为零元的行列式为上三角行列式.上、下三角行列式统称为三角行列式.其中(1)的结果表明：下三角行列式等

于其主对角线上元素的乘积.

定义 3.1.6

$$D=\begin{vmatrix} a_{11} & a_{12} & \cdots & a_{1n} \\ a_{21} & a_{22} & \cdots & a_{2n} \\ \vdots & \vdots & & \vdots \\ a_{n1} & a_{n2} & \cdots & a_{nn} \end{vmatrix}=\sum_{j_1j_2\cdots j_n}(-1)^{\tau(j_1j_2\cdots j_n)}a_{1j_1}a_{2j_2}\cdots a_{nj_n} \tag{3-1-2}$$

可以证明行列式的两个定义等价.

另外,还有一种

$$\begin{vmatrix} d_1 & 0 & \cdots & 0 \\ 0 & d_2 & \cdots & 0 \\ \vdots & \vdots & & \vdots \\ 0 & 0 & \cdots & d_n \end{vmatrix}=d_1d_2\cdots d_n,$$

及

$$\begin{vmatrix} 1 & 0 & \cdots & 0 \\ 0 & 1 & \cdots & 0 \\ \vdots & \vdots & & \vdots \\ 0 & 0 & \cdots & 1 \end{vmatrix}=1,$$

这种主对角线以外元素全为零的行列式称为对角线行列式.

3.2　行列式中的构造思想方法

构造的思想方法在行列式中也有广泛的应用.主要是借助已知的特性、特型和特值行列式,利用行列式的性质与展开,构造恒等变形行列式,最终得到解.

例 3.2.1　证明 n 阶循环行列式:

$$|D_n|=\begin{vmatrix} a_1 & a_2 & \cdots & a_{n-1} & a_n \\ a_n & a_1 & \cdots & \cdots & a_{n-1} \\ \vdots & \vdots & & \vdots & \vdots \\ a_3 & \cdots & \cdots & a_1 & a_2 \\ a_2 & a_3 & \cdots & a_n & a_1 \end{vmatrix}=f(1)f(\varepsilon)f(\varepsilon^2)\cdots f(\varepsilon^{n-1})$$

其中,$1,\varepsilon,\varepsilon^2,\cdots,\varepsilon^{n-1}$为全部 n 次单位根(其中 ε 为 n 次本原单位根),$f(x)=a_1+a_2x+\cdots+a_nx^{n-1}$.

证明:

方法一:作范德蒙行列式:

$$V=\begin{vmatrix}1 & 1 & 1 & \cdots & 1\\ 1 & \varepsilon & \varepsilon^{2} & \cdots & \varepsilon^{n-1}\\ 1 & \varepsilon^{2} & \varepsilon^{4} & \cdots & \varepsilon^{2(n-1)}\\ \vdots & \vdots & \vdots & & \vdots\\ 1 & \varepsilon^{n-1} & \varepsilon^{2(n-1)} & \cdots & \varepsilon^{(n-1)^2}\end{vmatrix},$$

其中，ε 为 n 次本原单位根，则有

$$D_nV=f(1)f(\varepsilon)f(\varepsilon^2)\cdots f(\varepsilon^{n-1})V.$$

又 $V\neq 0\Rightarrow D=f(1)f(\varepsilon)f(\varepsilon^2)\cdots f(\varepsilon^{n-1})$，所以结论成立.

方法二(利用特征多项式、特征根来证)：设 n 阶方阵：

$$A=\begin{pmatrix}0 & 1 & \cdots & 0 & 0\\ 0 & 0 & \cdots & 0 & 0\\ \vdots & \vdots & & \vdots & \vdots\\ 0 & 0 & \cdots & 0 & 1\\ 1 & 0 & \cdots & 0 & 0\end{pmatrix},$$

则 $D_n=a_1E+a_2A+\cdots+a_nA^{n-1}=f(A)$，则 A 的特征多项式为 $|\lambda E-A|=\lambda^n-1$，即有 A 的特征值为全部 n 次单位根 $\varepsilon_1,\varepsilon_2,\cdots,\varepsilon_n$，有矩阵 $f(A)$ 的特征值为 $f(\varepsilon_1)f(\varepsilon_2)\cdots f(\varepsilon_n)$，所以：

$$|D_n|=|f(A)|=f(\varepsilon_1)f(\varepsilon_2)\cdots f(\varepsilon_n).$$

3.3 拉普拉斯定理及行列式的展开

3.3.1 拉普拉斯定理

在 $|A|$ 中取定某 k 行和某 k 列，设这 k 行的行号为 $p_1<p_2<\cdots<p_k$，这 k 列的列号为 $q_1<q_2<\cdots<q_k$.则由这 k 行和这 k 列的交点上的元素按原次序构成的 k 阶行列式就称为 $|\mathbf{A}|$ 的一个 k 阶子式，记作 $M\begin{pmatrix}p_1 & p_2 & \cdots & p_k\\ q_1 & q_2 & \cdots & q_k\end{pmatrix}$.因而有

$$M\begin{pmatrix}p_1 & p_2 & \cdots & p_k\\ q_1 & q_2 & \cdots & q_k\end{pmatrix}=\begin{vmatrix}a_{p1q1} & a_{p2q1} & \cdots & a_{p1qk}\\ a_{p2q1} & a_{p2q2} & \cdots & a_{p2qk}\\ \vdots & \vdots & & \vdots\\ a_{pkq1} & a_{pkq2} & \cdots & a_{pkqk}\end{vmatrix}.$$

设 $\overline{M}\begin{pmatrix}p_1 & p_2 & \cdots & p_k\\ q_1 & q_2 & \cdots & q_k\end{pmatrix}$ 表示在 $|A|$ 中划去这取定的 k 行和 k 列后剩下的元素按原次序组成的 $n-k$ 阶行列式，称为 $M\begin{pmatrix}p_1 & p_2 & \cdots & p_k\\ q_1 & q_2 & \cdots & q_k\end{pmatrix}$ 的余子式.令

$$A\begin{pmatrix} p_1 & p_2 & \cdots & p_k \\ q_1 & q_2 & \cdots & q_k \end{pmatrix} = (-1)^{\sum\limits_{s=1}^{k}(p_s+q_s)} \overline{M}\begin{pmatrix} p_1 & p_2 & \cdots & p_k \\ q_1 & q_2 & \cdots & q_k \end{pmatrix},$$

称它为 $M\begin{pmatrix} p_1 & p_2 & \cdots & p_k \\ q_1 & q_2 & \cdots & q_k \end{pmatrix}$ 的代数余子式.

定理 3.3.1(拉普拉斯定理)　设 $A=(a_{ij})_{n\times n}$,取定 k 行的行号为 $p_1<p_2<\cdots<p_k$,则有

$$|A| = \sum_{(q_1,q_2,\cdots,q_k)} M\begin{pmatrix} p_1 & p_2 & \cdots & p_k \\ q_1 & q_2 & \cdots & q_k \end{pmatrix} A\begin{pmatrix} p_1 & p_2 & \cdots & p_k \\ q_1 & q_2 & \cdots & q_k \end{pmatrix} \tag{3-3-1}$$

其中,$\sum\limits_{(q_1,q_2,\cdots,q_k)}$ 是对所有在$[1,n]=\{1,2,\cdots,n\}$中取 k 个数的组合求和.

证明:只要证明式(3-3-1)中的每一项都是$|A|$中的一项,且共有 $n!$ 项.

从 $M\begin{pmatrix} p_1 & p_2 & \cdots & p_k \\ q_1 & q_2 & \cdots & q_k \end{pmatrix}$ 中任取一项,应为

$$(-1)^{\tau(j_1,j_2,\cdots,j_k)} a_{p_1 j_1} \cdots a_{p_k j_k},$$

其中,$j_1,j_2,\cdots,j_k$ 为 $q_1,q_2,\cdots,q_k$ 的一个排列.

从 $A\begin{pmatrix} p_1 & p_2 & \cdots & p_k \\ q_1 & q_2 & \cdots & q_k \end{pmatrix}$ 中任取一项,应为

$$(-1)^{\sum\limits_{s=1}^{k}(p_s+q_s)} (-1)^{\tau(j_{k+1},j_{k+2},\cdots,j_{nk})} a_{i_{k+1} j_{k+1}} \cdots a_{i_n j_n},$$

其中,$i_{k+1},i_{k+2},\cdots,i_n$ 为$[1,n]-(p_1,p_2,\cdots,p_k)$的一个顺序排列 $j_{k+1},j_{k+2},\cdots,j_n$ 为$[1,n]-(q_1,q_2,\cdots,q_k)$的一个任意排列.因此,式(3-3-1)中的每一项有以下形式

$$(-1)^{\sum\limits_{s=1}^{k}(p_s+q_s)} (-1)^{\tau(j_1,j_2,\cdots,j_k)} (-1)^{\tau(j_{k+1},j_{k+2},\cdots,j_{nk})} a_{p_1 q_1} \cdots a_{i_k j_k} a_{i_{k+1} j_{k+1}} \cdots a_{i_n j_n},$$

其后面的乘积是 n 个取自不同行不同列的元素,经过重新排列后可变为 $a_{1t_1} a_{2t_2} \cdots a_{nt_n}$,这样式(3-3-1)中的每一项都是$|A|$中的一项.

k 阶子式展开后有 $\binom{n}{k}=\dfrac{n(n-1)\cdots(n-k+1)}{k!}$ 种取法,每一个 k 阶子式展开后有 $k!$.k 阶余子式展开后有$(n-k)!$ 项.因此共有 $\dfrac{n(n-1)\cdots(n-k+1)}{k!}k!\,(n-k)!=n!$ 项.

综上定理成立.

尽管在一些计算方面拉普拉斯定理的价值并不大,但在一些问题的证明方面,如用拉普拉斯定理证明分块三角形行列式的计算公式方面就很容易:设 A 为 n 阶方阵,D 为 m 阶方阵,则

$$\begin{vmatrix} A & 0 \\ C & D \end{vmatrix} = |A||D|,\quad \begin{vmatrix} 0 & A \\ D & C \end{vmatrix} = (-1)^{nm}|A||D|.$$

3.3.2　行列式的按行或列展开

在 n 阶行列式 $D_n=\begin{vmatrix} a_{11} & a_{12} & \cdots & a_{1n} \\ a_{21} & a_{22} & \cdots & a_{2n} \\ \vdots & \vdots & \ddots & \vdots \\ a_{n1} & a_{n2} & \cdots & a_{nn} \end{vmatrix}$ 中,划去元素 a_{ij} 所在的第 i 行及第 j 列,剩下的

元素按原来的排法构成一个 $n-1$ 阶行列式：

$$D_{n-1}=\begin{vmatrix} a_{11} & \cdots & a_{1,j-1} & a_{1,j+1} & \cdots & a_{1n} \\ \vdots & \ddots & \vdots & \vdots & \ddots & \vdots \\ a_{i-1,1} & \cdots & a_{i-1,j-1} & a_{i-1,j+1} & \cdots & a_{i-1,n} \\ a_{i+1,1} & \cdots & a_{i+1,j-1} & a_{i+1,j+1} & \cdots & a_{i+1,n} \\ \vdots & \ddots & \vdots & \vdots & \ddots & \vdots \\ a_{n1} & \cdots & a_{n,j-1} & a_{n,j+1} & \cdots & a_{nn} \end{vmatrix},$$

则称此行列式为 a_{ij} 的余子式，记为 M_{ij}.令 $A_{ij}=(-1)^{i+j}M_{ij}$，则称 A_{ij} 为 a_{ij} 的代数余子式.

行列式等于它的任一行(列)的所有元素与其对应的代数余子式乘积之和；行列式的某一行(列)的元素与另一行(列)的对应元素的代数余子式乘积之和等于零，即有

$$a_{i1}A_{j1}+a_{i2}A_{j2}+\cdots+a_{in}A_{jn}=\begin{cases} D_n, i=j \\ 0, i\neq j \end{cases},$$

$$a_{1i}A_{1j}+a_{2i}A_{2j}+\cdots+a_{ni}A_{nj}=\begin{cases} D_n, i=j \\ 0, i\neq j \end{cases}.$$

其中，A_{ij} 为 a_{ij} 的代数余子式，$i,j=1,2,\cdots n$.

例 3.3.1 计算 n 阶行列式 $D_n=\begin{vmatrix} a & b & 0 & \cdots & 0 & 0 \\ 0 & a & b & \cdots & 0 & 0 \\ 0 & 0 & a & \cdots & 0 & 0 \\ \vdots & \vdots & \vdots & \ddots & \vdots & \vdots \\ 0 & 0 & 0 & \cdots & a & b \\ b & 0 & 0 & \cdots & 0 & a \end{vmatrix}$ 的值.

解：将行列式按第一列展开可得

$$D_n=\begin{vmatrix} a & b & 0 & \cdots & 0 & 0 \\ 0 & a & b & \cdots & 0 & 0 \\ 0 & 0 & a & \cdots & 0 & 0 \\ \vdots & \vdots & \vdots & \ddots & \vdots & \vdots \\ 0 & 0 & 0 & \cdots & a & b \\ b & 0 & 0 & \cdots & 0 & a \end{vmatrix}$$

$$=a\times(-1)^{1+1}\begin{vmatrix} a & b & 0 & \cdots & 0 & 0 \\ 0 & a & b & \cdots & 0 & 0 \\ 0 & 0 & a & \cdots & 0 & 0 \\ \vdots & \vdots & \vdots & \ddots & \vdots & \vdots \\ 0 & 0 & 0 & \cdots & a & b \\ 0 & 0 & 0 & \cdots & 0 & a \end{vmatrix}+b\times(-1)^{n+1}\begin{vmatrix} b & 0 & 0 & \cdots & 0 & 0 \\ a & b & 0 & \cdots & 0 & 0 \\ 0 & a & b & \cdots & 0 & 0 \\ \vdots & \vdots & \vdots & \ddots & \vdots & \vdots \\ 0 & 0 & 0 & \cdots & b & 0 \\ 0 & 0 & 0 & \cdots & a & b \end{vmatrix}$$

$$=a\cdot a^{n-1}+(-1)^{n+1}b\cdot b^{n-1}=a^n+(-1)^{n+1}b^n.$$

例 3.3.2　计算行列式 $D_n=\begin{vmatrix}1-a_1 & a_2 & 0 & \cdots & 0 & 0\\ -1 & 1-a_2 & a_3 & \cdots & 0 & 0\\ 0 & -1 & 1-a_3 & \cdots & 0 & 0\\ \vdots & \vdots & \vdots & \ddots & \vdots & \vdots\\ 0 & 0 & 0 & \cdots & 1-a_{n-1} & a_n\\ 0 & 0 & 0 & \cdots & -1 & 1-a_n\end{vmatrix}$的值.

解:应用行列式的性质以及按行(列)展开的运算方法可得

$$D_n=\begin{vmatrix}1 & a_2 & 0 & \cdots & 0 & 0\\ -1 & 1-a_2 & a_3 & \cdots & 0 & 0\\ 0 & -1 & 1-a_3 & \cdots & 0 & 0\\ \vdots & \vdots & \vdots & \ddots & \vdots & \vdots\\ 0 & 0 & 0 & \cdots & 1-a_{n-1} & a_n\\ 0 & 0 & 0 & \cdots & -1 & 1-a_n\end{vmatrix}$$

$$+\begin{vmatrix}-a_1 & a_2 & 0 & \cdots & 0 & 0\\ -1 & 1-a_2 & a_3 & \cdots & 0 & 0\\ 0 & -1 & 1-a_3 & \cdots & 0 & 0\\ \vdots & \vdots & \vdots & \ddots & \vdots & \vdots\\ 0 & 0 & 0 & \cdots & 1-a_{n-1} & a_n\\ 0 & 0 & 0 & \cdots & -1 & 1-a_n\end{vmatrix}$$

$$=1+(-a_1)\begin{vmatrix}1-a_2 & a_3 & \cdots & 0 & 0\\ -1 & 1-a_3 & \cdots & 0 & 0\\ \vdots & \vdots & \ddots & \vdots & \vdots\\ 0 & 0 & \cdots & 1-a_{n-1} & a_n\\ 0 & 0 & \cdots & -1 & 1-a_n\end{vmatrix}=1-a_1D_{n-1},$$

所以 $D_n=1-a_1D_{n-1}=1-a_1+a_1a_2D_{n-2}=\cdots=1-a_1+a_1a_2-\cdots+(-1)^na_1a_2\cdots a_n$.

3.4　行列式的计算

关于行列式的计算,可根据其自身的特点选择不同的方法,下面介绍几种计算行列式的常用方法.

(1)利用行列式的定义计算法.当行列式中非零元素较少时,可用行列式的定义计算.

(2)降阶法(行列式的展开定理).当行列式中零元素较多时,可用行列式的展开定理计算.

(3)利用行列式的性质化为上(下)三角形行列式计算法.当行列式中各行(列)元素之和相等时,把所有行(或列)加到第一行(或第一列),提取公因子后再化简计算.

(4)递推公式法.利用行列式的展开定理得到递推关系,进而求出所给的行列式.

(5)数学归纳法.

例 3.4.1 计算行列式

$$\begin{vmatrix} -2 & 5 & -1 & 3 \\ 1 & -9 & 13 & 7 \\ 3 & -1 & 5 & -5 \\ 2 & 8 & -7 & -10 \end{vmatrix}.$$

解:用行列式性质将其化为三角形形式,最后求出其值.

第 1 步:互换 1,2 两行(注意行列式变号).

第 2 步:将第 1 行的 2 倍、-3 倍、-2 倍分别加到第 2,3,4 行上,使第 1 列除第 1 个元素外全是零.

第 3 步:对第 2,3 行重复以上做法,将行列式化成三角形行列式.

$$\begin{vmatrix} -2 & 5 & -1 & 3 \\ 1 & -9 & 13 & 7 \\ 3 & -1 & 5 & -5 \\ 2 & 8 & -7 & -10 \end{vmatrix} = -\begin{vmatrix} 1 & -9 & 13 & 7 \\ -2 & 5 & -1 & 3 \\ 3 & -1 & 5 & -5 \\ 2 & 8 & -7 & -10 \end{vmatrix}$$

$$= -\begin{vmatrix} 1 & -9 & 13 & 7 \\ 0 & -13 & 25 & 17 \\ 0 & 26 & -34 & -26 \\ 0 & 26 & -33 & -24 \end{vmatrix} = -\begin{vmatrix} 1 & -9 & 13 & 7 \\ 0 & -13 & 25 & 17 \\ 0 & 0 & 16 & 8 \\ 0 & 0 & 17 & 10 \end{vmatrix}$$

$$= -\begin{vmatrix} 1 & -9 & 13 & 7 \\ 0 & -13 & 25 & 17 \\ 0 & 0 & 16 & 8 \\ 0 & 0 & 0 & \frac{3}{2} \end{vmatrix} = -1\times(-13)\times16\times\frac{3}{2}=312.$$

例 3.4.2 计算行列式 $\begin{vmatrix} 6 & 10 & 3 & 4 \\ 7 & 18 & 5 & 2 \\ 5 & 8 & 2 & 1 \\ 3 & 0 & 2 & 4 \end{vmatrix}$.

解:对于该式也可以先将其化为三角形行列式,然后再算出其值.这里为了避免计算过程中出现过多的分数,可以先把行列式的第 3 行乘以 -1 加到第 1 行上,这时行列式第 1 行第 1 列位置上出现 1,然后计算就能够减少计算中出现的分数,即

$$\begin{vmatrix} 6 & 10 & 3 & 4 \\ 7 & 18 & 5 & 2 \\ 5 & 8 & 2 & 1 \\ 3 & 0 & 2 & 4 \end{vmatrix} = \begin{vmatrix} 1 & 2 & 1 & 3 \\ 7 & 18 & 5 & 2 \\ 5 & 8 & 2 & 1 \\ 3 & 0 & 2 & 4 \end{vmatrix} = \begin{vmatrix} 1 & 2 & 1 & 3 \\ 0 & 4 & -2 & -19 \\ 0 & -2 & -3 & -14 \\ 0 & -6 & -1 & -5 \end{vmatrix}$$

$$= \begin{vmatrix} 1 & 2 & 1 & 3 \\ 0 & 2 & 3 & 14 \\ 0 & 4 & -2 & -19 \\ 0 & -6 & -1 & -5 \end{vmatrix} = \begin{vmatrix} 1 & 2 & 1 & 3 \\ 0 & 2 & 3 & 14 \\ 0 & 0 & -8 & -47 \\ 0 & 0 & 8 & 37 \end{vmatrix}$$

$$=\begin{vmatrix}1&2&1&3\\0&2&3&14\\0&0&-8&-47\\0&0&0&-10\end{vmatrix}=1\times2\times(-8)\times(-10)=160.$$

例 3.4.3　计算 n 阶行列式.

$$\begin{vmatrix}a&1&1&\cdots&1&1\\1&a&1&\cdots&1&1\\\vdots&\vdots&\vdots&&\vdots&\vdots\\1&1&1&\cdots&a&1\\1&1&1&\cdots&1&a\end{vmatrix}$$

解:该行列式的每一行都有一个元素 a,其余 $n-1$ 个元素都是 1,因而每行元素的和都是 $(n-1)+a$,这样就可以把第 2 列、第 3 列……第 n 列都加到第 1 列中,行列式的值不变,然后在提出第 1 列的公因子 $(n-1)+a$,即

$$\begin{vmatrix}a&1&1&\cdots&1&1\\1&a&1&\cdots&1&1\\\vdots&\vdots&\vdots&&\vdots&\vdots\\1&1&1&\cdots&a&1\\1&1&1&\cdots&1&a\end{vmatrix}=\begin{vmatrix}(n-1)+a&1&1&\cdots&1&1\\(n-1)+a&a&1&\cdots&1&1\\\vdots&\vdots&\vdots&&\vdots&\vdots\\(n-1)+a&1&1&\cdots&a&1\\(n-1)+a&1&1&\cdots&1&a\end{vmatrix}$$

$$=(n-1+a)\begin{vmatrix}1&1&1&\cdots&1&1\\1&a&1&\cdots&1&1\\\vdots&\vdots&\vdots&&\vdots&\vdots\\1&1&1&\cdots&a&1\\1&1&1&\cdots&1&a\end{vmatrix}$$

$$=(n-1+a)\begin{vmatrix}1&1&1&\cdots&1&1\\0&a-1&0&\cdots&0&0\\\vdots&\vdots&\vdots&&\vdots&\vdots\\0&0&0&\cdots&a-1&0\\0&0&0&\cdots&1&a-1\end{vmatrix}$$

$$=(n-1+a)(a-1)^{n-1}.$$

上面的第 1 个等式是把第 1 行的 -1 倍分别加到第 2 行至第 n 行上得到的,结果化为一个三角形行列式,然后再计算出其值.

例 3.4.4　n 阶行列式

$$D=\begin{vmatrix}0&a_{12}&a_{13}&\cdots&a_{1n}\\-a_{12}&0&a_{23}&\cdots&a_{2n}\\-a_{13}&-a_{23}&0&\cdots&a_{3n}\\\vdots&\vdots&\vdots&&\vdots\\-a_{1n}&-a_{2n}&-a_{3n}&\cdots&0\end{vmatrix}$$

称为反对称行列式(D 中元素满足:$a_{ij}=-a_{ji}$).证明 n 为奇数时 $D=0$,即奇数阶反对称行列

式必定为零.

证明:将 D 的每一行提出公因子-1,有

$$D=(-1)^n\begin{vmatrix}0 & -a_{12} & -a_{13} & \cdots & -a_{1n}\\ a_{12} & 0 & -a_{23} & \cdots & -a_{2n}\\ a_{13} & a_{23} & 0 & \cdots & -a_{3n}\\ \vdots & \vdots & \vdots & & \vdots\\ a_{1n} & a_{2n} & a_{3n} & \cdots & 0\end{vmatrix}=(-1)^nD^{\mathrm{T}},$$

又因为 $D=D^{\mathrm{T}}$ 且 n 为奇数,所以

$$D=(-1)^nD=-D,$$

因此,$D=0$.

上面是几种常用的计算行列式的方法,在实际计算过程中不能限于这种固定的步骤,可以根据不同的情况灵活运用行列式的性质,较快的计算出行列式的值.其基本原理是尽可能多地使行列式的元素变为零,仅可能快地将行列式是降价处理.

例 3.4.5 计算 n 阶 Vander Monde(范德蒙)行列式

$$Vn=\begin{vmatrix}1 & x_1 & x_1^2 & \cdots & x_1^{n-2} & x_1^{n-1}\\ 1 & x_2 & x_2^2 & \cdots & x_2^{n-2} & x_2^{n-1}\\ \vdots & \vdots & \vdots & & \vdots & \vdots\\ 1 & x_{n-1} & x_{n-1}^2 & \cdots & x_{n-1}^{n-2} & x_{n-1}^{n-1}\\ 1 & x_n & x_n^2 & \cdots & x_n^{n-2} & x_n^{n-1}\end{vmatrix}.$$

解:采用行销去法,将第 $n-1$ 列乘以$-x_n$ 后加到第 n 列上,再将第 $n-2$ 列乘以$-x_n$ 加到第 $n-1$ 列上.依次下去,直至将第一列$-x_n$ 乘以加到第二列上为止.每次这样变形后行列式的值不改变,此时

$$V_n=\begin{vmatrix}1 & x_1-x_n & x_1^2-x_1x_n & \cdots & x_1^{n-2}-x_1^{n-3}x_n & x_1^{n-1}-x_1^{n-2}x_n\\ 1 & x_2-x_n & x_2^2-x_2x_n & \cdots & x_2^{n-2}-x_2^{n-3}x_n & x_2^{n-1}-x_2^{n-2}x_n\\ \vdots & \vdots & \vdots & & \vdots & \vdots\\ 1 & x_{n-1}-x_n & x_{n-1}^2-x_{n-1}x_n & \cdots & x_{n-1}^{n-2}-x_{n-1}^{n-3}x_n & x_{n-1}^{n-1}-x_{n-1}^{n-2}x_n\\ 1 & 0 & 0 & \cdots & 0 & 0\end{vmatrix}$$

$$=(-1)^{n+1}\begin{vmatrix}x_1-x_n & x_1(x_1-x_n) & \cdots & x_1^{n-3}(x_1-x_n) & x_1^{n-2}(x_1-x_n)\\ x_2-x_n & x_2(x_2-x_n) & \cdots & x_2^{n-3}(x_2-x_n) & x_2^{n-2}(x_2-x_n)\\ \vdots & \vdots & & \vdots & \vdots\\ x_{n-1}-x_n & x_{n-1}(x_{n-1}-x_n) & \cdots & x_{n-1}^{n-3}(x_{n-1}-x_n) & x_{n-1}^{n-2}(x_{n-1}-x_n)\end{vmatrix}.$$

将式中各行公因子析出后得到一个 $n-1$ 阶行列式恰好是一个 $x_1,x_2,\cdots,x_{n-1}$ 的 $n-1$ 阶 Vander Monde 行列式,记为 V_{n-1},于是

$$V_n=(-1)^{n+1}(x_1-x_n)(x_2-x_n)\cdots(x_{n-1}-x_n)\cdot\begin{vmatrix}1 & x_1 & x_1^2 & \cdots & x_1^{n-2}\\ 1 & x_2 & x_2^2 & \cdots & x_2^{n-2}\\ \vdots & \vdots & \vdots & & \vdots\\ 1 & x_{n-1} & x_{n-1}^2 & \cdots & x_{n-1}^{n-2}\end{vmatrix}$$

$$=(x_n-x_1)(x_n-x_2)\cdots(x_n-x_{n-1})V_{n-1},$$

这样就可以得到递推公式

$$V_n=(x_n-x_1)(x_n-x_2)(x_n-x_{n-1})V_{n-1}.$$

于是

$$V_n=\prod_{1\leqslant j<i\leqslant n}(x_i-x_j)$$

这里的 Π 表示连乘积，i 和 j 在保持 $j<i$ 的条件下遍历 1 到 n.

例 3.4.6　计算下列 n 阶行列式

$$D=\begin{vmatrix} x & a & a & \cdots & a \\ a & x & x & \cdots & a \\ a & a & x & \cdots & a \\ \vdots & \vdots & \vdots & & \vdots \\ a & a & a & \cdots & x \end{vmatrix}.$$

解：将第二行、第三行直至第 n 行都加到第一行上，D 的值保持不变：

$$D=\begin{vmatrix} x+(n-1)a & x+(n-1)a & x+(n-1)a & \cdots & x+(n-1)a \\ a & x & a & \cdots & a \\ a & a & x & \cdots & a \\ \vdots & \vdots & \vdots & & \vdots \\ a & a & a & \cdots & x \end{vmatrix}$$

$$=[x+(n-1)a]\begin{vmatrix} 1 & 1 & 1 & \cdots & 1 \\ a & x & a & \cdots & a \\ a & a & x & \cdots & a \\ \vdots & \vdots & \vdots & & \vdots \\ a & a & a & \cdots & x \end{vmatrix}$$

再将第一行乘以 $-a$ 分别加到第二行、第三行，直至第 n 行上，得到

$$D=[x+(n-1)a]\begin{vmatrix} 1 & 1 & 1 & \cdots & 1 \\ 0 & x-a & 0 & \cdots & 0 \\ 0 & 0 & x-a & \cdots & 0 \\ \vdots & \vdots & \vdots & & \vdots \\ 0 & 0 & 0 & \cdots & x-a \end{vmatrix}=[x+(n-1)a](x-a)^{n-1}.$$

行列式的计算方法很多，但具体到一个题用什么方法去求解往往不是一件容易的事，有时要综合运用各种方法才能得到答案.需要掌握行列式的特征，根据特征去寻找合适的方法.

3.5　行列式中的降阶与递推思想方法

3.5.1　降阶与递推的思想方法

降阶与递推的思想方法就是利用行列式的性质和行列式的展开，建立高阶行列式与低阶

行列式之间一种递推关系,从而得到行列式的一种递推关系,并利用这种关系求出行列式的值的一种方法.

降阶与递推的思想方法一般步骤为:

(1)利用行列式的性质和行列式的展开,建立高阶行列式与低阶行列式之间一种关系.

(2)根据高阶行列式与低阶行列式的关系得到特征方程,并求特征方程的解.

(3)根据特征方程的解得到行列式的递推关系.

(4)根据递推关系,一直递推到可求解为止.

(5)确定行列式的值.

行列式的求解方法中还有一种方法,就是利用矩阵的性质得到行列式的降阶定理,也能起到降阶的目的,并且能大幅度降阶,最终求解行列式.这种方法必须符合行列式的降阶定理中关于形式的要求.

降阶与递推的思想方法在行列式中有着广泛的应用,行列式的降阶定理更是作为一种独特的方法,可解决一大类行列式的求解问题.

3.5.2 行列式中的降阶与递推的思想方法

行列式的展开本身就是一种降阶思想的体现.利用降阶与递推的思想方法求解就是重复利用行列式的性质和行列式的展开,确定递推关系,并最终求解的过程.

例 3.5.1 计算

$$D_{2n}=\begin{vmatrix} a & & & & & & & b \\ & a & & & & & b & \\ & & \ddots & & & \iddots & & \\ & & & a & b & & & \\ & & & b & a & & & \\ & & \iddots & & & \ddots & & \\ & b & & & & & a & \\ b & & & & & & & a \end{vmatrix}.$$

解:(降阶的思想)

$$D_{2n}=(a^2-b^2)D_{2n-2}=\cdots=(a^2-b^2)^{n-1}D_2=(a^2-b^2)^n.$$

3.5.3 行列式中的降阶定理

引理 设 $\boldsymbol{A},\boldsymbol{D}$ 均为方阵,且 $\boldsymbol{A}$ 可逆,证明:

$$\begin{vmatrix} A & B \\ C & D \end{vmatrix}=\begin{vmatrix} A & B \\ 0 & D-CA^{-1}B \end{vmatrix}.$$

证明:由于 $\begin{bmatrix} E & 0 \\ -CA^{-1} & E \end{bmatrix}\begin{bmatrix} A & B \\ C & D \end{bmatrix}=\begin{bmatrix} A & B \\ 0 & D-CA^{-1}B \end{bmatrix}$ 两边取行列式即得.

定理 3.5.1　设 ***ABCD*** 均为 n 阶矩阵，且 **A** 和 **C** 可换，证明：

$$\begin{vmatrix} A & B \\ C & D \end{vmatrix} = |AD-CB|.$$

证明：(1)若 **A** 可逆，则由引理知：

$$\begin{vmatrix} A & B \\ C & D \end{vmatrix} = \begin{vmatrix} A & B \\ 0 & D-CA^{-1}B \end{vmatrix} = |A|\,|D-CA^{-1}B| = |AD-CB|.$$

(2)若 **A** 不可逆，则存在 0 的一个邻域，矩阵 $\boldsymbol{A}-\varepsilon\boldsymbol{E}$ 均为可逆矩阵.

由(1)知：行列式 $\begin{vmatrix} A-\varepsilon E & B \\ C & D \end{vmatrix}$ 与 $|(A-\varepsilon E)D-CB|$ 有无穷多个点处均相等.

由连续性知：$\begin{vmatrix} A-\varepsilon E & B \\ C & D \end{vmatrix} = |(A-\varepsilon E)D-CB|$，令 $x=0$，即得结论.

定理 3.5.2　设 ***ABCD*** 均为 n 阶矩阵，证明：

(1) $|A|\,|D-CA^{-1}B| = |D|\,|A-BD^{-1}C|$.

(2) $|A-BD^{-1}C| = \dfrac{|A|}{|D|}|D-CA^{-1}B|$.

定理 3.5.1 一般称为第一降阶定理，定理 3.5.2 一般称为第二降阶定理.

3.6　行列式与数列、多项式

引理 3.6.1　行列式

$$F_n = \begin{vmatrix} a+b & ab & 0 & 0 & \cdots & 0 & 0 & 0 \\ 1 & a+b & ab & 0 & \cdots & 0 & 0 & 0 \\ 0 & 1 & a+b & ab & \cdots & 0 & 0 & 0 \\ \vdots & \vdots & \vdots & \vdots & & \vdots & \vdots & \vdots \\ 0 & 0 & 0 & 0 & \cdots & 1 & a+b & ab \\ 0 & 0 & 0 & 0 & \cdots & 0 & 1 & a+b \end{vmatrix} = \frac{a^{n+1}-b^{n+1}}{a-b}.$$

其中，$a\neq b$.

例 3.6.1　斐波那契(Fibonacci)数列是

$$1,2,3,5,8,13,21,35,\cdots$$

它满足 $F_n=F_{n-1}+F_{n-2}\,(n\geqslant 3)$，$F_1=1$，$F_2=2$.

证明斐波那契数列的通项 F_n 可由下述行列式表示：

$$F_n = \begin{vmatrix} 1 & -1 & 0 & 0 & \cdots & 0 & 0 & 0 \\ 1 & 1 & -1 & 0 & \cdots & 0 & 0 & 0 \\ 0 & 1 & 2 & -1 & \cdots & 0 & 0 & 0 \\ \vdots & \vdots & \vdots & \vdots & & \vdots & \vdots & \vdots \\ 0 & 0 & 0 & 0 & \cdots & 1 & 1 & -1 \\ 0 & 0 & 0 & 0 & \cdots & 0 & 1 & 1 \end{vmatrix}.$$

(2)求斐波那契数列的通项公式.

(1)**证明:**把上述 n 阶行列式按第一列展开,得

$$F_n=F_{n-1}+1\cdot(-1)^{2+1}F_{n-2}=F_{n-1}+F_{n-2},n\geqslant 3.$$

上述形式的 1 阶行列式的值为 1,2 阶行列式的值为 2.因此斐波那契梳理的通项 F_n 可由上述行列式表示.

(2)**解:**令 $\alpha+\beta=1,\alpha\beta=-1$,则 α,β 是方程

$$x^2-x-1=0$$

的两个根:

$$\alpha=\frac{1+\sqrt{5}}{2},\beta=\frac{1-\sqrt{5}}{2}.$$

于是

$$F_n=\begin{vmatrix}\alpha+\beta & \alpha\beta & 0 & 0 & \cdots & 0 & 0 & 0\\ 1 & \alpha+\beta & \alpha\beta & 0 & \cdots & 0 & 0 & 0\\ 0 & 1 & \alpha+\beta & \alpha\beta & \cdots & 0 & 0 & 0\\ \vdots & \vdots & \vdots & \vdots & & \vdots & \vdots & \vdots\\ 0 & 0 & 0 & 0 & \cdots & 1 & \alpha+\beta & \alpha\beta\\ 0 & 0 & 0 & 0 & \cdots & 0 & 1 & \alpha+\beta\end{vmatrix},$$

则由引理 3.6.1 可得

$$F_n=\frac{\alpha^{n+1}-\beta^{n+1}}{\alpha-\beta}=\frac{1}{\sqrt{5}}\left[\left(\frac{1+\sqrt{5}}{2}\right)^{n+1}-\left(\frac{1-\sqrt{5}}{2}\right)^{n+1}\right].$$

引理 3.6.2

$$\begin{vmatrix}2a & a^2 & 0 & 0 & \cdots & 0 & 0 & 0\\ 1 & 2a & a^2 & 0 & \cdots & 0 & 0 & 0\\ 0 & 1 & 2a & a^2 & \cdots & 0 & 0 & 0\\ \vdots & \vdots & \vdots & \vdots & & \vdots & \vdots & \vdots\\ 0 & 0 & 0 & 0 & \cdots & 1 & 2a & a^2\\ 0 & 0 & 0 & 0 & \cdots & 0 & 1 & 2a\end{vmatrix}=(n+1)a^2.$$

通常称以上行列式为三对角行列式,它是一类非常重要的行列式,并且有着许多应用.

引理 3.6.3 设实数域上的 n 阶行列式:

$$D_n=\begin{vmatrix}a & b & 0 & 0 & \cdots & 0 & 0 & 0\\ b & a & b & 0 & \cdots & 0 & 0 & 0\\ 0 & c & a & b & \cdots & 0 & 0 & 0\\ \vdots & \vdots & \vdots & \vdots & & \vdots & \vdots & \vdots\\ 0 & 0 & 0 & 0 & \cdots & c & a & b\\ 0 & 0 & 0 & 0 & \cdots & 0 & c & a\end{vmatrix}.$$

解:若 $c=0$,则 $D_n=a^n$,下面设 $c\neq 0$,则

$$D_n=c^n\begin{vmatrix} \frac{a}{c} & \frac{b}{c} & 0 & 0 & \cdots & 0 & 0 & 0 \\ 1 & \frac{a}{c} & \frac{b}{c} & 0 & \cdots & 0 & 0 & 0 \\ 0 & 1 & \frac{a}{c} & \frac{b}{c} & \cdots & 0 & 0 & 0 \\ \vdots & \vdots & \vdots & \vdots & & \vdots & \vdots & \vdots \\ 0 & 0 & 0 & 0 & \cdots & 1 & \frac{a}{c} & \frac{b}{c} \\ 0 & 0 & 0 & 0 & \cdots & 0 & 1 & \frac{a}{c} \end{vmatrix}.$$

令 $\alpha+\beta=\frac{a}{c},\alpha\beta=\frac{b}{c}$，则 α,β 是方程

$$x^2-\frac{a}{c}x+\frac{b}{c}=0$$

的两个根：

$$\alpha=\frac{1}{2}\left(\frac{a}{c}+\frac{1}{|c|}\sqrt{b^2-4ac}\right),\beta=\frac{1}{2}\left(\frac{a}{c}-\frac{1}{|c|}\sqrt{b^2-4ac}\right).$$

当 $a^2\neq 4bc$ 时，$\alpha\neq\beta$，利用引理 3.6.1，得

$$D_n=c^n\frac{\alpha^{n+1}-\beta^{n+1}}{\alpha-\beta}=\frac{(c\alpha)^{n+1}-(c\beta)^{n+1}}{c\alpha-c\beta}=\frac{\alpha_1^{n+1}-\beta_1^{n+1}}{\alpha_1-\beta_2},$$

其中，$\alpha_1=c\alpha,\beta_1=c\beta$ 是方程

$$x^2-ax+bc=0$$

的两个根.

当 $a^2=4bc$ 时，$\alpha=\beta$.利用引理 3.6.2，得

$$D_n=c^n(n+1)\alpha^n=(n+1)(c\alpha)^n=(n+1)\frac{a^n}{2^n}.$$

因此

$$D_n=\begin{cases}\dfrac{\alpha_1^{n+1}-\beta_1^{n+1}}{\alpha_1-\beta_2} & a^2\neq 4bc \\ (n+1)\dfrac{a^n}{2^n} & a^2=4bc\end{cases},$$

其中，α_1,β_1 是方程 $x^2-ax+bc=0$ 的两个根.

3.7　行列式与体积

本节将引入面积函数和体积函数的概念，由此给予 2 阶行列式和 3 阶行列式的几何意义，并将体积函数的概念推广到 n 维的情况，给予 n 阶行列式的几何意义.

设 $A=(\alpha_1,\alpha_2)\in\mathbb{R}^{2\times2}$，$S(A)$表示以 A 的列向量 α_1,α_2 为边的平行四边形的面积(如果 α_1,α_2 线性相关，则定义 $S(A)=0$).例如：设

$$A=\begin{pmatrix}2&1\\0&2\end{pmatrix},$$

则 $S(A)$表示图 3.1 所示的平行四边形的面积.

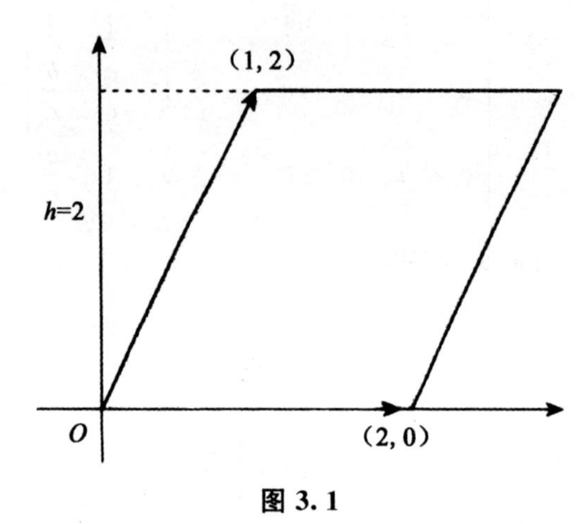

图 3.1

由于平行四边形的面积为底乘高，故 $S(A)=2\times2=4$.我们发现，这个面积恰好等于行列式：

$$|A|=\begin{vmatrix}2&1\\0&2\end{vmatrix}.$$

由于行列式的值可正可负，为了表示行列式的绝对值，在本节中我们将 A 的行列式记为 $\det A$，它的绝对值就可以记为$|\det A|$. 现在的问题是，在一般情况下，对任一 $A\in\mathbb{R}^{2\times2}$，是否都有

$$S(A)=|\det A|?$$

为此，我们先讨论面积函数 $S(A)$的性质.

例 3.7.1 (1) 行列式的列的性质中哪些性质可以推广到面积函数中来？

(2)设 $A\in\mathbb{R}^{2\times2}$.问：为什么 $S(A)$等于$|\det A|$？

分析：一般地，一个几何变换可以改变一个(平面的或空间的)几何图形的形状和大小.由于平移不改变几何图形的形状和大小，因此可以仅研究$\mathbb{R}^2$或$\mathbb{R}^3$上的线性变换所带来的几何图形的面积或体积的变换.

在直角坐标平面 xOy 上让每一点 $P(x,y)$绕一固定点(设为原点 O)旋转一个定角 θ，变成另一个点 $P'(x',y')$，如此产生的变换称为平面上的旋转变换，此固定点称为旋转中心，该定角称为旋转角.由解析几何知，点 P 和点 P'的对应关系为

$$\begin{cases}x'=x\cos\theta-y\sin\theta,\\ y'=x\sin\theta+y\cos\theta.\end{cases}$$

将上式写成矩阵形式，有

$$\begin{pmatrix} x' \\ y' \end{pmatrix} = \begin{pmatrix} \cos\theta & -\sin\theta \\ \sin\theta & \cos\theta \end{pmatrix} \begin{pmatrix} x \\ y \end{pmatrix}. \tag{3-7-1}$$

矩阵

$$\boldsymbol{B} = \begin{pmatrix} \cos\theta & -\sin\theta \\ \sin\theta & \cos\theta \end{pmatrix}$$

是逆时针方向旋转 θ 角的旋转变换的矩阵，称为旋转变换矩阵，由于向量$(x,y)^{\mathrm{T}}$ 和$(x',y')^{\mathrm{T}}$可以分别看做点 $P(x,y)$和 $P'(x',y')$的位置向量(即起点 O 和终点 P 或 P'的向量)，故旋转变换[式(3-7-1)]可看做$\mathbb{R}^2$上的线性变换(设为$\Re$)，它在基 $i=(1,0)^{\mathrm{T}}$，$j=(0,1)^{\mathrm{T}}$ 下的矩阵就是 B.

由图 3.2 可见，绕原点 O 旋转 30°，旋转前后一个单位正方形的位置发生变化，以向量 i，j 为边的正方形变换为以向量

$$B\begin{pmatrix} 1 \\ 0 \end{pmatrix} = \begin{pmatrix} \frac{\sqrt{3}}{2} & -\frac{1}{2} \\ \frac{1}{2} & \frac{\sqrt{3}}{2} \end{pmatrix} \begin{pmatrix} 1 \\ 0 \end{pmatrix} = \begin{pmatrix} \frac{\sqrt{3}}{2} \\ \frac{1}{2} \end{pmatrix} \tag{3-7-2}$$

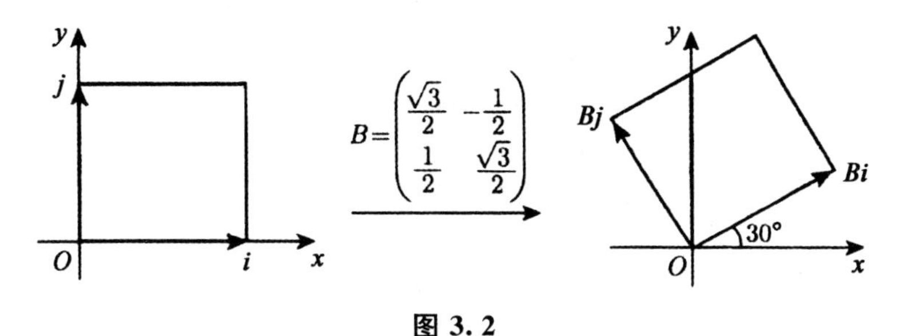

图 3.2

为边的正方形，将(3-7-2)中的相量$\begin{pmatrix} 1 \\ 0 \end{pmatrix}$，$\begin{pmatrix} 0 \\ 1 \end{pmatrix}$合在一起，得到矩阵

$$A = \begin{pmatrix} 1 & 0 \\ 0 & 1 \end{pmatrix} \in \mathbb{R}^{2\times 2}$$

表示以列向量$\begin{pmatrix} 1 \\ 0 \end{pmatrix}$，$\begin{pmatrix} 0 \\ 1 \end{pmatrix}$为边的平行四边形(这里是正方形)，也可以改成

$$B\begin{pmatrix} 1 & 0 \\ 0 & 1 \end{pmatrix} = \begin{pmatrix} \frac{\sqrt{3}}{2} & -\frac{1}{2} \\ \frac{1}{2} & \frac{\sqrt{3}}{2} \end{pmatrix}.$$

因而将平行四边形 $A=(\alpha_1,\alpha_2)$旋转 θ 角所得到的平行四边形就是以用该旋转变换的矩阵 $\boldsymbol{B}$ 分别乘列向量 $\boldsymbol{\alpha}_1$，$\boldsymbol{\alpha}_2$ 所得的列向量 $\boldsymbol{B\alpha}_1$，$\boldsymbol{B\alpha}_2$ 为边的平行四边形，用矩阵表示它就是 $\boldsymbol{BA}$.

一般地，设 $A=(\alpha_1,\alpha_2)$表示以列向量 α_1，α_2 为边的平行四边形，$B\in\mathbb{R}^{2\times 2}$为$\mathbb{R}^2$上线性变换$\Re$的矩阵，则对平行四边形 $A=(\alpha_1,\alpha_2)$实施线性变换$\Re$所得到的平行四边形就是以用 $\boldsymbol{B}$ 乘

$\boldsymbol{\alpha}_1,\boldsymbol{\alpha}_2$ 所得的向量 $\boldsymbol{B\alpha}_1,\boldsymbol{B\alpha}_2$ 为边的平行四边形.

下面讨论三维的情况.设 $A=(\boldsymbol{\alpha}_1,\boldsymbol{\alpha}_2,\boldsymbol{\alpha}_3)\in\mathbb{R}^{3\times3}$,$V(A)$表示以 A 的列向量 $\boldsymbol{\alpha}_1,\boldsymbol{\alpha}_2,\boldsymbol{\alpha}_3$ 为边的平行六面体的体积(如果 $\boldsymbol{\alpha}_1,\boldsymbol{\alpha}_2,\boldsymbol{\alpha}_3$ 线性相关,则定义 $V(A)=0$)(图 3.3).

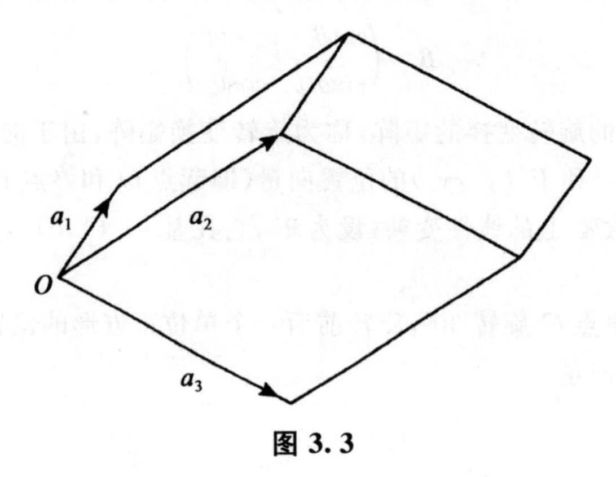

图 3.3

例 3.7.2 将例 3.7.1 中 2 维的面积函数推广到 3 维的体积函数 $V(A)$,是否能推广到更高维的"体积"函数呢?

解:设 $A=(\boldsymbol{\alpha}_1,\boldsymbol{\alpha}_2,\boldsymbol{\alpha}_3)\in\mathbb{R}^{3\times3}$,类似于 2 维的情况,可以证明:

(1)交换 A 的任意两列,$V(A)$保持不变(列交换性);

(2) $V(\boldsymbol{\alpha}_1,\boldsymbol{\alpha}_2,\boldsymbol{\alpha}_3)=V(\boldsymbol{\alpha}_1+c\boldsymbol{\alpha}_2,\boldsymbol{\alpha}_2,\boldsymbol{\alpha}_3)$(列可加性);

(3) $V(c\boldsymbol{\alpha}_1,\boldsymbol{\alpha}_2,\boldsymbol{\alpha}_3)=|c|V(\boldsymbol{\alpha}_1,\boldsymbol{\alpha}_2,\boldsymbol{\alpha}_3)$(列数乘性).

利用体积函数的这三个性质,同样可以证明:

$$V(A)=|\det A|.$$

在三维情况下的以上性质同样也可以推广到 n 维的情况,只是在证明 $V(A)=|\det A|$ 时,如同 $S\left(\begin{pmatrix}1&0\\0&1\end{pmatrix}\right)=1$ 和 $V\left(\begin{pmatrix}1&0&0\\0&1&0\\0&0&1\end{pmatrix}\right)=1$,需要定义单位超立方体的体积为:

$$V(E)=V\left(\begin{pmatrix}1&&&\\&1&&\\&&\ddots&\\&&&1\end{pmatrix}\right)=1.$$

3.8 行列式的初步应用

3.8.1 求通过定点的曲线方程与曲面方程

已知 n 元齐次线性方程组有非零解的充要条件是该线性方程组系数行列式等于零.利用这个结论,可以利用行列式来求通过定点的曲线方程与曲面方程.

例 3.8.1　若直线 l 过平面上两个不同的已知点 $A(x_1,y_1)$ 和 $B(x_2,y_2)$，求直线 l 的方程.

解：设直线 l 的方程为 $ax+by+c=0$，a,b,c 不全为 0.由于点 $A(x_1,y_1)$，$B(x_2,y_2)$ 在直线 l 上，于是有

$$\begin{cases} ax+by+c=0, \\ ax_1+by_1+c=0, \\ ax_2+by_2+c=0. \end{cases}$$

又 a,b,c 不全为 0，因此该齐次线性方程组有非零解，则其系数行列式等于 0，即

$$\begin{vmatrix} x & y & 1 \\ x_1 & y_1 & 1 \\ x_2 & y_2 & 1 \end{vmatrix}=0.$$

则所有直线方程为 $\begin{vmatrix} x & y & 1 \\ x_1 & y_1 & 1 \\ x_2 & y_2 & 1 \end{vmatrix}=0$，把行列式展开并令其等于 0 即可.

同理，若空间上有三个不同的已知点 $A(x_1,y_1,z_1)$，$B(x_2,y_2,z_2)$，$C(x_3,y_3,z_3)$，则过 A,B,C 的平面 S 的方程为 $\begin{vmatrix} x & y & z & 1 \\ x_1 & y_1 & z_1 & 1 \\ x_2 & y_2 & z_2 & 1 \\ y_3 & y_3 & z_3 & 1 \end{vmatrix}=0.$

若圆 O 过 $A(x_1,y_1)$，$B(x_2,y_2)$，$C(x_3,y_3)$ 三点，则圆 O 的方程为

$$\begin{vmatrix} x^2+y^2 & x & y & 1 \\ x_1^2+y_1^2 & x_1 & y_1 & 1 \\ x_2^2+y_2^2 & x_2 & y_2 & 1 \\ x_3^2+y_3^2 & x_3 & y_3 & 1 \end{vmatrix}=0.$$

3.8.2　平板稳态温度的计算

研究一个平板的热传导问题，设该平板的周边温度已经知道（见图 3.4），现在要确定板中间 4 个点 a,b,c,d 处的温度.假定其热传导过程已经达到稳态，因此在均匀的网格点上，各点的温度是其上下左右 4 个点的温度的平均值.

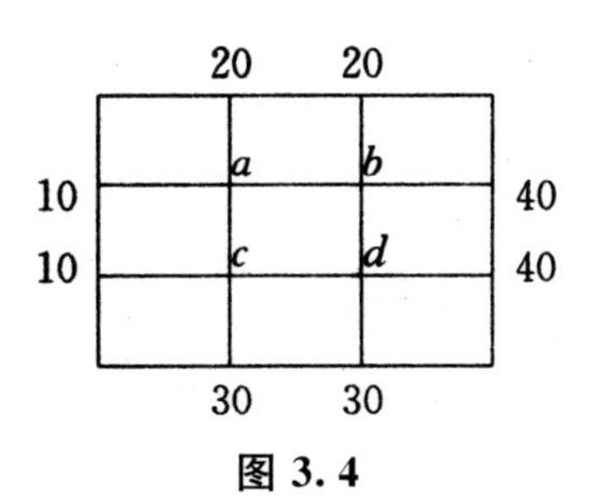

图 3.4

由题意可列出的方程为：

$$x_a=\frac{(10+20+x_b+x_c)}{4}, x_b=\frac{(20+40+x_a+x_d)}{4},$$

$$x_c=\frac{(10+30+x_a+x_d)}{4}, x_d=\frac{(40+30+x_b+x_c)}{4}.$$

移项整理为标准的矩阵形式：

$$\begin{pmatrix} 1 & -0.25 & -0.25 & 0 \\ -0.25 & 1 & 0 & -0.25 \\ -0.25 & 0 & 1 & -0.25 \\ 0 & -0.25 & -0.25 & 1 \end{pmatrix}\begin{pmatrix} x_a \\ x_b \\ x_c \\ x_d \end{pmatrix}=\begin{pmatrix} 7.5 \\ 15 \\ 10 \\ 17.5 \end{pmatrix}.$$

输入 MATLAB 程序计算为：

```
>>A=[1,-0.25,-0.25,0;-0.25,1,0,-0.25;-0.25,0,1,-0.25;0,-0.25,-0.25,1]
  A=
      1.0000    -0.2500    -0.2500         0
     -0.2500     1.0000          0   -0.2500
     -0.2500          0     1.0000   -0.2500
           0    -0.2500    -0.2500    1.0000
  >>b=[7.5;15;10;17.5]
  b=
      7.5000
     15.0000
     10.0000
     17.5000
  >>U=rref[A,b]
  U=
     1.0000  0       0       0       20.0000
     0       1.0000  0       0       27.5000
     0       0       1.0000  0       22.5000
     0       0       0       1.0000  30.0000
```

把它化为方程理解，即 $x_a=20℃$，$x_b=27.5℃$，$x_c=22.5℃$，$x_d=30℃$.

3.8.3 平行四边形的面积

设有二阶行列式 $D=\begin{vmatrix} a & b \\ c & d \end{vmatrix}$，令向量组 $\alpha=\begin{pmatrix} a \\ c \end{pmatrix}$，$\beta=\begin{pmatrix} b \\ d \end{pmatrix}$，$\alpha$，$\beta$ 称为二阶行列式 D 的列向量组，如图 3.5 所示，向量 α，β 确定一个平行四边形.关于二阶行列式与其列向量组有以下定理.

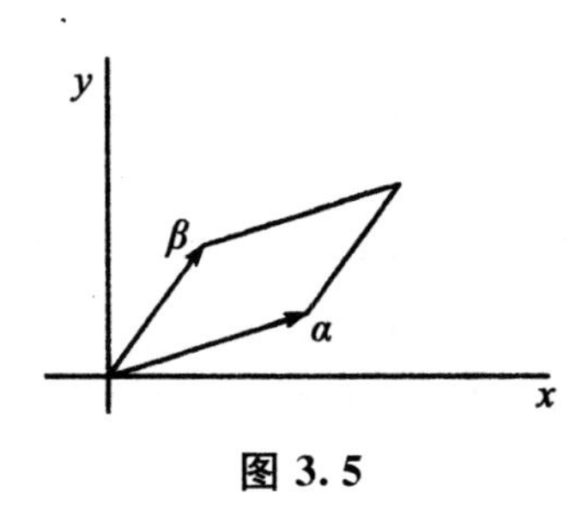

图 3.5

二阶行列式 D 的列向量组所确定的平行四边形的面积等于 $|D|$.

例 3.8.2 计算由点(−2,−2),(4,−1),(6,4)和(0,3)确定的平行四边形的面积,见图 3.6(a).

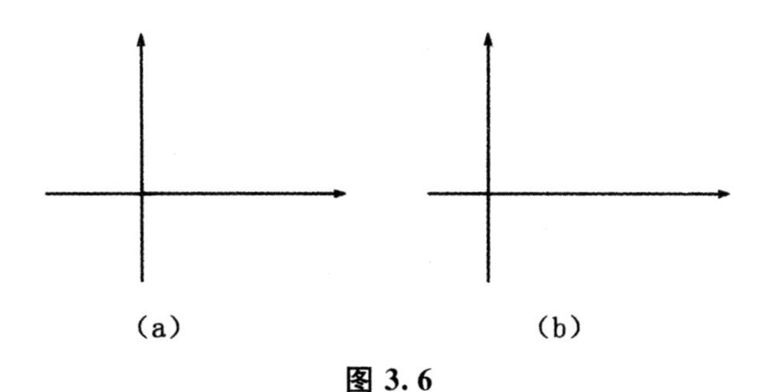

(a) (b)

图 3.6

解:先将此平行四边形平移到使原点作为内部一点的情形.例如,可将每个顶点坐标减去顶点(−2,−2),这样,新的平行四边形面积与原平行四边形面积相同,其顶点为(0,0),(6,1),(8,6)和(2,5),见图 3.6(b).构造行列式

$$D=\begin{vmatrix}2 & 6\\5 & 1\end{vmatrix}=-28,$$

则所求平行四边形的面积为 28.

3.8.4 联合收入问题

已知三家公司 X,Y,Z 具有图 3.7 所示的股份关系,即 X 公司掌握 Z 公司 50%的股份,Z 公司掌握 X 公司 30%的股份,而 X 公司 70%的股份不受另两家公司控制等.

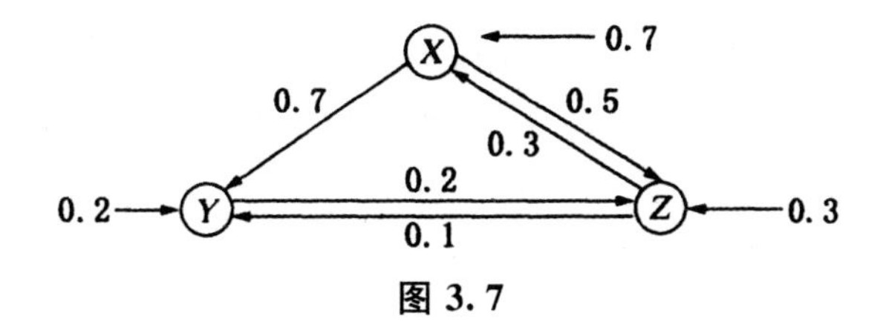

图 3.7

现设 X,Y 和 Z 公司各自的营业净收入分别是 12 万元、10 万元、8 万元，每家公司的联合收入是其净收入加上在其他公司的股份按比例的提成收入.试确定各公司的联合收入及实际收入.

解:依照图 3.7 所示各个公司的股份比例可知，若设 X、Y、Z 三公司的联合收入分别为 x，y，z，则其实际收入分别为 $0.7x$，$0.2y$，$0.3z$.故而现在应先求出各个公司的联合收入.

因为联合收入由两个部分组成，即营业净收入和从其他公司的提成收入，故对每个公司可列出一个方程，对 X 公司为

$$x=120\ 000+0.7y+0.5z,$$

对 Y 公司为

$$y=100\ 000+0.2z,$$

对 Z 公司为

$$z=80\ 000+0.3x+0.1y,$$

故

$$\begin{cases}x-0.7y-0.5z=120\ 000,\\ y-0.2z=100\ 000,\\ -0.3x-0.1y+z=80\ 000.\end{cases}$$

因系数行列式

$$|A|=\begin{vmatrix}1 & -0.7 & -0.5\\ 0 & 1 & -0.2\\ -0.3 & -0.1 & 1\end{vmatrix}=0.788\neq 0,$$

故方程有唯一解.又由于

$$|A_1|=\begin{vmatrix}120\ 000 & -0.7 & -0.5\\ 100\ 000 & 1 & -0.2\\ 80\ 000 & -0.1 & 1\end{vmatrix}=243\ 800,$$

$$|A_2|=108\ 200,$$

$$|A_3|=147\ 000,$$

解得

$$\begin{cases}x=\dfrac{|A_1|}{|A|}=309\ 390.86,\\ y=\dfrac{|A_2|}{|A|}=137\ 309.64,\\ z=186\ 548.22.\end{cases}$$

于是，X 公司的联合收入为 309 390.86 元，实际收入为 $0.7\times 309\ 390.86=216\ 573.60$ 元；Y 公司的联合收入为 137 309.64 元，实际收入为 $0.2\times 137\ 309.64=27\ 461.93$ 元；Z 公司的联合收入为 186 548.22 元，实际收入为 $0.3\times 186\ 548.22=55\ 964.47$ 元.

3.8.5 矩阵密码问题

矩阵密码法是信息编码与解码的技巧，其中的一种是基于利用可逆矩阵的方法.先在26个英文字母与数字间建立起一一对应，例如可以是

$$\begin{matrix} A & B & \cdots & Y & Z \\ \updownarrow & \updownarrow & & \updownarrow & \updownarrow \\ 1 & 2 & \cdots & 25 & 26 \end{matrix}$$

若要发出信息“SEND MONEY”，使用上述代码，则此信息的编码为

$$19,5,14,4,13,15,14,5,25$$

其中，5表示字母E.

由于这种编码很容易被别人破译.因此可以利用矩阵乘法来对“明文”SEND MONEY进行加密，让其变成“密文”后再行传送，以增加非法用户破译的难度，而让合法用户轻松解密.如果一个矩阵 $\boldsymbol{A}$ 的元素均为整数，而且其行列式 $|A|=\pm 1$，那么由 $A^{-1}=\frac{1}{|A|}A^*$ 即知，A^{-1} 的元素均为整数.可以利用矩阵 $\boldsymbol{A}$ 来对明文牢固加密.现在取

$$\boldsymbol{A}=\begin{pmatrix} 1 & 2 & 1 \\ 2 & 5 & 3 \\ 2 & 3 & 2 \end{pmatrix}$$

明文“SEND MONEY”对应的9个数值按3列被排成以下的矩阵

$$\boldsymbol{B}=\begin{pmatrix} 19 & 4 & 14 \\ 5 & 13 & 5 \\ 14 & 15 & 25 \end{pmatrix}$$

则

$$\boldsymbol{AB}=\begin{pmatrix} 43 & 45 & 49 \\ 105 & 118 & 128 \\ 81 & 77 & 93 \end{pmatrix}$$

对应着将发出去的密文编码：

$$43,105,81,45,118,77,49,128,93$$

合法用户用 A^{-1} 去左乘 AB 即可解密得到明文.

$$A^{-1}(AB)=\begin{pmatrix} 19 & 4 & 14 \\ 5 & 13 & 5 \\ 14 & 15 & 25 \end{pmatrix}$$

为了构造“密钥”矩阵 $\boldsymbol{A}$，我们可以从单位阵 $\boldsymbol{I}$ 开始，有限次地使用第三类初等行变换，而且只用某行的整数倍加到另一行.当然，第一类初等行变换也能使用.这样得到的矩阵 $\boldsymbol{A}$，其元素均为整数，而且由于 $|A|=\pm 1$ 可知，A^{-1} 的元素必然均为整数.

3.9　克拉默法则的几何解释

定理 3.9.1(克拉默法则)　如果线性方程组

$$\begin{cases} a_{11}x_1+a_{12}x_2+\cdots+a_{1n}x_n=b_1, \\ a_{21}x_1+a_{22}x_2+\cdots+a_{2n}x_n=b_2, \\ \cdots, \\ a_{n1}x_1+a_{n2}x_2+\cdots+a_{nn}x_n=b_n \end{cases} \tag{3-9-1}$$

的系数行列式

$$D=\begin{vmatrix} a_{11} & a_{12} & \cdots & a_{1n} \\ a_{21} & a_{22} & \cdots & a_{2n} \\ \vdots & \vdots & & \vdots \\ a_{n1} & a_{n2} & \cdots & a_{nn} \end{vmatrix}\neq 0,$$

那么线性方程组(3-9-1)有唯一解：

$$x_1=\frac{D_1}{D},x_2=\frac{D_2}{D},\cdots,x_n=\frac{D_n}{D}. \tag{3-9-2}$$

其中，$D_i=\begin{vmatrix} a_{11} & \cdots & a_{1,i-1} & b_1 & a_{1,i+1} & \cdots & a_{1n} \\ a_{21} & \cdots & a_{2,i-1} & b_2 & a_{2,i+2} & \cdots & a_{2n} \\ \vdots & & \vdots & \vdots & \vdots & & \vdots \\ a_{n1} & \cdots & a_{n,i-1} & b_n & a_{n,i+1} & \cdots & a_{nn} \end{vmatrix}$$(i=1,2,\cdots,n)$，即 D_i 是把 D 中的第 i 列元素换成方程组(3-9-1)的常数项而得到的行列式.

该定理中包含了以下 3 个结论：

(1)方程组有解；

(2)解是唯一的；

(3)解由式(3-9-2)给出.

上述 3 个结论之间是有联系的，需要分两个步骤来证明：

第一步：证明由式(3-9-2)给出的数组一定是方程组(3-9-1)的解；

第二步：证明方程组(3-9-1)的解一定是由式(3-9-2)表示出来的.

证明：(1)证明式(3-9-2)是方程组(3-9-1)的解.先将方程组(3-9-1)简写为

$$\sum_{j=1}^{n}a_{ij}x_j=b_i(i=1,2,\cdots,n), \tag{3-9-3}$$

把式(3-9-2)代入式(3-9-3)第 i 个方程的左端，并把 D_j 按照第 j 列展开，得到

$$\sum_{j=1}^{n}a_{ij}x_j=\sum_{j=1}^{n}a_{ij}\frac{D_j}{D}=\frac{1}{D}\sum_{j=1}^{n}a_{ij}D_j=\frac{1}{D}\sum_{s=1}^{n}b_sA_{sj}$$

$$=\frac{1}{D}\sum_{j=1}^{n}\sum_{s=1}^{n}a_{ij}A_{sj}b_s=\frac{1}{D}\sum_{s=1}^{n}\sum_{j=1}^{n}a_{ij}A_{sj}b_s$$

$$=\frac{1}{D}\sum_{s=1}^{n}\Big(\sum_{j=1}^{n}a_{ij}A_{sj}\Big)b_s=\frac{1}{D}\cdot Db_i=b_i.$$

此时的值等于式(3-9-3)的右端,说明式(3-9-2)是方程组(3-9-1)的解.

(2)证明解的唯一性.设$(c_1,c_2,\cdots,c_n)$是方程组的解,只需要证明这个解可以表示成式(3-9-2)的形式,即只要证明$c_j=\frac{D_j}{D}(j=1,2,\cdots,n)$即可.

由于$(c_1,c_2,\cdots,c_n)$是方程组(3-9-1)的解,因此它满足方程组,将其代入后得到

$$\begin{cases}a_{11}c_1+a_{12}c_2+\cdots+a_{1n}c_n=b_1,\\ a_{21}c_1+a_{22}c_2+\cdots+a_{2n}c_n=b_2,\\ \cdots\\ a_{n1}c_1+a_{n2}c_2+\cdots+a_{nn}c_n=b_n\end{cases}\tag{3-9-4}$$

现在构造行列式

$$c_1D=\begin{vmatrix}a_{11}c_1 & a_{12} & \cdots & a_{1n}\\ a_{21}c_1 & a_{22} & \cdots & a_{2n}\\ \vdots & \vdots & & \vdots\\ a_{n1}c_1 & a_{n2} & \cdots & a_{nn}\end{vmatrix},$$

将行列式的第$2,3,\cdots,n$列分别乘以$c_2,c_3,\cdots,c_n$后都加到第1列,得到

$$c_1D=\begin{vmatrix}a_{11}c_1+a_{12}c_2+\cdots+a_{1n}c_n & a_{12} & \cdots & a1n\\ a_{21}c_1+a_{22}c_2+\cdots+a_{2n}c_n & a_{22} & \cdots & a2n\\ \vdots & \vdots & & \vdots\\ a_{n1}c_1+a_{n2}c_2+\cdots+a_{nn}c_n & a_{n2} & \cdots & ann\end{vmatrix}.$$

由式(3-9-4)得到

$$c_1D=\begin{vmatrix}b_1 & a_{12} & \cdots & a_{1n}\\ b_2 & a_{22} & \cdots & a_{2n}\\ \vdots & \vdots & & \vdots\\ b_n & a_{n2} & \cdots & a_{nn}\end{vmatrix}=D_1.$$

又因$D\neq0$,所以$c_1=\frac{D_1}{D}$.同理可以证明$c_2=\frac{D_2}{D},c_3=\frac{D_3}{D},\cdots,c_n=\frac{D_n}{D}$.这样又可以证明$(c_1,c_2,\cdots,c_n)$就是式(3-9-4),即方程组(3-9-1)的解是唯一的.

克拉默法则能够从理论上解决形如方程组(3-9-1)的可解性问题,但是也存在着一些不足,如只能在方程组中方程的个数等于未知量的个数,并且系数行列式不等于零时才可以使用.此外,克拉默法则虽然给出了公式解,但随着n的不断增大,所需要计算的行列式个数和阶数都会增大,自然计算量就会非常大.

在线性方程组中,常数项全为零的方程组称为齐次线性方程组,对于常数项不为零的方程

组称为非齐次线性方程组.齐次线性方程组总是有解的,$x_1=0,x_2=0,\cdots,x_n=0$ 就是它的一个解,称为零解.若 $x_1=c_1,x_2=c_2,\cdots,x_n=c_n$ 是它的一个解,且 $c_1,c_2,\cdots,c_n$ 不全为零,则称这个解为它的非零解.

定理 3.9.2 如果齐次线性方程组

$$\begin{cases}a_{11}x_1+a_{12}x_2+\cdots+a_{1n}x_n=0,\\a_{21}x_1+a_{22}x_2+\cdots+a_{2n}x_n=0,\\\cdots\\a_{n1}x_1+a_{n2}x_2+\cdots+a_{nn}x_n=0\end{cases}$$

的系数行列式 $D\neq0$,那么它只有零解.也就是说,如果方程组有非零解,则必有系数行列式 $D=0$.

例 3.9.1 齐次线性方程组

$$\begin{cases}\lambda x_1+x_2+x_3=0,\\x_1+\lambda x_2+x_3=0,\\x_1+x_2+x_3=0\end{cases}$$

在 λ 为什么时有非零解?

解:系数行列式为

$$D=\begin{vmatrix}\lambda&1&1\\1&\lambda&1\\1&1&1\end{vmatrix}=(\lambda-1)^2,$$

由定理 3.9.2 知,$D=0$,即当 $\lambda=1$ 时方程组有非零解.

例 3.9.2 试利用 3.7 节"行列式与体积",给出二元线性方程组的克拉默法则的几何解释.

解:为了几何解释的方便起见,设 $x_1,x_2>0$.考虑向量 $x_1\boldsymbol{a}_1,x_2\boldsymbol{a}_2$ 和向量 $\boldsymbol{b},x_2\boldsymbol{a}_2$ 生成的两个平行四边形(图 3.8).

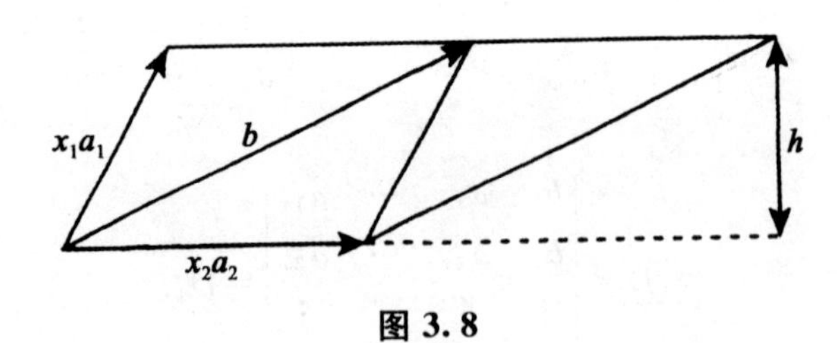

图 3.8

这两个平行四边形有相同的向量 $x_2\boldsymbol{a}_2$ 为底边,也有相同的高 h,它们的顶点位于同一条直线 $x_1\boldsymbol{a}_1+\wp(\boldsymbol{a}_2)$ 上,其中 $\wp(\boldsymbol{a}_2)$ 为由 $\boldsymbol{a}_2$ 张成的 R_2 的子空间,所以它们有相同的面积,即

$$S(x_1\boldsymbol{\alpha}_1,x_2\boldsymbol{\alpha}_2)=S(b,x_2\boldsymbol{\alpha}_2)$$

由此可知

$$S(x_1\boldsymbol{a}_1,x_2\boldsymbol{a}_2)=|\det(x_1\boldsymbol{a}_1,x_2\boldsymbol{a}_2)|,$$
$$S(b,x_2\boldsymbol{a}_2)=|\det(b,x_2\boldsymbol{a}_2)|,$$

由上式得

$$|\det(x_1\boldsymbol{a}_1,x_2\boldsymbol{a}_2)|=|\det(b,x_2\boldsymbol{a}_2)|,$$

进而得到

$$\det(b,x_2\boldsymbol{a}_2)=\det(x_1\boldsymbol{a}_1+x_2\boldsymbol{a}_2,x_2\boldsymbol{a}_2)=\det(x_1\boldsymbol{a}_1,x_2\boldsymbol{a}_2).$$

故不妨设

$$\det(x_1\boldsymbol{a}_1,x_2\boldsymbol{a}_2)>0,\det(b,x_2\boldsymbol{a}_2)>0,$$

由此得到

$$|(x_1\boldsymbol{a}_1,x_2\boldsymbol{a}_2)|=|(b,x_2\boldsymbol{a}_2)|,$$

从而有

$$x_1x_2|(\boldsymbol{a}_1,\boldsymbol{a}_2)|=x_2|(b,\boldsymbol{a}_2)|.$$

因此,有

$$x_1|(\boldsymbol{a}_1,\boldsymbol{a}_2)|=|(b,\boldsymbol{a}_2)|,$$

即

$$x_1=\frac{|(b,\boldsymbol{a}_2)|}{(a_1,\boldsymbol{a}_2)}=\frac{|A\ \underleftarrow{1b}|}{|A|}.$$

同理,可以求出 x_2,于是我们利用面积函数解释了二元线性方程组的克拉默法则.

第 4 章　线性方程组

在数学问题和一些实际问题中，我们常常需要求解线性方程组，研究线性方程组问题主要也是求解问题.本章从线性相关性入手，主要介绍矩阵的秩，线性方程组理论，线性方程组中的转化的思想方法，关系、映射、反演的思想方法，以及线性方程组在几何中的应用.

4.1　线性相关性

在引进了 n 维向量的概念以后，一个线性方程组中方程之间的关系，就变为了由它们的未知量的系数和常数项所决定的一组 n 维向量之间的关系.因此，进一步研究 n 维向量的性质，对后面讨论解线性方程组是非常必要的.

4.1.1　向量的线性表出

定义 4.1.1　设 $\boldsymbol{\alpha}_1,\boldsymbol{\alpha}_2,\cdots,\boldsymbol{\alpha}_s$ 都是数域 **P** 上的 n 维向量，如果存在数域 **P** 上的数 $k_1,k_2,\cdots,k_s$，使得

$$\boldsymbol{\beta}=k_1\boldsymbol{\alpha}_1+k_2\boldsymbol{\alpha}_2+\cdots+k_s\boldsymbol{\alpha}_s,$$

则称 $\boldsymbol{\beta}$ 是向量 $\boldsymbol{\alpha}_1,\boldsymbol{\alpha}_2,\cdots,\boldsymbol{\alpha}_s$ 的线性组合，或称 $\boldsymbol{\beta}$ 可由向量组合 $\boldsymbol{\alpha}_1,\boldsymbol{\alpha}_2,\cdots,\boldsymbol{\alpha}_s$ 线性表出.

例如，向量 $\boldsymbol{\alpha}_1=(1,1,0)$，$\boldsymbol{\alpha}_2=(1,-1,1)$，$\boldsymbol{\beta}=(2,0,1)$，则 $\boldsymbol{\beta}=\boldsymbol{\alpha}_1+\boldsymbol{\alpha}_2$，因此向量 $\boldsymbol{\beta}$ 是向量 $\boldsymbol{\alpha}_1,\boldsymbol{\alpha}_2$ 的线性组合，也可以说 $\boldsymbol{\beta}$ 可由向量 $\boldsymbol{\alpha}_1,\boldsymbol{\alpha}_2$ 线性表出.

设 n 维向量

$$\boldsymbol{\varepsilon}_1=(1,0,\cdots,0),\boldsymbol{\varepsilon}_2=(0,1,\cdots,0),\cdots,\boldsymbol{\varepsilon}_n=(0,0,\cdots,1),$$

则任何一个 n 维向量 $\boldsymbol{\alpha}=(a_1,a_2,\cdots,a_n)$，都可由 $\boldsymbol{\varepsilon}_1,\boldsymbol{\varepsilon}_2,\cdots,\boldsymbol{\varepsilon}_n$ 线性表出：

$$\boldsymbol{\alpha}=\boldsymbol{\alpha}_1\boldsymbol{\varepsilon}_1+\boldsymbol{\alpha}_2\boldsymbol{\varepsilon}_2+\cdots+\boldsymbol{\alpha}_n\boldsymbol{\varepsilon}_n,$$

称 $\boldsymbol{\varepsilon}_1,\boldsymbol{\varepsilon}_2,\cdots,\boldsymbol{\varepsilon}_n$ 为基本单位向量.

一般地，给定了一个 n 维向量 $\boldsymbol{\beta}$ 及一组 n 维向量 $\boldsymbol{\alpha}_1,\boldsymbol{\alpha}_2,\cdots,\boldsymbol{\alpha}_s$，如何判别 $\boldsymbol{\beta}$ 能否由 $\boldsymbol{\alpha}_1,\boldsymbol{\alpha}_2,\cdots,\boldsymbol{\alpha}_s$ 线性表出？若能表出，又是怎样表出？

把向量表示成列向量.若向量 $\boldsymbol{\beta}=\begin{pmatrix}b_1\\b_2\\\vdots\\b_n\end{pmatrix}$ 可由向量组 $\boldsymbol{\alpha}_j=\begin{pmatrix}a_{1j}\\a_{2j}\\\vdots\\a_{nj}\end{pmatrix}$ $(j=1,2,\cdots,s)$ 线性表出,即有数 $x_1,x_2,\cdots,x_n$,使得

$$x_1\boldsymbol{\alpha}_1+x_2\boldsymbol{\alpha}_2+\cdots+x_s\boldsymbol{\alpha}_s=(\boldsymbol{\alpha}_1,\boldsymbol{\alpha}_2,\cdots,\boldsymbol{\alpha}_s)\begin{pmatrix}x_1\\x_2\\\vdots\\x_n\end{pmatrix}=\boldsymbol{\beta}$$

成立.上式按向量的分量写出,即是

$$\begin{cases}a_{11}x_1+a_{12}x_2+\cdots+a_{1s}x_s=b_1,\\a_{21}x_1+a_{22}x_2+\cdots+a_{2s}x_s=b_2,\\\qquad\cdots\cdots\\a_{n1}x_1+a_{n2}x_2+\cdots+a_{ns}x_s=b_n,\end{cases}$$

由此,得到下面的定理.

定理 4.1.1　设 n 维向量

$$\boldsymbol{\beta}=\begin{pmatrix}b_1\\b_2\\\vdots\\b_n\end{pmatrix},\boldsymbol{\alpha}_j=\begin{pmatrix}a_{1j}\\a_{2j}\\\vdots\\a_{nj}\end{pmatrix},j=1,2,\cdots,s.$$

记

$$A_{n\times s}=(\boldsymbol{\alpha}_1,\boldsymbol{\alpha}_2,\cdots,\boldsymbol{\alpha}_s),(A\boldsymbol{\beta})=(\boldsymbol{\alpha}_1,\boldsymbol{\alpha}_2,\cdots,\boldsymbol{\alpha}_s,\boldsymbol{\beta}),$$

则下面命题互为充分必要条件:

(1)$\boldsymbol{\beta}$ 可以由向量组 $\boldsymbol{\alpha}_1,\boldsymbol{\alpha}_2,\cdots,\boldsymbol{\alpha}_s$ 线性表出;

(2)非齐次线性方程组 $AX=\boldsymbol{\beta}$;

(3)$\mathrm{rank}(A)=\mathrm{rank}(A\boldsymbol{\beta})$.

证明:(1)$\Leftrightarrow$(2)$\boldsymbol{\beta}$ 可由 $\boldsymbol{\alpha}_1,\boldsymbol{\alpha}_2,\cdots,\boldsymbol{\alpha}_s$ 线性表出,表出系数设为 $k_1,k_2,\cdots,k_s$,即

$$\boldsymbol{\beta}=k_1\boldsymbol{\alpha}_1+k_2\boldsymbol{\alpha}_2+\cdots+k_s\boldsymbol{\alpha}_s.$$

$\Leftrightarrow$方程组 $AX=(\boldsymbol{\alpha}_1,\boldsymbol{\alpha}_2,\cdots,\boldsymbol{\alpha}_s)\begin{pmatrix}x_1\\x_2\\\vdots\\x_n\end{pmatrix}=\boldsymbol{\beta}$,即

$$\boldsymbol{\alpha}_1x_1+\boldsymbol{\alpha}_2x_2+\cdots+\boldsymbol{\alpha}_sx_s=\boldsymbol{\beta}$$

有解,且 $(x_1,x_2,\cdots,x_s)=(k_1,k_2,\cdots,k_s)$ 是一个解.

(2)$\Leftrightarrow$(3)$AX=\boldsymbol{\beta}$ 有解$\Leftrightarrow\mathrm{rank}(A)\Leftrightarrow\mathrm{rank}(A\boldsymbol{\beta})$.

例 4.1.1　设 $\boldsymbol{\alpha}_1=(1,2,3)$,$\boldsymbol{\alpha}_2=(1,3,4)$,$\boldsymbol{\alpha}_3=(2,-1,2)$,$\boldsymbol{\beta}=(2,5,8)$,问 $\boldsymbol{\beta}$ 能否由 $\boldsymbol{\alpha}_1,\boldsymbol{\alpha}_2,\boldsymbol{\alpha}_3$ 线性表出?能否表出,写出表达式.

解:将向量组处理成列向量,设

$$\boldsymbol{\beta}=\boldsymbol{\alpha}_1x_1+\boldsymbol{\alpha}_2x_2+\boldsymbol{\alpha}_3x_3,$$

按分量写出,即得线性方程组

$$\begin{cases}x_1+x_2+2x_3=2,\\2x_1+3x_2-x_3=5,\\3x_1+4x_2+2x_3=8.\end{cases}$$

将线性方程组的增广矩阵作初等变换化为阶梯形矩阵,得

$$(Ab)=\begin{bmatrix}1&1&2&2\\2&3&-1&5\\3&4&2&8\end{bmatrix}\to\begin{bmatrix}1&1&2&2\\0&1&-5&1\\0&1&-4&2\end{bmatrix}\to\begin{bmatrix}1&1&2&2\\0&1&-5&1\\0&0&1&1\end{bmatrix}.$$

由阶梯形矩阵知 $\mathrm{ran}k(A)=\mathrm{ran}k(Ab)=3=n$(未知量个数),故方程组有唯一解,且回代得解

$$(x_1,x_2,x_3)=(-6,6,1),$$

即 $\boldsymbol{\beta}$ 可由 $\boldsymbol{\alpha}_1,\boldsymbol{\alpha}_2,\boldsymbol{\alpha}_3$ 唯一线性表出,且

$$\boldsymbol{\beta}=-6\boldsymbol{\alpha}_1+6\boldsymbol{\alpha}_2+\boldsymbol{\alpha}_3.$$

4.1.2 线性相关与线性无关的概念

线性相关与线性无关是向量在线性运算下的一种性质.首先,它来源于几何向量的共线、共面.几何向量的共线、共面在线性代数中叫做线性相关,不共线、不共面则叫线性无关.从线性组合的角度来看,确切地说,就是下述定义.

定义 4.1.2 设 $\boldsymbol{\alpha}_1,\boldsymbol{\alpha}_2,\cdots,\boldsymbol{\alpha}_s$ 是一组 n 维向量,如果存在不全为零的数 $k_1,k_2,\cdots,k_s$,使得

$$k_1\boldsymbol{\alpha}_1+k_2\boldsymbol{\alpha}_2+\cdots+k_s\boldsymbol{\alpha}_s=0,\tag{4-1-1}$$

则称向量组 $\boldsymbol{\alpha}_1,\boldsymbol{\alpha}_2,\cdots,\boldsymbol{\alpha}_s$ 为线性相关,否则称为线性无关,即若不存在不全为零的数 k_1,$k_2,\cdots,k_s$,使得式(4-1-1)成立,或者说“要使式(4-1-1)成立,$k_1,k_2,\cdots,k_s$ 必须全为零”,则向量组 $\boldsymbol{\alpha}_1,\boldsymbol{\alpha}_2,\cdots,\boldsymbol{\alpha}_s$ 线性无关.

由定义可知,要说明向量组 $\boldsymbol{\alpha}_1,\boldsymbol{\alpha}_2,\cdots,\boldsymbol{\alpha}_s$ 线性相关,只要找到不全为零的数 $k_1,k_2,\cdots,k_s$ 使式(4-1-1)成立即可.

例 4.1.2 设 $\boldsymbol{\alpha}_1=(1,-2,1),\boldsymbol{\alpha}_2=(2,-3,1),\boldsymbol{\alpha}_3=(4,1,1)$,它们是否线性相关?

解:由定义,设数 k_1,k_2,k_3,使

$$k_1\boldsymbol{\alpha}_1+k_2\boldsymbol{\alpha}_2+k_3\boldsymbol{\alpha}_3=\mathbf{0}.$$

即

$$k_1(1,-2,1)+k_2(2,-3,1)+k_3(4,1,1)=\mathbf{0}.$$

比较等式两边,得

$$\begin{cases}k_1+2k_2+4k_3=0,\\2k_1-3k_2+k_3=0,\\-k_1+k_2-k_3=0.\end{cases}$$

它的系数行列式为

$$D=\begin{vmatrix} 1 & 2 & 4 \\ 2 & -3 & 1 \\ -1 & 1 & 1 \end{vmatrix}=0.$$

因此，方程组有非零解，如 $k_1=2,k_2=1,k_3=-1$.于是 $2\boldsymbol{\alpha}_1+\boldsymbol{\alpha}_2-\boldsymbol{\alpha}_3=\mathbf{0}$，从而向量组 $\boldsymbol{\alpha}_1,\boldsymbol{\alpha}_2,\boldsymbol{\alpha}_3$ 线性相关.

4.1.3　线性相关性的性质

下面给出向量组线性相关性的一些性质.

性质 4.1.1　含有零向量的向量组线性相关.

显然，$1\cdot\mathbf{0}+0\cdot\boldsymbol{\alpha}_2+\cdots+0\cdot\boldsymbol{\alpha}_s=\mathbf{0}$.

性质 4.1.2　向量组若有一个部分组线性相关，则整个向量组也线性相关.

证明：不妨设 $\boldsymbol{\alpha}_1,\boldsymbol{\alpha}_2,\cdots,\boldsymbol{\alpha}_t(t<s)$ 为向量组 $\boldsymbol{\alpha}_1,\boldsymbol{\alpha}_2,\cdots,\boldsymbol{\alpha}_s$ 中的一个部分组，且它们线性相关.那么，存在一组不全为零的数 $k_1,k_2,\cdots,k_t$，使得

$$k_1\boldsymbol{\alpha}_1+k_2\boldsymbol{\alpha}_2+\cdots+k_t\boldsymbol{\alpha}_t=\mathbf{0}.$$

从而

$$k_1\boldsymbol{\alpha}_1+k_2\boldsymbol{\alpha}_2+\cdots+k_t\boldsymbol{\alpha}_t+0\cdot\boldsymbol{\alpha}_{t+1}+\cdots+0\cdot\boldsymbol{\alpha}_s=\mathbf{0}.$$

由于 $k_1,k_2,\cdots,k_t,0,\cdots,0$ 不全为零，因此 $\boldsymbol{\alpha}_1,\boldsymbol{\alpha}_2,\cdots,\boldsymbol{\alpha}_s$ 线性相关.

性质 4.1.3　若向量组线性无关，则它的任意一个部分组也线性无关.

性质 4.1.4　若向量组

$$\boldsymbol{\alpha}_i=(a_{i1},a_{i2},\cdots,a_{in}),i=1,2,\cdots,s$$

线性相关，则去掉后 r 个分量($1\leqslant r<n$)后，所得到的向量组

$$\boldsymbol{\beta}_i=(a_{i1},a_{i2},\cdots,a_{i,n-r}),i=1,2,\cdots,s$$

也线性相关.

证明：由于 $\boldsymbol{\alpha}_1,\boldsymbol{\alpha}_2,\cdots,\boldsymbol{\alpha}_s$ 线性相关，因此存在一组不全为零的数 $k_1,k_2,\cdots,k_s$，写成分量形式，即

$$\begin{cases} k_1a_{11}+k_2a_{21}+\cdots+k_sa_{s1}=0, \\ k_1a_{12}+k_2a_{22}+\cdots+k_sa_{s2}=0, \\ \qquad\cdots\cdots \\ k_1a_{1,n-r}+k_2a_{2,n-r}+\cdots+k_sa_{s,n-r}=0, \\ \qquad\cdots\cdots \\ k_1a_{1n}+k_2a_{2n}+\cdots+k_sa_{sn}=0. \end{cases} \tag{4-1-2}$$

取方程组(4-1-2)的前 $n-r$ 个方程得到方程组

$$\begin{cases} k_1a_{11}+k_2a_{21}+\cdots+k_sa_{s1}=0, \\ k_1a_{12}+k_2a_{22}+\cdots+k_sa_{s2}=0, \\ \qquad\cdots\cdots \\ k_1a_{1,n-r}+k_2a_{2,n-r}+\cdots+k_sa_{s,n-r}=0. \end{cases}$$

即存在不全为零的数 $k_1,k_2,\cdots,k_s$，使得

$$k_1\boldsymbol{\beta}_1+k_2\boldsymbol{\beta}_2+\cdots+k_s\boldsymbol{\beta}_s=\mathbf{0}.$$

因此，向量组 $\boldsymbol{\beta}_1,\boldsymbol{\beta}_2,\cdots,\boldsymbol{\beta}_s$ 线性无关.

性质 4.1.5 若向量组 $\boldsymbol{\alpha}_i=(a_{i1},a_{i2},\cdots,a_{in}),i=1,2,\cdots,s$ 线性无关，则在每个向量上任意增加 r 个分量后所得到的向量组

$$\boldsymbol{\beta}_i=(a_{i1},a_{i2},\cdots a_{in},a_{i,n+1},\cdots,a_{i,n+r}),i=1,2,\cdots,s$$

也线性无关.

4.2 矩阵的秩

4.2.1 矩阵的秩的定义

定义 4.2.1 对于矩阵 $\mathbf{A}=(a_{ij})_{m\times n}$，从中任意选取 k 行 k 列，其中，$1\leqslant k\leqslant\min\{m,n\}$.位于这 k 行 k 列的交叉点上的元素共有 k^2 个，将这些元素按照其在矩阵 $\mathbf{A}=(a_{ij})_{m\times n}$ 中的原位置排列，组成的 k 阶行列式称之为矩阵 $\mathbf{A}=(a_{ij})_{m\times n}$ 的 k 阶子式.

容易证明，矩阵 $\mathbf{A}=(a_{ij})_{m\times n}$ 的 k 阶子式共有 $C_m^kC_n^k$ 个.

例如，在矩阵

$$\mathbf{A}=\begin{bmatrix}1&2&3&4\\-1&0&2&1\\5&3&1&-2\\3&1&6&2\end{bmatrix}$$

中，取 2、3 行，1、2 列，就得到矩阵 $\mathbf{A}$ 的一个二阶子式 $\begin{vmatrix}-1&0\\5&3\end{vmatrix}$；取 1、2、4 行，2、3、4 列就得到矩阵 $\mathbf{A}$ 的一个三阶子式 $\begin{vmatrix}2&3&4\\0&2&1\\1&6&2\end{vmatrix}$.

可以看出，上述矩阵的一、二、三阶子式有很多，但由于矩阵是一个四阶方阵，所以其四阶子式只有一个 $|\mathbf{A}|$.

定义 4.2.2 对于矩阵 $\mathbf{A}=(a_{ij})_{m\times n}$，若其有一个不为零的 r 阶子式 $\boldsymbol{D}$，并且如果存在 $r+1$ 阶子式的话，所有的 $r+1$ 阶子式全为零，那么，我们称 $\boldsymbol{D}$ 为矩阵 $\mathbf{A}=(a_{ij})_{m\times n}$ 的最高阶非零子式，并将 r 称作矩阵 $\mathbf{A}=(a_{ij})_{m\times n}$ 的秩，记作 $R(\mathbf{A})$，在这里，我们规定零矩阵的秩等于0.对于 n 阶方阵 $\mathbf{A}=(a_{ij})_{n\times n}$，若 $R(\mathbf{A})=n$，则称其为满秩矩阵；若 $R(\mathbf{A})<n$，则称其为降秩矩阵.

定理 4.2.1 对于矩阵的秩，如下说法成立：

(1)设矩阵 $\mathbf{A}=(a_{ij})_{m\times n}$ 中有一个 r 阶子式 $D\neq0$，而所有包含 D 的 $r+1$ 阶子式(如果存在的话)多等于零，则 $R(\mathbf{A})=r$；

(2)若矩阵 $\mathbf{A}=(a_{ij})_{m\times n}$ 中有一个 r 阶子式 $D\neq 0$，则 $R(\mathbf{A})\geqslant r$；

(3)若矩阵 $\mathbf{A}=(a_{ij})_{m\times n}$ 的 r 阶子式全部为零，则 $R(\mathbf{A})<r$.

定理 4.2.2　对于矩阵 $\mathbf{A}=(a_{ij})_{m\times n}$，必然有

(1) $0\leqslant R(\mathbf{A})\leqslant \min\{m,n\}$；

(2) $R(\mathbf{A}^{\mathrm{T}})=R(\mathbf{A})$；

(3) $R(\mathbf{A}_1)\leqslant R(\mathbf{A})$，其中，$\mathbf{A}_1$ 为矩阵 $\mathbf{A}$ 的子式.

例 4.2.1　求矩阵

$$\mathbf{A}=\begin{bmatrix}2 & 1 & -1 & -1\\ 0 & 3 & -2 & 0\\ 2 & 4 & -3 & -1\end{bmatrix}$$

的秩 $R(\mathbf{A})$.

解: 因为原矩阵的三阶子式

$$\begin{vmatrix}2 & 1 & -1\\ 0 & 3 & -2\\ 2 & 4 & -3\end{vmatrix}=0,\begin{vmatrix}2 & 1 & -1\\ 0 & 3 & 0\\ 2 & 4 & -1\end{vmatrix}=0,$$

$$\begin{vmatrix}2 & -1 & -1\\ 0 & -2 & 0\\ 2 & -3 & -1\end{vmatrix}=0,\begin{vmatrix}1 & -1 & -1\\ 3 & -2 & 0\\ 4 & -3 & -1\end{vmatrix}=0,$$

所以

$$R(\mathbf{A})<3.$$

而二阶子式

$$\begin{vmatrix}2 & 1\\ 0 & 3\end{vmatrix}\neq 0,$$

所以

$$R(\mathbf{A})=2.$$

4.2.2　矩阵的秩的求法

定理 4.2.3　初等变换不改变矩阵的秩.

证明: 初等变换共有三种形式，我们很容易发现，第一种和第二种初等变换都不改变矩阵的秩，接下来证明第三种形式的初等变换也不会改变矩阵的秩(以初等行变换为例).对于矩阵

$$\mathbf{A}=\begin{bmatrix}a_{11} & a_{12} & \cdots & a_{1n}\\ \vdots & \vdots & & \vdots\\ a_{i1} & a_{i2} & \cdots & a_{in}\\ \vdots & \vdots & & \vdots\\ a_{j1} & a_{j2} & \cdots & a_{jn}\\ \vdots & \vdots & & \vdots\\ a_{m1} & a_{m2} & \cdots & a_{mn}\end{bmatrix},$$

若将其第 j 行的 k 倍加到第 i 行上,可得到矩阵

$$\boldsymbol{B}=\begin{bmatrix} a_{11} & a_{12} & \cdots & a_{1n} \\ \vdots & \vdots & & \vdots \\ a_{i1}+ka_{j1} & a_{i2}+ka_{j2} & \cdots & a_{in}+ka_{jn} \\ \vdots & \vdots & & \vdots \\ a_{j1} & a_{j2} & \cdots & a_{jn} \\ \vdots & \vdots & & \vdots \\ a_{m1} & a_{m2} & \cdots & a_{mn} \end{bmatrix},$$

需证明的是

$$R(\boldsymbol{A})=R(\boldsymbol{B}).$$

令

$$R(\boldsymbol{A})=r,$$

如果矩阵 $\boldsymbol{B}$ 没有阶数大于 r 的子式,显然有

$$R(\boldsymbol{A})\geqslant R(\boldsymbol{B}).$$

如果矩阵 $\boldsymbol{B}$ 有阶数大于 $r+1$ 阶子式 $\boldsymbol{D}$,可以分以下三种情况来讨论:

第一:$\boldsymbol{D}$ 中不含有第 i 行中的元素,这时 $\boldsymbol{D}$ 就是矩阵 $\boldsymbol{A}$ 的一个 $r+1$ 阶子式,则

$$\boldsymbol{D}=0.$$

第二:$\boldsymbol{D}$ 中含有第 j 行和第 i 行的元素,即

$$\boldsymbol{D}=\begin{vmatrix} \vdots & \vdots & & \vdots \\ a_{it_1}+ka_{jt_1} & a_{it_2}+ka_{jt_2} & \cdots & a_{it_{r+1}}+ka_{jt_{r+1}} \\ \vdots & \vdots & & \vdots \\ a_{jt_1} & a_{jt_2} & \cdots & a_{jt_{r+1}} \\ \vdots & \vdots & & \end{vmatrix}$$

$$=\begin{vmatrix} \vdots & \vdots & & \vdots \\ a_{it_1} & a_{it_2} & \cdots & a_{it_{r+1}} \\ \vdots & \vdots & & \vdots \\ a_{jt_1} & a_{jt_2} & \cdots & a_{jt_{r+1}} \\ \vdots & \vdots & & \end{vmatrix}+\begin{vmatrix} \vdots & \vdots & & \vdots \\ ka_{jt_1} & ka_{jt_2} & \cdots & ka_{jt_{r+1}} \\ \vdots & \vdots & & \vdots \\ a_{jt_1} & a_{jt_2} & \cdots & a_{jt_{r+1}} \\ \vdots & \vdots & & \end{vmatrix}$$

$$=\begin{vmatrix} \vdots & \vdots & & \vdots \\ a_{it_1} & a_{it_2} & \cdots & a_{it_{r+1}} \\ \vdots & \vdots & & \vdots \\ a_{jt_1} & a_{jt_2} & \cdots & a_{jt_{r+1}} \\ \vdots & \vdots & & \end{vmatrix}+k\begin{vmatrix} \vdots & \vdots & & \vdots \\ a_{jt_1} & a_{jt_2} & \cdots & a_{jt_{r+1}} \\ \vdots & \vdots & & \vdots \\ a_{jt_1} & a_{jt_2} & \cdots & a_{jt_{r+1}} \\ \vdots & \vdots & & \end{vmatrix}.$$

容易看出

$$\boldsymbol{D}=\boldsymbol{O}.$$

第三:$\boldsymbol{D}$ 中不含有第 j 行的元素但含有第 i 行的元素,即

$$D=\begin{vmatrix} \vdots & \vdots & & \vdots \\ a_{it_1}+ka_{jt_1} & a_{it_2}+ka_{jt_2} & \cdots & a_{it_{r+1}}+ka_{jt_{r+1}} \\ \vdots & \vdots & & \vdots \end{vmatrix}$$

$$=\begin{vmatrix} \vdots & \vdots & & \vdots \\ a_{it_1} & a_{it_2} & \cdots & a_{it_{r+1}} \\ \vdots & \vdots & & \vdots \end{vmatrix}+\begin{vmatrix} \vdots & \vdots & & \vdots \\ ka_{jt_1} & ka_{jt_2} & \cdots & ka_{jt_{r+1}} \\ \vdots & \vdots & & \vdots \end{vmatrix}$$

$$=\begin{vmatrix} \vdots & \vdots & & \vdots \\ a_{it_1} & a_{it_2} & \cdots & a_{it_{r+1}} \\ \vdots & \vdots & & \vdots \end{vmatrix}+k\begin{vmatrix} \vdots & \vdots & & \vdots \\ a_{jt_1} & a_{jt_2} & \cdots & a_{jt_{r+1}} \\ \vdots & \vdots & & \vdots \end{vmatrix},$$

在这里也容易发现

$$\boldsymbol{D}=\boldsymbol{O}.$$

由于矩阵 $\boldsymbol{B}$ 中所有高于 $r+1$ 阶的子式都可以由其 $r+1$ 阶子式表示，所以，所有 $r+1$ 阶子式都等于 0，则

$$R(\boldsymbol{A})\geqslant R(\boldsymbol{B}).$$

同理，也可得出

$$R(\boldsymbol{A})\leqslant R(\boldsymbol{B}).$$

所以

$$R(\boldsymbol{A})=R(\boldsymbol{B}).$$

定理 4.2.4　对于矩阵的秩，还有如下说法成立：

(1) $R\begin{pmatrix}\boldsymbol{A} & \boldsymbol{O}\\ \boldsymbol{O} & \boldsymbol{B}\end{pmatrix}=R(\boldsymbol{A})+R(\boldsymbol{B})$；

(2) $R\begin{pmatrix}\boldsymbol{A} & \boldsymbol{C}\\ \boldsymbol{O} & \boldsymbol{B}\end{pmatrix}\geqslant R(\boldsymbol{A})+R(\boldsymbol{B})$；

(3) $R(\boldsymbol{A},\boldsymbol{B})\leqslant R(\boldsymbol{A})+R(\boldsymbol{B})$；

(4) $R(\boldsymbol{A}+\boldsymbol{B})\leqslant R(\boldsymbol{A})+R(\boldsymbol{B})$；

(5) $R(\boldsymbol{AB})\leqslant\min\{R(\boldsymbol{A}),R(\boldsymbol{B})\}$；

(6) 设 $\boldsymbol{A}$ 为 $m\times n$ 矩阵，$\boldsymbol{B}$ 为 $n\times s$ 矩阵，则

$$R(\boldsymbol{AB})\geqslant R(\boldsymbol{A})+R(\boldsymbol{B})-n,$$

特别地，当 $\boldsymbol{AB}=\boldsymbol{O}$ 时，有

$$R(\boldsymbol{A})+R(\boldsymbol{B})\leqslant n.$$

(7) 设 $\boldsymbol{A}$ 为 $m\times n$ 矩阵，且 $R(\boldsymbol{A})=r$，则存在列满秩矩阵 $\boldsymbol{L}_{m\times r}$ 和行满秩矩阵 $\boldsymbol{U}_{r\times n}$，使得

$$\boldsymbol{A}=\boldsymbol{L}_{m\times r}\boldsymbol{U}_{r\times n},$$

其中

$$R(\boldsymbol{L})=R(\boldsymbol{U})=r.$$

证明：这里仅证明(1)和(7).

(1) 设 $R(\boldsymbol{A})=r_1$，$R(\boldsymbol{B})=r_2$，则存在可逆矩阵 $\boldsymbol{P}_1,\boldsymbol{Q}_1,\boldsymbol{P}_2,\boldsymbol{Q}_2$ 使得

$$\boldsymbol{P}_1\boldsymbol{AQ}_1=\begin{bmatrix}\boldsymbol{E}_{r_1} & \boldsymbol{O}\\ \boldsymbol{O} & \boldsymbol{O}\end{bmatrix},$$

$$\boldsymbol{P}_2\boldsymbol{B}\boldsymbol{Q}_2=\begin{bmatrix}\boldsymbol{E}_{r2} & \boldsymbol{O}\\ \boldsymbol{O} & \boldsymbol{O}\end{bmatrix},$$

于是

$$\begin{bmatrix}\boldsymbol{P}_1 & \boldsymbol{O}\\ \boldsymbol{O} & \boldsymbol{P}_2\end{bmatrix}\begin{bmatrix}\boldsymbol{A} & \boldsymbol{O}\\ \boldsymbol{O} & \boldsymbol{B}\end{bmatrix}\begin{bmatrix}\boldsymbol{Q}_1 & \boldsymbol{O}\\ \boldsymbol{O} & \boldsymbol{Q}_2\end{bmatrix}=\begin{bmatrix}\boldsymbol{P}_1\boldsymbol{A}\boldsymbol{Q}_1 & \boldsymbol{O}\\ \boldsymbol{O} & \boldsymbol{P}_2\boldsymbol{B}\boldsymbol{Q}_2\end{bmatrix}=\begin{bmatrix}\boldsymbol{E}_{r1} & \boldsymbol{O} & \boldsymbol{O} & \boldsymbol{O}\\ \boldsymbol{O} & \boldsymbol{O} & \boldsymbol{O} & \boldsymbol{O}\\ \boldsymbol{O} & \boldsymbol{O} & \boldsymbol{E}_{r2} & \boldsymbol{O}\\ \boldsymbol{O} & \boldsymbol{O} & \boldsymbol{O} & \boldsymbol{O}\end{bmatrix}.$$

所以

$$R\begin{bmatrix}\boldsymbol{A} & \boldsymbol{O}\\ \boldsymbol{O} & \boldsymbol{B}\end{bmatrix}=r_1+r_2=R(\boldsymbol{A})+R(\boldsymbol{B}).$$

(7)由 $R(\boldsymbol{A})=r$ 可知,存在 m 阶可逆矩阵 $\boldsymbol{P}$ 与 n 阶可逆矩阵 $\boldsymbol{Q}$,使得

$$\boldsymbol{P}\boldsymbol{A}\boldsymbol{Q}=\begin{bmatrix}\boldsymbol{E}_r & O\\ O & O\end{bmatrix}=\begin{bmatrix}\boldsymbol{E}_r\\ \boldsymbol{O}_{(m-r)\times r}\end{bmatrix}[\boldsymbol{E}_r \quad \boldsymbol{O}_{r\times(n-r)}],$$

所以

$$\boldsymbol{A}=\boldsymbol{P}^{-1}\begin{bmatrix}\boldsymbol{E}_r\\ \boldsymbol{O}\end{bmatrix}[\boldsymbol{E}_r \quad \boldsymbol{O}]\boldsymbol{Q}^{-1}=\boldsymbol{L}\boldsymbol{U},$$

其中,$\boldsymbol{L}=\boldsymbol{P}^{-1}\begin{bmatrix}\boldsymbol{E}_r\\ \boldsymbol{O}\end{bmatrix}$是一个 $m\times r$ 矩阵,且

$$R(\boldsymbol{L})=r,$$

$\boldsymbol{U}=[\boldsymbol{E}_r \quad \boldsymbol{O}]\boldsymbol{Q}^{-1}$是一个 $r\times n$ 矩阵,且

$$\boldsymbol{R}\boldsymbol{U}=r.$$

定理 4.2.5 两个同型矩阵 $\boldsymbol{A},\boldsymbol{B}$ 等价的充分必要条件是 $R(\boldsymbol{A})=R(\boldsymbol{B})$.

定理 4.2.6 设 $\boldsymbol{A}$ 为 $m\times n$ 矩阵,$\boldsymbol{P}$ 和 $\boldsymbol{Q}$ 分别为 m 阶与 n 阶可逆矩阵,则

$$R(\boldsymbol{A})=R(\boldsymbol{P}\boldsymbol{A})=R(\boldsymbol{A}\boldsymbol{Q})=R(\boldsymbol{P}\boldsymbol{A}\boldsymbol{Q}).$$

证明:$\boldsymbol{P}$ 和 $\boldsymbol{Q}$ 分别为 m 阶与 n 阶可逆矩阵,所以它们分别可表示为有限个 m 阶和 n 阶初等矩阵的乘积,不妨设

$$\boldsymbol{P}=\boldsymbol{P}_1\boldsymbol{P}_2\cdots\boldsymbol{P}_s,\boldsymbol{Q}=\boldsymbol{Q}_1\boldsymbol{Q}_2\cdots\boldsymbol{Q}_t,$$

则

$$\boldsymbol{P}\boldsymbol{A}=\boldsymbol{P}_1\boldsymbol{P}_2\cdots\boldsymbol{P}_s\boldsymbol{A},$$
$$\boldsymbol{A}\boldsymbol{Q}=\boldsymbol{A}\boldsymbol{Q}_1\boldsymbol{Q}_2\cdots\boldsymbol{Q}_t,$$
$$\boldsymbol{P}\boldsymbol{A}\boldsymbol{Q}=\boldsymbol{P}_1\boldsymbol{P}_2\cdots\boldsymbol{P}_s\boldsymbol{A}\boldsymbol{Q}_1\boldsymbol{Q}_2\cdots\boldsymbol{Q}_t.$$

这说明矩阵 $\boldsymbol{P}\boldsymbol{A},\boldsymbol{A}\boldsymbol{Q},\boldsymbol{P}\boldsymbol{A}\boldsymbol{Q}$ 分别是由矩阵 $\boldsymbol{A}$ 经过有限次初等行变换、有限次初等列变换以及有限次初等行变换和列变换得到的.由于初等变换不改变矩阵的秩,所以

$$R(\boldsymbol{A})=R(\boldsymbol{P}\boldsymbol{A})=R(\boldsymbol{A}\boldsymbol{Q})=R(\boldsymbol{P}\boldsymbol{A}\boldsymbol{Q}).$$

例 4.2.2 求矩阵

$$\boldsymbol{A}=\begin{bmatrix}2 & 1 & 8 & 3 & 7\\ 2 & -3 & 0 & 7 & -5\\ 3 & -2 & 5 & 8 & 0\\ 1 & 0 & 3 & 2 & 0\end{bmatrix}$$

的秩以及一个最高阶非零子式.

解:对原矩阵进行初等行变换

$$A=\begin{bmatrix}2&1&8&3&7\\2&-3&0&7&-5\\3&-2&5&8&0\\1&0&3&2&0\end{bmatrix}\xrightarrow{r_4\leftrightarrow r_3}\begin{bmatrix}2&1&8&3&7\\2&-3&0&7&-5\\1&0&3&2&0\\3&-2&5&8&0\end{bmatrix}$$

$$\xrightarrow{r_3\leftrightarrow r_2}\begin{bmatrix}2&1&8&3&7\\1&0&3&2&0\\2&-3&0&7&-5\\3&-2&5&8&0\end{bmatrix}\xrightarrow{r_2\leftrightarrow r_1}\begin{bmatrix}1&0&3&2&0\\2&1&8&3&7\\2&-3&0&7&-5\\3&-2&5&8&0\end{bmatrix}$$

$$\xrightarrow{r_2-2r_1}\begin{bmatrix}1&0&3&2&0\\0&1&2&-1&7\\2&-3&0&7&-5\\3&-2&5&8&0\end{bmatrix}\xrightarrow{r_3-2r_1}\begin{bmatrix}1&0&3&2&0\\0&1&2&-1&7\\0&-3&-6&3&-5\\3&-2&5&8&0\end{bmatrix}$$

$$\xrightarrow{r_4-3r_1}\begin{bmatrix}1&0&3&2&0\\0&1&2&-1&7\\0&-3&-6&3&-5\\0&-2&-4&2&0\end{bmatrix}\xrightarrow{r_3+3r_2}\begin{bmatrix}1&0&3&2&0\\0&1&2&-1&7\\0&0&0&0&16\\0&-2&-4&2&0\end{bmatrix}$$

$$\xrightarrow{r_4+2r_2}\begin{bmatrix}1&0&3&2&0\\0&1&2&-1&7\\0&0&0&0&16\\0&0&0&0&14\end{bmatrix}\xrightarrow{r_3\times\frac{1}{16}}\begin{bmatrix}1&0&3&2&0\\0&1&2&-1&7\\0&0&0&0&1\\0&0&0&0&14\end{bmatrix}$$

$$\xrightarrow{r_4-14r_3}\begin{bmatrix}1&0&3&2&0\\0&1&2&-1&7\\0&0&0&0&1\\0&0&0&0&0\end{bmatrix}\xrightarrow{r_2-7r_3}\begin{bmatrix}1&0&3&2&0\\0&1&2&-1&0\\0&0&0&0&1\\0&0&0&0&0\end{bmatrix}.$$

由于

$$\begin{vmatrix}1&0&0\\0&1&0\\0&0&1\end{vmatrix}=1\neq0,$$

所以,原矩阵的秩为 3.而原矩阵中与化简后的矩阵矩阵相对应的 1、2、3 行和 1、2、5 列构成的三阶子式

$$\begin{vmatrix}2&1&7\\2&-3&-5\\3&-2&0\end{vmatrix}=0,$$

当第 1、3、4 行和 1、2、5 列构成的三阶子式

$$\begin{vmatrix}2&1&7\\3&-2&0\\1&0&0\end{vmatrix}=14\neq0$$

就是所求的一个最高阶非零子式.

例 4.2.3 已知矩阵

$$A=\begin{bmatrix}2 & 1 & 0 & 1\\3 & -1 & -2 & 3\\4 & 3 & 1 & -2\\9 & 3 & -1 & 2\\1 & 3 & 2 & -1\end{bmatrix},$$

试将其化为阶梯形矩阵,并且求出该矩阵的秩 $R(\mathbf{A})$.

解:由于已知矩阵的行数大于列数,为了使化简过程简化,所以先将原矩阵转置,在进行初等变换,则有

$$A^{\mathrm{T}}=\begin{bmatrix}2 & 3 & 4 & 9 & 1\\1 & -1 & 3 & 3 & 3\\0 & -2 & 1 & -1 & 2\\1 & 3 & -2 & 2 & -1\end{bmatrix}\xrightarrow{2r_2}\begin{bmatrix}2 & 3 & 4 & 9 & 1\\2 & -2 & 6 & 6 & 6\\0 & -2 & 1 & -1 & 2\\1 & 3 & -2 & 2 & -1\end{bmatrix}$$

$$\xrightarrow{2r_4}\begin{bmatrix}2 & 3 & 4 & 9 & 1\\2 & -2 & 6 & 6 & 6\\0 & -2 & 1 & -1 & 2\\2 & 6 & -4 & 4 & -2\end{bmatrix}\xrightarrow{r_2-r_1}\begin{bmatrix}2 & 3 & 4 & 9 & 1\\0 & -5 & 2 & -3 & 5\\0 & -2 & 1 & -1 & 2\\2 & 6 & -4 & 4 & -2\end{bmatrix}$$

$$\xrightarrow{r_4-r_1}\begin{bmatrix}2 & 3 & 4 & 9 & 1\\0 & -5 & 2 & -3 & 5\\0 & -2 & 1 & -1 & 2\\0 & 3 & -8 & -5 & 3\end{bmatrix}\xrightarrow{5r_3}\begin{bmatrix}2 & 3 & 4 & 9 & 1\\0 & -5 & 2 & -3 & 5\\0 & -10 & 5 & -5 & 10\\0 & 3 & -8 & -5 & 3\end{bmatrix}$$

$$\xrightarrow{5r_4}\begin{bmatrix}2 & 3 & 4 & 9 & 1\\0 & -5 & 2 & -3 & 5\\0 & -10 & 5 & -5 & 10\\0 & 15 & -40 & -25 & -15\end{bmatrix}\xrightarrow{r_3-2r_2}\begin{bmatrix}2 & 3 & 4 & 9 & 1\\0 & -5 & 2 & -3 & 5\\0 & 0 & 1 & 1 & 0\\0 & 15 & -40 & -25 & -15\end{bmatrix}$$

$$\xrightarrow{r_4-3r_2}\begin{bmatrix}2 & 3 & 4 & 9 & 1\\0 & -5 & 2 & -3 & 5\\0 & 0 & 1 & 1 & 0\\0 & 0 & -34 & -34 & 0\end{bmatrix}\xrightarrow{r_4+34r_3}\begin{bmatrix}2 & 3 & 4 & 9 & 1\\0 & -5 & 2 & -3 & 5\\0 & 0 & 1 & 1 & 0\\0 & 0 & 0 & 0 & 0\end{bmatrix}$$

$$\longrightarrow\begin{bmatrix}2 & 1 & 3 & 4 & 9\\0 & 5 & -5 & 2 & -3\\0 & 0 & 0 & 1 & 1\\0 & 0 & 0 & 0 & 0\end{bmatrix}.$$

这样,就将原矩阵化成了阶梯形矩阵,在所得的阶梯形矩阵中,非零行的个数为 3,所以矩阵 $\mathbf{A}$ 的秩为

$$R(\mathbf{A})=3.$$

4.3　线性方程组理论

定理 4.3.1(线性方程组有解判别定理)　线性方程组

$$\begin{cases} a_{11}x_1+a_{12}x_2+\cdots+a_{1n}x_n=b_1, \\ a_{21}x_1+a_{22}x_2+\cdots+a_{2n}x_n=b_2, \\ \qquad\cdots\cdots \\ a_{s1}x_1+a_{s2}x_2+\cdots+a_{sn}x_n=b_s. \end{cases} \tag{4-3-1}$$

有解的充分必要条件为其系数矩阵

$$\boldsymbol{A}=\begin{bmatrix} a_{11} & a_{12} & \cdots & a_{1n} \\ a_{21} & a_{22} & \cdots & a_{2n} \\ \vdots & \vdots & \vdots & \vdots \\ a_{s1} & a_{s2} & \cdots & a_{sn} \end{bmatrix}$$

与增广矩阵

$$\overline{\boldsymbol{A}}=\begin{bmatrix} a_{11} & a_{12} & \cdots & a_{1n} & b_1 \\ a_{21} & a_{21} & \cdots & a_{2n} & b_2 \\ \vdots & \vdots & \vdots & \vdots & \vdots \\ a_{s1} & a_{s2} & \cdots & a_{sn} & b_s \end{bmatrix}$$

有相同的秩.

证明:增广矩阵 $\overline{\boldsymbol{A}}$ 的列向量组为

$$\boldsymbol{\alpha}_1=\begin{pmatrix} a_{11} \\ a_{21} \\ \vdots \\ a_{s1} \end{pmatrix},\boldsymbol{\alpha}_2=\begin{pmatrix} a_{12} \\ a_{22} \\ \vdots \\ a_{s2} \end{pmatrix},\cdots,\boldsymbol{\alpha}_n=\begin{pmatrix} a_{1n} \\ a_{2n} \\ \vdots \\ a_{sn} \end{pmatrix},\boldsymbol{\beta}=\begin{pmatrix} b_1 \\ b_2 \\ \vdots \\ b_s \end{pmatrix},$$

其中,$\boldsymbol{\alpha}_1,\boldsymbol{\alpha}_2,\cdots,\boldsymbol{\alpha}_n$ 是系数矩阵 $\boldsymbol{A}$ 的列向量组.

线性方程组(4-3-1)有解的充分必要条件是 $\boldsymbol{\beta}$ 可由 $\boldsymbol{\alpha}_1,\boldsymbol{\alpha}_2,\cdots,\boldsymbol{\alpha}_n$ 线性表出,即向量组 $\boldsymbol{\alpha}_1,\boldsymbol{\alpha}_2,\cdots,\boldsymbol{\alpha}_n$ 与向量组 $\boldsymbol{\alpha}_1,\boldsymbol{\alpha}_2,\cdots,\boldsymbol{\alpha}_n,\boldsymbol{\beta}$ 等价.该条件相当于向量组 $\boldsymbol{\alpha}_1,\boldsymbol{\alpha}_2,\cdots,\boldsymbol{\alpha}_n$ 与向量组 $\boldsymbol{\alpha}_1,\boldsymbol{\alpha}_2,\cdots,\boldsymbol{\alpha}_n,\boldsymbol{\beta}$ 有相同的秩,即

$$r(\boldsymbol{A})=r(\overline{\boldsymbol{A}}).$$

当线性方程组(4-3-1)有解时,下面我们将对解的个数问题进行研究.

如果

$$r(\boldsymbol{A})=n,$$

则向量组 $\boldsymbol{\alpha}_1,\boldsymbol{\alpha}_2,\cdots,\boldsymbol{\alpha}_n$ 线性无关.$\boldsymbol{\beta}$ 表成 $\boldsymbol{\alpha}_1,\boldsymbol{\alpha}_2,\cdots,\boldsymbol{\alpha}_n$ 的线性组合的表示法是唯一的,可知线性方程组(4-3-1)存在唯一解.

如果 $r(\boldsymbol{A})<n$,则向量组 $\boldsymbol{\alpha}_1,\boldsymbol{\alpha}_2,\cdots,\boldsymbol{\alpha}_n$ 线性相关,$\boldsymbol{\beta}$ 表成 $\boldsymbol{\alpha}_1,\boldsymbol{\alpha}_2,\cdots,\boldsymbol{\alpha}_n$ 的线性组合的表

示法有无穷多种，所以线性方程组(4-3-1)有无穷多解，并且在一般解中，存在 $n-r$ 个自由未知量.

下面我们将应用矩阵的秩的简单概念概述一下齐次线性方程组存在非零解的条件.

定理 4.3.2 齐次线性方程组

$$\begin{cases} a_{11}x_1+a_{12}x_2+\cdots+a_{1n}x_n=0, \\ a_{21}x_1+a_{22}x_2+\cdots+a_{2n}x_n=0, \\ \cdots\cdots \\ a_{s1}x_1+a_{s2}x_2+\cdots+a_{sn}x_n=0. \end{cases}$$

齐次线性方程组存在非零解的充分必要条件为其系数矩阵

$$\mathbf{A}=\begin{bmatrix} a_{11} & a_{12} & \cdots & a_{1n} \\ a_{21} & a_{22} & \cdots & a_{2n} \\ \vdots & \vdots & \vdots & \vdots \\ a_{s1} & a_{s2} & \cdots & a_{sn} \end{bmatrix}$$

的秩小于 n.

我们可得到如下结论：

(1)非齐次组 $\mathbf{A}\boldsymbol{x}=\boldsymbol{b}$ 与齐次组 $\mathbf{A}\boldsymbol{x}=\mathbf{0}$ 解的关系：

$$\mathbf{A}\boldsymbol{x}=\boldsymbol{b}\text{ 有解}\Leftrightarrow\text{秩}(\mathbf{A})=\text{秩}(\bar{\mathbf{A}})=r\begin{cases} =n\Leftrightarrow\mathbf{A}\boldsymbol{x}=\boldsymbol{b}\text{ 有唯一解} \\ <n\Leftrightarrow\mathbf{A}\boldsymbol{x}=\boldsymbol{b}\text{ 有无穷多解} \end{cases},$$

$$\left.\begin{array}{l} \mathbf{A}\boldsymbol{x}=\boldsymbol{b}\text{ 有唯一解}\overset{\Rightarrow}{\underset{\Leftarrow}{}}\mathbf{A}\boldsymbol{x}=\mathbf{0}\text{ 只有零解}\Leftrightarrow r(\mathbf{A})=n \\ \mathbf{A}\boldsymbol{x}=\boldsymbol{b}\text{ 有无穷多解}\overset{\Rightarrow}{\underset{\Leftarrow}{}}\mathbf{A}\boldsymbol{x}=\mathbf{0}\text{ 有非零解}\Leftrightarrow r(\mathbf{A})<n \end{array}\right\}\mathbf{A}\boldsymbol{x}=\mathbf{0}\text{ 有解}$$

非齐次组 $\mathbf{A}\boldsymbol{x}=\boldsymbol{b}$ 有无穷多解(唯一解)，则 $\mathbf{A}\boldsymbol{x}=\mathbf{0}$ 有非零解(仅有零解)，反之不成立，也就是说 $\mathbf{A}\boldsymbol{x}=\mathbf{0}$ 有非零解(仅有零解)，此时我们并不能推导出 $\mathbf{A}\boldsymbol{x}=\boldsymbol{b}$ 有无穷多解(唯一解)，甚至可能无解，由于根据

$$r(\mathbf{A})<n,$$

不一定能得到

$$r(\mathbf{A})=r(\bar{\mathbf{A}}).$$

然而如果我们知道 $\mathbf{A}\boldsymbol{x}=\boldsymbol{b}$ 有解，或已知 $\mathbf{A}$ 为 $m\times n$ 矩阵且 $r(\mathbf{A})=m$，则它们之间是可相互推导的.

(2)设 A 为 $m\times n$ 矩阵，若

$$r(\mathbf{A}_{m\times n})=m,$$

对 $\mathbf{A}\boldsymbol{x}=\boldsymbol{b}$ 有

$$r(\mathbf{A})=r(\mathbf{A}\vdots\boldsymbol{b})=m,$$

从而 $\mathbf{A}\boldsymbol{x}=\boldsymbol{b}$ 有解.但当 $r(\mathbf{A}_{m\times n})=n$ 时，$\mathbf{A}\boldsymbol{x}=\boldsymbol{b}$ 不一定有解.

(3)n 阶矩阵 $\mathbf{A}$ 可逆 $\begin{array}{l}\Leftrightarrow\mathbf{A}\boldsymbol{x}=\mathbf{0}\text{ 只有零解} \\ \Leftrightarrow\forall\boldsymbol{b},\mathbf{A}\boldsymbol{x}=\boldsymbol{b}\text{ 总有唯一解}.\end{array}$

通常情况下，

$$r(\boldsymbol{A}_{m\times n})=n\Leftrightarrow \boldsymbol{A}\boldsymbol{x}=\boldsymbol{0}$$

仅存在零解，尤其，在 $m=n$ 时，$\boldsymbol{A}_{n\times n}\boldsymbol{x}=\boldsymbol{0}$ 只有零解的充要条件是：

$$|\boldsymbol{A}|\neq 0.$$

(4)$\boldsymbol{A}_{m\times n}\boldsymbol{x}=\boldsymbol{b}(\boldsymbol{b}\neq\boldsymbol{0})$线性无关解向量的个数为$[n-r(\boldsymbol{A})]+1$.

(5)若 $\boldsymbol{\alpha}_1,\boldsymbol{\alpha}_2,\cdots,\boldsymbol{\alpha}_s$ 为 $\boldsymbol{A}_{m\times n}\boldsymbol{x}=\boldsymbol{0}$ 的 s 个线性无关的解，则

$$n-r(\boldsymbol{A})\geqslant s$$

或

$$r(\boldsymbol{A})\leqslant n-s;$$

若 $\boldsymbol{\beta}_1,\boldsymbol{\beta}_2,\cdots,\boldsymbol{\beta}_t$ 为 $\boldsymbol{A}\boldsymbol{x}=\boldsymbol{b}$ 的线性无关解，则

$$n-r(\boldsymbol{A})\geqslant t-1.$$

(6)若 $\boldsymbol{\beta}_1,\boldsymbol{\beta}_2,\cdots,\boldsymbol{\beta}_t$ 为 $\boldsymbol{A}\boldsymbol{x}=\boldsymbol{b}$ 的线性无关解，则 $\boldsymbol{\beta}_1-\boldsymbol{\beta}_t,\boldsymbol{\beta}_2-\boldsymbol{\beta}_t,\cdots,\boldsymbol{\beta}_{t-1}-\boldsymbol{\beta}_t$ 为 $\boldsymbol{A}\boldsymbol{x}=\boldsymbol{0}$ 的 $t-1$ 个线性无关解.

4.4 线性方程组中的转化的思想方法

4.4.1 转化的思想方法

数学方法论中的转化的思想，是指把需要解决的问题通过某种转化过程，归结到一类已经能解决或者比较容易解决的问题中，最终获得问题的解答的一种思想方法.在数学史上，曾有很多数学家从不同的角度对转化的思想进行过描述.其中，以法国数学家笛卡儿尤为重要，他在其著作《指导思维的法则》中曾提出过如下的“万能方法”(一般模式)：第一，将任何种类的问题化归为数学问题；第二，将任何种类的数学问题化归为代数问题；第三，将任何代数问题化归为方程式的求解.由于方程求解问题被认为是已经能解决的(或者说，是较为容易解决的)，因此，在笛卡儿看来，我们就可利用这样的方法去解决各种类型的问题.笛卡儿所给出的这一“问题解决”的模式可以看作转化的思想的一个具体运用.

这一基本思想曾一度帮助笛卡儿自己发明了解析几何.当今一些数学家和数学工作者在解决几何学命题的证明时，把命题的证明过程转化为代数方程组零点集的确定问题，最后通过计算机来实现机器证明定理的目标，这种思想也是转化思想的现代发展和深化.当然，任何数学方法都必然有其局限性，因此笛卡儿所谓的“万能方法”根本不可能是万能的.关于这一点，著名数学家波利亚曾指出：虽然笛卡儿给出的“问题解决”的模式并不是“万能”的，但对学习者而言，它确实又是一个“问题解决，，的重要模式.而数学在其他学科中的应用，也是转化思想的充分体现.

数学中随处充满着各种各样的矛盾，如繁和简、难和易、抽象与具体、一般和特殊、未知和已知等.而这些矛盾的解决，通常也是通过转化或化归的思想，把要解决的命题或问题进行化

繁为简、化难为易、化一般为特殊、化未知为已知.

数学问题的解决过程,实际上是由条件向结论转化的过程,通常是先由条件的必要条件作为过渡,本质上是利用转化思想的一种过渡,然后利用必要条件的过渡,一步一步地转化,进而得到结论的充分条件,最终使问题得到解决的过程.因此,转化思想是数学中最基本的思想方法之一,当然也是高等代数中的常用的一种基本思想方法.常用的具体转化方法有加法和减法的转化、乘法和除法的转化、乘方和开方的转化、指数和对数的转化、高次向低次的转化、多元向一元的转化、三维向二维的转化、抽象向具体的转化等.

4.4.2 线性方程组中的转化的思想方法

在线性方程组中转化思想方法比较丰富,求解方程组时我们需要转化成矩阵,利用矩阵的初等变换化简成为阶梯形,再反演回来求解.解可转化成向量形式进行表示.求解向量组的等价性、相关性和极大无关组等我们均可将其转化成矩阵求解等.

例 4.4.1 两个 $m\times n$ 矩阵 $\boldsymbol{A},\boldsymbol{B}$ 的行向量组等价的充要条件如下:$\boldsymbol{AX}=\boldsymbol{0}$ 与 $\boldsymbol{BX}=\boldsymbol{0}$ 同解.

证明:设

$$\boldsymbol{A}=\begin{pmatrix}\boldsymbol{\alpha}_1\\\boldsymbol{\alpha}_2\\\vdots\\\boldsymbol{\alpha}_m\end{pmatrix},\boldsymbol{B}=\begin{pmatrix}\boldsymbol{\beta}_1\\\boldsymbol{\beta}_2\\\vdots\\\boldsymbol{\beta}_m\end{pmatrix},$$

那么 $\boldsymbol{AX}=\boldsymbol{0}$ 与 $\boldsymbol{BX}=\boldsymbol{0}$ 同解

$\Leftrightarrow\boldsymbol{AX}=\boldsymbol{0}$ 与 $\begin{pmatrix}\boldsymbol{A}\\\boldsymbol{\beta}_i\end{pmatrix}\boldsymbol{X}=\boldsymbol{0}$ 同解及 $\boldsymbol{BX}=\boldsymbol{0}$ 与 $\begin{pmatrix}\boldsymbol{B}\\\boldsymbol{\alpha}_i\end{pmatrix}\boldsymbol{X}=\boldsymbol{0}$ 同解

$\Leftrightarrow r(\boldsymbol{A})=r\left(\begin{pmatrix}\boldsymbol{A}\\\boldsymbol{\beta}_i\end{pmatrix}\right)=r\left(\begin{pmatrix}\boldsymbol{B}\\\boldsymbol{\alpha}_i\end{pmatrix}\right)$

$\Leftrightarrow\boldsymbol{\beta}_i$ 可由 $\boldsymbol{\alpha}_1,\boldsymbol{\alpha}_2,\cdots,\boldsymbol{\alpha}_m$ 线性表出,$\boldsymbol{\alpha}_i$ 可由 $\boldsymbol{\beta}_1,\boldsymbol{\beta}_2,\cdots,\boldsymbol{\beta}_m$ 线性表示

$\Leftrightarrow\boldsymbol{\alpha}_1,\boldsymbol{\alpha}_2,\cdots,\boldsymbol{\alpha}_m$ 与 $\boldsymbol{\beta}_1,\boldsymbol{\beta}_2,\cdots,\boldsymbol{\beta}_m$ 等价.

例 4.4.2 线性方程组 $\boldsymbol{AX}=\boldsymbol{0}$ 的解均为 $\boldsymbol{BX}=\boldsymbol{0}$ 的解,则 $r(\boldsymbol{A})\geqslant r(\boldsymbol{B})$.

证明:设

$$r(\boldsymbol{A})=r,r(\boldsymbol{B})=s,$$

则 $\boldsymbol{AX}=\boldsymbol{0}$ 的解空间 W_1 的维数为 $n-r$,$\boldsymbol{BX}=\boldsymbol{0}$ 的解空间 W_2 的维数为 $n-s$.

根据已知 $\boldsymbol{AX}=\boldsymbol{0}$ 的解均为 $\boldsymbol{BX}=\boldsymbol{0}$ 的解,可得:

$$W_1\subseteq W_2,$$

即

$$n-r\leqslant n-s,$$

所以

$$r\geqslant s.$$

4.5　线性方程组中的关系、映射、反演的思想方法

4.5.1　关系、映射、反演的思想方法

关系(relationship)、映射(mapping)、反演(inversion)方法，简称 RMI 方法，是一种重要的数学思想方法，是分析处理数学问题的一种常见的思想方法.RMI 方法的原则是化归的原则，本质就是转化.在代数(当然包括高等代数)中，这一方法体现得尤为明显.

数学对象并不是孤立存在的，数学问题也不是孤立存在的.某些不同的数学对象和数学问题之间存在着明确的制约关系，我们一般称之为数学关系，如代数关系、序关系、拓扑关系等等.我们把某些数学关系的数学对象的集合成为关系结构，代数结构是一种关系结构，一种特殊的关系结构.

RMI 方法的基本思想：当正面、直接讨论需要解决的问题 P_1 有困难时，首先把问题 P_1 看成关系结构 R 中的问题[可记为 $P_1(R)$]，可以利用转化的思想和同构的关系，建立适当的同构关系映射，将关系结构 R 中的问题 $P_1(R)$，转化成其对应关系结构 $\bar{R}$ 中比较容易解决的问题 $P_2(\bar{R})$，在关系结构 R 中解决问题 $P_2(\bar{R})$，然后把所得结果通过同构关系映射的逆映射反演到 R 中，最终解决问题 $P_1(R)$.可用图 4.1 表示.

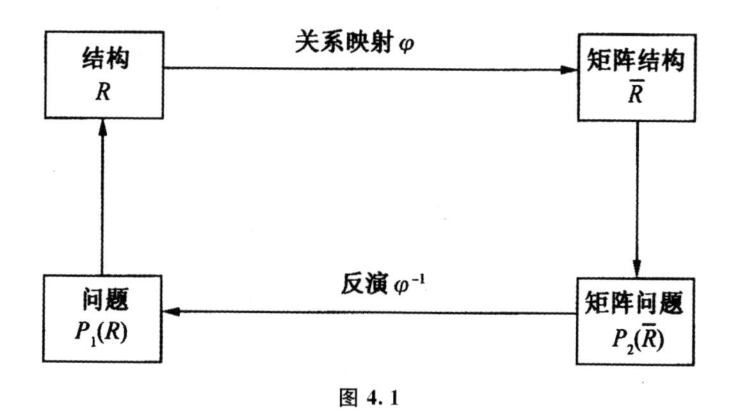

图 4.1

RMI 方法的步骤为：结构→映射→对应→解决→反演→得解.

运用 RMI 方法，关键在于选取“相应”的关系结构与“适当”的关系映射.“相应”的关系结构是指同构的关系结构，即相应的关系结构不仅要存在，而且要同构；“适当”的关系映射一般是与同构映射相对应的，即选取的映射不仅是可定映的，而且还应是可逆映射的.以前我们用到的典型的 RMI 方法就是用解析法解决几何问题.

RMI 方法最典型的体现就是研究对象中的互相转化所起到的化抽象为具体、化繁为简、化难为易的作用.明确 RMI 思想方法对于矩阵的思想方法是很重要的,可起到“隔山打牛”的效果.

4.5.2 线性方程组中的关系、映射、反演的思想方法

本节中解线性方程组的过程就是利用关系、映射、反演思想方法的过程:先把线性方程组对应出系数矩阵或增广矩阵来,对其作初等行变换,化成行简化阶梯形,转化成简单同解线性方程组直接求解.具体如图 4.2 所示.

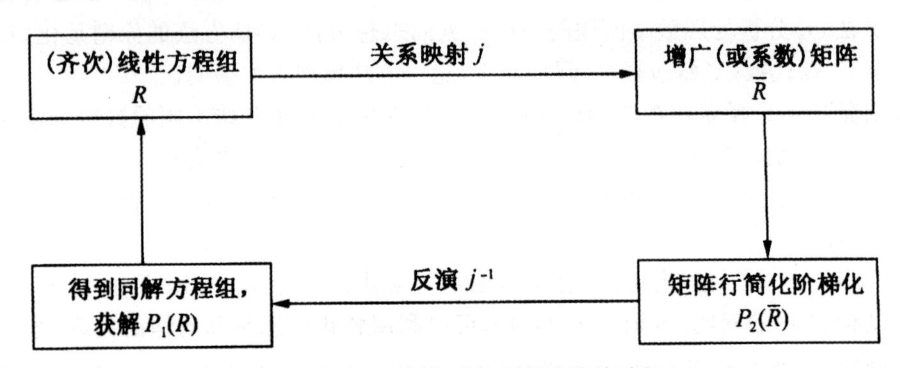

图 4.2 关系、映射、反演思想方法的过程

例 4.5.1 求线性方程组

$$\begin{cases} x_1+x_2-x_3-x_4=1, \\ 2x_1+x_2+x_3+x_4=4, \\ 4x_1+3x_2-x_3-x_4=6, \\ x_1+2x_2-4x_3-4x_4=-1 \end{cases}$$

的通解.

解:对增广矩阵进行行初等变换得:

$$\begin{bmatrix} 1 & 1 & -1 & -1 & 1 \\ 2 & 1 & 1 & 1 & 4 \\ 4 & 3 & -1 & -1 & 6 \\ 1 & 2 & -4 & -4 & -1 \end{bmatrix} \rightarrow \begin{bmatrix} 1 & 0 & 2 & 2 & 3 \\ 0 & 1 & -3 & -3 & -2 \\ 0 & 0 & 0 & 0 & 0 \\ 0 & 0 & 0 & 0 & 0 \end{bmatrix}.$$

故通解为 $a(-2,3,1,0)^{\mathrm{T}}+b(-2,3,0,1)^{\mathrm{T}}+(3,-2,0,0)^{\mathrm{T}}$,其中 a,b 为任意数.

例 4.5.2 $nx_1+(n-1)x_2+\cdots+2x_{n-1}+x_n=0$.

解:原方程组即为:$x_n=-nx_1-(n-1)x_2-\cdots-2x_{n-1}$.

取 $x_1=1, x_2=x_3=\cdots=x_{n-1}=0$,得 $x_n=-n$;

取 $x_2=1, x_1=x_3=x_4=\cdots=x_{n-1}$,得 $x_n=-(n-1)=-n+1$;

取 $x_{n-1}=1, x_1=x_2=\cdots=x_{n-2}$,得 $x_n=-2$.

所以基础解系为

$$(\xi_1,\xi_2,\cdots,\xi_{n-1})=\begin{bmatrix}1&0&\cdots&0\\0&1&\cdots&0\\\vdots&\vdots&&\vdots\\0&0&\cdots&1\\-n&-n+1&\cdots&-2\end{bmatrix}.$$

4.6 线性方程组在几何中的应用

4.6.1 利用线性方程组判定平面与平面之间的关系

设有两平面

$$\pi_1:A_1x+B_1y+C_1z+D_1=0$$

与

$$\pi_2:A_2x+B_2y+C_2z+D_2=0,$$

则 π_1 与 π_2 之间的关系有下面三种情形：

①当

$$R\begin{bmatrix}A_1&B_1&C_1&D_1\\A_2&B_2&C_2&D_2\end{bmatrix}\neq R\begin{bmatrix}A_1&B_1&C_1\\A_2&B_2&C_2\end{bmatrix},$$

即,线性方程组

$$\begin{cases}A_1x+B_1y+C_1z+D_1=0,\\A_2x+B_2y+C_2z+D_2=0\end{cases}\tag{4-6-1}$$

的系数矩阵的秩不等于增广矩阵的秩时,线性方程组(4-6-1)无解,平面 π_1 与 π_2 无公共点,即平面 π_1 与 π_2 平行且不重合.

②当

$$R\begin{bmatrix}A_1&B_1&C_1&D_1\\A_2&B_2&C_2&D_2\end{bmatrix}=R\begin{bmatrix}A_1&B_1&C_1\\A_2&B_2&C_2\end{bmatrix}=1$$

时,方程

$$A_1x+B_1y+C_1z+D_1=0$$

与

$$A_2x+B_2y+C_2z+D_2=0$$

同解,平面 π_1 与 π_2 重合.

③当

$$R\begin{bmatrix}A_1&B_1&C_1&D_1\\A_2&B_2&C_2&D_2\end{bmatrix}=R\begin{bmatrix}A_1&B_1&C_1\\A_2&B_2&C_2\end{bmatrix}=2$$

时，方程组(4-6-1)有无穷多组解，但平面 π_1 与 π_2 不重合，故而，平面 π_1 与 π_2 相交于一条直线.

如图 4.3 所示，平面 π_1 与 π_2 的法向量之间的夹角 φ 称作这两平面间的夹角，平面 π_1 与 π_2 的夹角可以由公式

$$\cos\varphi=\frac{|A_1A_2+B_1B_2+C_1C_2|}{\sqrt{A_1^2+B_1^2+C_1^2}\sqrt{A_2^2+B_2^2+C_2^2}}$$

来确定.

由两向量垂直、平行的条件可得

$$\begin{cases}\pi_1 /\!/ \pi_2 \Leftrightarrow \boldsymbol{n}_1 /\!/ \boldsymbol{n}_2 \Leftrightarrow \boldsymbol{n}_1\times\boldsymbol{n}_2=\boldsymbol{0}\Leftrightarrow \dfrac{A_1}{A_2}=\dfrac{B_1}{B_2}=\dfrac{C_1}{C_2},\\ \pi_1\perp\pi_2\Leftrightarrow \boldsymbol{n}_1\perp\boldsymbol{n}_2\Leftrightarrow \boldsymbol{n}_1\cdot\boldsymbol{n}_2=0\Leftrightarrow A_1A_2+B_1B_2+C_1C_2=0.\end{cases}$$

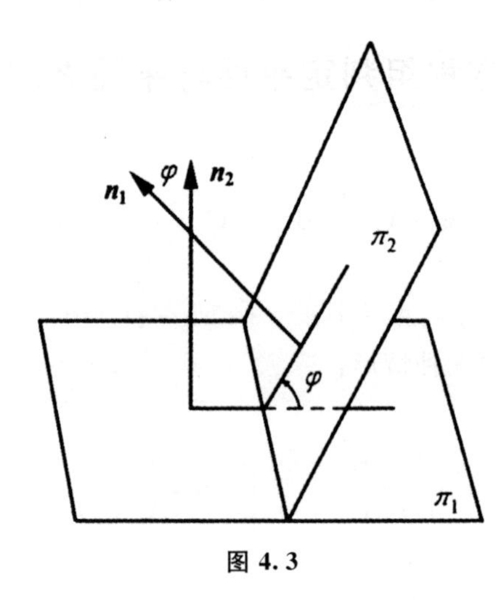

图 4.3

4.6.2 利用线性方程组判定直线与直线之间的关系

设有两直线

$$L_1:\frac{x_1-x_2}{m_1}=\frac{y_1-y_2}{n_1}=\frac{z_1-z_2}{p_1},$$

$$L_2:\frac{x_1-x_2}{m_2}=\frac{y_1-y_2}{n_2}=\frac{z_1-z_2}{p_2}.$$

我们称 L_1,L_2 的方向向量 $s_1=(m_1,n_1,p_1)$，$s_2=(m_2,n_2,p_2)$ 的夹角 φ(锐角)为直线 L_1,L_2 的夹角，直线 L_1,L_2 的夹角 φ 可以由公式

$$\cos\varphi=\frac{|m_1m_2+n_1n_2+p_1p_2|}{\sqrt{m_1^2+n_1^2+p_1^2}\sqrt{m_2^2+n_2^2+p_2^2}}$$

确定.

与平面平行相类似,有

$$\begin{cases}L_1 /\!/ L_2 \Leftrightarrow s_1 /\!/ s_2 \Leftrightarrow s_1 \times s_2 = \mathbf{0} \Leftrightarrow \dfrac{m_1}{m_2} = \dfrac{n_1}{n_2} = \dfrac{p_1}{p_2}, \\ L_1 \perp L_2 \Leftrightarrow s_1 \perp s_2 \Leftrightarrow s_1 \cdot s_2 = 0 \Leftrightarrow m_1 m_2 + n_1 n_2 + p_1 p_2 = 0.\end{cases}$$

(3)利用线性方程组判定直线与平面之间的关系

设直线 L 的方向向量为 $s=(m,n,p)$,平面 π 的法向量为 $\boldsymbol{n}=(A,B,C)$,显然有

$$\begin{cases}L /\!/ \pi \Leftrightarrow s \perp n \Leftrightarrow s \cdot n = 0 \Leftrightarrow mA + nB + pC = 0, \\ L \perp \pi \Leftrightarrow s /\!/ n \Leftrightarrow s \times n = \mathbf{0} \Leftrightarrow \dfrac{A}{m} = \dfrac{B}{n} = \dfrac{C}{p}.\end{cases}$$

如图 4.4 所示,直线 L 与其在平面 π 上的投影 L_1 的夹角 φ 称作,直线 L 与平面 π 的夹角,直线 L 与平面 π 的夹角 φ 可以由公式

$$\sin\varphi = \frac{|mA + nB + pC|}{\sqrt{A^2+B^2+C^2}\sqrt{m^2+n^2+p^2}}$$

确定.

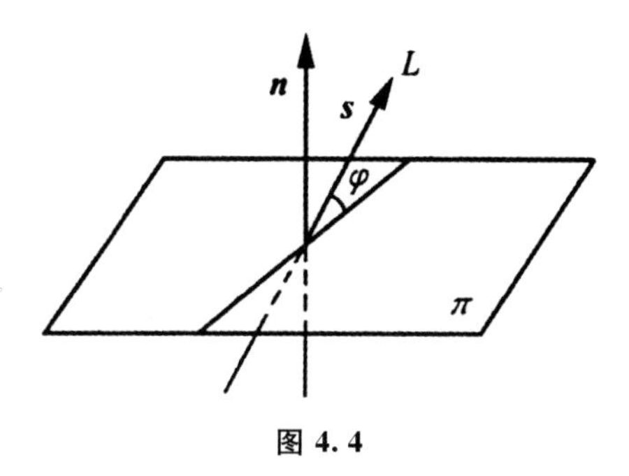

图 4.4

例 4.6.1　假设某一空间有三个平面

$$\pi_1:\ 3x+2y+z=1-a,$$
$$\pi_2:x+4y-3z=1+a,$$
$$\pi_3:\ 3x-3y+(b-1)z=-9.$$

试根据所学知识分析这三个平面的位置关系.

解:对线性方程组

$$\begin{cases}3x+2y+z=1-a, \\ x+4y-3z=1+a, \\ 3x-3y+(b-1)z=-9\end{cases}$$

的增广矩阵进行初等行变换

$$\bar{\mathbf{A}} = \begin{bmatrix}3 & 2 & 1 & 1-a \\ 1 & 4 & -3 & 1+a \\ 3 & -3 & b-1 & -9\end{bmatrix} \sim \begin{bmatrix}1 & -1 & 2 & -a \\ 0 & 5 & -5 & 1+2a \\ 0 & 0 & b-7 & 3a-9\end{bmatrix}.$$

通过分析可知,当 a 取任意实数,$b \neq 7$ 时,方程组的解是唯一的,三个平面交于一点,该点的坐标为

$$\left(\frac{1-3a}{5}-\frac{3(a-3)}{b-7},\frac{1+2a}{5}+\frac{3(a-3)}{b-7},\frac{3(a-3)}{b-7}\right).$$

当 $a=3,b=7$ 时，方程有无数组解，其通解可以表示为

$$\begin{pmatrix}x\\y\\z\end{pmatrix}=\begin{pmatrix}-\frac{8}{5}\\ \frac{7}{5}\\0\end{pmatrix}+d\begin{pmatrix}-1\\1\\1\end{pmatrix},$$

其中，d 为任意常数.所以空间三平面交于直线

$$\begin{cases}x=-\frac{8}{5}-d,\\ y=\frac{7}{5}+d,\\ z=d.\end{cases}$$

当 $a\neq3,b=7$ 时，方程组无解，再结合空间平面的相关知识，我们可以判定，空间三平面两两相交于三条互不重合但是彼此平行的三条直线.

例 4.6.2 试证明平面上三点 $(x_1,y_1),(x_2,y_2),(x_3,y_3)$ 共线的等价条件是

$$\begin{vmatrix}x_1&x_2&1\\y_1&y_2&1\\z_1&z_2&1\end{vmatrix}=0.$$

证明：设所共直线的方程为 $y=kx+b$，则关于 k,b 的线性方程组

$$\begin{cases}y_1=kx_1+b,\\y_2=kx_2+b,\\y_3=kx_3+b\end{cases}$$

有解.故而矩阵 $\begin{bmatrix}x_1&1\\x_2&1\\x_3&1\end{bmatrix}$ 与 $\begin{bmatrix}x_1&1&y_1\\x_2&1&y_2\\x_3&1&y_3\end{bmatrix}$ 的秩相等，即有

$$\begin{vmatrix}x_1&1&y_1\\x_2&1&y_2\\x_3&1&y_3\end{vmatrix}=\begin{vmatrix}x_1&y_1&1\\x_2&y_2&1\\x_3&y_3&1\end{vmatrix}=0.$$

反之，若 $x_1=x_2=x_3$，三点合一，显然共线.

否则有

$$R\begin{bmatrix}x_1&1\\x_2&1\\x_3&1\end{bmatrix}=2,$$

但

$$\begin{vmatrix}x_1&y_1&1\\x_2&y_2&1\\x_3&y_3&1\end{vmatrix}=0,$$

故而

$$R\begin{bmatrix} x_1 & 1 & y_1 \\ x_2 & 1 & y_2 \\ x_3 & 1 & y_3 \end{bmatrix}=R\begin{bmatrix} x_1 & y_1 & 1 \\ x_2 & y_2 & 1 \\ x_3 & y_3 & 1 \end{bmatrix}=2,$$

关于 k,b 的线性方程组

$$\begin{cases} y_1=kx_1+b, \\ y_2=kx_2+b, \\ y_3=kx_3+b \end{cases}$$

有解，(x_1,y_1)，(x_2,y_2)，(x_3,y_3)共线.

第 5 章　矩阵

为了更方便地研究各种各样的问题，人们从大量的各种常见问题中总结出了矩阵的概念.矩阵有广泛的实际应用背景.就物理学方面来讲.有些物理量只需要要用一个数来表示，但有些物理量不是一个数能说明问题的.必须用几个数才能将其描述清楚，如果引入矩阵，不仅可以便于表述一些物理量，而且可以大大简化许多物理运算；引入矩阵还可以使问题简化.在数学中，矩阵是线性代数的重要概念之一，更是求解线性方程组的重要工具.

5.1　矩阵中的分类讨论的思想方法

定义 5.1.1　由 $m \times n$ 个数 a_{ij}，其中 $i=1,2,\cdots,m$；$j=1,2,\cdots,n$，排成的 m 行 n 列数表 $\boldsymbol{A}=\begin{bmatrix} a_{11} & a_{12} & \cdots & a_{1n} \\ a_{21} & a_{22} & \cdots & a_{2n} \\ \vdots & \vdots & & \vdots \\ a_{m1} & a_{m2} & \cdots & a_{mn} \end{bmatrix}$ 称为 $m \times n$ 矩阵，记作 $\boldsymbol{A}=(a_{ij})_{m \times n}$ 或 (a_{ij}).其中 a_{ij} 称为矩阵的元素，矩阵的元素可以是一个数，也可以是一个代数式；其中 i 称为元素 a_{ij} 的行标，表示元素 a_{ij} 所在的行；j 称为元素 a_{ij} 的列标，表示元素 a_{ij} 所在的列.

所谓分类讨论的思想，又称逻辑划分的思想，它不只是数学所特有的思想方法，也是自然科学乃至社会科学研究中常用的思想方法.在学习数学的过程中，有时会碰到一些不能以统一的形式整体进行讨论和解决的数学问题.我们可以把讨论对象分为若干个子集或子情形，再进行分别讨论，然后通过综合或汇总各局部的解，最终得到原问题的解答，这就用到我们平时所说分类讨论的思想.分类讨论思想的实质是逻辑划分，是根据问题的要求，确定分类的标准，对研究的对象进行分类，然后对划分的每一类分别求解，最后综合得出结果的一种数学思想方法.

分类讨论的思想是一种由特殊到一般的思想方法，既是一种逻辑方法，也是一种数学思想.利用分类讨论的思想处理数学问题可以使复杂的问题理出一条清晰、完整、严密的思路，起到.化整为零，化繁为简，化难为易，各个击破、分而治之的作用.分类讨论的思想的核心和关键是分类，因此利用分类讨论的思想解决数学问题时，分类标准必须要科学、统一，保证分类时不重复、不遗漏，并力求最简洁.

分类讨论思想的主要步骤如下：(1)分析题目条件，明确讨论的对象，确定对象的全体.(2)确定分类标准，正确分类(有时也会遇到二级分类).(3)逐类讨论、求解.(4)归纳小结，得出结论.

分类讨论的思想在高等代数中有着十分重要的地位.在高等代数中,分类讨论思想不但在解题方面应用比较广泛,而且在理论层面的讨论中也时常用到.需要运用分类讨论的思想解决的数学问题,就其引起分类的原因可归结为:(1)涉及数学概念是分类定义的.(2)运用的数学定理、公式或运算性质、法则是分类给出的.(3)求解的数学问题的结论有多种情况或多种可能.(4)数学问题中含有参变量,这些参变量的取值会导致不同结果的.

分类讨论的思想方法在矩阵中有着广泛的应用,矩阵可以按等价进行分类,也可以按矩阵相似进行分类,还可以按矩阵合同进行分类.

例 5.1.1　设矩阵 $\boldsymbol{A}$ 是 n 阶方阵,试证明

$$r(\boldsymbol{A}^n)=r(\boldsymbol{A}^{n+1})=\cdots.$$

证明:该问题可以分 $|\boldsymbol{A}|\neq 0$ 和 $|\boldsymbol{A}|=0$ 两类来讨论.

(1)若 $|\boldsymbol{A}|\neq 0$,则

$$r(\boldsymbol{A})=r(\boldsymbol{A}^2)=r(\boldsymbol{A}^3)=\cdots=r(\boldsymbol{A}^n)=r(\boldsymbol{A}^{n+1})=n.$$

(2)若 $|\boldsymbol{A}|=0$,则

$$0\leqslant r(\boldsymbol{A})\leqslant r(\boldsymbol{A}^2)\leqslant r(\boldsymbol{A}^3)\leqslant\cdots\leqslant r(\boldsymbol{A}^n)\leqslant r(\boldsymbol{A}^{n+1})\leqslant n.$$

由于小于 n 的非负整数只有 n 个,所以 $r(1),r(\boldsymbol{A}^2),r(\boldsymbol{A}^3),\cdots,r(\boldsymbol{A}^n),r(\boldsymbol{A}^{n+1})$ 中至少有两个相等,不妨设

$$r(\boldsymbol{A}^k)=r(\boldsymbol{A}^{k+i}),1\leqslant k\leqslant n,1\leqslant i\leqslant n-k+1,$$

则有

$$r(\boldsymbol{A}^k)=r(\boldsymbol{A}^{k+1})=\cdots=r(\boldsymbol{A}^{k+i}),$$

$$\begin{aligned}r(\boldsymbol{A}^{k+i+1})&=r(\boldsymbol{A}^k\boldsymbol{A}^i\boldsymbol{A})\\&\geqslant r(\boldsymbol{A}^k\boldsymbol{A}^i)+r(\boldsymbol{A}\boldsymbol{A}^k)-r(\boldsymbol{A}^k)\\&=r(\boldsymbol{A}^k)+r(\boldsymbol{A}^k)-r(\boldsymbol{A}^k)\\&=r(\boldsymbol{A}^k).\end{aligned}$$

又因为

$$r(\boldsymbol{A}^{k+i+1})\leqslant r(\boldsymbol{A}^k),$$

所以

$$r(\boldsymbol{A}^{k+i+1})=r(\boldsymbol{A}^k).$$

用数学归纳法可以证明

$$r(\boldsymbol{A}^k)=r(\boldsymbol{A}^{k+1})=\cdots=r(\boldsymbol{A}^{k+i})=r(\boldsymbol{A}^{k+i+1})=\cdots.$$

又因为 $1\leqslant k\leqslant n$,所以结论成立.

5.2　矩阵的逆

定义 5.2.1　对于一个 n 阶矩阵 $\boldsymbol{A}$,如果有一个 n 阶矩阵 $\boldsymbol{B}$,使得

$$\boldsymbol{AB}=\boldsymbol{BA}=\boldsymbol{E},$$

则称 $\boldsymbol{A}$ 为可逆的(或非奇异的),而 $\boldsymbol{B}$ 是 $\boldsymbol{A}$ 的逆矩阵.

从逆矩阵的定义可以看出：

(1) 矩阵 $\boldsymbol{A}$ 与 $\boldsymbol{B}$ 可交换,所以可逆矩阵 $\boldsymbol{A}$ 一定为方阵,且逆矩阵 $\boldsymbol{B}$ 也是同阶方阵；

(2)单位矩阵 $\boldsymbol{E}$ 为可逆的,即有 $\boldsymbol{E}^{-1}=\boldsymbol{E}$；

(3)零矩阵为不可逆的,即取不到 $\boldsymbol{B}$,使得 $\boldsymbol{OB}=\boldsymbol{BO}=\boldsymbol{E}$.

定理 5.2.1　如果矩阵 $\boldsymbol{A}$ 可逆,则它的逆矩阵一定为唯一的.

定理 5.2.2　设 $\boldsymbol{A}$ 为 n 阶方阵

(1)如果 $\boldsymbol{A}$ 为可逆的,则 $\boldsymbol{A}^{-1}$ 也为可逆的,并且有

$$(\boldsymbol{A}^{-1})^{-1}=\boldsymbol{A};$$

(2)如果 $\boldsymbol{A}$ 与 $\boldsymbol{B}$ 为同阶可逆,则 $\boldsymbol{AB}$ 也可逆,并且有

$$(\boldsymbol{AB})^{-1}=\boldsymbol{B}^{-1}\boldsymbol{A}^{-1};$$

(3)如果 $\boldsymbol{A}$ 为可逆的,数 $k\neq 0$,则 $k\boldsymbol{A}$ 也可逆,并且有

$$(k\boldsymbol{A})^{-1}=\frac{1}{k}\boldsymbol{A}^{-1};$$

(4)如果 $\boldsymbol{A}$ 为可逆的,$\boldsymbol{A}^{\mathrm{T}}$ 也可逆,并且有

$$(\boldsymbol{A}^{\mathrm{T}})^{-1}=(\boldsymbol{A}^{-1})^{\mathrm{T}};$$

(5)如果 $\boldsymbol{A}$ 为可逆的,则有 $|\boldsymbol{A}^{-1}|=\dfrac{1}{|\boldsymbol{A}|}$.

推论 5.2.1　设 $\boldsymbol{A}_1,\boldsymbol{A}_2,\cdots,\boldsymbol{A}_m$ 为 m 个 n 阶可逆矩阵,那么 $\boldsymbol{A}_1,\boldsymbol{A}_2,\cdots,\boldsymbol{A}_m$ 也可逆,并且有

$$(\boldsymbol{A}_1,\boldsymbol{A}_2,\cdots,\boldsymbol{A}_m)^{-1}=\boldsymbol{A}_m^{-1}\boldsymbol{A}_{m-1}^{-1}\cdots A_1^{-1}.$$

例 5.2.1　求矩阵

$$\boldsymbol{A}=\begin{bmatrix} 0 & a_1 & & \\ & 0 & \ddots & \\ & & \ddots & a_{n-1} \\ a_n & & & 0 \end{bmatrix}$$

的逆矩阵,其中 $a_1a_2\cdots a_n\neq 0$.

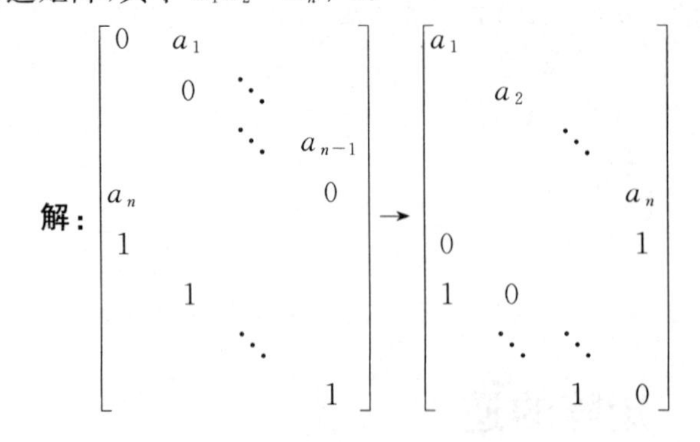

$$
\rightarrow \begin{bmatrix} 1 & & & \\ & 1 & & \\ & & \ddots & \\ & & & 1 \\ 0 & & & 1 \\ a_1^{-1} & 0 & & a_n^{-1} \\ & \ddots & \ddots & \\ & & a_{n-1}^{-1} & 0 \end{bmatrix},
$$

所以

$$
\mathbf{A}^{-1}=\begin{bmatrix} 0 & & & a_n^{-1} \\ a_1^{-1} & 0 & & \\ & \ddots & \ddots & \\ & & a_{n-1}^{-1} & 0 \end{bmatrix}.
$$

5.3　矩阵中分解与构造的思想方法

5.3.1　矩阵中分解的思想方法

分解的思想方法在矩阵中有着广泛的应用.所谓分解的思想，就是指把一个研究对象分解成若干个子对象，或者把一个研究问题分成若干种情况来处理的一种思想方法.分解的思想也是数学中的一个重要思想方法，其实质是化整为零、化繁为简，利用局部来表示整体，利用局部的解决来攻克整体的一种有效的重要手段和方法. 在矩阵论中，经常会碰到一些矩阵的分解问题，即把一个矩阵可以分解成具有某些特定属性的矩阵的和或积，或者把一个矩阵可以写成具有某些属性的矩阵的某种表达式等，这些问题常比较抽象，甚至令人感到无从下手.所谓矩阵的分解思想，就是指把一个矩阵写成某些具有某些特定属性的矩阵的表达式.最常见的就是把一个矩阵分解成若干矩阵的和或积的性质. 处理或解决这样一类问题，一般是对矩阵加以变形，然后利用构造的思想，定性地构造出抽象的具体表达式来.下面我们就来讨论有关矩阵的分解问题.

5.3.1.1　矩阵的和分解

矩阵的和分解是指把一个矩阵可以分解成具有某些特定属性的矩阵的和或者具有某些属性的矩阵的某种表达式.解决矩阵的和分解问题，常用的方法是利用构造的思想对矩阵加以变形，定性地构造出抽象的具体表达式来.

例 5.3.1 证明秩为 r 的矩阵 $\boldsymbol{A}$ 可以分解为一个秩为 t 的矩阵与一个秩为 k 的矩阵之和，其中，$r=t+k$，$t,k\in Z^{+}$.

证明：设 $r(\boldsymbol{A})=r$，则存在非奇异矩阵 $\boldsymbol{P},\boldsymbol{Q}$，使得

$$\boldsymbol{A}=\boldsymbol{P}\begin{bmatrix}\boldsymbol{E}_r & 0\\ 0 & 0\end{bmatrix}\boldsymbol{Q}=\boldsymbol{P}\begin{bmatrix}\boldsymbol{E}_t & 0\\ 0 & 0\end{bmatrix}\boldsymbol{Q}+\boldsymbol{P}\begin{bmatrix}0 & 0 & 0\\ 0 & \boldsymbol{E}_k & 0\\ 0 & 0 & 0\end{bmatrix}\boldsymbol{Q}.$$

令 $\boldsymbol{T}=\boldsymbol{P}\begin{bmatrix}\boldsymbol{E}_t & 0\\ 0 & 0\end{bmatrix}\boldsymbol{Q}$，$\boldsymbol{K}=\boldsymbol{P}\begin{bmatrix}0 & 0 & 0\\ 0 & \boldsymbol{E}_k & 0\\ 0 & 0 & 0\end{bmatrix}\boldsymbol{Q}$，则

$$\boldsymbol{A}=\boldsymbol{T}+\boldsymbol{K},$$

其中，

$$r(\boldsymbol{A})=r(\boldsymbol{T})+r(\boldsymbol{K}),$$
$$r(\boldsymbol{T})=t,r(\boldsymbol{K})=k,$$

所以，结论成立.

5.3.1.2 矩阵的积分解

矩阵的积分解是指把一个矩阵可以分解成具有某些特定属性的矩阵的积或者具有某些属性的矩阵的某种表达式，这通常与矩阵乘积的某些结果分不开.解决矩阵的积分解问题，通常是利用构造的思想多结合矩阵的变形和矩阵某些结果，定性地构造出抽象的目标表达式，常见的基本结果有：

(1)n 阶矩阵 $\boldsymbol{A}$ 为可逆的充要条件是它能表成一些初等矩阵的乘积，即

$$\boldsymbol{A}=\boldsymbol{Q}_1\boldsymbol{Q}_2\cdots\boldsymbol{Q}_m.$$

(2)两个 $s\times n$ 矩阵 $\boldsymbol{A},\boldsymbol{B}$ 等价的充要条件为，存在可逆的 s 阶矩阵 $\boldsymbol{P}$ 与可逆的 n 阶矩阵 $\boldsymbol{Q}$，使得

$$\boldsymbol{A}=\boldsymbol{PBQ}.$$

矩阵论中的矩阵分解主要是指矩阵的积分解，常见的矩阵分解有满秩分解、正交三角分解、奇异值分解、极分解、谱分解.

(1)矩阵的满秩分解.

定理 5.3.1(矩阵的满秩分解定理) 设 $\boldsymbol{A}\in C_r^{m\times n}$，那么存在 $\boldsymbol{B}\in C_r^{m\times r}$，$\boldsymbol{C}\in C_r^{r\times n}$，使得 $\boldsymbol{A}=\boldsymbol{BC}$，其中，$\boldsymbol{B}$ 为列满秩矩阵，$\boldsymbol{C}$ 为行满秩矩阵.

例 5.3.2 求矩阵

$$\boldsymbol{A}=\begin{bmatrix}1 & 2 & 1 & 0 & 1 & 2\\ 1 & 2 & 2 & 1 & 3 & 3\\ 2 & 4 & 3 & 1 & 4 & 5\\ 4 & 8 & 6 & 2 & 8 & 10\end{bmatrix}$$

的满秩分解.

解: 对此矩阵只实施初等行变换可以得到

$$A=\begin{bmatrix}1&2&1&0&1&2\\1&2&2&1&3&3\\2&4&3&1&4&5\\4&8&6&2&8&10\end{bmatrix}\longrightarrow\begin{bmatrix}1&2&0&-1&-1&1\\0&0&1&1&2&1\\0&0&0&0&0&0\\0&0&0&0&0&0\end{bmatrix}.$$

由此可知

$$r(A)=2,$$

且该矩阵第 1 列,第 3 列是线性无关的.取

$$B=\begin{bmatrix}1&1\\1&2\\2&3\\4&6\end{bmatrix}\in C_2^{4\times 2},C=\begin{bmatrix}1&2&0&-1&-1&1\\0&0&1&1&2&1\end{bmatrix}\in C_2^{2\times 6},$$

使得 $A=BC$,即为所求.

(2)矩阵的正交三角分解.首先,我们给出如下结论:

设 $A\in C_n^{n\times n}$,那么 A 可唯一地分解为 $A=UR$,或 $A=R_1U_1$,其中,$U,U_1\in C^{n\times n}$ 是正交矩阵,R 是正线上三角矩阵,R_1 是正线下三角矩阵.

此结论也可以被推广为如下定理:

定理 5.3.2(矩阵的正交三角分解定理)　设 $A\in C_r^{m\times r}$,则 A 可以唯一地分解为

$$A=UR,$$

其中,R 是 r 阶正线上三角矩阵,$U\in U_r^{m\times r}$,即 U 是一个次酉矩阵.

推论 5.3.1　设 $A\in C_r^{m\times r}$,则 A 可分解为

$$A=U_1R_1L_2U_2$$

其中,$U_1\in U_r^{m\times r}$,$U_2\in U_r^{r\times n}$,R_1 是 r 阶正线上三角矩阵,L_2 是 r 阶正线下三角矩阵.

例 5.3.3　把下列矩阵的正交三角分解:

$$A=\begin{bmatrix}1&1&-1\\1&0&0\\0&1&0\\0&0&1\end{bmatrix}.$$

解: 易得,$A\in C_3^{4\times 3}$,即 A 是一个列满秩矩阵.设 $A=(\alpha_1,\alpha_2,\alpha_3)$,将 A 的三个列向量 α_1,α_2,α_3 进行正交化与单位化.首先进行正交化可得到一个正交向量组

$$\beta_1=\alpha_1=[1,1,0,0]^{\mathrm T},$$

$$\beta_2=\alpha_2-\frac{(\alpha_2,\beta_1)}{(\beta_1,\beta_1)}\beta_1$$

$$=\alpha_2-\frac{1}{2}\beta_1=\left[\frac{1}{2},-\frac{1}{2},1,0\right]^{\mathrm T},$$

$$\beta_2=\alpha_3-\frac{(\alpha_3,\beta_1)}{(\beta_1,\beta_1)}\beta_1-\frac{(\alpha_3,\beta_2)}{(\beta_2,\beta_2)}\beta_2$$

$$=\alpha_3+\frac{1}{2}\beta_1+\frac{1}{2}\beta_2=\left[-\frac{1}{3},\frac{1}{3},\frac{1}{3},1\right]^{\mathrm T}.$$

再进行单位化,可得到一组标准正交向量组

$$\boldsymbol{\eta}_1=\frac{1}{|\boldsymbol{\beta}_1|}\boldsymbol{\beta}_1=\left[\frac{\sqrt{2}}{2},\frac{\sqrt{2}}{2},0,0\right]^{\mathrm{T}},$$

$$\boldsymbol{\eta}_2=\frac{1}{|\boldsymbol{\beta}_2|}\boldsymbol{\beta}_2=\left[\frac{\sqrt{6}}{6},-\frac{\sqrt{6}}{6},\frac{\sqrt{6}}{3},0\right]^{\mathrm{T}},$$

$$\boldsymbol{\eta}_3=\frac{1}{|\boldsymbol{\beta}_3|}\boldsymbol{\beta}_3=\left[-\frac{\sqrt{3}}{6},\frac{\sqrt{3}}{6},\frac{\sqrt{3}}{6},\frac{\sqrt{3}}{2}\right]^{\mathrm{T}}.$$

而原来的向量组与标准正交向量之间的关系可表示成

$$\boldsymbol{\alpha}_1=\sqrt{2}\boldsymbol{\eta}_1,$$

$$\boldsymbol{\alpha}_2=\frac{\sqrt{6}}{2}\boldsymbol{\eta}_2+\frac{\sqrt{2}}{2}\boldsymbol{\eta}_1,$$

$$\boldsymbol{\alpha}_3=\frac{2\sqrt{3}}{3}\boldsymbol{\eta}_3-\frac{\sqrt{6}}{6}\boldsymbol{\eta}_2-\frac{\sqrt{2}}{2}\boldsymbol{\eta}_1.$$

将上面的等式化为矩阵表示,即

$$\boldsymbol{A}=(\boldsymbol{\alpha}_1,\boldsymbol{\alpha}_2,\boldsymbol{\alpha}_3)=(\boldsymbol{\eta}_1,\boldsymbol{\eta}_2,\boldsymbol{\eta}_3)\begin{bmatrix}\sqrt{2} & \frac{\sqrt{2}}{2} & -\frac{\sqrt{2}}{2}\\ 0 & \frac{\sqrt{6}}{2} & \frac{\sqrt{6}}{6}\\ 0 & 0 & \frac{2\sqrt{3}}{3}\end{bmatrix}=\boldsymbol{UR}.$$

(3)矩阵的奇异值分解.对于矩阵 $\boldsymbol{A}$,我们有如下结论:

①对于任何一个矩阵 $\boldsymbol{A}$,都有

$$r(\boldsymbol{AA}^H)=r(\boldsymbol{A}^H\boldsymbol{A})=r(\boldsymbol{A}).$$

②对于任何一个矩阵 $\boldsymbol{A}$,都有 $\boldsymbol{AA}^H$ 与 $\boldsymbol{A}^H\boldsymbol{A}$ 都是半正定的 Hermite 矩阵.

设 $\boldsymbol{A}\in C_r^{m\times n}$,$\lambda_i$ 是 $\boldsymbol{AA}^H$ 的特征值,μ_i 是 $\boldsymbol{A}^H\boldsymbol{A}$ 的特征值,它们都是实数.如果记

$$\lambda_1\geqslant\lambda_2\geqslant\cdots\geqslant\lambda_r>\lambda_{r+1}=\lambda_{r+2}=\cdots=\lambda_m=0,$$

$$\mu_1\geqslant\mu_2\geqslant\cdots\geqslant\mu_r>\mu_{r+1}=\mu_{r+2}=\cdots=\mu_n=0,$$

则特征值 λ_i 与 μ_i 之间满足如下定理:

定理 5.3.3 设 $\boldsymbol{A}\in C_r^{m\times n}$,那么

$$\lambda_i=\mu_i>0,i=1,2,\cdots,r.$$

我们称

$$\alpha_i=\sqrt{\lambda_i}=\sqrt{\mu_i}>0,i=1,2,\cdots,r$$

为矩阵 A 的正奇异值,简称奇异值.

定理 5.3.4(奇异值分解定理) 设 $\boldsymbol{A}\in C_r^{m\times n}$,且 $\alpha_1\geqslant\alpha_2\geqslant\cdots\geqslant\alpha_r$ 是 $\boldsymbol{A}$ 的 r 个奇异值,则存在 m 阶酉矩阵 $\boldsymbol{V}$ 和 n 阶酉矩阵 $\boldsymbol{U}$,使得

$$\boldsymbol{V}^H\boldsymbol{AU}=\begin{bmatrix}\Delta & 0\\ 0 & 0\end{bmatrix},$$

其中，

$$\Delta=\mathrm{diag}(\alpha_1,\alpha_2,\cdots,\alpha_r),$$

且满足

$$\alpha_1\geqslant\alpha_2\geqslant\cdots\geqslant\alpha_r\geqslant 0.$$

我们称表达式 $\boldsymbol{A}=\boldsymbol{V}\begin{bmatrix}\Delta & 0\\ 0 & 0\end{bmatrix}\boldsymbol{U}^H$ 为矩阵 $\boldsymbol{A}$ 的奇异值分解式.

推论 5.3.2　设 $\boldsymbol{A}\in C_r^{m\times n}$，$\alpha_1\geqslant\alpha_2\geqslant\cdots\geqslant\alpha_r$ 是 $\boldsymbol{A}$ 的 r 个奇异值，那么存在次酉矩阵 $\boldsymbol{V}_r\in\boldsymbol{U}_r^{m\times r}$，$\boldsymbol{U}_r\in\boldsymbol{U}_r^{n\times r}$，使得

$$\boldsymbol{A}=\boldsymbol{V}_r\begin{bmatrix}\Delta & 0\\ 0 & 0\end{bmatrix}U_r^H.$$

矩阵的奇异值分解求法：

令 $\boldsymbol{A}^H\boldsymbol{A}=\boldsymbol{U}\begin{bmatrix}\Delta^2 & 0\\ 0 & 0\end{bmatrix}_{n\times n}\boldsymbol{U}^H$，$\boldsymbol{A}\boldsymbol{A}^H=\boldsymbol{V}\begin{bmatrix}\Delta^2 & 0\\ 0 & 0\end{bmatrix}_{m\times m}\boldsymbol{V}^H$，即

$$\boldsymbol{A}^H\boldsymbol{A}\boldsymbol{U}=\boldsymbol{U}\begin{bmatrix}\Delta & 0\\ 0 & 0\end{bmatrix}_{n\times n},\boldsymbol{A}\boldsymbol{A}^H\boldsymbol{V}=\boldsymbol{V}\begin{bmatrix}\Delta^2 & 0\\ 0 & 0\end{bmatrix}_{m\times m}.$$

可见，$\boldsymbol{U}$ 的列向量为 $\boldsymbol{A}^H\boldsymbol{A}$ 的标准正交特征向量；$\boldsymbol{V}$ 的列向量为 $\boldsymbol{A}\boldsymbol{A}^H$ 的标准正交特征向量.

例 5.3.4　求下列矩阵的奇异值

(1)$\boldsymbol{A}=\begin{bmatrix}0 & 1 & -1\\ 2 & 0 & 0\end{bmatrix}$，

(2)$\boldsymbol{B}=\begin{bmatrix}2 & 1\\ 0 & 0\\ 0 & 0\end{bmatrix}$.

解：(1)由于 $\boldsymbol{A}\boldsymbol{A}^H=\begin{bmatrix}2 & 0\\ 0 & 4\end{bmatrix}$，显然 $\boldsymbol{A}\boldsymbol{A}^H$ 的特征值为 2，4，所以 $\boldsymbol{A}$ 的奇异值为$\sqrt{2}$，2.

(2)由于 $\boldsymbol{B}\boldsymbol{B}^H=\begin{bmatrix}5 & 0 & 0\\ 0 & 0 & 0\\ 0 & 0 & 0\end{bmatrix}$，易见 $\boldsymbol{B}\boldsymbol{B}^H$ 的特征值为 5，0，0，所以 $\boldsymbol{B}$ 的奇异值为$\sqrt{5}$.

(4)矩阵的极分解.

定义 5.3.1　设 $A\in C^{n\times n}$，如果存在酉矩阵 U 与 Hermite 矩阵 H_1 与 H_2，使得

$$A=H_1U=UH_2 \tag{5-3-1}$$

则称分解式(5-3-1)为矩阵 $\boldsymbol{A}$ 的极分解.

特别地，任意一个非零的复数 z 总是可以写作

$$z=\rho(\cos\theta+i\sin\theta) \tag{5-3-2}$$

的形式，式中($\rho>0$)是 z 的模，θ 是 z 的幅角，把复数 z 写成这样的形式是唯一的，它也称为复数 z 的极分解.若把复数 z 看成是一个阶矩阵，则 ρ 是一阶正定 Hermite 矩阵，并且 $\cos\theta+i\sin\theta$ 是一阶酉矩阵，故式(5-3-2)是一阶复矩阵的极分解.

(5)矩阵的谱分解.

矩阵的谱分解是一种重要的和分解.

设 $\boldsymbol{A}$ 为 n 阶方阵，λ 为 $\boldsymbol{A}$ 的特征值，则由

$$|\lambda E-A|=|\lambda E-A^{T}|$$

可知，λ 也是 A^{T} 的特征值，于是存在非零向量 α,β，使得

$$A\alpha=\lambda\alpha, A^{T}\beta=\lambda\beta$$

即 α 与 β 分别为 $\boldsymbol{A}$ 及 A^{T} 的属于特征值 λ 的特征向量.若 $\boldsymbol{A}$ 相似于对角矩阵，则对 $\boldsymbol{A}$ 的特征值 $\lambda_1,\lambda_2,\cdots,\lambda_n$,，存在非奇异矩阵 P，使得

$$P^{-1}AP=\operatorname{diag}(\lambda_1,\lambda_2,\cdots,\lambda_n) \tag{5-3-3}$$

并且

$$P^{T}A^{T}(P^{T})^{-1}=\operatorname{diag}(\lambda_1,\lambda_2,\cdots,\lambda_n) \tag{5-3-4}$$

设 $P=(\alpha_1,\alpha_2,\cdots,\alpha_n),(P^{T})^{-1}=(\beta_1,\beta_2,\cdots,\beta_n)$

则

$$A\alpha_i=\lambda_i\alpha_i, A^{T}\beta_i=\lambda_i\beta_i(i=1,2,\cdots,n) \tag{5-3-5}$$

由上式(5-3-3)～(5-3-5)有

$$A=P\operatorname{diag}(\lambda_1,\lambda_2,\cdots,\lambda_n)P^{-1}=\sum_{i=1}^{n}\lambda_i\alpha_i\beta_i^{T} \tag{5-3-6}$$

上式(5-3-6)即称为矩阵 $\boldsymbol{A}$ 的谱分解，相应地，特征值 $\{\lambda_1,\lambda_2,\cdots,\lambda_n\}$ 也称为矩阵 $\boldsymbol{A}$ 的谱.

特别地，当 $\boldsymbol{A}$ 为实对称方阵时，$\boldsymbol{A}$ 必定相似于对角矩阵，从而 $\boldsymbol{A}$ 必有谱分解.

5.3.2 矩阵中的构造的思想方法

构造方法是指当某些数学问题是用通常的方法定势思维去解决很难奏效时，应根据题设条件和结论的特征、性质，用新的观点观察、分析、解释对象，抓住反映问题的条件与结论之间的内在联系，把握问题的外形、数字、位置等特征.

构造方法作为一种数学方法，不同于一般的逻辑方法，即一步一步地寻求必要条件，直至推断出结论，而是一种非常规思维，其本质特征是“构造”，用构造的方法解体，无一定之规，表现出思维的试探性、不规则性和创造性.用构造法解题的活动是一种创造性思维活动，其关键在于利用已知条件，借助对问题特征的敏锐观察，展开丰富的联想，实施正确的转化.

构造的思想方法在矩阵中有着广泛的应用，主要是借助已知条件，利用矩阵的性质，构造出符合条件的矩阵等式或不等式，从而最终得到解.

例 5.3.5 设矩阵 $\boldsymbol{A}\in\boldsymbol{P}^{s\times n}$，求证

$$r(\boldsymbol{E}_s-\boldsymbol{A}\boldsymbol{A}')-r(\boldsymbol{E}_n-\boldsymbol{A}'\boldsymbol{A})=s-n.$$

证明： 作矩阵 $\boldsymbol{B}=\begin{bmatrix}\boldsymbol{E}_s & \boldsymbol{A}\\ \boldsymbol{A}' & \boldsymbol{E}_n\end{bmatrix}$，对 $\boldsymbol{B}$ 施行初等变换，相当于

$$\begin{bmatrix}\boldsymbol{E}_s & \boldsymbol{A}\\ \boldsymbol{A}' & \boldsymbol{E}_n\end{bmatrix}\begin{bmatrix}\boldsymbol{E}_s & 0\\ -\boldsymbol{A}' & \boldsymbol{E}_n\end{bmatrix}=\begin{bmatrix}\boldsymbol{E}_s-\boldsymbol{A}\boldsymbol{A}' & \boldsymbol{A}\\ 0 & \boldsymbol{E}_n\end{bmatrix},$$

$$\begin{bmatrix}\boldsymbol{E}_s & 0\\ -\boldsymbol{A}' & \boldsymbol{E}_n\end{bmatrix}\begin{bmatrix}\boldsymbol{E}_s & \boldsymbol{A}\\ -\boldsymbol{A}' & \boldsymbol{E}_n\end{bmatrix}=\begin{bmatrix}\boldsymbol{E}_s & \boldsymbol{A}\\ 0 & \boldsymbol{E}_n-\boldsymbol{A}'\boldsymbol{A}\end{bmatrix}.$$

故而

$$r(\boldsymbol{B})=r(\boldsymbol{E}_s-\boldsymbol{AA}')+n=r(\boldsymbol{E}_n-\boldsymbol{A}'\boldsymbol{A})+s,$$

所以

$$r(\boldsymbol{E}_s-\boldsymbol{AA}')-r(\boldsymbol{E}_n-\boldsymbol{A}'\boldsymbol{A})=s-n.$$

5.4　矩阵的分块及应用

在矩阵的讨论和运算中，常遇到阶数很高或结构特殊的矩阵，为了便于分析计算，常把所讨论的矩阵看成是有一些小矩阵组成的，这些小矩阵就叫作子阵或子快，原矩阵分块后就称为分块矩阵.

5.4.1　分块矩阵的定义及运算

将一个大型矩阵分成若干小块，从而构成一个分块矩阵，这是矩阵运算中一个重要技巧.所谓的矩阵分块，就是使用若干条纵线和横线把矩阵 $\boldsymbol{A}$ 分成许多小矩阵，每个小矩阵称之为 $\boldsymbol{A}$ 的子块，以子块作为元素，该种形式上的矩阵我们称之为分块矩阵.

下面讨论分块矩阵的运算.

5.4.1.1　分块矩阵的加法

设矩阵 $\boldsymbol{A}$、$\boldsymbol{B}$ 都是 $m\times n$ 矩阵，用相同的方法把 $\boldsymbol{A}$ 和 $\boldsymbol{B}$ 分块.

$$\boldsymbol{A}=\begin{bmatrix}\boldsymbol{A}_{11} & \boldsymbol{A}_{12} & \cdots & \boldsymbol{A}_{1t}\\ \boldsymbol{A}_{21} & \boldsymbol{A}_{22} & \cdots & \boldsymbol{A}_{2t}\\ \vdots & \vdots & & \vdots\\ \boldsymbol{A}_{s1} & \boldsymbol{A}_{s2} & \cdots & \boldsymbol{A}_{st}\end{bmatrix},\boldsymbol{B}=\begin{bmatrix}\boldsymbol{B}_{11} & \boldsymbol{B}_{12} & \cdots & \boldsymbol{B}_{1t}\\ \boldsymbol{B}_{21} & \boldsymbol{B}_{22} & \cdots & \boldsymbol{B}_{2t}\\ \vdots & \vdots & & \vdots\\ \boldsymbol{B}_{s1} & \boldsymbol{B}_{s2} & \cdots & \boldsymbol{B}_{st}\end{bmatrix},$$

其中 $\boldsymbol{A}_{ij}$ 和 $\boldsymbol{B}_{ij}$ $(i=1,2,\cdots,s;j=1,2,\cdots,t)$ 的行数、列数相同，那么

$$\boldsymbol{A}=\begin{bmatrix}\boldsymbol{A}_{11}+\boldsymbol{B}_{11} & \boldsymbol{A}_{12}+\boldsymbol{B}_{12} & \cdots & \boldsymbol{A}_{1t}+\boldsymbol{B}_{1t}\\ \boldsymbol{A}_{21}+\boldsymbol{B}_{21} & \boldsymbol{A}_{22}+\boldsymbol{B}_{22} & \cdots & \boldsymbol{A}_{2t}+\boldsymbol{B}_{2t}\\ \vdots & \vdots & & \vdots\\ \boldsymbol{A}_{s1}+\boldsymbol{B}_{s1} & \boldsymbol{A}_{s2}+\boldsymbol{B}_{s1} & \cdots & \boldsymbol{A}_{st}+\boldsymbol{B}_{s1}\end{bmatrix}.$$

5.4.1.2　数乘分块矩阵

设 λ 为数，如果

$$\boldsymbol{A}=\begin{bmatrix}\boldsymbol{A}_{11} & \boldsymbol{A}_{12} & \cdots & \boldsymbol{A}_{1t}\\ \boldsymbol{A}_{21} & \boldsymbol{A}_{22} & \cdots & \boldsymbol{A}_{2t}\\ \vdots & \vdots & & \vdots\\ \boldsymbol{A}_{s1} & \boldsymbol{A}_{s2} & \cdots & \boldsymbol{A}_{st}\end{bmatrix},$$

则

$$\lambda \boldsymbol{A}=\begin{bmatrix}\lambda \boldsymbol{A}_{11} & \lambda \boldsymbol{A}_{12} & \cdots & \lambda \boldsymbol{A}_{1t}\\ \lambda \boldsymbol{A}_{21} & \lambda \boldsymbol{A}_{22} & \cdots & \lambda \boldsymbol{A}_{2t}\\ \vdots & \vdots & & \vdots\\ \lambda \boldsymbol{A}_{s1} & \lambda \boldsymbol{A}_{s2} & \cdots & \lambda \boldsymbol{A}_{st}\end{bmatrix}.$$

5.4.1.3 分块矩阵的乘法

设 $\boldsymbol{A}=(a_{ik})_{sn}$,$\boldsymbol{B}=(b_{kj})_{nm}$ 把 $\boldsymbol{A}$ 和 $\boldsymbol{B}$ 分成一些小矩阵

$$\boldsymbol{A}=\begin{matrix} & n_1 & n_2 & \cdots & n_l \\ \begin{matrix}s_1\\ s_2\\ \vdots\\ s_t\end{matrix} & \multicolumn{4}{l}{\begin{bmatrix}\boldsymbol{A}_{11} & \boldsymbol{A}_{12} & \cdots & \boldsymbol{A}_{1t}\\ \boldsymbol{A}_{21} & \boldsymbol{A}_{22} & \cdots & \boldsymbol{A}_{2t}\\ \vdots & \vdots & & \vdots\\ \boldsymbol{A}_{s1} & \boldsymbol{A}_{s2} & \cdots & \boldsymbol{A}_{st}\end{bmatrix}}\end{matrix}, \tag{5-4-1}$$

$$\boldsymbol{B}=\begin{matrix} & m_1 & m_2 & \cdots & m_r \\ \begin{matrix}n_1\\ n_2\\ \vdots\\ n_t\end{matrix} & \multicolumn{4}{l}{\begin{bmatrix}\boldsymbol{B}_{11} & \boldsymbol{B}_{12} & \cdots & \boldsymbol{B}_{1r}\\ \boldsymbol{B}_{21} & \boldsymbol{B}_{22} & \cdots & \boldsymbol{B}_{2r}\\ \vdots & \vdots & & \vdots\\ \boldsymbol{B}_{t1} & \boldsymbol{B}_{t2} & \cdots & \boldsymbol{B}_{tr}\end{bmatrix}}\end{matrix}, \tag{5-4-2}$$

其中,每个 $\boldsymbol{A}_{ij}$ 是 $s_i \times n_j$ 小矩阵,每个 $\boldsymbol{B}_{ij}$ 是 $n_i \times m_j$ 小矩阵,于是有

$$\boldsymbol{AB}=\begin{matrix} & m_1 & m_2 & \cdots & m_r \\ \begin{matrix}s_1\\ s_2\\ \vdots\\ s_t\end{matrix} & \multicolumn{4}{l}{\begin{bmatrix}\boldsymbol{C}_{11} & \boldsymbol{C}_{12} & \cdots & \boldsymbol{C}_{1r}\\ \boldsymbol{C}_{21} & \boldsymbol{C}_{22} & \cdots & \boldsymbol{C}_{2r}\\ \vdots & \vdots & & \vdots\\ \boldsymbol{C}_{t1} & \boldsymbol{C}_{t2} & \cdots & \boldsymbol{C}_{tr}\end{bmatrix}}\end{matrix},$$

其中

$$\boldsymbol{C}_{pq}=\boldsymbol{A}_{p1}\boldsymbol{B}_{1q}+\boldsymbol{A}_{p2}\boldsymbol{B}_{2q}+\cdots+\boldsymbol{A}_{pl}\boldsymbol{B}_{lq}=\sum_{k=1}^{l}\boldsymbol{A}_{pk}\boldsymbol{B}_{kq}\ (p=1,2,\cdots,t;q=1,2,\cdots,r),$$

上述结果又矩阵乘积的定义可直接验证,值得注意的是式(5-4-1)中矩阵列的分法和式(5-4-2)中矩阵行的分法必须一致.

5.4.1.4 分块矩阵的装置

设分块矩阵为

$$\boldsymbol{A}=\begin{bmatrix}\boldsymbol{A}_{11} & \boldsymbol{A}_{12} & \cdots & \boldsymbol{A}_{1t}\\ \boldsymbol{A}_{21} & \boldsymbol{A}_{22} & \cdots & \boldsymbol{A}_{2t}\\ \vdots & \vdots & & \vdots\\ \boldsymbol{A}_{s1} & \boldsymbol{A}_{s2} & \cdots & \boldsymbol{A}_{st}\end{bmatrix},$$

则

$$\boldsymbol{A}'=\begin{bmatrix}\boldsymbol{A}'_{11} & \boldsymbol{A}'_{12} & \cdots & \boldsymbol{A}'_{1t}\\ \boldsymbol{A}'_{21} & \boldsymbol{A}'_{22} & \cdots & \boldsymbol{A}'_{2t}\\ \vdots & \vdots & & \vdots\\ \boldsymbol{A}'_{s1} & \boldsymbol{A}'_{s2} & \cdots & \boldsymbol{A}'_{st}\end{bmatrix},$$

也就是说对分块矩阵求转置,不仅要将分块矩阵的行与列互换,还要对每一个子块求转置.

5.4.2　分块矩阵的应用

矩阵分块后矩阵之间的相互关系可以看的更加清楚,在定义矩阵的行秩和列秩时已经应用了分块的思想.

例 5.4.1　设矩阵

$$\boldsymbol{A}=\begin{bmatrix}1 & 0 & 1 & 3\\ 0 & 1 & 2 & 4\\ 0 & 0 & -1 & 0\\ 0 & 0 & 0 & -1\end{bmatrix},\boldsymbol{B}=\begin{bmatrix}1 & 2 & 0 & 0\\ 2 & 0 & 0 & 0\\ 6 & 3 & 1 & 0\\ 0 & -2 & 0 & 1\end{bmatrix},$$

计算 $k\boldsymbol{A},\boldsymbol{A}+\boldsymbol{B}$ 和 $\boldsymbol{AB}$.

解:将矩阵 $\boldsymbol{A}$ 和 $\boldsymbol{B}$ 分块如下

$$\boldsymbol{A}=\left(\begin{array}{cc:cc}1 & 0 & 1 & 3\\ 0 & 1 & 2 & 4\\ \hdashline 0 & 0 & -1 & 0\\ 0 & 0 & 0 & -1\end{array}\right)=\begin{pmatrix}\boldsymbol{E} & \boldsymbol{C}\\ \boldsymbol{O} & -\boldsymbol{E}\end{pmatrix}$$

$$\boldsymbol{B}=\left(\begin{array}{cc:cc}1 & 2 & 0 & 0\\ 2 & 0 & 0 & 0\\ \hdashline 6 & 3 & 1 & 0\\ 0 & -2 & 0 & 1\end{array}\right)=\begin{pmatrix}\boldsymbol{D} & \boldsymbol{O}\\ \boldsymbol{P} & \boldsymbol{E}\end{pmatrix}$$

则有

$$k\boldsymbol{A}=k\begin{bmatrix}\boldsymbol{E} & \boldsymbol{C}\\ \boldsymbol{O} & -\boldsymbol{E}\end{bmatrix}=\begin{bmatrix}k\boldsymbol{E} & k\boldsymbol{C}\\ \boldsymbol{O} & -k\boldsymbol{E}\end{bmatrix},$$

$$\boldsymbol{A}+\boldsymbol{B}=\begin{bmatrix}\boldsymbol{E} & \boldsymbol{C}\\ \boldsymbol{O} & -\boldsymbol{E}\end{bmatrix}+\begin{bmatrix}\boldsymbol{D} & \boldsymbol{O}\\ \boldsymbol{F} & \boldsymbol{E}\end{bmatrix}=\begin{bmatrix}\boldsymbol{E}+\boldsymbol{D} & \boldsymbol{C}\\ \boldsymbol{F} & \boldsymbol{O}\end{bmatrix},$$

$$\boldsymbol{AB}=\begin{bmatrix}\boldsymbol{E} & \boldsymbol{C}\\ \boldsymbol{O} & -\boldsymbol{E}\end{bmatrix}\begin{bmatrix}\boldsymbol{D} & \boldsymbol{O}\\ \boldsymbol{F} & \boldsymbol{E}\end{bmatrix}=\begin{bmatrix}\boldsymbol{D}+\boldsymbol{CF} & \boldsymbol{C}\\ -\boldsymbol{F} & -\boldsymbol{E}\end{bmatrix},$$

分别计算 $k\boldsymbol{E},k\boldsymbol{C},\boldsymbol{E}+\boldsymbol{D},\boldsymbol{D}+\boldsymbol{CF}$ 代入以上各式,可得

$$k\boldsymbol{A}=\begin{bmatrix}k & 0 & k & 3k\\ 0 & k & 2k & 4k\\ 0 & 0 & -k & 0\\ 0 & 0 & 0 & -k\end{bmatrix},$$

$$A+B=\begin{bmatrix}2&2&1&3\\2&1&2&4\\6&3&0&0\\0&-2&0&0\end{bmatrix},$$

$$AB=\begin{bmatrix}7&-1&1&3\\14&-2&2&4\\-6&-3&-1&0\\0&2&0&-1\end{bmatrix}.$$

定理 5.4.1 两个矩阵的和秩不超过这两个矩阵的秩的和，即

$$r(A+B)\leqslant r(A)+r(B).$$

证明:设 A,B 是两个 $s\times n$ 矩阵，用 $a_1,a_2,\cdots,a_s$ 和 $b_1,b_2,\cdots,b_s$ 来表示 A 和 B 的行向量，于是可将 A,B 表示为分块矩阵

$$A=\begin{bmatrix}a_1\\a_2\\\vdots\\a_s\end{bmatrix},B=\begin{bmatrix}b_1\\b_2\\\vdots\\b_s\end{bmatrix}.$$

于是

$$A+B=\begin{bmatrix}a_1+b_1\\a_2+b_2\\\vdots\\a_s+b_s\end{bmatrix},$$

表明 $A+B$ 的行向量组可以由向量组 $a_1,a_2,\cdots,a_s$ 和 $b_1,b_2,\cdots,b_s$ 线性表示，因此

$$\begin{aligned}r(A+B)&\leqslant r\{a_1,a_2,\cdots,a_s,b_1,b_2,\cdots,b_s\}\\&\leqslant r\{a_1,a_2,\cdots,a_s\}+r\{b_1,b_2,\cdots,b_s\}\\&=r(A)+r(B).\end{aligned}$$

推广 一般 $r(A_1+A_2+\cdots+A_t)\leqslant r(A_1)+r(A_2)+\cdots+r(A_t)$.

定理 5.4.2 矩阵乘积的秩不超过各因子的秩，即

$$r(AB)\leqslant\min\{r(A),r(B)\}.$$

证明:设

$$A=(a_{ij})_{s\times n},B=(b_{ij})_{n\times m}$$

用 $b_1,b_2,\cdots,b_n$ 表示 B 的行向量，则 B

$$B=\begin{bmatrix}b_1\\b_2\\\vdots\\b_n\end{bmatrix},$$

于是

$$\boldsymbol{AB}=\begin{bmatrix}a_{11} & a_{12} & \cdots & a_{1n}\\ a_{21} & a_{22} & \cdots & a_{2n}\\ \vdots & \vdots & & \vdots\\ a_{s1} & a_{s2} & \cdots & a_{sn}\end{bmatrix}\begin{bmatrix}b_1\\ b_2\\ \vdots\\ b_n\end{bmatrix}$$

$$=\begin{bmatrix}a_{11}b_1 & a_{12}b_2 & \cdots & a_{1n}b_n\\ a_{21}b_1 & a_{22}b_2 & \cdots & a_{2n}b_n\\ \vdots & \vdots & & \vdots\\ a_{s1}b_1 & a_{s2}b_2 & \cdots & a_{sn}b_n\end{bmatrix}.$$

说明 $\boldsymbol{AB}$ 的行向量可由 $\boldsymbol{B}$ 的行向量线性表示，故

$$r(\boldsymbol{AB})\leqslant r(\boldsymbol{B}).$$

$a_1,a_2,\cdots,a_s$ 表示 $\boldsymbol{A}$ 的列向量，则 $\boldsymbol{A}$ 的分块矩阵为

$$\boldsymbol{A}=(a_1,a_2,\cdots,a_n),$$

故

$$\boldsymbol{AB}=[a_1,a_2,\cdots,a_n]\begin{bmatrix}b_{11} & b_{12} & \cdots & b_{1m}\\ b_{21} & b_{22} & \cdots & a_{2m}\\ \vdots & \vdots & & \vdots\\ b_{n1} & b_{n2} & \cdots & a_{nm}\end{bmatrix}$$

$$=\left[\sum_{k=1}^{n}b_{k1}a_k,\sum_{k=1}^{n}b_{k2}a_k,\cdots,\sum_{k=1}^{n}b_{\mathrm{km}}a_k\right].$$

说明 $\boldsymbol{AB}$ 的列向量可由 $\boldsymbol{A}$ 的列向量线性表示，故

$$r(\boldsymbol{AB})\leqslant r(\boldsymbol{A}).$$

综上可得证，

$$r(\boldsymbol{AB})\leqslant\min\{r(\boldsymbol{A}),r(\boldsymbol{B})\}$$

推广　一般 $r(\boldsymbol{A}_1\boldsymbol{A}_2\cdots\boldsymbol{A}_t)\leqslant\min\{r(\boldsymbol{A}_1),r(\boldsymbol{A}_2),\cdots,r(\boldsymbol{A}_t)\}$.

定理 5.4.3　矩阵乘积的行列式等于矩阵因子的行列式的乘积，即

$$|\boldsymbol{AB}|=|\boldsymbol{A}|\cdot|\boldsymbol{B}|.$$

证明:设

$$\boldsymbol{A}=(a_{ij})_{n\times n},\boldsymbol{B}=(b_{ij})_{n\times n},$$

其乘积为

$$\boldsymbol{C}=\boldsymbol{AB}=(c_{ij})_{n\times n},$$

其中

$$c_{ij}=a_{i1}b_{1j}+a_{i2}b_{2j}+\cdots+a_{in}b_{nj}.$$

另一方面通过 Laplace 定理可知 $2n$ 阶矩阵

$$\boldsymbol{D}=\begin{bmatrix}\boldsymbol{A} & \boldsymbol{0}\\ -\boldsymbol{E} & \boldsymbol{B}\end{bmatrix}$$

的行列式

$$|\boldsymbol{D}|=|\boldsymbol{A}|\cdot|\boldsymbol{B}|,$$

所以只要证得 $|\boldsymbol{D}|=|\boldsymbol{C}|$ 即可.

5.5 矩阵的初等变换方法

矩阵的初等变换为线性代数理论中的一个重要工具.

定义 5.5.1 对矩阵 $\boldsymbol{A}$ 施行以下三种变换称为矩阵的初等变换.

(1)互换矩阵 $\boldsymbol{A}$ 的第 i 行与第 j 行(或第 i 列与第 j 列)的位置,记作 $r_i \leftrightarrow r_j$(或 $c_i \leftrightarrow c_j$);

(2)用常数 $k \neq 0$ 去乘以矩阵 $\boldsymbol{A}$ 的第 i 行(或第 j 列),记作 kr_i(或 kc_j);

(3)将矩阵 $\boldsymbol{A}$ 的第 j 行(或第 j 列)各元素的 k 倍加到第 i 行(或第 i 列)的对应元素上去,记作 $r_i + kr_j$(或 $c_i + kc_j$).

这三种初等变换分别简称为互换、倍乘、倍加.

定义 5.5.2 如果矩阵 $\boldsymbol{A}$ 经过有限次初等变换成矩阵 $\boldsymbol{B}$,则称矩阵 $\boldsymbol{A}$ 与 $\boldsymbol{B}$ 等价.

等价为矩阵间的一种关系,满足如下性质:

(1)自反性　矩阵 $\boldsymbol{A}$ 与自身等价;

(2)对称性　如果矩阵 $\boldsymbol{A}$ 与 $\boldsymbol{B}$ 等价,则 $\boldsymbol{B}$ 与 $\boldsymbol{A}$ 等价;

(3)传递性　如果矩阵 $\boldsymbol{A}$ 与 $\boldsymbol{B}$ 等价,并且 $\boldsymbol{B}$ 与 $\boldsymbol{C}$ 等价,则 $\boldsymbol{A}$ 与 $\boldsymbol{C}$ 等价.

定义 5.5.3 任意矩阵 $\boldsymbol{A}$ 都与一个形如 $\begin{bmatrix} \boldsymbol{E}_r & \boldsymbol{O} \\ \boldsymbol{O} & \boldsymbol{O} \end{bmatrix}$ 的矩阵等价.则称 $\begin{bmatrix} \boldsymbol{E}_r & \boldsymbol{O} \\ \boldsymbol{O} & \boldsymbol{O} \end{bmatrix}$ 为矩阵 $\boldsymbol{A}$ 的等价标准形.

定义 5.5.4 对单位矩阵 $\boldsymbol{E}$ 实施一次初等变换后可得到的矩阵称之为 初等矩阵.

对应于三种初等变换,可得以下三种初等矩阵.

(1)变换 n 阶单位矩阵 $\boldsymbol{E}$ 的第 i,j 行,所得初等矩阵可记作 $\boldsymbol{E}(i,j)$,即有

$$\boldsymbol{E}(i,j)=\begin{bmatrix} 1 & & & & & & & \\ & \ddots & & & & & & \\ & & 0 & \cdots & \cdots & \cdots & 1 & & \\ & & \vdots & 1 & & & \vdots & & \\ & & \vdots & & \ddots & & \vdots & & \\ & & \vdots & & & 1 & \vdots & & \\ & & 1 & \cdots & \cdots & \cdots & 0 & & \\ & & & & & & & \ddots & \\ & & & & & & & & 1 \end{bmatrix} \begin{matrix} \\ \\ i\text{ 行} \\ \\ \\ \\ j\text{ 行} \\ \\ \\ \end{matrix}$$

$$\qquad\qquad i\text{ 列} \qquad\qquad\qquad j\text{ 列}$$

显然,把单位矩阵 $\boldsymbol{E}$ 的第 i 列与第 j 列交换,所得初等矩阵仍然为 $\boldsymbol{E}(i,j)$.

(2)用常数 $k\neq 0$ 乘以 $\boldsymbol{E}$ 的第 i 行，所得初等矩阵记作 $\boldsymbol{E}(i(k))$，即有

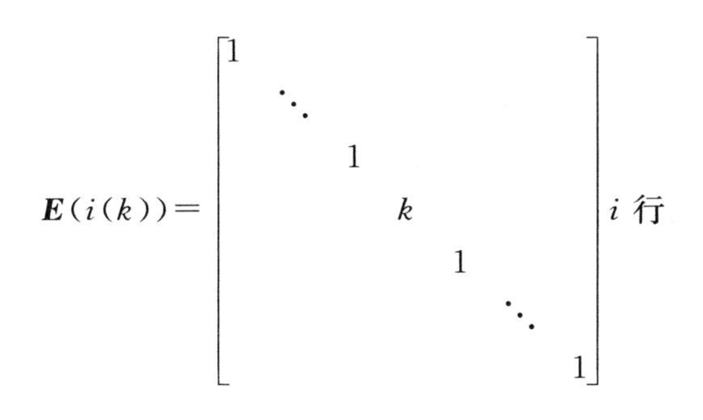

i 列

显然，把单位矩阵 $\boldsymbol{E}$ 的第 i 列乘以非零数 k，所得初等矩阵仍然为 $\boldsymbol{E}(i(k))$.

(3)把单位矩阵 $\boldsymbol{E}$ 的第 j 行的 k 倍加到第 i 行，所得初等矩阵记作 $\boldsymbol{E}(i,j(k))$，即有

$$\boldsymbol{E}(i,j(k))=\begin{bmatrix}1 & & & & & \\ & \ddots & & & & \\ & & 1 & \cdots & k & & \\ & & & \ddots & \vdots & & \\ & & & & 1 & & \\ & & & & & \ddots & \\ & & & & & & 1\end{bmatrix}\begin{matrix} \\ \\ i\text{ 行} \\ \\ j\text{ 行} \\ \\ \\ \end{matrix}$$

i 列　　j 列

显然，把把单位矩阵 $\boldsymbol{E}$ 的第 i 列的 k 倍加到第 j 列，所得初等矩阵仍然为 $\boldsymbol{E}(i,j(k))$.

定义 5.5.5　阶梯形矩阵是指满足如下条件的矩阵：

(1)零行在下方；

(2)各个非零行的第一个不为零的元素(简称首非零元素)均位于上一个非零行的首非零元素的右边.

例如：

$$\begin{bmatrix}0 & 1 & 2 & -1 \\ 0 & 0 & 0 & 3 \\ 0 & 0 & 0 & 0\end{bmatrix},\begin{bmatrix}1 & 2 & 1 & -1 & 3 \\ 0 & 0 & 2 & 0 & 4 \\ 0 & 0 & 0 & 2 & 3\end{bmatrix}$$

均为阶梯形矩阵.

定义 5.5.6　如果矩阵 $\boldsymbol{A}$ 满足下列条件：

(1)它为行阶梯形矩阵；

(2)每个非零行的首非零元素为 1；

(3)包含首非零元素的列中其他元素都为 0.

则称 $\boldsymbol{A}$ 为简化阶梯形矩阵.

任意矩阵均可经过一系列初等行变换变成阶梯形矩阵,或者再经过一系列初等行变换变成简化的阶梯形矩阵.

定理 5.5.1 设矩阵 $\boldsymbol{A}=(a_{ij})_{m\times n}$,则有

(1)对 $\boldsymbol{A}$ 施行一次初等行变换,相当于在 $\boldsymbol{A}$ 的左边乘上一个相应的 m 阶初等矩阵;

(2)对 $\boldsymbol{A}$ 施行一次初等列变换,相当于在 $\boldsymbol{A}$ 的右边乘上一个相应的 n 阶初等矩阵.

证明:在这里我们仅对第一种初等行变化进行证明.

将矩阵 $\boldsymbol{A}$ 和 m 阶单位矩阵按行分块,记作

$$\boldsymbol{A}=\begin{bmatrix}\boldsymbol{A}_1\\ \vdots\\ \boldsymbol{A}_i\\ \vdots\\ \boldsymbol{A}_j\\ \vdots\\ \boldsymbol{A}_m\end{bmatrix},\boldsymbol{E}=\begin{bmatrix}\boldsymbol{\varepsilon}_1\\ \vdots\\ \boldsymbol{\varepsilon}_i\\ \vdots\\ \boldsymbol{\varepsilon}_j\\ \vdots\\ \boldsymbol{\varepsilon}_m\end{bmatrix}$$

使得

$$\boldsymbol{A}_k=[a_{k1},a_{k2},\cdots,a_{kn}]$$
$$\boldsymbol{\varepsilon}_k=[0,0,\cdots,1,\cdots,0]$$

其中 $k=1,2,\cdots,m$,ε_k 表示第 k 个元素为 1,其余元素为零的 $1\times m$ 矩阵.

将矩阵 $\boldsymbol{A}$ 的第 j 行乘以 k 加到第 i 行上,即有

$$\boldsymbol{A}=\begin{bmatrix}\boldsymbol{A}_1\\ \vdots\\ \boldsymbol{A}_i\\ \vdots\\ \boldsymbol{A}_j\\ \vdots\\ \boldsymbol{A}_m\end{bmatrix}\xrightarrow{r_i+kr_j}\begin{bmatrix}\boldsymbol{A}_1\\ \vdots\\ \boldsymbol{A}_i+k\boldsymbol{A}_j\\ \vdots\\ \boldsymbol{A}_j\\ \vdots\\ \boldsymbol{A}_m\end{bmatrix}$$

其相应的初等矩阵为

$$\boldsymbol{E}(i,j(k))=\begin{bmatrix}\boldsymbol{\varepsilon}_1\\ \vdots\\ \varepsilon_i+k\boldsymbol{\varepsilon}_j\\ \vdots\\ \boldsymbol{\varepsilon}_j\\ \vdots\\ \boldsymbol{\varepsilon}_m\end{bmatrix}$$

根据分块矩阵的乘法可得

$$E(i,j(k))A=\begin{bmatrix}\boldsymbol{\varepsilon}_1\\ \vdots\\ \boldsymbol{\varepsilon}_i+k\boldsymbol{\varepsilon}_j\\ \vdots\\ \boldsymbol{\varepsilon}_j\\ \vdots\\ \boldsymbol{\varepsilon}_m\end{bmatrix}A=\begin{bmatrix}\boldsymbol{\varepsilon}_1A\\ \vdots\\ (\boldsymbol{\varepsilon}_i+k\boldsymbol{\varepsilon}_j)A\\ \vdots\\ \boldsymbol{\varepsilon}_jA\\ \vdots\\ \boldsymbol{\varepsilon}_mA\end{bmatrix}=\begin{bmatrix}A_1\\ \vdots\\ A_i+kA_j\\ \vdots\\ A_j\\ \vdots\\ A_m\end{bmatrix}$$

这表明，施行上述的初等行变换，相当于在矩阵 A 的左边乘一个相应的 m 阶初等矩阵.

定理 5.5.2　可逆矩阵经过初等行变换变成的简化阶梯形矩阵一定为单位矩阵.

定理 5.5.3　矩阵 A 可逆$\Leftrightarrow A$ 可以表示成一系列初等矩阵的乘积.

证明：当矩阵 A 可逆时，则有初等矩阵 $P_1,\cdots,P_m$ 使得

$$P_m\cdots P_1A=E,$$

即有

$$A=P_1^{-1}P_2^{-1}\cdots P_m^{-1}.$$

由于 $P_1^{-1},P_2^{-1},\cdots,P_m^{-1}$ 也是初等矩阵，从而说明可逆矩阵可以表示成为初等矩阵的乘积.

5.6　矩阵的特征值在实际问题中的应用

5.6.1　矩阵的特征值与特征向量

定义 5.6.1　设矩阵 A 是 n 阶方阵，如果存在数 λ 与 n 维非零向量 X 使得

$$AX=\lambda X \tag{5-6-1}$$

成立，那么，这样的数 λ 称为方阵 A 的特征值，非零向量 X 称为方阵 A 对应于特征值 λ 的特征向量；我们还可以将式子(5-6-1)写成

$$(A-\lambda E)X=0, \tag{5-6-2}$$

方程(5-6-2)是一个含有 n 个未知数和 n 个个方程的齐次线性方程组，它有非零解的充要条件是行列式 $|A-\lambda E|=0$，即

$$\begin{vmatrix}a_{11}-\lambda & a_{12} & \cdots & a_{1n}\\ a_{21} & a_{22}-\lambda & \cdots & a_{2n}\\ \vdots & \vdots & & \vdots\\ a_{n1} & a_{n2} & \cdots & a_{nn}-\lambda\end{vmatrix}=0, \tag{5-6-3}$$

我们将以特征值 λ 为未知数的一元 n 次方程(5-6-3)称作方阵 A 的特征方程；特征方程(5-6-3)的根称作特征根；同时我们还将

$$f(\lambda)=|\boldsymbol{A}-\lambda\boldsymbol{E}|=\begin{vmatrix} a_{11}-\lambda & a_{12} & \cdots & a_{1n} \\ a_{21} & a_{22}-\lambda & \cdots & a_{2n} \\ \vdots & \vdots & & \vdots \\ a_{n1} & a_{n2} & \cdots & a_{nn}-\lambda \end{vmatrix}=(-1)^n\lambda^n+a_1\lambda^{n-1}+a_2\lambda^{n-2}+\cdots+a_{n-1}\lambda+a_n$$

称为方阵 $\boldsymbol{A}$ 关于特征值 λ 的特征多项式.

在这里,需要特别注意的是,特征值 λ 可以是实数也可以是复数;方阵 $\boldsymbol{A}$ 中的元素以及其特征向量 $\boldsymbol{X}$ 的分量也可以是实数可以是复数

定义 5.6.2 对于 n 阶方阵 $\boldsymbol{A}=(a_{ij})$,其主对角线上各元素之和 $a_{11}+a_{22}+\cdots+a_{nn}$ 称为方阵 $\boldsymbol{A}$ 的迹,记作 $\mathrm{tr}\boldsymbol{A}$,即 $\mathrm{tr}\boldsymbol{A}=\sum_{i=1}^{n}a_{ii}$.

定理 5.6.1 设 $\lambda_1,\lambda_2,\cdots,\lambda_m$ 是 n 阶方阵 $\boldsymbol{A}$ 的 m 个特征值,$\boldsymbol{X}_1,\boldsymbol{X}_2,\cdots,\boldsymbol{X}_m$ 依次是与之对应的特征向量.那么,如果 $\lambda_1,\lambda_2,\cdots,\lambda_m$ 互不相等,则向量组 $\boldsymbol{X}_1,\boldsymbol{X}_2,\cdots,\boldsymbol{X}_m$ 线性无关.

证明:(对特征值的个数用数学归纳法证明)

当 $m=1$ 时,由 $\boldsymbol{X}_1\neq\boldsymbol{0}$ 知定理成立.

假设当 $m=s$ 时定理成立,当 $m=s+1$ 时,设有常数 $k_1,k_2,\cdots,k_s,k_{s+1}$ 使得

$$k_1\boldsymbol{X}_1+k_2\boldsymbol{X}_2+\cdots+k_s\boldsymbol{X}_s+k_{s+1}\boldsymbol{X}_{s+1}=\boldsymbol{0}. \tag{5-6-4}$$

用方阵 $\boldsymbol{A}$ 左乘方程(5-6-4)的两边可得

$$k_1\lambda_1\boldsymbol{X}_1+k_2\lambda_2\boldsymbol{X}_2+\cdots+k_s\lambda_s\boldsymbol{X}_s+k_{s+1}\lambda_{s+1}\boldsymbol{X}_{s+1}=\boldsymbol{0}. \tag{5-6-5}$$

将方程(5-6-4)两边乘以 λ_{s+1} 得

$$k_1\lambda_{s+1}\boldsymbol{X}_1+k_2\lambda_{s+1}\boldsymbol{X}_2+\cdots+k_s\lambda_{s+1}\boldsymbol{X}_s+k_{s+1}\lambda_{s+1}\boldsymbol{X}_{s+1}=\boldsymbol{0}. \tag{5-6-6}$$

用方程(5-6-5)减去方程(5-6-6)得

$$k_1(\lambda_1-\lambda_{s+1})\boldsymbol{X}_1+k_2(\lambda_2-\lambda_{s+1})\boldsymbol{X}_2+\cdots+k_s(\lambda_s-\lambda_{s+1})\boldsymbol{X}_s=\boldsymbol{0}.$$

由归纳假设知向量组 $\boldsymbol{X}_1,\boldsymbol{X}_2,\cdots,\boldsymbol{X}_s$ 线性无关,又因为 $\lambda_1,\lambda_2,\cdots,\lambda_s,\lambda_{s+1}$ 各不相同,知

$$k=k_2=\cdots=k_s=0.$$

于是,由方程(5-6-4)知

$$k_{s+1}=0.$$

故而,向量组 $\boldsymbol{X}_1,\boldsymbol{X}_2,\cdots,\boldsymbol{X}_s,\boldsymbol{X}_{s+1}$ 线性无关.

由数学归纳法可知,向量组 $\boldsymbol{X}_1,\boldsymbol{X}_2,\cdots,\boldsymbol{X}_m$ 线性无关.

证毕.

推论 5.6.1 设 $\lambda_1,\lambda_2,\cdots,\lambda_m$ 是 n 阶方阵 $\boldsymbol{A}$ 的 m 个特征值,$\boldsymbol{X}_{i1},\boldsymbol{X}_{i2},\cdots,\boldsymbol{X}_{ir_i}$ 依次是 n 阶方阵 $\boldsymbol{A}$ 属于特征值 λ_i 的特征向量,其中 $i=1,2,\cdots,m$.那么,如果 $\lambda_1,\lambda_2,\cdots,\lambda_m$ 互不相等,则向量组 $\boldsymbol{X}_{11},\boldsymbol{X}_{12},\cdots,\boldsymbol{X}_{ir_1},\cdots,\boldsymbol{X}_{m1},\boldsymbol{X}_{m2},\cdots,\boldsymbol{X}_{mr_m}$ 线性无关.

定理 5.6.2 设 n 阶方阵 $\boldsymbol{A}=(a_{ij})$ 的特征值为 $\lambda_1,\lambda_2,\cdots,\lambda_n$,则

$$f(\lambda)=|\boldsymbol{A}-\lambda\boldsymbol{E}|=(-1)^n\lambda^n+(a_{11}+a_{22}+\cdots+a_{nn})\lambda^{n-1}+\cdots+|\boldsymbol{A}|$$

证明:由行列式的定义有

$$|\boldsymbol{A}-\lambda\boldsymbol{E}|=\begin{vmatrix} a_{11}-\lambda & a_{12} & \cdots & a_{1n} \\ a_{21} & a_{22}-\lambda & \cdots & a_{2n} \\ \vdots & \vdots & & \vdots \\ a_{n1} & a_{n2} & \cdots & a_{nn}-\lambda \end{vmatrix}$$

的展开式中含有一项为

$$(\lambda-a_{11})(\lambda-a_{22})\cdots(\lambda-a_{nn}), \tag{5-6-7}$$

其余各项至多含有 $n-2$ 个主对角线上的元素,从而 λ 的次数不会超过 $n-2$,所以 $f(\lambda)$ 中 λ 的 n 次和 $n-1$ 次只会在(5-6-7)式中出现,则

$$f(\lambda)=|\boldsymbol{A}-\lambda\boldsymbol{E}|=(-1)^n\lambda^n+(a_{11}+a_{22}+\cdots+a_{nn})\lambda^{n-1}+\cdots+a_0,$$

其中,a_0 为 $f(\lambda)$中的常数项,显然

$$a_0=f(0)=|\boldsymbol{A}-0\boldsymbol{E}|=|\boldsymbol{A}|,$$

所以

$$f(\lambda)=|\boldsymbol{A}-\lambda\boldsymbol{E}|=(-1)^n\lambda^n+(a_{11}+a_{22}+\cdots+a_{nn})\lambda^{n-1}+\cdots+|\boldsymbol{A}|.$$

证毕.

定理 5.6.3　设 n 阶方阵 $\boldsymbol{A}=(a_{ij})$的特征值为 $\lambda_1,\lambda_2,\cdots,\lambda_n$,则有

(1)$\lambda_1+\lambda_2+\cdots+\lambda_n=a_{11}+a_{22}+\cdots+a_{nn}$,

(2)$\lambda_1\lambda_2\cdots\lambda_n=|\boldsymbol{A}|$.

证明:有多项式的因式分解定理有

$$\begin{aligned}|\boldsymbol{A}-\lambda\boldsymbol{E}|&=(\lambda_1-\lambda)(\lambda_2-\lambda)\cdots(\lambda_n-\lambda)\\&=(-1)^n\lambda^n-(\lambda_1+\lambda_2+\cdots+\lambda_n)\lambda^{n-1}+\cdots+\lambda_1\lambda_2\cdots\lambda_n,\end{aligned}$$

而

$$\begin{aligned}|\boldsymbol{A}-\lambda\boldsymbol{E}|&=\begin{vmatrix} a_{11}-\lambda & a_{12} & \cdots & a_{1n} \\ a_{21} & a_{22}-\lambda & \cdots & a_{2n} \\ \vdots & \vdots & & \vdots \\ a_{n1} & a_{n2} & \cdots & a_{nn}-\lambda \end{vmatrix}\\&=(-1)^n\lambda^n+(a_{11}+a_{22}+\cdots+a_{nn})\lambda^{n-1}+\cdots+|\boldsymbol{A}|.\end{aligned}$$

比较 λ^{n-1},λ^0 的系数可得

$$\lambda_1+\lambda_2+\cdots+\lambda_n=a_{11}+a_{22}+\cdots+a_{nn};$$

$$\lambda_1\lambda_2\cdots\lambda_n=|\boldsymbol{A}|$$

证毕.

定理 5.6.4　如果 λ 是方阵 $\boldsymbol{A}$ 的特征值,则

(1)λ^m 是方阵 $\boldsymbol{A}^m$ 的特征值,其中 m 为正整数.

(2)如果方阵 $\boldsymbol{A}$ 可逆,则 $\lambda\neq0$ 且$\dfrac{1}{\lambda}$是方阵 $\boldsymbol{A}^{-1}$的特征值.

证明:(1)设 $\boldsymbol{\alpha}$ 为方阵 $\boldsymbol{A}$ 属于 λ 的特征向量,即 $\lambda\boldsymbol{\alpha}=\boldsymbol{A}\boldsymbol{\alpha}$,则

$$\boldsymbol{A}^2\boldsymbol{\alpha}=\boldsymbol{A}(\boldsymbol{A}\boldsymbol{\alpha})=\boldsymbol{A}(\lambda\boldsymbol{\alpha})=\lambda(\boldsymbol{A}\boldsymbol{\alpha})=\lambda(\lambda\boldsymbol{\alpha})=\lambda^2\boldsymbol{\alpha},$$

所以 λ^2 为矩阵 $\boldsymbol{A}^2$ 的特征值.用数学归纳法可以证明 λ^m 是矩阵 $\boldsymbol{A}^m$ 的特征值.

(2)若方阵 $\boldsymbol{A}$ 可逆,则由 $\lambda\boldsymbol{\alpha}=\boldsymbol{A\alpha}$ 可得 $\lambda\neq0$.这是有

$$\boldsymbol{A}^{-1}\boldsymbol{A\alpha}=\boldsymbol{A}^{-1}(\lambda\boldsymbol{\alpha}),\boldsymbol{\alpha}=\lambda\boldsymbol{A}^{-1}\boldsymbol{\alpha},$$

故而

$$\frac{1}{\lambda}\boldsymbol{\alpha}=\boldsymbol{A}^{-1}\boldsymbol{\alpha},$$

所以$\frac{1}{\lambda}$是方阵 $\boldsymbol{A}^{-1}$的特征值.

证毕.

5.6.2 矩阵的特征值与特征向量的实际应用

下面的实例将告诉我们方阵的特征值与特征向量的实际含义,它们在解决动态线性系统变化趋势的讨论中有着十分重要的作用.

例 5.6.1 小鼠出生一个月就开始有繁殖能力,假设具有繁殖能力的每对小鼠每月生产两对后代,一月初有一对刚出生的小鼠,问第二年一月初共有多少对小鼠.

解:设 x_i 是第 i 月初的小鼠对数,则

$$x_1=1,x_2=1,x_3=3,x_4=5,\cdots,x_{k+2}=x_{k+1}+2x_k,k=1,2,\cdots.$$

令

$$\boldsymbol{X}_k=\begin{bmatrix}x_{k+1}\\x_k\end{bmatrix},k=1,2,\cdots,$$

由

$$\begin{cases}x_{k+2}=x_{k+1}+2x_k\\x_{k+1}=x_{k+1}\end{cases},$$

可得

$$\boldsymbol{X}_{k+1}=\boldsymbol{AX}_k,k=1,2,\cdots,$$

其中

$$\boldsymbol{A}=\begin{bmatrix}1&2\\1&0\end{bmatrix}.$$

第二年一月初是第 13 个月初,所以需求出 $\boldsymbol{X}_{12}$,进而可得 x_{13}.

经过计算可知-1,2 是 $\boldsymbol{A}$ 的特征值,$\boldsymbol{\alpha}_1=\begin{bmatrix}1\\-1\end{bmatrix}$,$\boldsymbol{\alpha}_2=\begin{bmatrix}2\\1\end{bmatrix}$分别是 $\boldsymbol{A}$ 的对应于特征值-1,2 的特征向量,计算可得

$$\boldsymbol{X}_1=\begin{bmatrix}1\\1\end{bmatrix}=-\frac{1}{3}\boldsymbol{\alpha}_1+\frac{2}{3}\alpha_2,$$

所以

$$\begin{aligned}\boldsymbol{X}_{12}&=\boldsymbol{A}^{11}\left(-\frac{1}{3}\boldsymbol{\alpha}_1+\frac{2}{3}\boldsymbol{\alpha}_2\right)\\&=\frac{1}{3}\boldsymbol{\alpha}_1+\frac{2^{12}}{3}\boldsymbol{\alpha}_2\\&=\begin{bmatrix}\frac{1}{3}(1+2^{13})\\-\frac{1}{3}(1-2^{12})\end{bmatrix},\end{aligned}$$

所以 $x_{13}=\frac{1}{3}(1+2^{13})=2731$,第二年一月初有2731对小鼠.

例5.6.2 假设某省人口总数加保持不变,每年有20%的农村人口流人城镇,有10%的城镇人口流人农村.试讨论九年后,该省城镇人口与农村人口的分布状态,最终是否会趋于一个"稳定状态"?

解:设第 n 年该省城镇人口数与农村人口数分别为 x_n,y_n.由题意可得

$$\begin{cases}x_n=0.9x_{n-1}+0.2y_{n-1}\\y_n=0.1x_{n-1}+0.8y_{n-1}\end{cases}. \tag{5-6-8}$$

记

$$\boldsymbol{\alpha}_n=\begin{bmatrix}x_n\\y_n\end{bmatrix},\boldsymbol{A}=\begin{bmatrix}0.9&0.2\\0.1&0.8\end{bmatrix},$$

式(5-6-8)等价于 $\boldsymbol{\alpha}_n=\boldsymbol{A}\boldsymbol{\alpha}_{n-1}$.所以第 n 年的人口数向量 $\boldsymbol{\alpha}_n$ 与第一年(初始年)的人口数向量 $\boldsymbol{\alpha}_1$ 的关系为

$$\boldsymbol{\alpha}_n=\boldsymbol{A}^{n-1}\boldsymbol{\alpha}_1.$$

容易算出 $\boldsymbol{A}$ 的特征值为 $\lambda_1=1,\lambda_2=0.7$,对应的特征向量分别是 $\boldsymbol{\eta}_1=\begin{bmatrix}2\\1\end{bmatrix},\boldsymbol{\eta}_2=\begin{bmatrix}1\\-1\end{bmatrix}$,$\boldsymbol{\eta}_1,\boldsymbol{\eta}_2$ 线性无关,所以 $\boldsymbol{\alpha}_1$ 可由 $\boldsymbol{\eta}_1,\boldsymbol{\eta}_2$ 线性表示,设 $\boldsymbol{\alpha}_1=k_1\boldsymbol{\eta}_1+k_2\boldsymbol{\eta}_2$.

下面仅就非负的情况下,讨论第 n 年该省城镇人口数与农村人口数的分布状态.

(1)如果 $k_2=0$,即 $\boldsymbol{\alpha}_1=k_1\boldsymbol{\eta}_1$,这表明城镇人口数与农村人口数保持2∶1的比例,则第 n 年 $\boldsymbol{\alpha}_n=\boldsymbol{A}^{n-1}\boldsymbol{\alpha}_1=\boldsymbol{A}^{n-1}(k_1\boldsymbol{\eta}_1)=k_1\lambda_1^{n-1}(k_1\boldsymbol{\eta}_1)$,仍保持2∶1的比例不变,这个比例关系是由特征向量确定,而这里 $\lambda_1=1$ 表明城镇人口数与农村人口数没有改变(即无增减),此时处于一种平衡稳定的比例状态;

(2)由于人口数不为负数,所以 $k_1\neq0$;

(3)如果 $\boldsymbol{\alpha}_1=k_1\boldsymbol{\eta}_1+k_2\boldsymbol{\eta}_2$($k_1,k_2$ 均不为零),则

$$\begin{cases}x_1=2k_1+k_2\\y_1=k_1-k_2\end{cases},$$

解得

$$\begin{cases}k_1=\frac{1}{3}(x_1+y_1)=\frac{1}{3}m\\k_2=\frac{1}{3}(x_1-2y_1)\end{cases},$$

所以第 n 年

$$\begin{aligned}\boldsymbol{\alpha}_n &= \boldsymbol{A}^{n-1}\boldsymbol{\alpha}_1\\ &= \boldsymbol{A}^{n-1}(k_1\boldsymbol{\eta}_1 + k_2\boldsymbol{\eta}_2)\\ &= k_1\lambda_1^{n-1}\boldsymbol{\eta}_1 + k_2\lambda_2^{n-1}\boldsymbol{\eta}_2\\ &= \frac{1}{3}m\boldsymbol{\eta}_1 + \frac{1}{3}(x_1-2y_1)(0.7)^{n-1}\boldsymbol{\eta}_2,\end{aligned}$$

即第 n 年的城镇人口数与农村人口数分布状态为

$$\begin{bmatrix} x_n \\ y_n \end{bmatrix} = \begin{bmatrix} \frac{2}{3}m + \frac{1}{3}(x_1-2y_1)(0.7)^{n-1} \\ \frac{1}{3}m - \frac{1}{3}(x_1-2y_1)(0.7)^{n-1} \end{bmatrix}. \tag{5-6-9}$$

如果在式(5-6-9)中,令 $n\to\infty$,有 $\lim\limits_{n\to\infty} x_n = \frac{2}{3}m$,$\lim\limits_{n\to\infty} y_n = \frac{1}{3}m$.

这表明,该省的城镇人口与农村人口最终会趋于一个“稳定状态”,即最终该省人口趋于平均每3人中有2人城镇人口,1人为农村人口.同时可以看出,人口数比例将主要由最大的正特征值 λ_1 所对应的特征向量决定.随着年度的增加,这一特征愈加明显.

以上实例不仅在人们的社会生活、经济生活中会泛遇到,其分析方法还适用于工程技术等其他领域中动态系统的研究上,这类系统具有相同形式的数学模型,即 $\boldsymbol{\alpha}_{n+1} = \boldsymbol{A}\boldsymbol{\alpha}_n$ 或 $\boldsymbol{\alpha}_{n+1} = \boldsymbol{A}^n\boldsymbol{\alpha}_1$($\boldsymbol{\alpha}_1$ 为初始状态向量).注意到上面采用的计算方法是向量运算的方法,下面将引进相似矩阵和矩阵对角化,介绍另一种矩阵运算方法来快速计算 $\boldsymbol{A}^n$.这也是常用且使用范围更为广泛的重要方法.

5.7 二次曲面的类型

定义 5.7.1 三元二次方程所表示的曲面称为二次曲面.方程为

$$a_{11}x^2 + a_{22}y^2 + a_{33}z^2 + 2a_{12}xy + 2a_{13}xz + 2a_{23}yz + 2a_{14}x + 2a_{24}y + 2a_{34}z + a_{44} = 0,$$

其中,a_{11}、a_{22}、a_{33}、a_{12}、a_{13}、a_{23} 不全为零.

现在介绍几种典型的二次曲面,用几何特征来刻画这些二次曲面是比较复杂的,所以需要通过这些二次曲面的标准方程来讨论它们的性质.这里所采用的方法是截痕法,用平行于坐标面的平面去截曲面,考察期交线(即截痕)的形状及变化,然后加以综合,以了解曲面的形状.

5.7.1 椭球面

定义 5.7.2 由方程

$$\frac{x^2}{a^2} + \frac{y^2}{b^2} + \frac{z^2}{c^2} = 1(a>0,b>0,c>0) \tag{5-7-1}$$

表示的曲面称为一个椭球面,方程(5-7-1)称为椭球面的标准方程.数 a,b,c 称为椭球面的三个半轴.

当 $a=b=c$ 时,方程(5-7-1)变为

$$x^2+y^2+z^2=a^2.$$

此方程表示一个球心在原点 O、半径为 a 的球面.所以说球面是椭球面的一种特殊情形.

当 $a=b$ 时,方程(5-7-1)变为

$$\frac{x^2}{a^2}+\frac{y^2}{a^2}+\frac{z^2}{c^2}=1.$$

此方程可以看成是由 xOz 平面上的椭圆 $\frac{x^2}{a^2}+\frac{z^2}{c^2}=1$ 绕 z 轴旋转而成的旋转曲面,称为旋转椭球面.如果 a,b,c 中有两个相等时,方程(5-7-1)就是一个旋转椭球面.

椭球面有如下特点:

(1)图形关于三个坐标面、三个坐标轴及原点都对称,且被限制在以原点为中心的长方体内.

$$|x|\leqslant a,|y|\leqslant b,|z|\leqslant c$$

(2)图形被平面 $z=h(|h|<c)$ 截割,截线为

$$\begin{cases}\frac{x^2}{a^2}+\frac{y^2}{b^2}+\frac{z^2}{c^2}=1\\ z=h\end{cases},$$

即

$$\begin{cases}\frac{x^2}{\left(a\sqrt{1-\frac{h^2}{c^2}}\right)^2}+\frac{y^2}{\left(b\sqrt{1-\frac{h^2}{c^2}}\right)^2}=1\\ z=h\end{cases},$$

这是 $z=h$ 平面上的椭圆.$|h|$增大,其长、短半轴 $a\sqrt{1-\frac{h^2}{c^2}}$、$b\sqrt{1-\frac{h^2}{c^2}}$ 减小.$|h|$由零变到 c,椭圆由 $\begin{cases}\frac{x^2}{a^2}+\frac{y^2}{b^2}=1\\ z=0\end{cases}$ 变为一点 $(0,0,c)$.

图形被平面 $y=h(|h|<b)$ 或 $x=h(|h|<a)$ 截割也有类似的结果,如图 5.1 所示.

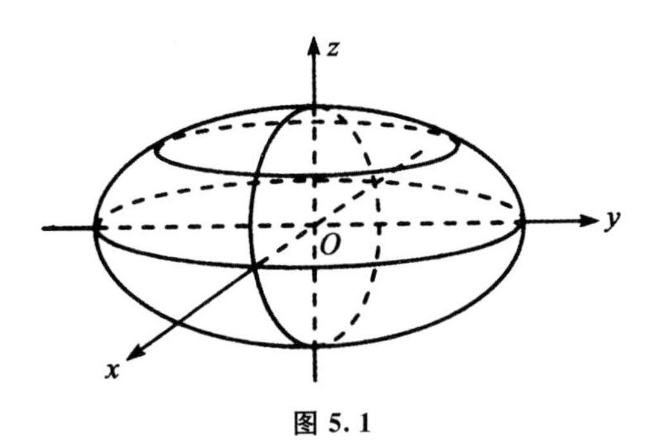

图 5.1

5.7.2 双曲面

5.7.2.1 单叶双曲面

方程

$$\frac{x^2}{a^2}+\frac{y^2}{b^2}-\frac{z^2}{c^2}=1(a>0,b>0,c>0) \tag{5-7-2}$$

所确定的曲面称为单叶双曲面.方程(5-7-2)称为单叶双曲面的标准方程.该方程的特点是,平方项有一个取负号,两个取正号.类似地,方程

$$\frac{x^2}{a^2}-\frac{y^2}{b^2}+\frac{z^2}{c^2}=1$$

或

$$-\frac{x^2}{a^2}+\frac{y^2}{b^2}+\frac{z^2}{c^2}=1$$

的图形也是单叶双曲面.

图形被平面 $z=h$ 截割,得截面为椭圆

$$\begin{cases}\dfrac{x^2}{\left(a\sqrt{1+\dfrac{h^2}{c^2}}\right)^2}+\dfrac{y^2}{\left(b\sqrt{1+\dfrac{h^2}{c^2}}\right)^2}=1\\ z=h\end{cases},$$

$|h|$增大,其长、短半轴也随之增大.

用平面 $y=k$ 截该图形,得截线为双曲线

$$\begin{cases}\dfrac{x^2}{a^2}-\dfrac{z^2}{c^2}=1-\dfrac{y^2}{b^2}\\ z=h\end{cases}.$$

当$|k|<b$ 时,它的实轴与 x 轴平行;当$|k|>b$ 时,它的实轴与 z 轴平行;当$|k|=b$ 时,截线为

$$\begin{cases}\left(\dfrac{x}{a}+\dfrac{z}{c}\right)\left(\dfrac{x}{a}-\dfrac{z}{c}\right)=0\\ y=\pm b\end{cases}$$

是两条相交直线,如图 5.2 所示.

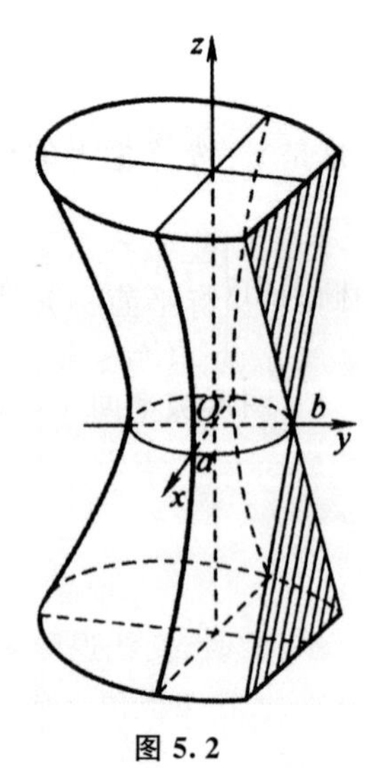

图 5.2

5.7.2.2 双叶双曲面

方程

$$\frac{x^2}{a^2}-\frac{y^2}{b^2}-\frac{z^2}{c^2}=1(a>0,b>0,c>0)$$

的图形称为双叶曲面,如图 5.3 所示.该方程的系数一个取正号,两个取负号.类似地,方程

$$-\frac{x^2}{a^2}+\frac{y^2}{b^2}-\frac{z^2}{c^2}=1 \text{ 或} -\frac{x^2}{a^2}-\frac{y^2}{b^2}+\frac{z^2}{c^2}=1$$

的图形也是双叶双曲面.

用平面 $z=h$ 或 $y=h$ 截曲面,得双曲线

$$\begin{cases}\frac{x^2}{a^2}-\frac{y^2}{b^2}=1+\frac{h^2}{c^2}\\ z=h\end{cases} \text{或} \begin{cases}\frac{x^2}{a^2}-\frac{z^2}{c^2}=1+\frac{h^2}{b^2}\\ y=h\end{cases}.$$

用平面 $x=h(h\geqslant a)$ 截曲面,得椭圆

$$\begin{cases}\frac{y^2}{b^2}+\frac{z^2}{c^2}=-1+\frac{h^2}{a^2}\\ x=h\end{cases}.$$

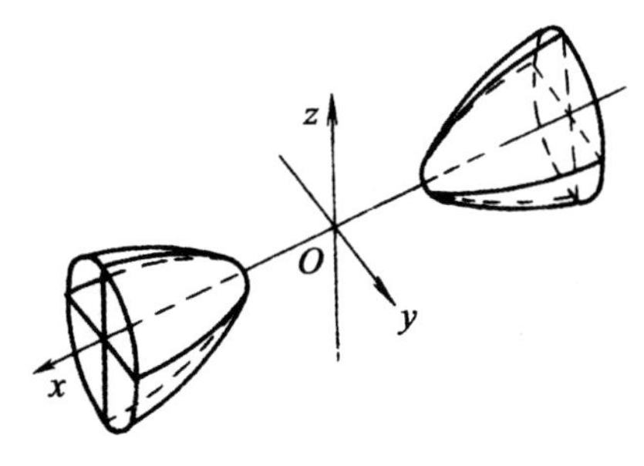

图 5.3

5.7.3　椭圆抛物面

椭圆抛物面的标准方程为

$$z=\frac{x^2}{a^2}+\frac{y^2}{b^2}$$

其关于坐标平面 xOz 和 yOz 为对称的,关于 z 轴也为对称的,然而却没有对称中心,顶点为 $O(0,0,0)$.其与 z 轴的交点称为图形的顶点,因为恒有 $z\geqslant 0$,图形位于 xOy 平面上方.

用平面 $z=h(h\geqslant 0)$截曲面可得交线的方程为

$$\begin{cases}\frac{x^2}{a^2}+\frac{y^2}{b^2}=2h\\ z=h\end{cases}.$$

当 $h=0$ 时,交线退化为一点$(0,0,0)$;当 $h>0$ 时,交线为椭圆,且随着 h 的增大,椭圆的半轴也增大.其四个顶点分别在坐标平面 $x=0$ 和 $y=0$ 上.但是曲面在这两个对称平面上的截线为抛物线

$$\Gamma_1:\begin{cases}x^2=2a^2z\\ y=0\end{cases}$$

与

$$\Gamma_2:\begin{cases}y^2=2b^2z\\x=0\end{cases},$$

它们的对称轴均为 z 轴，顶点和开口方向相同.所以椭圆抛物面可看作是由一个长、短轴可变的椭圆沿着上述两条抛物线运动的轨迹，且该椭圆的两对顶点分别在这两条抛物线上，如图 5.4 所示.

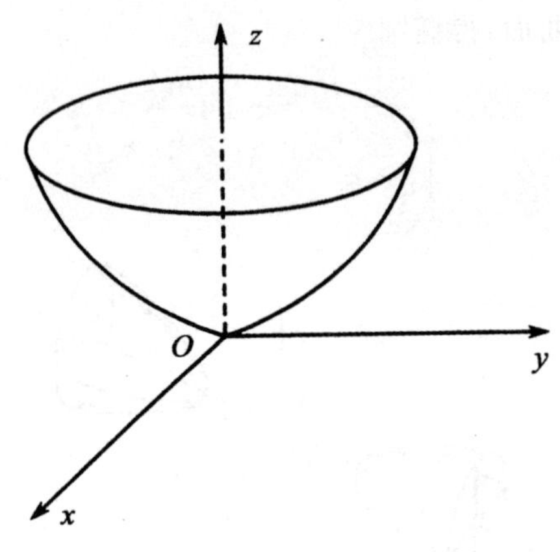

图 5.4

曲面与平面 $y=k$ 的交线为抛物线

$$\begin{cases}x^2=2a^2\left(z-\dfrac{k^2}{2b^2}\right)\\y=k\end{cases},$$

这些抛物线与抛物线 Γ_1 因有相同的焦参数而全等，其顶点$\left(0,k,\dfrac{k^2}{2b^2}\right)$在 Γ_2 上，因此椭圆抛物面则又可以看做为抛物线 Γ_1 平移产生的曲线，抛物线 Γ_1 移动时，所在平面平行与 xOz 平面，其顶点式中在抛物线 Γ_2 上.

当 $a=b$ 时，即可得旋转抛物面，其为抛物线

$$\begin{cases}y^2=2bz\\x=0\end{cases}$$

绕 z 轴旋转而成的旋转曲面.

5.7.4 双曲抛物面

双曲抛物面的标准方程为

$$\frac{x^2}{a^2}-\frac{y^2}{b^2}=2z, \tag{5-7-3}$$

其中 $a>0,b>0$，所确定的曲面称为曲面抛物线，方程(5-7-3)称为双曲抛物面的标准方程.如图 5.5 所示.

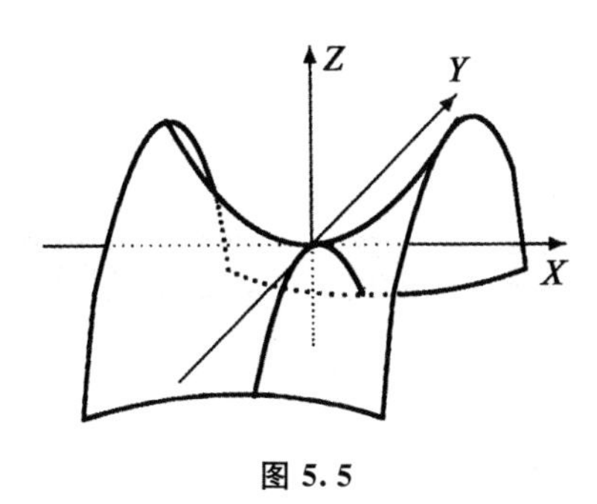

图 5.5

根据曲面(5-7-3),可知双曲抛物面的性质如下.

(1)对称性.曲面(5-7-3)关于平面 xOz,yOz 和 z 轴对称.

(2)与坐标平面的交线.曲面(5-7-3)与 xOy 平面的交线为相交于原点的两条直线,其方程为

$$\begin{cases}\dfrac{x}{a}+\dfrac{y}{b}=0\\ z=0\end{cases},\begin{cases}\dfrac{x}{a}-\dfrac{y}{b}=0\\ z=0\end{cases}$$

与 yOz 平面和 xOz 平面的交线分别为

$$\begin{cases}y^2=-2b^2z\\ x=0\end{cases};\tag{5-7-4}$$

$$\begin{cases}x^2=2a^2z\\ y=0\end{cases}.\tag{5-7-5}$$

其均以 z 轴为对称轴、以原点为顶点的抛物线.

(3)平行截线.曲面(5-7-3)与 $z=h$ 交线方程为

$$\begin{cases}\dfrac{x^2}{a^2}-\dfrac{y^2}{b^2}=2h\\ z=h\end{cases}.$$

①当 $h>0$ 时,其表示实轴平行与 x 轴、虚轴平行于 y 轴的双曲线,顶点$(\pm a\sqrt{2h},0,h)$在抛物线(5-7-5)上.

②当 $h=0$ 时,其表示两条相交直线.

③当 $h<0$ 时,其表示实轴平行与 y 轴、虚轴平行与 x 轴的双曲线,顶点$(0,\pm b\sqrt{-2h},h)$在抛物线(5-7-4)上.

椭圆抛物面和双曲抛物面统称为抛物面,它们无对称中心,称其为无心二次曲面.而椭球面和双曲面均有唯一的对称中心,所以叫作中心二次曲面.

第6章 二次型

二次型理论起源于解析几何中的化二次曲线和二次曲面方程为标准形的问题，这一理论在数理统计、物理、力学及现代控制理论等诸多领域都有重要的应用.

6.1 二次型中的数形结合的思想方法

6.1.1 数形结合的思想方法

恩格斯曾经说过：数学是研究现实生活中空间形式和数量关系的科学，数和形是数学知识体系中两大基础，数是形的抽象概括，形是数的直观表现，二者密不可分，它们既是对立的，又是统一的，并在一定条件下相互转化，正所谓"你中有我，我中有你".我国数学家华罗庚对数形结合思想作过精辟的论述："数以形而直观，形以数而入微，"数形结合的思想方法是最基本的数学思想之一也是我们最早接触到的数学思想方法之一，如数轴的引入、坐标平面的引入、三维立体空间的引入为数与形架起了桥梁，为数形结合提供了平台.

数形结合的思想方法就是根据数学问题的条件和结论之间的内在联系，既分析其代数含义，又揭示其几何直观，使数量关系和空间形式巧妙和谐地结合起来，并充分利用这种结合寻找解题思路，使问题得到解决的数学思想方法，把抽象的数学语言与直观的图形、抽象思维与形象思维有机结合，根据实际的需要，有时把数量关系问题转化为图形性质问题(即用几何方法解决代数问题)，有时把图形性质问题转化为数量关系问题(即用代数方法解决几何问题)，来寻求解决问题的方法，所谓数形结合思想，就是充分利用形的直观性和数的规范性，通过数与形的联系和转化来研究数学对象和解决问题的思想方法，数有所长、形有所短，扬长避短，寻求最佳方案，使得复杂问题简单化，抽象问题具体化、直观化，达到优化思路的目的，它们在内容上相互联系、密不可分，在方法上相互渗透，互相呼应，并在一定条件下相互转化.数形结合包含"以形助数"和"以数轴形"两个方面.

综上所述，几何方法具有直观、形象的优势；代数方法的特点是解答过程严密、规范、思路清晰，应用数形结合的思想就能扬这两种方法之长，避呆板单调解法之短，在解决有关问题时，数形结合思想方法所表现出来的思路上的灵活、过程上的简便、方法上的多样化是一目了然的，借助数的精确性来阐明图形图像的某些特性，即"以数助形"，借助形状的直观性来研究数和式之间的某些关系，即“以形助数”.理解并运用好数与形之间的互为目的和方法手段的关系，有助于数学的学习和提高分析问题和解决问题能力.数形结合的思想应用十分广泛.

6.1.2 二次型中的数形结合的思想方法

俗话说得好：几何代数不分家，我国著名数学家华罗庚有诗云：“数形结合百般好，隔离分家万事休，几何代数统一体，永远联系莫分离”诗中形象地说明了这一点.

在高等代数中，数形结合思想应用更为广泛，意义上也有推广，不但研究图形形状与代数的结合，而且研究数学式的形状数的关系.

二次型理论起源于化二次曲面和二次曲线的方程为标准形的问题，后来得到广泛的应用，如网络中的求等效网络问题、热力学中物体系平衡条件的问题、概率论中“正态分布”、化二次型到主轴的问题等等.

6.2 二次型中转化与分解的思想方法

6.2.1 转化的思想方法

数学方法论中的转化的思想是指把需要解决的问题，通过某种转化过程，归结到一类已经能解决或者比较容易解决的问题中，最终获得问题的解答的一种思想方法，在数学史上，曾有很多数学家从不同的角度对转化的思想进行过描述.其中，以法国数学家笛卡儿尤为重要，他在其著作《指导思维的法则》中曾提出过如下的“万能方法”(一般模式)：第一，将任何种类的问题化归为数学问题；第二，将任何种类的数学问题化归为代数问题；第三，将任何代数问题化归为方程式的求解，由于方程求解问题被认为是已经能解决的(或者说是较为容易解决的)，因此，在笛卡儿看来，我们就可利用这样的方法去解决各种类型的问题，笛卡儿所给出的这一“问题解决”的模式可以看作转化的思想的一个具体运用.

数学中随处充满着各种各样矛盾，如繁和简、难和易、抽象与具体、一般和特殊、未知和已知等，而这些矛盾的解决，通常也是通过转化或化归的思想，把要解决的命题或问题进行化繁为简、化难为易、化一般为特殊、化未知为已知.

二次型中包含着丰富的转化思想方法，根据二次型与对称矩阵之间的一一对应关系：

$$\boldsymbol{A}=\begin{bmatrix} a_{11} & a_{12} & \cdots & a_{1n} \\ a_{21} & a_{22} & \cdots & a_{2n} \\ \vdots & \vdots & \vdots & \vdots \\ a_{n1} & a_{n2} & \cdots & a_{nn} \end{bmatrix} \leftrightarrow f(x_1,x_2,\cdots,x_n)=\sum_{i=1}^{n}\sum_{j=1}^{n}a_{ij}x_ix_j$$

在化简二次型时，可以转化成矩阵，利用矩阵的初等变换化简成为合同对角形，最好化成规范形，再利用反演的思想对应回到二次型即可.

于是，二次型问题都可以转化成相应的对称矩阵问题，如果相应的对称矩阵问题可以解决，则原二次型问题就顺利解决.

特别地，正定二次型可以转化成正定矩阵，可利用矩阵的正定性来讨论二次型的正定性.

6.2.2 二次型中的分解的思想方法

二次型中包含着丰富的分解思想方法，以正定矩阵为例，便可看到二次型中包含的分解思想.

设 $\boldsymbol{A}$ 是正定矩阵，则：

(1)存在非退化矩阵 $\boldsymbol{P}$，使得 $\boldsymbol{A}=\boldsymbol{P}'\boldsymbol{P}$.

(2)存在非退化上、下三角矩阵 $\boldsymbol{Q}$，使得 $\boldsymbol{A}=\boldsymbol{Q}'\boldsymbol{Q}$.

(3)存在正交向量组 $\boldsymbol{\alpha}_1,\boldsymbol{\alpha}_2,\cdots,\boldsymbol{\alpha}_n$，使得 $\boldsymbol{A}=\alpha_1\alpha_1'+\alpha_2\alpha_2'+\cdots+\alpha_n\alpha_n'$.

(4) $\forall k\in\mathbf{Z}^+$，使得 $\boldsymbol{A}^k$ 为正定矩阵.

(5)存在正定矩阵 $\boldsymbol{B}$，使得 $\boldsymbol{A}=\boldsymbol{B}^k$，其中 $k\in\mathbf{Z}^+$.

设 $\boldsymbol{A}$ 是半正定矩阵，则：

(1)存在矩阵 $\boldsymbol{P}$，$r(\boldsymbol{A})=r(\boldsymbol{P})$，使得 $\boldsymbol{A}=\boldsymbol{P}'\boldsymbol{P}$.

(2)存在半正定矩阵 $\boldsymbol{B}$，使得 $\boldsymbol{A}=\boldsymbol{B}^k$，$k\in\mathbf{N}$.

6.3 二次型的标准型与矩阵的合同

6.3.1 二次型的标准型

定义 6.3.1 含有 n 个变量 $x_1,x_2,\cdots,x_n$ 且系数在数域 $\mathbf{P}$ 中的二次齐次多项式

$$f(x_1,x_2,\cdots,x_n)=a_{11}x_1^2+2a_{12}x_1x_2+2a_{12}x_1x_3+\cdots+2a_{1n}x_1x_n+ a_{22}x_2^2+2a_{23}x_2x_3+\cdots+2a_{2n}x_2x_n+a_{nn}x_n^2 \tag{6-3-1}$$

称为域数 $\mathbf{P}$ 上的 n 元二次型，简称二次型.如果取 $\mathbf{P}$ 为实数域 $\mathbf{R}$，则称 f 为实二次型；如果取 $\mathbf{P}$ 为复数域 $\mathbf{C}$，则称 f 为复二次型.如果二次型中只含有变量的平方项，即

$$f(x_1,x_2,\cdots,x_n)=d_1x_1^2+d_2x_2^2+\cdots+d_nx_n^2$$

称为标准形式的二次型，简称为标准形.

在研究二次型时，矩阵是一个有力的工具，因此我们先把二次型用矩阵来表示.

取 $a_{ij}=a_{ji}(i<j,i,j=1,2,3,\cdots,n)$，便有 $2a_{ij}x_ix_j=a_{ij}x_ix_j+a_{ji}x_jx_i$，于是式(6-3-1)可以改写为

$$
\begin{aligned}
f(x_1,x_2,\cdots,x_n) &= \sum_{i=1}^{n}\sum_{j=1}^{n} a_{ij}x_ix_j \\
&= a_{11}x_1^2+a_{12}x_1x_2+\cdots+a_{1n}x_1x_n+a_{21}x_2x_1+a_{22}x_2^2+\cdots+a_{2n}x_2x_n+\cdots+ \\
&\quad a_{n1}x_nx_1+{}_{n2}x_nx_2+\cdots+a_{nn}x_n^2 \\
&= x_1(a_{11}x_1+a_{12}x_2+\cdots+a_{1n}x_n)+x_2(a_{21}x_1+a_{22}x_2+\cdots+a_{2n}x_n)+\cdots+ \\
&\quad x_n(a_{n1}x_1+{}_{n2}x_2+\cdots+a_{nn}x_n) \\
&= [x_1,x_2,\cdots,x_n]\begin{bmatrix} a_{11}x_1+a_{12}x_2+\cdots+a_{1n}x_n \\ a_{21}x_1+a_{22}x_2+\cdots+a_{2n}x_n \\ \vdots \\ a_{n1}x_1+a_{n2}x_2+\cdots+a_{nn}x_n \end{bmatrix} \\
&= [x_1,x_2,\cdots,x_n]\begin{bmatrix} a_{11} & a_{12} & & a_{1n} \\ a_{21} & a_{22} & \cdots & a_{2n} \\ \vdots & \vdots & \ddots & \vdots \\ a_{n1} & a_{n2} & \cdots & a_{nn} \end{bmatrix}\begin{bmatrix} x_1 \\ x_2 \\ \vdots \\ x_n \end{bmatrix}
\end{aligned}
$$

记 $\boldsymbol{A}=\begin{bmatrix} a_{11} & a_{12} & \cdots & a_{1n} \\ a_{21} & a_{22} & \cdots & a_{2n} \\ \vdots & \vdots & \ddots & \vdots \\ a_{n1} & a_{n2} & \cdots & a_{nn} \end{bmatrix}$，$\boldsymbol{X}=\begin{bmatrix} x_1 \\ x_2 \\ \vdots \\ x_n \end{bmatrix}$，则二次型可记作

$$
f(x_1,x_2,\cdots,x_n)=\boldsymbol{X}^{\mathrm{T}}\boldsymbol{A}\boldsymbol{X}. \tag{6-3-2}
$$

其中，$\boldsymbol{A}$ 是对称矩阵.称式(6-3-2)为二次型的矩阵形式.

由式(6-3-2)知，任给一个二次型就唯一地确定一个对称矩阵；反之，任给一个对称矩阵.可唯一地确定一个二次型.因此，二次型与对称矩阵之间有着一一对应的关系.把对称矩阵 $\boldsymbol{A}$ 称为二次型 f 的矩阵，也把 f 称为对称矩阵 $\boldsymbol{A}$ 的二次型.称对称矩阵 $\boldsymbol{A}$ 的秩为二次型 f 的秩.

对于二次型，讨论的主要问题是寻找可逆线性变换

$$
\begin{cases} x_1=c_{11}y_1+c_{12}y_2+\cdots+c_{1n}y_n \\ x_2=c_{21}y_1+c_{22}y_2+\cdots+c_{nn}y_n \\ \quad\cdots\cdots \\ x_n=c_{n1}y_1+c_{n2}y_2+\cdots+c_{nn}y_n \end{cases}
$$

其矩阵表示式为

$$
\boldsymbol{X}=\boldsymbol{C}\boldsymbol{Y} \tag{6-3-3}
$$

其中，$\boldsymbol{C}=(c_{ij})_{n\times n}\in\mathbf{P}^{n\times n}$，且 $\det\boldsymbol{C}\neq 0$，使二次型 f 为标准形，即把式(6-3-3)代入式(6-3-2)，使得

$$
f=d_1y_1^2+d_2y_2^2+\cdots+d_ny_n^2
$$

定义 6.3.2　设 $\boldsymbol{A},\boldsymbol{B}$ 为数域 $\mathbf{P}$ 上的 n 阶方阵，若有数域 $\mathbf{P}$ 上的 n 阶可逆矩阵 $\boldsymbol{C}$，使得

$$
\boldsymbol{C}^{\mathrm{T}}\boldsymbol{A}\boldsymbol{C}=\boldsymbol{B},
$$

则称矩阵 $\boldsymbol{A}$ 与 $\boldsymbol{B}$ 合同，记为 $\boldsymbol{A}\simeq\boldsymbol{B}$.

合同是矩阵之间的一种关系.容易验证，合同关系具有下述性质：

(1)反身性:$\boldsymbol{A}\simeq\boldsymbol{A}$.

(2)对称性:若 $\boldsymbol{A}\simeq\boldsymbol{B}$,则 $\boldsymbol{B}\simeq\boldsymbol{A}$.

(3)传递性:若 $\boldsymbol{A}\simeq\boldsymbol{B}$,$\boldsymbol{B}\simeq\boldsymbol{D}$,则 $\boldsymbol{A}\simeq\boldsymbol{D}$.

定理 6.3.1 若 n 阶方阵 $\boldsymbol{A}$ 与 $\boldsymbol{B}$ 合同,且 $\boldsymbol{A}$ 为对称矩阵,则 $\boldsymbol{B}$ 也为对称矩阵,且 $\mathrm{rank}\boldsymbol{B}=\mathrm{rank}\boldsymbol{A}$.

证明:$\boldsymbol{A}$ 与 $\boldsymbol{B}$ 合同,即存在 n 阶可逆矩阵 $\boldsymbol{C}$,使得

$$\boldsymbol{C}^{\mathrm{T}}\boldsymbol{A}\boldsymbol{C}=\boldsymbol{B},$$

又 $\boldsymbol{A}$ 为对称矩阵,即 $\boldsymbol{A}^{\mathrm{T}}=\boldsymbol{A}$,于是 $\boldsymbol{B}^{\mathrm{T}}=(\boldsymbol{C}^{\mathrm{T}}\boldsymbol{A}\boldsymbol{C})^{\mathrm{T}}=\boldsymbol{C}^{\mathrm{T}}\boldsymbol{A}^{\mathrm{T}}\boldsymbol{C}=\boldsymbol{C}^{\mathrm{T}}\boldsymbol{A}\boldsymbol{C}=\boldsymbol{B}$.

即 $\boldsymbol{B}$ 为对称矩阵.

若 $\boldsymbol{A}$ 与 $\boldsymbol{B}$ 合同,知 $\boldsymbol{A}$ 与 $\boldsymbol{B}$ 等价,故 $\mathrm{rank}\boldsymbol{B}=\mathrm{rank}\boldsymbol{A}$.

把可逆线性变换式(6-3-3)代入式(6-3-2)得

$$f=(\boldsymbol{C}\boldsymbol{Y})^{\mathrm{T}}\boldsymbol{A}(\boldsymbol{C}\boldsymbol{Y})=\boldsymbol{Y}^{\mathrm{T}}(\boldsymbol{C}^{\mathrm{T}}\boldsymbol{A}\boldsymbol{C})\boldsymbol{Y}=\boldsymbol{Y}^{\mathrm{T}}\boldsymbol{B}\boldsymbol{Y}$$

其中,$\boldsymbol{B}=\boldsymbol{C}^{\mathrm{T}}\boldsymbol{A}\boldsymbol{C}$.由于 $\boldsymbol{A}$ 是对称矩阵,由定理 6.3.1 知,$\boldsymbol{B}$ 也是对称矩阵,这表明可逆线性变换将二次型仍变为二次型,且变换前后二次型的矩阵是合同的.若 $\boldsymbol{B}$ 是对角阵,则 $\boldsymbol{Y}^{\mathrm{T}}\boldsymbol{B}\boldsymbol{Y}$ 就是标准形.因此,把二次型化为标准形的问题其实质是:对于对称矩阵 $\boldsymbol{A}$,寻找可逆矩阵 $\boldsymbol{C}$,使得 $\boldsymbol{C}^{\mathrm{T}}\boldsymbol{A}\boldsymbol{C}$ 为对角矩阵.

例 6.3.1 已知 $f(x_1,x_2,x_3)=\boldsymbol{x}^{\mathrm{T}}\boldsymbol{B}\boldsymbol{x}$,其中 $\boldsymbol{B}=\begin{bmatrix}1&3&5\\2&4&6\\7&8&5\end{bmatrix}$,$\boldsymbol{x}=\begin{bmatrix}x_1\\x_2\\x_3\end{bmatrix}$,问 $f(x_1,x_2,x_3)=\boldsymbol{x}^{\mathrm{T}}\boldsymbol{B}\boldsymbol{x}$ 是否是关于 x_1,x_2,x_3 的二次型?$\boldsymbol{B}$ 是否是二次型的矩阵?写出 f 的矩阵表达式.

解:f 是关于 x_1,x_2,x_3 的二次型,但 $\boldsymbol{B}$ 不是 f 的矩阵.求 f 的矩阵有以下两种方法.

方法一 由于

$$\begin{aligned}f(x_1,x_2,x_3)&=[x_1,x_2,x_3]\begin{bmatrix}1&3&5\\2&4&6\\7&8&5\end{bmatrix}\begin{bmatrix}x_1\\x_2\\x_3\end{bmatrix}\\&=x_1^2+4x_2^2+5x_3^2+5x_1x_2+12x_1x_3+14x_2x_3\end{aligned}$$

所以二次型 f 的矩阵

$$\boldsymbol{A}=\begin{bmatrix}1&\frac{5}{2}&6\\\frac{5}{2}&4&7\\6&7&5\end{bmatrix},$$

f 的矩阵表达式为

$$f(x_1,x_2,x_3)=\boldsymbol{x}^{\mathrm{T}}\boldsymbol{A}\boldsymbol{x}.$$

方法二 注意到 $\boldsymbol{x}^{\mathrm{T}}\boldsymbol{B}\boldsymbol{x}$ 是 1×1 矩阵,故其转置不变,因而有

$$\begin{aligned}f&=\boldsymbol{x}^{\mathrm{T}}\boldsymbol{B}\boldsymbol{x}=(\boldsymbol{x}^{\mathrm{T}}\boldsymbol{B}\boldsymbol{x})^{\mathrm{T}}=\frac{1}{2}[\boldsymbol{x}^{\mathrm{T}}\boldsymbol{B}\boldsymbol{x}+(x^{\mathrm{T}}\boldsymbol{B}\boldsymbol{x})^{\mathrm{T}}]\\&=\frac{1}{2}(\boldsymbol{x}^{\mathrm{T}}\boldsymbol{B}\boldsymbol{x}+\boldsymbol{x}^{\mathrm{T}}\boldsymbol{B}^{\mathrm{T}}\boldsymbol{x})=\frac{1}{2}\boldsymbol{x}^{\mathrm{T}}(\boldsymbol{B}+\boldsymbol{B}^{\mathrm{T}})\boldsymbol{x}=\boldsymbol{x}^{\mathrm{T}}\frac{\boldsymbol{B}+\boldsymbol{B}^{\mathrm{T}}}{2}\boldsymbol{x}\end{aligned}$$

此时$\frac{1}{2}(\boldsymbol{B}+\boldsymbol{B}^{\mathrm{T}})$是对称矩阵，故 f 的矩阵

$$\boldsymbol{A}=\frac{1}{2}(\boldsymbol{B}+\boldsymbol{B}^{\mathrm{T}})=\frac{1}{2}\begin{bmatrix}1&3&5\\2&4&6\\7&8&5\end{bmatrix}+\frac{1}{2}\begin{bmatrix}1&2&7\\3&4&8\\5&6&5\end{bmatrix}=\begin{bmatrix}1&\frac{5}{2}&6\\\frac{5}{2}&4&7\\6&7&5\end{bmatrix},$$

因此

$$f(x_1,x_2,x_3)=\boldsymbol{x}^{\mathrm{T}}\boldsymbol{A}\boldsymbol{x}.$$

6.3.2　矩阵合同的证明

6.3.2.1　判别两矩阵合同

判别法则一　用下述定义判别之.

定义 6.3.3　设 $\boldsymbol{A},\boldsymbol{B}$ 为两个 n 阶矩阵，如果存在 n 阶非奇异矩阵$\boldsymbol{C}$，使得 $\boldsymbol{C}^{\mathrm{T}}\boldsymbol{A}\boldsymbol{C}=\boldsymbol{B}$，则称矩阵 $\boldsymbol{A}$ 合同于矩阵 $\boldsymbol{B}$，或简称 $\boldsymbol{A}$ 与 $\boldsymbol{B}$ 合同，记为 $\boldsymbol{A}\simeq\boldsymbol{B}$.

运算 $\boldsymbol{C}^{\mathrm{T}}\boldsymbol{A}\boldsymbol{C}$ 称为对 $\boldsymbol{A}$ 进行合同变换，$\boldsymbol{C}$ 称为合同变换矩阵.

命题 6.3.1　任意一个秩为 r 的 n 阶实对称矩阵 $\boldsymbol{A}$ 均与对角矩阵

$$\begin{matrix}p\left\{\begin{matrix}\\ \\ \\ \\ \end{matrix}\right. q\left\{\begin{matrix}\\ \\ \\ \\ \end{matrix}\right.\end{matrix}\begin{bmatrix}1&&&&&&&\\&\ddots&&&&&&\\&&1&&&&&\\&&&-1&&&&\\&&&&\ddots&&&\\&&&&&-1&&\\&&&&&&0&\\&&&&&&&\ddots&\\&&&&&&&&0\end{bmatrix}\xlongequal{\text{记为}}\begin{bmatrix}\boldsymbol{E}_p&&\\&-\boldsymbol{E}_q&\\&&\boldsymbol{O}\end{bmatrix}$$

合同，其中 $p+q=r=$秩$(\boldsymbol{A})$，p 为正惯性指数，q 为负惯性指数，并称

$$\boldsymbol{\Lambda}=\begin{bmatrix}\boldsymbol{E}_p&&\\&-\boldsymbol{E}_q&\\&&\boldsymbol{O}\end{bmatrix}$$

为 $\boldsymbol{A}$ 的合同标准形.

判别法则二　二次型 $f(x_1,x_2,\cdots,x_n)=\boldsymbol{X}^{\mathrm{T}}\boldsymbol{A}\boldsymbol{X}$ 经过非退化的线性变(替)换 $\boldsymbol{X}=\boldsymbol{C}\boldsymbol{Y}$，其变换前后的矩阵，即 $\boldsymbol{A}$ 与 $\boldsymbol{C}^{\mathrm{T}}\boldsymbol{A}\boldsymbol{C}$ 是合同的.

定理 6.3.2　若二次型 $f(x_1,x_2,\cdots,x_n)$经非退化的线性变(替)换化为二次型 $g(y_1,y_2,\cdots,y_n)$，则变换前后二次型的矩阵 $\boldsymbol{A},\boldsymbol{B}$ 满足 $\boldsymbol{B}=\boldsymbol{C}^{\mathrm{T}}\boldsymbol{A}\boldsymbol{C}$，即 $\boldsymbol{A}$ 与 $\boldsymbol{B}$ 合同.

上述定理可用下图形象地表示为

$$
\begin{array}{ccc}
f(x_1,x_2,\cdots,x_n) & \xrightarrow[\text{非退化的线性变换}]{X=CY} & g(y_1,y_2,\cdots,y_n) \\
\updownarrow & & \updownarrow \\
A & \xrightarrow{\text{对}A\text{进行合同变换}} & C^{T}AC=B
\end{array}
$$

因而只要找到使二次型 $f(x_1,x_2,\cdots,x_n)$ 化为二次型 $g(y_1,y_2,\cdots,y_n)$ 的非退化的线性变换 $\boldsymbol{X}=\boldsymbol{CY}$，也就求出了对其对称矩阵 $\boldsymbol{A}$ 进行合同变换的合同变换矩阵 $\boldsymbol{C}$.合同变换矩阵 $\boldsymbol{C}$ 也可以用二次型的配方法求之.

判别法则三 用下述结论判别之.

命题 6.3.2 两 n 阶实对称矩阵合同，当且仅当它们有相同的秩及正(或负)惯性指数.

命题 6.3.3 两 n 阶实对称矩阵若相似，则合同，但合同者不一定相似.

在一般情况下，矩阵相似与合同的关系较难确定，即两相似矩阵未必合同，两合同矩阵未必相似.命题 6.3.3 是对特殊矩阵(实对称矩阵)来说的.

命题 6.3.4 两个同阶的正定矩阵必合同.

这是因为 n 阶实对称矩阵 $\boldsymbol{A}$ 正定$\Leftrightarrow$秩($\boldsymbol{A}$)$=n$，且其正惯性指数为 n.由命题 6.3.2 知，两个同阶的正定矩阵必合同.

命题 6.3.5 n 元实二次型 $f=X^{T}\boldsymbol{AX}$ 与 $g=\boldsymbol{X}^{T}\boldsymbol{BX}$ 有相同的规范形是矩阵 $\boldsymbol{A}$ 与 $\boldsymbol{B}$ 合同的充要条件.

6.3.2.2 判别两矩阵不合同

常用两矩阵合同的下述必要条件判别之.

命题 6.3.6 设 $\boldsymbol{A},\boldsymbol{B}$ 均为 n 阶实对称矩阵，若 $\boldsymbol{A},\boldsymbol{B}$ 合同，则

(1)秩($\boldsymbol{A}$)$=$秩($\boldsymbol{B}$)；(2) $\boldsymbol{A},\boldsymbol{B}$ 有相同的正惯性指数和负惯性指数；

(3)$\boldsymbol{A},\boldsymbol{B}$ 有相同的合同标准形；(4) $\boldsymbol{X}^{T}\boldsymbol{AX},\boldsymbol{X}^{T}\boldsymbol{BX}$ 有相同的规范形.

例 6.3.2 设 $\boldsymbol{A}$ 为 n 阶实对称矩阵，且 $\boldsymbol{A}$ 的行列式 $|\boldsymbol{A}|<0$.证明：存在 n 维列向量 $\boldsymbol{X}$，使得 $\boldsymbol{X}^{T}\boldsymbol{AX}<0$.

证明： 方法一 由于 $|\boldsymbol{A}|<0$，故 $\boldsymbol{A}$ 的秩 $r(\boldsymbol{A})=n$，且 $\boldsymbol{A}$ 的正惯性指数 $p<n$.后者可用反证法证明：假设 $p=n$，则 $\boldsymbol{A}$ 必可与 n 阶单位矩阵 $\boldsymbol{E}$ 合同，故存在 n 阶可逆矩阵 $\boldsymbol{C}$，使得有

$$\boldsymbol{C}^{T}\boldsymbol{A}^{T}\boldsymbol{C}=\boldsymbol{E},\text{即 }\boldsymbol{A}=(\boldsymbol{C}^{T})^{-1}\boldsymbol{E}\boldsymbol{C}^{-1}=(\boldsymbol{C}^{-1})^{T}\boldsymbol{C}^{-1},$$

从而有

$$|\boldsymbol{A}|=|(\boldsymbol{C}^{-1})^{T}|\cdot|\boldsymbol{C}^{-1}|=|\boldsymbol{C}^{-1}|^{2}>0,$$

与已知条件 $|\boldsymbol{A}|<0$ 矛盾.因此必有 $p<n$.

由 $|\boldsymbol{A}|<0$ 且 $p<n$ 知，n 元实二次型 $\boldsymbol{X}^{T}\boldsymbol{AX}$ 必可经可逆线性替换 $\boldsymbol{X}=\boldsymbol{PY}$ 化为规范形：

$$\begin{aligned}\boldsymbol{X}^{T}\boldsymbol{AX}&=(\boldsymbol{PY})^{T}\boldsymbol{A}(\boldsymbol{PY})=\boldsymbol{Y}^{T}\boldsymbol{P}^{T}\boldsymbol{APY}=\boldsymbol{Y}^{T}\boldsymbol{DY}\\&=y_1^2+y_2^2+\cdots+y_p^2-y_{p+1}^2-\cdots-y_n^2.\end{aligned}$$

其中

$$D = P^{\mathrm{T}} A P = \begin{bmatrix} 1 & & & & & \\ & \ddots & & & & \\ & & 1 & & & \\ & & & -1 & & \\ & & & & \ddots & \\ & & & & & -1 \end{bmatrix} (n-p \text{ 个} -1).$$

取 $Y^{(0)} = [0,0,\cdots,0,1,\cdots,0]^{\mathrm{T}} = \varepsilon_{p+1}$(即 Y 的第 $p+1$ 个分量为 1,其余分量全为 0),由 $X^{(0)} = PY^{(0)}$ 可求出 $X^{(0)}$,使得对应二次型的值为

$$X^{(0)\mathrm{T}} A X^{(0)} = Y^{(0)\mathrm{T}} D Y^{(0)} = -1 < 0.$$

方法二　由于 A 为 n 阶实对称矩阵,则必存在 n 阶正交矩阵 Q,使得有

$$Q^{\mathrm{T}} A Q = \begin{bmatrix} \lambda_1 & & & \\ & \lambda_2 & & \\ & & \ddots & \\ & & & \lambda_n \end{bmatrix},$$

其中,$\lambda_1,\lambda_2,\cdots,\lambda_n$ 为 A 的 n 个特征值.由 $|A| = \lambda_1\lambda_2\cdots\lambda_n$ 和已知条件 $|A|<0$ 有 $\lambda_1\lambda_2\cdots\lambda_n < 0 \Rightarrow \lambda_1,\lambda_2,\cdots,\lambda_n$ 至少存在一个 $\lambda_i<0$,不妨设 $\lambda_1<0$.

由 $Q^{\mathrm{T}} A Q = \begin{bmatrix} \lambda_1 & & & \\ & \lambda_2 & & \\ & & \ddots & \\ & & & \lambda_n \end{bmatrix}$ 知:对于 n 元实二次型 $X^{\mathrm{T}} A X$,存在正交线性替换 $X = QY$,使得

$$X^{\mathrm{T}} A X = (QY)^{\mathrm{T}} A (QY) = Y^{\mathrm{T}} (Q^{\mathrm{T}} A Q) Y = Y^{\mathrm{T}} \Lambda Y = \lambda_1 y_1^2 + \lambda_2 y_2^2 + \cdots + \lambda_n y_n^2,$$

其中 $\lambda_1<0$.

取 $Y^{(0)} = [1,0,\cdots,0]^{\mathrm{T}}$,则由 $X = QY$ 可求出 $X^{(0)} = QY^{(0)}$,于是有

$$X^{(0)\mathrm{T}} A X^{(0)} = Y^{(0)\mathrm{T}} \Lambda Y^{(0)} = \lambda_1 < 0.$$

判别两个矩阵不合同,只需判定其不符合命题 6.3.6 中的一个条件即可.

6.4　实二次型的正交替换

6.4.1　利用正交变换法将二次型化为标准型

设有实二次型 $f(x_1,x_2,\cdots,x_n)$,其矩阵为 A,即 $f = X^{\mathrm{T}} A X$.由于 A 是实对称矩阵,必存在正交矩阵 Q 使

$$Q^{-1} A Q = Q^{\mathrm{T}} A Q = \Lambda = \mathrm{diag}(\lambda_1,\lambda_2,\cdots,\lambda_n),$$

其中,对角矩阵 Λ 的主对角线上的元素 $\lambda_1,\lambda_2,\cdots,\lambda_n$ 是 A 的全部特征值.

再作正交变换 $\boldsymbol{X}=\boldsymbol{Q}\boldsymbol{Y}$，则

$$f=\boldsymbol{X}^{\mathrm{T}}\boldsymbol{A}\boldsymbol{X}=(\boldsymbol{Q}\boldsymbol{Y})^{\mathrm{T}}\boldsymbol{A}(\boldsymbol{Q}\boldsymbol{Y})=\boldsymbol{Y}^{\mathrm{T}}(\boldsymbol{Q}^{\mathrm{T}}\boldsymbol{A}\boldsymbol{Q})\boldsymbol{Y}=\boldsymbol{Y}^{\mathrm{T}}\boldsymbol{\Lambda}\boldsymbol{Y}=\lambda_1 y_1^2+\lambda_2 y_2^2+\cdots+\lambda_n y_n^2,$$

其中，$\lambda_1,\lambda_2,\cdots,\lambda_n$ 为 $\boldsymbol{A}$ 的全部特征值，即为所求的标准形.

定理 6.4.1 任给实二次型 $f=\sum_{i=1}^{n}\sum_{j=1}^{n}a_{ij}\boldsymbol{X}_i\boldsymbol{X}_j\ (a_{ij}=a_{ji})$，总有正交变换 $\boldsymbol{X}=\boldsymbol{Q}\boldsymbol{Y}$，将 f 化为标准形：

$$f=\lambda_1 y_1^2+\lambda_2 y_2^2+\cdots+\lambda_n y_n^2,$$

其中，$\lambda_1,\lambda_2,\cdots,\lambda_n$ 为 f 的矩阵 $\boldsymbol{A}=[a_{ij}]$ 的特征值.

证明：因 $\boldsymbol{A}$ 是实对称矩阵，故存在正交阵 $\boldsymbol{Q}$，使得

$$\boldsymbol{Q}^{\mathrm{T}}\boldsymbol{A}\boldsymbol{Q}=\begin{bmatrix}\lambda_1 & & & \\ & \lambda_2 & & \\ & & \ddots & \\ & & & \lambda_n\end{bmatrix}$$

其中，$\lambda_1,\lambda_2,\cdots,\lambda_n$ 是 $\boldsymbol{A}$ 的 n 个特征值，作正交变换 $\boldsymbol{X}=\boldsymbol{Q}\boldsymbol{Y}$，则实二次型

$$\begin{aligned}f(x_1,x_2,\cdots,x_n)=\boldsymbol{X}^{\mathrm{T}}\boldsymbol{A}\boldsymbol{X}&=(\boldsymbol{Q}\boldsymbol{Y})^{\mathrm{T}}\boldsymbol{A}(\boldsymbol{Q}\boldsymbol{Y})=\boldsymbol{Y}^{\mathrm{T}}(\boldsymbol{Q}^{\mathrm{T}}\boldsymbol{A}\boldsymbol{Q})Y\\&=\lambda_1 y_1^2+\lambda_2 y_2^2+\cdots+\lambda_n y_n^2\\&=\begin{bmatrix}\lambda_1 & \lambda_2 & \cdots & \lambda_n\end{bmatrix}\begin{bmatrix}k_1 & & & \\ & k_2 & & \\ & & \ddots & \\ & & & k_n\end{bmatrix}\begin{bmatrix}y_1\\ y_2\\ \vdots\\ y\end{bmatrix}.\end{aligned}$$

利用该定理化二次型为标准形的方法称为正交变换法（或主轴化方法），该方法的关键是对实对称矩阵 $\boldsymbol{A}$，找出正交变换阵 $\boldsymbol{Q}$，使 $\boldsymbol{A}$ 与对角矩阵 $\begin{bmatrix}\lambda_1 & & & \\ & \lambda_2 & & \\ & & \ddots & \\ & & & \lambda_n\end{bmatrix}$ 合同，即

$$\boldsymbol{Q}^{\mathrm{T}}\boldsymbol{A}\boldsymbol{Q}=\boldsymbol{Q}^{-1}\boldsymbol{A}\boldsymbol{Q}=\begin{bmatrix}\lambda_1 & & & \\ & \lambda_2 & & \\ & & \ddots & \\ & & & \lambda_n\end{bmatrix}.$$

正交变换 $\boldsymbol{X}=\boldsymbol{Q}\boldsymbol{Y}$ 化成的标准型，其平方项系数恰为 $\boldsymbol{A}$ 的 n 个特征值，其中有 $n-r(\boldsymbol{A})$ 个特征值为 0.当 $r(\boldsymbol{A})=n$ 时，无零特征值.

用正交变换化二次型为标准形的步骤如下：

(1)将二次型表示成矩阵形式 $f=\boldsymbol{X}^{\mathrm{T}}\boldsymbol{A}\boldsymbol{X}$，求出它的二次型矩阵 $\boldsymbol{A}$.

(2)求出矩阵 $\boldsymbol{A}$ 的所有特征值 $\lambda_1,\lambda_2,\cdots,\lambda_n$.

(3)对每个 $\lambda_i(i=1,2,\cdots,t)$，求出 $(\boldsymbol{A}-\lambda_i\boldsymbol{E})\boldsymbol{X}=0$ 的一个基础解系 $\boldsymbol{\alpha}_{i1},\boldsymbol{\alpha}_{i2},\cdots,\boldsymbol{\alpha}_{is_i}$.

(4)将 $\boldsymbol{\alpha}_{i1},\boldsymbol{\alpha}_{i2},\cdots,\boldsymbol{\alpha}_{is_i}$ 正交化、单位化、得 $\boldsymbol{\eta}_{i1},\boldsymbol{\eta}_{i2},\cdots,\boldsymbol{\eta}_{is_i}$，它们是正交单位向量组，且是 $\boldsymbol{A}$ 的属于 λ_i 的线性无关的特征向量.

(5)以 $\boldsymbol{\eta}_{11},\boldsymbol{\eta}_{12},\cdots,\boldsymbol{\eta}_{1s_1};\boldsymbol{\eta}_{21},\boldsymbol{\eta}_{22},\cdots,\boldsymbol{\eta}_{2s_2},\cdots;\boldsymbol{\eta}_{t1}\,\boldsymbol{\eta}_{t2},\cdots,\boldsymbol{\eta}_{ts_t}$ 为列向量，作正交矩阵 $\boldsymbol{Q}=$

$[\boldsymbol{\eta}_{11},\boldsymbol{\eta}_{12},\cdots,\boldsymbol{\eta}_{1s_1},\cdots,\boldsymbol{\eta}_{t1}\boldsymbol{\eta}_{t2},\cdots,\boldsymbol{\eta}_{ts_t}]$，则 $\boldsymbol{Q}$ 为所求的正交变换矩阵.

(6)做正交变换 $\boldsymbol{X}=\boldsymbol{QY}$，得到二次型 f 的标准型

$$f=\lambda_1 y_1^2+\lambda_2 y_2^2+\cdots+\lambda_n y_n^2,$$

即 $\boldsymbol{Q}^{-1}\boldsymbol{AQ}=\mathrm{diag}(\lambda_1,\lambda_2,\cdots,\lambda_n)$ 为对角矩阵.

6.4.2　利用配方法将二次型化为标准型

将二次型利用可逆线性变换消去其中的交叉乘积项 $x_ix_j(i\neq j)$，进而将其化为标准型的方法叫作拉格朗日配方法，简称配方法.拉格朗日配方法的基本步骤是：

(1)若二次型中含有 x_i 的平方项，则先把含有 x_i 的乘积项集中，然后配方，再对其余变量施行同样的配方过程直到所有的变量都变成平方项为止，经过可逆变换就将原二次型化成了标准型.

(2)若二次型中不含有 x_i 的平方项，但是 $a_{ij}\neq 0(i\neq j)$，先作可逆线性变换

$$\begin{cases}x_i=y_i-y_j\\ x_j=y_i+y_j\quad(k=1,2,\cdots,n\text{ 且 }k\neq i,j),\\ x_k=y_k\end{cases}$$

将原二次型化为含有平方项的二次型，再按(1)中的方法进行配方.

6.4.3　利用初等变换法将二次型化为标准型

对于实二次型还可用正交变换法将其化为标准形.将实二次型用正交变换化为标准型(或实对称矩阵用正交矩阵化为对角矩阵)的步骤如下：

(1)写出二次型的矩阵 $\boldsymbol{A}$ ($\boldsymbol{A}$ 为实对称矩阵).

(2)求出 $\boldsymbol{A}$ 的特征值和对应的线性无关特征向量.

(3)将重特征值所对应的线性无关的特征向量组先正交化，后单位化.

一般分两种情况讨论.

①因实对称矩阵不同特征值对应的特征向量相互正交，故单重特征值所对应的特征向量两两正交，只需将其单位化.

②$k(k>1)$重特征值所对应的 k 个线性无关的特征向量 $\boldsymbol{\alpha}_1,\boldsymbol{\alpha}_2,\cdots,\boldsymbol{\alpha}_k$ 如不正交，应先用施密特正交化的方法将其正交化，方法如下.

令

$$\begin{cases}\boldsymbol{\beta}_1=\boldsymbol{\alpha}_1\\ \boldsymbol{\beta}_2=\boldsymbol{\alpha}_2-\dfrac{[\boldsymbol{\alpha}_2,\boldsymbol{\beta}_1]}{[\boldsymbol{\beta}_1,\boldsymbol{\beta}_1]}\boldsymbol{\beta}_1\\ \boldsymbol{\beta}_3=\boldsymbol{\alpha}_3-\dfrac{[\boldsymbol{\alpha}_3,\boldsymbol{\beta}_1]}{[\boldsymbol{\beta}_1,\boldsymbol{\beta}_1]}\boldsymbol{\beta}_1-\dfrac{[\boldsymbol{\alpha}_3,\boldsymbol{\beta}_2]}{[\boldsymbol{\beta}_2,\boldsymbol{\beta}_2]}\boldsymbol{\beta}_2\\ \quad\vdots\\ \boldsymbol{\beta}_k=\boldsymbol{\alpha}_k-\dfrac{[\boldsymbol{\alpha}_k,\boldsymbol{\beta}_1]}{[\boldsymbol{\beta}_1,\boldsymbol{\beta}_1]}\boldsymbol{\beta}_1-\dfrac{[\boldsymbol{\alpha}_k,\boldsymbol{\beta}_2]}{[\boldsymbol{\beta}_2,\boldsymbol{\beta}_2]}\boldsymbol{\beta}_2-\cdots-\dfrac{[\boldsymbol{\alpha}_k,\boldsymbol{\beta}_{k-1}]}{[\boldsymbol{\beta}_{k-1},\boldsymbol{\beta}_{k-1}]}\boldsymbol{\beta}_{k-1}\end{cases}$$

易验证 $\boldsymbol{\beta}_1,\boldsymbol{\beta}_2,\cdots,\boldsymbol{\beta}_k$ 两两正交.然后再将 $\boldsymbol{\beta}_1,\boldsymbol{\beta}_2,\cdots,\boldsymbol{\beta}_k$ 单位化,得

$$\boldsymbol{\eta}_1=\frac{\boldsymbol{\beta}_1}{\|\boldsymbol{\beta}_1\|},\boldsymbol{\eta}_2=\frac{\boldsymbol{\beta}_2}{\|\boldsymbol{\beta}_2\|},\cdots,\boldsymbol{\eta}_k=\frac{\boldsymbol{\beta}_k}{\|\boldsymbol{\beta}_k\|},$$

即两两正交的 k 个单位特征向量为 $\boldsymbol{\eta}_1,\boldsymbol{\eta}_2,\cdots,\boldsymbol{\eta}_k$.

(4)以相互正交的单位特征向量为列向量,作出正交矩阵 $\boldsymbol{Q}$ 和正交变换(正交变换就是其变换矩阵为正交矩阵的满秩线性变换).

(5)写出二次型的标准型,标准型中平方项的系数(或对角矩阵的主对角元素)为矩阵 $\boldsymbol{A}$ 的特征值.

值得注意的是,用正交变换 $\boldsymbol{X}=\boldsymbol{QY}$ 与用非退化的线性替换 $\boldsymbol{X}=\boldsymbol{CY}$ 化二次型 f 为标准型,所得结果是完全不同的.

例 6.4.1 设矩阵 $\boldsymbol{A}=\begin{bmatrix}0&1&0&0\\1&0&0&0\\0&0&y&1\\0&0&1&2\end{bmatrix}$.

(1)已知 $\boldsymbol{A}$ 的一个特征值为 3,求 y.

(2)求矩阵 $\boldsymbol{P}$,使 $(\boldsymbol{AP})^{\mathrm{T}}(\boldsymbol{AP})$ 为对角矩阵.

解: 方法一 (1)因 $|\lambda\boldsymbol{E}-\boldsymbol{A}|=(\lambda^2-1)[\lambda^2-(y+2)\lambda+2y-1]$,将 $\lambda=3$ 代入得 $|3\boldsymbol{E}-\boldsymbol{A}|=0$,解得 $y=2$.于是

$$\boldsymbol{A}=\begin{bmatrix}0&1&0&0\\1&0&0&0\\0&0&2&1\\0&0&1&2\end{bmatrix},\boldsymbol{A}^2=\begin{bmatrix}1&0&0&0\\0&1&0&0\\0&0&5&4\\0&0&4&5\end{bmatrix}.$$

(2)因 $\boldsymbol{A}^{\mathrm{T}}=\boldsymbol{A}$,故 $(\boldsymbol{AP})^{\mathrm{T}}(\boldsymbol{AP})=\boldsymbol{P}^{\mathrm{T}}(\boldsymbol{A}^{\mathrm{T}}\boldsymbol{A})\boldsymbol{P}=\boldsymbol{P}^{\mathrm{T}}\boldsymbol{A}^2\boldsymbol{P}$,考虑二次型

$$\begin{aligned}\boldsymbol{X}^{\mathrm{T}}\boldsymbol{A}^2\boldsymbol{X}&=x_1^2+x_2^2+5x_3^2+5x_4^2+8x_3x_4\\&=x_1^2+x_2^2+5\left[x_3+\frac{4}{5}x_4\right]^2+\frac{9}{5}x_4^2.\end{aligned}$$

令 $\begin{cases}y_1=x_1\\y_2=x_2\\y_3=x_3+\dfrac{4}{5}x_4\\y_4=x_4\end{cases}$,即 $\begin{cases}x_1=y_1\\x_2=x_2\\x_3=y_3-\dfrac{4}{5}y_4\\x_4=y_4\end{cases}$.

取 $\boldsymbol{P}=\begin{bmatrix}1&0&0&0\\0&1&0&0\\0&0&1&-\dfrac{4}{5}\\0&0&0&1\end{bmatrix}$,则 $\boldsymbol{X}=\boldsymbol{PY}$,使

$$\boldsymbol{X}^{\mathrm{T}}\boldsymbol{A}^2\boldsymbol{X}=\boldsymbol{Y}^{\mathrm{T}}(\boldsymbol{P}^{\mathrm{T}}\boldsymbol{A}^2\boldsymbol{P})\boldsymbol{Y}=y_1^2+y_2^2+5y_3^2+\frac{9}{5}y_4^2.$$

从而矩阵 $\boldsymbol{P}$ 化 $(\boldsymbol{AP})^{\mathrm{T}}(\boldsymbol{AP})$ 为对角矩阵:

$$(\boldsymbol{AP})^{\mathrm{T}}(\boldsymbol{AP})=\boldsymbol{P}^{\mathrm{T}}\boldsymbol{A}^2\boldsymbol{P}=\mathrm{diag}\begin{bmatrix}1 & 1 & 5 & \dfrac{9}{5}\end{bmatrix}.$$

方法二　因 $\boldsymbol{A}^2$ 为实对称矩阵，可先求同 $\boldsymbol{A}^2$ 的特征值 $\lambda_1=1$(3 重特征值)，$\lambda_2=9$，再分别求出属于它们的特征向量，最后将它们正交化、单位化，得到

$$\boldsymbol{\eta}_1=[1\quad 0\quad 0\quad 0]^{\mathrm{T}},\boldsymbol{\eta}_2=[0\quad 1\quad 0\quad 0]^{\mathrm{T}},\boldsymbol{\eta}_3=\begin{bmatrix}0 & 0 & -\dfrac{1}{\sqrt{2}} & \dfrac{1}{\sqrt{2}}\end{bmatrix}^{\mathrm{T}},\boldsymbol{\eta}_4=\begin{bmatrix}0 & 0 & \dfrac{1}{\sqrt{2}} & \dfrac{1}{\sqrt{2}}\end{bmatrix}^{\mathrm{T}}.$$

令 $\boldsymbol{P}=[\boldsymbol{\eta}_1\quad \boldsymbol{\eta}_2\quad \boldsymbol{\eta}_3\quad \boldsymbol{\eta}_4]$，则因 $\boldsymbol{P}$ 为正交矩阵 $\boldsymbol{P}^{-1}=\boldsymbol{P}^{\mathrm{T}}$，有

$$\boldsymbol{P}^{-1}\boldsymbol{A}^2\boldsymbol{P}=\boldsymbol{P}^{\mathrm{T}}\boldsymbol{A}^2\boldsymbol{P}=\mathrm{diag}[1\quad 1\quad 1\quad 9].$$

点评:比较方法一与方法二可知，方法一比较简便，方法二是常规解法，因此不能忽视配方法的应用.

例 6.4.2　用非退化线性替换，化下面实二次型为标准形，并写出非退化线性替换.

$$f(x_1,x_2,x_3)=2x_1^2+4x_1x_2-4x_1x_3+5x_2^2-8x_2x_3+5x_3^2.$$

解:方法一　配方法.

$$f(x_1,x_2,x_3)=2[x_1^2+2x_1(x_2-x_3)+(x_2-x_3)^2]+3\left[x_2^2-2\times\frac{2}{3}x_2x_3+\left(\frac{2}{3}x_3\right)^2\right]+\frac{5}{3}x_3^2$$

$$=2(x_1+x_2-x_3)^2+3\left(x_2-\frac{2}{3}x_3\right)^2+\frac{5}{3}x_3^2.$$

令

$$\begin{cases}y_1=x_1+x_2+x_3\\ y_2=x_2-\dfrac{2}{3}x_3\\ y_3=x_3\end{cases},$$

则

$$f(x_1,x_2,x_3)=2y_1^2+3y_2^2+\frac{5}{3}y_3^2.$$

替换矩阵

$$\boldsymbol{C}=\begin{bmatrix}1 & -1 & \dfrac{1}{3}\\ 0 & 1 & \dfrac{2}{3}\\ 0 & 0 & 1\end{bmatrix}.$$

由于 $|\boldsymbol{C}|\neq 0$，因此所作的线性替换是非退化的.

方法二　初等变换法.

$f(x_1,x_2,x_3)$ 的矩阵为 $\begin{bmatrix}2 & 2 & -2\\ 2 & 5 & -4\\ -2 & -4 & 5\end{bmatrix}$，作初等变换

$$\begin{bmatrix}2 & 2 & -2 & 1 & 0 & 0\\ 2 & 5 & -4 & 0 & 1 & 0\\ -2 & -4 & 5 & 0 & 0 & 1\end{bmatrix}\longrightarrow\begin{bmatrix}2 & 0 & 0 & 1 & 0 & 0\\ 0 & 3 & -2 & -1 & 1 & 0\\ 0 & -2 & 5 & 1 & 0 & 1\end{bmatrix}\longrightarrow\begin{bmatrix}2 & 0 & 0 & 1 & 0 & 0\\ 0 & 3 & 0 & -1 & 1 & 0\\ 0 & 0 & \dfrac{5}{3} & \dfrac{1}{3} & \dfrac{2}{3} & 1\end{bmatrix},$$

因此

$$\boldsymbol{C}=\begin{bmatrix}1 & -1 & \frac{1}{3}\\ 0 & 1 & \frac{2}{3}\\ 0 & 0 & 1\end{bmatrix},$$

即经非退化线性替换 $\boldsymbol{X}=\boldsymbol{CY}$ 有

$$f(x_1,x_2,x_3)=2y_1^2+3y_2^2+\frac{5}{3}y_3^2.$$

方法三　正交替换法.

由方程

$$|\lambda\boldsymbol{E}-\boldsymbol{A}|=\begin{vmatrix}\lambda-2 & -2 & 2\\ -2 & \lambda-5 & 4\\ 2 & 4 & \lambda-5\end{vmatrix}=(\lambda-1)^2(\lambda-10)=0$$

得 $\boldsymbol{A}$ 的特征值为1(二重)与10.

(1)对于 $\lambda=1$,求解齐次线性方程组 $(\boldsymbol{E}-\boldsymbol{A})\boldsymbol{X}=0$,得到两个线性无关的特征向量:

$$\boldsymbol{\alpha}_1=[-2\quad 1\quad 0]^{\mathrm{T}},\boldsymbol{\alpha}_2=[2\quad 0\quad 1]^{\mathrm{T}}.$$

先正交化:$\boldsymbol{\beta}_1=\boldsymbol{\alpha}_1=[-2\quad 1\quad 0]$,

$$\boldsymbol{\beta}_2=\boldsymbol{\alpha}_2-\frac{[\boldsymbol{\alpha}_2,\boldsymbol{\beta}_1]}{[\boldsymbol{\beta}_1,\boldsymbol{\beta}_1]}\boldsymbol{\beta}_1=[2\quad 0\quad 1]^{\mathrm{T}}+\frac{4}{5}[-2\quad 1\quad 0]^{\mathrm{T}}=\begin{bmatrix}\frac{2}{5} & \frac{4}{5} & 1\end{bmatrix}^{\mathrm{T}},$$

再单位化:

$$\boldsymbol{\eta}_1=\frac{1}{\|\boldsymbol{\beta}_1\|}\boldsymbol{\beta}_1=\begin{bmatrix}-\frac{2}{\sqrt{5}} & \frac{4}{\sqrt{5}} & 0\end{bmatrix}^{\mathrm{T}},\boldsymbol{\eta}_2=\frac{1}{\|\boldsymbol{\beta}_2\|}\boldsymbol{\beta}_2=\begin{bmatrix}\frac{2}{3\sqrt{5}} & \frac{4}{3\sqrt{5}} & \frac{5}{3\sqrt{5}}\end{bmatrix}^{\mathrm{T}}.$$

(2)对于 $\lambda=10$,求解齐次线性方程组 $(10\boldsymbol{E}-\boldsymbol{A})\boldsymbol{X}=0$,得一特征向量

$$\boldsymbol{\alpha}_3=[1\quad 2\quad -2]^{\mathrm{T}}\text{ 且 }\boldsymbol{\eta}_3=\frac{1}{\|\boldsymbol{\alpha}_3\|}\boldsymbol{\alpha}_3=\begin{bmatrix}\frac{1}{3} & \frac{2}{3} & -\frac{2}{3}\end{bmatrix}^{\mathrm{T}}.$$

令 $\boldsymbol{P}=\begin{bmatrix}-\frac{2}{\sqrt{5}} & \frac{2}{3\sqrt{5}} & \frac{1}{3}\\ \frac{1}{\sqrt{5}} & \frac{4}{3\sqrt{5}} & \frac{2}{3}\\ 0 & \frac{5}{3\sqrt{5}} & -\frac{2}{3}\end{bmatrix}$,则有 $\boldsymbol{P}^{\mathrm{T}}\boldsymbol{AP}=\begin{bmatrix}1 & 0 & 0\\ 0 & 1 & 0\\ 0 & 0 & 10\end{bmatrix}$,即经正交线性替换 $\boldsymbol{X}=\boldsymbol{PY}$ 得

$$f(x_1,x_2,x_3)=y_1^2+y_2^2+10y_3^2.$$

用非退化线性替换化二次型为标准形除以上常用的三种方法外还有偏导数法和雅可比法.下面主要介绍偏导数法.

二次型化标准形的偏导数方法与配方法实质上是相同的,但不需要凭观察去配方,而是按下列固定程序进行.

(1)设 $f(x_1,x_2,\cdots,x_n)=\sum\limits_{i=1}^{n}\sum\limits_{j=1}^{n}a_{ij}x_ix_j$,若 $a_{11}\neq 0$,求出 $f_1=\frac{1}{2}\frac{\partial f}{\partial x_1}$,则 $f=\frac{1}{a_{11}}(f_1)^2+Q$,

其中 Q 已不含变量 x_1，继续对 Q 进行类似计算，直至都配成平方项为止.

(2) 设 $f(x_1,x_2,\cdots,x_n)=\sum_{i=1}^{n}\sum_{j=1}^{n}a_{ij}x_ix_j$ 中 $a_{ii}=0,i=1,2,\cdots,n$，而 $a_{12}\neq 0$，求出

$$f_1=\frac{1}{2}\frac{\partial f}{\partial x_1},f_2=\frac{1}{2}\frac{\partial f}{\partial x_2},$$

则 $f=\frac{1}{2a_{12}}[(f_1+f_2)^2-(f_1-f_2)^2]+Q$，其中 Q 已不含 x_1,x_2，对 Q 继续进行上述计算.若 Q 中含有平方项.则可按(1)中方法进行.

6.5　正定二次型

定义 6.5.1　对任意 $\boldsymbol{X}\neq 0$，恒有 $f=\boldsymbol{X}^{\mathrm{T}}\boldsymbol{A}\boldsymbol{X}>0$，则称 f(或实对称矩阵 $\boldsymbol{A}$)是正定二次型(正定矩阵).

由上述定义即得证法一.

证法一　根据正定二次型定义证之.

当证明若干个矩阵之和或积为正定矩阵时，常用定义证之.

特别当所证矩阵含互为转置的两因子矩阵时，常作非退化线性替换，由正定二次型的定义证其为正定矩阵.

例 6.5.1　设 $\boldsymbol{A}$ 为 m 阶实对称矩阵且正定，$\boldsymbol{B}$ 为 $m\times n$ 实矩阵，$\boldsymbol{B}^{\mathrm{T}}$ 为 $\boldsymbol{B}$ 的转置矩阵.试证 $\boldsymbol{B}^{\mathrm{T}}\boldsymbol{A}\boldsymbol{B}$ 为正定矩阵的充要条件是 $\boldsymbol{B}$ 的 $r(\boldsymbol{B})=n$.

证明：

方法一：必要性.因 $\boldsymbol{B}^{\mathrm{T}}\boldsymbol{A}\boldsymbol{B}$ 为正定矩阵，所以对任意 n 维实向量 $\boldsymbol{X}\neq 0$，有 $\boldsymbol{X}^{\mathrm{T}}(\boldsymbol{B}^{\mathrm{T}}\boldsymbol{A}\boldsymbol{B})\boldsymbol{X}=(\boldsymbol{B}\boldsymbol{X})^{\mathrm{T}}\boldsymbol{A}(\boldsymbol{B}\boldsymbol{X})>0$，故 $\boldsymbol{B}\boldsymbol{X}\neq 0$，即齐次线性方程组 $\boldsymbol{B}\boldsymbol{X}=0$ 只有零解，因此 $r(\boldsymbol{B})=n$.

充分性.由 $\boldsymbol{A}^{\mathrm{T}}=\boldsymbol{A}$，得 $(\boldsymbol{B}^{\mathrm{T}}\boldsymbol{A}\boldsymbol{B})^{\mathrm{T}}=\boldsymbol{B}^{\mathrm{T}}\boldsymbol{A}\boldsymbol{B}$，故 $\boldsymbol{B}^{\mathrm{T}}\boldsymbol{A}\boldsymbol{B}$ 为实对称矩阵.因为 $r(\boldsymbol{B})=n$，所以 $\boldsymbol{B}\boldsymbol{X}=0$ 只有零解，于是对任意 n 维实向量 $\boldsymbol{X}\neq 0$，都有 $\boldsymbol{B}\boldsymbol{X}\neq 0$.又 $\boldsymbol{A}$ 为正定矩阵，故

$$(\boldsymbol{B}\boldsymbol{X})^{\mathrm{T}}\boldsymbol{A}(\boldsymbol{B}\boldsymbol{X})=\boldsymbol{X}^{\mathrm{T}}\boldsymbol{B}^{\mathrm{T}}\boldsymbol{A}\boldsymbol{B}\boldsymbol{X}>0.$$

根据定义知，$\boldsymbol{B}^{\mathrm{T}}\boldsymbol{A}\boldsymbol{B}$ 是正定矩阵.

方法二：必要性.因为 $\boldsymbol{B}^{\mathrm{T}}\boldsymbol{A}\boldsymbol{B}$ 是 n 阶正定矩阵，所以 $r(\boldsymbol{B}^{\mathrm{T}}\boldsymbol{A}\boldsymbol{B})=n$.因

$$n=r(\boldsymbol{B}^{\mathrm{T}}\boldsymbol{A}\boldsymbol{B})\leqslant r(\boldsymbol{B})\leqslant n,$$

故 $r(\boldsymbol{B})=n$.

再证充分性.由 $\boldsymbol{A}^{\mathrm{T}}=\boldsymbol{A}$，得 $(\boldsymbol{B}^{\mathrm{T}}\boldsymbol{A}\boldsymbol{B})^{\mathrm{T}}=\boldsymbol{B}^{\mathrm{T}}\boldsymbol{A}\boldsymbol{B}$，故 $\boldsymbol{B}^{\mathrm{T}}\boldsymbol{A}\boldsymbol{B}$ 是实对称矩阵.因为 $\boldsymbol{A}$ 是正定矩阵，所以存在可逆矩阵 $\boldsymbol{P}$，使 $\boldsymbol{A}=\boldsymbol{P}^{\mathrm{T}}\boldsymbol{P}$，于是

$$\boldsymbol{B}^{\mathrm{T}}\boldsymbol{A}\boldsymbol{B}=\boldsymbol{B}^{\mathrm{T}}\boldsymbol{P}^{\mathrm{T}}\boldsymbol{P}\boldsymbol{B}=(\boldsymbol{P}\boldsymbol{B})^{\mathrm{T}}(\boldsymbol{P}\boldsymbol{B}).$$

由 $\boldsymbol{P}$ 可逆及 $r(\boldsymbol{B})=n$，可知 $r(\boldsymbol{P}\boldsymbol{B})=r(\boldsymbol{B})=n$，故齐次线性方程组 $(\boldsymbol{P}\boldsymbol{B})\boldsymbol{X}=0$ 只有零解.因此对任意的 $\boldsymbol{n}$ 维实向量 $\boldsymbol{X}\neq 0$，有 $(\boldsymbol{P}\boldsymbol{B})\boldsymbol{X}\neq 0$.于是

$$\boldsymbol{X}^{\mathrm{T}}(\boldsymbol{B}^{\mathrm{T}}\boldsymbol{A}\boldsymbol{B})\boldsymbol{X}=[(\boldsymbol{P}\boldsymbol{B})\boldsymbol{X}]^{\mathrm{T}}[(\boldsymbol{P}\boldsymbol{B})\boldsymbol{X}]>0,$$

即 $\boldsymbol{B}^{\mathrm{T}}\boldsymbol{AB}$ 是正定矩阵.

点评:本题的充分性证明也可以利用特征值的定义,即

设 λ 为矩阵 $\boldsymbol{B}^{\mathrm{T}}\boldsymbol{AB}$ 的任意一个特征值,$\boldsymbol{\alpha}$ 是 $\boldsymbol{B}^{\mathrm{T}}\boldsymbol{AB}$ 的属于特征值 λ 的特征向量,即有

$$(\boldsymbol{B}^{\mathrm{T}}\boldsymbol{AB})\boldsymbol{\alpha}=\lambda\boldsymbol{\alpha}.$$

用 $\boldsymbol{\alpha}^{\mathrm{T}}$ 左乘上式两边,得到

$$\boldsymbol{\alpha}^{\mathrm{T}}(\boldsymbol{B}^{\mathrm{T}}\boldsymbol{AB})\boldsymbol{\alpha}=\boldsymbol{\alpha}^{\mathrm{T}}(\lambda\boldsymbol{\alpha}),\text{即}(\boldsymbol{B\alpha})^{\mathrm{T}}\boldsymbol{A}(\boldsymbol{B\alpha})=\lambda\boldsymbol{\alpha}^{\mathrm{T}}\boldsymbol{\alpha}.$$

由于 $r(\boldsymbol{B})=n$,又 $\boldsymbol{\alpha}$ 为特征向量,故 $\boldsymbol{\alpha}\neq\boldsymbol{0}$,从而 $\boldsymbol{B\alpha}\neq\boldsymbol{0}$,且 $\boldsymbol{\alpha}^{\mathrm{T}}\boldsymbol{\alpha}>0$.又 $\boldsymbol{A}$ 为 m 阶正定矩阵,因此对于 m 维非零列向量 $\boldsymbol{B\alpha}$,必有

$$\lambda\boldsymbol{\alpha}^{\mathrm{T}}\boldsymbol{\alpha}=(\boldsymbol{B\alpha})^{\mathrm{T}}A(\boldsymbol{B\alpha})>0\Rightarrow\lambda>0,$$

即 $\boldsymbol{B}^{\mathrm{T}}\boldsymbol{AB}$ 的任意特征值 $\lambda>0$,从而 $\boldsymbol{B}^{\mathrm{T}}\boldsymbol{AB}$ 为正定矩阵.

命题 6.5.1 实二次型 $f=\boldsymbol{X}^{\mathrm{T}}\boldsymbol{AX}$ 为正定的充要条件是实对称矩阵 $\boldsymbol{A}$ 的各阶主子式都为正,即

$$a_{11}>0,\begin{vmatrix}a_{11}&a_{12}\\a_{21}&a_{22}\end{vmatrix}>0,\cdots,\begin{vmatrix}a_{11}&a_{12}&\cdots&a_{1n}\\a_{21}&a_{22}&\cdots&a_{2n}\\\vdots&\vdots&\ddots&\vdots\\a_{n1}&a_{n2}&\cdots&a_{nn}\end{vmatrix}>0.$$

证法二 证实对称矩阵的各阶顺序主子式大于零.

设 $\boldsymbol{A}$ 为 n 阶矩阵,取其第 $1,2,\cdots,k$ 和第 $1,2,\cdots,k$ 列所构成的 $k(k\leqslant n)$ 阶行列式称为 $\boldsymbol{A}$ 的 k 阶顺序主子式.

首先应根据二次型的结构特征,写出二次型的矩阵,然后证明其各阶顺序主子式大于零.对于元素为具体数字的实对称矩阵常用此法证其正定.

例 6.5.2 试证下列二次型为正定二次型:

$$f(x_1,x_2,x_3)=2\sum_{i=1}^{n}x_i^2+2\sum_{1\leqslant i<j\leqslant n}x_ix_j.$$

证明:方法一 f 的矩阵

$$\boldsymbol{A}=\begin{bmatrix}2&1&\cdots&1\\1&2&\cdots&1\\\vdots&\vdots&&\vdots\\1&1&\cdots&2\end{bmatrix}$$

为实对称矩阵,又因 $\boldsymbol{A}$ 的 k 阶顺序主子式

$$|\boldsymbol{A}_k|=\begin{vmatrix}2&1&\cdots&1\\1&2&\cdots&1\\\vdots&\vdots&&\vdots\\1&1&\cdots&2\end{vmatrix}_{k\times k}=k+1>0,k=1,2,\cdots,n,$$

故 $\boldsymbol{A}$ 为正定矩阵,从而 f 正定.

方法二 $$\boldsymbol{A}=\begin{bmatrix}1&1&\cdots&1\\1&1&\cdots&1\\\vdots&\vdots&\ddots&\vdots\\1&1&\cdots&1\end{bmatrix}+\boldsymbol{E}=\boldsymbol{B}+\boldsymbol{E}.$$

因 $\boldsymbol{B}=\begin{bmatrix}1 & 1 & \cdots & 1\\ 1 & 1 & \cdots & 1\\ \vdots & \vdots & & \vdots\\ 1 & 1 & \cdots & 1\end{bmatrix}$ 为实对称矩阵且秩($\boldsymbol{B}$)=1,知 $\boldsymbol{B}$ 的 n 个特征值为 $n\times1=n,0,\cdots,0$,从而 $\boldsymbol{A}$ 的 n 个特征值为 $n+1,1,\cdots,1$,它们都大于 0,故 $\boldsymbol{A}$ 正定.

点评:需要注意的是,n 阶矩阵 $\boldsymbol{A}$ 仅有其特征值都大于零,或仅有其顺序主子式全为正,推不出 $\boldsymbol{A}$ 为正定矩阵,还必须证明 $\boldsymbol{A}$ 为实对称矩阵.这是因为正定矩阵必为实对称矩阵.

特别地,对于系数含参数的二次型 f,需求参数取何值时,f 为正定,或已知 f 正定要求参数的取值范围的命题,常用此法建立参数不等式组,求出参数的取值(或取值范围).

命题 6.5.2　实二次型 $f=\boldsymbol{X}^{\mathrm{T}}\boldsymbol{A}\boldsymbol{X}$ 为正定的充要条件是它的标准形的 n 个系数全为正.

证明:设可逆线性变换 $\boldsymbol{X}=\boldsymbol{C}\boldsymbol{Y}$ 使得

$$f(x_1,x_2,x_3)=k_1y_1^2+k_2y_2^2+\cdots+k_ny_n^2.$$

充分性,设 $b_i>0(i=1,2,\cdots,n)$,则对于任意向量 $\boldsymbol{X}\neq0$ 均有 $\boldsymbol{Y}=\boldsymbol{C}\boldsymbol{X}\neq0$,故而 $f(x_1,x_2,x_3)=k_1y_1^2+k_2y_2^2+\cdots+k_ny_n^2\geqslant0$.

必要性,(用反证法证明)假设 $b_i\leqslant0(i=1,2,\cdots,n)$,则当 $\boldsymbol{Y}=\boldsymbol{E}_i=(0,\cdots,0,1,0,\cdots,0)^{\mathrm{T}}$ 时,必然有 $f(\boldsymbol{C}\boldsymbol{E}_i)=\boldsymbol{b}_i\leqslant0$,

显然 $\boldsymbol{C}\boldsymbol{E}_i\neq\boldsymbol{0}$,这与二次型 $f(x_1,x_2,\cdots,x_n)=\boldsymbol{X}^{\mathrm{T}}\boldsymbol{A}\boldsymbol{X}$ 为正定二次型相矛盾,故而 $b_i>0(i=1,2,\cdots,n)$.

证法三　证 n 元实二次型标准形的 n 个系数全为正.

例 6.5.3　判断二次型 $f(x_1,x_2,x_3)=6x_1^2+5x_2^2+7x_3^2-4x_1x_2+4x_1x_3$ 是否正定.

解:方法一　用配方法将 f 化为平方和得

$$f=6\left(x_1-\frac{1}{3}x_2+\frac{1}{3}x_3\right)^2+\frac{13}{3}\left(x_2+\frac{2}{13}x_3\right)^2+\frac{243}{39}x_3^2,$$

作非退化的线性替换得

$$y_1=x_1-\frac{1}{3}x_2+\frac{1}{3}x_3,y_2=x_2+\frac{2}{13}x_3,y_3=x_3,$$

则 $f=6y_1^2+\frac{13}{3}y_2^2+\frac{243}{39}y_3^2$.显然,其标准形的 3 个系数全为正,$f$ 为正定二次型.

方法二　用正定的定义判定之.由方法一中二次型的配方式知,对任一组不全为零的实数 x_1,x_2,x_3,总有 $f\geqslant0$.令 $f=0$,得到

$$\begin{cases}x_1-\frac{1}{3}x_2+\frac{1}{3}x_3=0\\ x_2+\frac{2}{13}x_3=0\\ x_3=0\end{cases},即\begin{cases}x_1=0\\ x_2=0\\ x_3=0\end{cases},$$

故等号($f=0$)仅当 $x_1=x_2=x_3$ 时成立.所以对任意一组不全为零的实数 x_1,x_2,x_3,总有 $f\geqslant0$,故该二次型正定.

点评:对于给定的 n 阶实对称矩阵 $\boldsymbol{A}=(a_{ij})_{n\times n}$,如果其主对角线上存在一个元素 $a_{kk}\leqslant0$,则 $\boldsymbol{A}$ 就不是正定矩阵.

命题 6.5.3 实二次型 $f=\boldsymbol{X}^{\mathrm{T}}\boldsymbol{A}\boldsymbol{X}$ 为正定的充要条件是实对称矩阵 $\boldsymbol{A}$ 的特征值全为正.

证法四 证实对称矩阵的特征值都大于零.

例 6.5.4 设矩阵 $\boldsymbol{A}=\begin{bmatrix}1&0&1\\0&2&0\\1&0&1\end{bmatrix}$，矩阵 $\boldsymbol{B}=(k\boldsymbol{E}+\boldsymbol{A})^2$，其中 k 为实数 $\boldsymbol{E}$ 为单位矩阵，求对角矩阵 $\boldsymbol{\Lambda}$，使 $\boldsymbol{B}$ 与 $\boldsymbol{\Lambda}$ 相似，并求 k 为何值时，$\boldsymbol{B}$ 为正定矩阵.

解:方法一　由 $|\lambda\boldsymbol{E}-\boldsymbol{A}|=\lambda(\lambda-2)$ 得到 $\boldsymbol{A}$ 的特征值 $\lambda_1=\lambda_2=2,\lambda_3=0$.且 $k\boldsymbol{E}+\boldsymbol{A}$ 的特征值为 $k+2$(二重)和 k，进而得到 $\boldsymbol{B}$ 的特征值为 $(k+2)^2$(二重)和 k^2.因 $\boldsymbol{A}$ 为实对称矩阵，$k\boldsymbol{E}+\boldsymbol{A}$ 也为实对称矩阵，故 $\boldsymbol{B}=(k\boldsymbol{E}+\boldsymbol{A})^2$ 也为实对称矩阵，从而 $\boldsymbol{B}$ 必与对角矩阵相似，且相似对角矩阵 $\boldsymbol{\Lambda}=\mathrm{diag}[(k+2)^2\quad(k+2)^2\quad k^2]$，于是有 $\boldsymbol{B}\sim\boldsymbol{\Lambda}$.

当 $k\neq-2$ 且 $k\neq0$ 时，$\boldsymbol{B}$ 的全部特征值均为正数，这时 $\boldsymbol{B}$ 必为正定矩阵.

方法二　令 $\boldsymbol{G}=\mathrm{diag}[2\quad2\quad0]$.因 $\boldsymbol{A}$ 为实对称矩阵，故存在正交矩阵 $\boldsymbol{Q}$，使 $\boldsymbol{Q}^{\mathrm{T}}\boldsymbol{A}\boldsymbol{Q}=\boldsymbol{G}$，因而 $\boldsymbol{A}=(\boldsymbol{Q}^{\mathrm{T}})^{-1}\boldsymbol{G}\boldsymbol{Q}=\boldsymbol{Q}\boldsymbol{G}\boldsymbol{Q}^{\mathrm{T}}$，注意到 $\boldsymbol{Q}\boldsymbol{Q}^{\mathrm{T}}=\boldsymbol{E}$，有

$$\begin{aligned}\boldsymbol{B}&=(k\boldsymbol{E}+\boldsymbol{A})^2=(k\boldsymbol{Q}\boldsymbol{Q}^{\mathrm{T}}+\boldsymbol{Q}\boldsymbol{G}\boldsymbol{Q}^{\mathrm{T}})^2=(k\boldsymbol{Q}\boldsymbol{Q}^{\mathrm{T}}+\boldsymbol{Q}\boldsymbol{G}\boldsymbol{Q}^{\mathrm{T}})(k\boldsymbol{Q}\boldsymbol{Q}^{\mathrm{T}}+\boldsymbol{Q}\boldsymbol{G}\boldsymbol{Q}^{\mathrm{T}})\\&=\boldsymbol{Q}(k\boldsymbol{E}+\boldsymbol{G})\boldsymbol{Q}^{\mathrm{T}}\boldsymbol{Q}(k\boldsymbol{E}+\boldsymbol{G})\boldsymbol{Q}^{\mathrm{T}}=\boldsymbol{Q}(k\boldsymbol{E}+\boldsymbol{G})^2\boldsymbol{Q}^{\mathrm{T}}\\&=\boldsymbol{Q}\,\mathrm{diag}[(k+2)^2\quad(k+2)^2\quad k^2]\boldsymbol{Q}^{\mathrm{T}}.\end{aligned}$$

由此可得所求的对角矩阵为 $\boldsymbol{\Lambda}=\mathrm{diag}[(k+2)^2\quad(k+2)^2\quad k^2]$.

矩阵 $\boldsymbol{B}$ 的正定性证明与方法一的证明相同.

点评:由于 $\boldsymbol{B}=(k\boldsymbol{E}+\boldsymbol{A})^2$ 为 $\boldsymbol{A}$ 的矩阵多项式，故可直接通过 $\boldsymbol{A}$ 的特征值求出 $\boldsymbol{B}$ 的特征值，进而将 $\boldsymbol{B}$ 对角化，所以方法一较方法二简便.

证法五 证明与正定矩阵合同.

命题 6.5.4 与正定矩阵合同的矩阵必是正定矩阵.

命题 6.5.5 如果实对称矩阵与单位矩阵 $\boldsymbol{E}$ 合同，则该实对称矩阵为正定矩阵.其逆也成立.

已知一矩阵正定，常用此法证明对该矩阵合同运算后所得的新矩阵也正定.

例 6.5.5 如果 $\boldsymbol{C}$ 是可逆矩阵，$\boldsymbol{A}$ 是正定矩阵，证明 $\boldsymbol{C}\boldsymbol{A}\boldsymbol{C}^{\mathrm{T}}$ 也是正定矩阵.

证明:方法一　因 $\boldsymbol{C}\boldsymbol{A}\boldsymbol{C}^{\mathrm{T}}$ 是对称矩阵，且与正定矩阵 $\boldsymbol{A}$ 合同，这是因为

$$[(\boldsymbol{C}^{\mathrm{T}})^{-1}]^{\mathrm{T}}(\boldsymbol{C}\boldsymbol{A}\boldsymbol{C}^{\mathrm{T}})(\boldsymbol{C}^{\mathrm{T}})^{-1}=(\boldsymbol{C}^{-1}\boldsymbol{C})\boldsymbol{A}\boldsymbol{C}^{\mathrm{T}}(\boldsymbol{C}^{\mathrm{T}})^{-1}=\boldsymbol{A},$$

故 $\boldsymbol{C}\boldsymbol{A}\boldsymbol{C}^{\mathrm{T}}$ 也是正定矩阵.

方法二　显然 $\boldsymbol{C}\boldsymbol{A}\boldsymbol{C}^{\mathrm{T}}$ 是对称矩阵.因 $\boldsymbol{C}^{\mathrm{T}}$ 是可逆矩阵，且

$$\boldsymbol{B}=\boldsymbol{C}\boldsymbol{A}\boldsymbol{C}^{\mathrm{T}}=(\boldsymbol{C}^{\mathrm{T}})^{\mathrm{T}}\boldsymbol{A}\boldsymbol{C}^{\mathrm{T}},$$

因而 $\boldsymbol{B}$ 与 $\boldsymbol{A}$ 合同.又因 $\boldsymbol{A}$ 是正定矩阵，故 $\boldsymbol{A}$ 与 $\boldsymbol{E}$ 合同.于是由合同的传递性知 $\boldsymbol{B}$ 与 $\boldsymbol{E}$ 合同，从而 $\boldsymbol{B}=\boldsymbol{C}\boldsymbol{A}\boldsymbol{C}^{\mathrm{T}}$ 是正定矩阵.

点评:$\boldsymbol{A}$ 为正定的充要条件是存在可逆矩阵 $\boldsymbol{P}$，使 $\boldsymbol{P}^{\mathrm{T}}\boldsymbol{A}\boldsymbol{P}=\boldsymbol{E}$，即

$$\boldsymbol{A}=(\boldsymbol{P}^{\mathrm{T}})^{-1}\boldsymbol{P}^{-1}=(\boldsymbol{P}^{-1})^{\mathrm{T}}\boldsymbol{P}^{-1}=\boldsymbol{C}^{\mathrm{T}}\boldsymbol{C},$$

其中 $\boldsymbol{C}=\boldsymbol{P}^{-1}$ 为可逆矩阵.

证法六　证存在可逆矩阵 $\boldsymbol{C}$,使实对称矩阵 $\boldsymbol{A}=\boldsymbol{C}^{\mathrm{T}}\boldsymbol{C}$.

例 6.5.6　设 $\boldsymbol{A},\boldsymbol{B}$ 分别 m,n 阶正定矩阵,则分块矩阵 $\boldsymbol{C}=\begin{bmatrix}\boldsymbol{A} & \boldsymbol{O}\\ \boldsymbol{O} & \boldsymbol{B}\end{bmatrix}$ 也是正定矩阵.

证明:方法一　因 $\boldsymbol{A},\boldsymbol{B}$ 分别 m,n 阶正定矩阵,故存在 m 阶可逆矩阵 $\boldsymbol{P}_1$ 和 n 阶可逆矩阵 $\boldsymbol{P}_2$,使 $\boldsymbol{A}=\boldsymbol{P}_1^{\mathrm{T}}\boldsymbol{P}_1$,$\boldsymbol{B}=\boldsymbol{P}_2^{\mathrm{T}}\boldsymbol{P}_2$.

为证 $\boldsymbol{C}$ 正定,下面找可逆矩阵 $\boldsymbol{M}$,使 $\boldsymbol{C}=\boldsymbol{M}^{\mathrm{T}}\boldsymbol{M}$.事实上,令 $\boldsymbol{M}=\begin{bmatrix}\boldsymbol{P}_1 & \boldsymbol{O}\\ \boldsymbol{O} & \boldsymbol{P}_2\end{bmatrix}$,则

$$\begin{aligned}\boldsymbol{M}^{\mathrm{T}}\boldsymbol{M}&=\begin{bmatrix}\boldsymbol{P}_1 & \boldsymbol{O}\\ \boldsymbol{O} & \boldsymbol{P}_2\end{bmatrix}^{\mathrm{T}}\begin{bmatrix}\boldsymbol{P}_1 & \boldsymbol{O}\\ \boldsymbol{O} & \boldsymbol{P}_2\end{bmatrix}=\begin{bmatrix}\boldsymbol{P}_1^{\mathrm{T}} & \boldsymbol{O}\\ \boldsymbol{O} & \boldsymbol{P}_2^{\mathrm{T}}\end{bmatrix}\begin{bmatrix}\boldsymbol{P}_1 & \boldsymbol{O}\\ \boldsymbol{O} & \boldsymbol{P}_2\end{bmatrix}\\&=\begin{bmatrix}\boldsymbol{P}_1^{\mathrm{T}}\boldsymbol{P}_1 & \boldsymbol{O}\\ \boldsymbol{O} & \boldsymbol{P}_2^{\mathrm{T}}\boldsymbol{P}_2\end{bmatrix}\begin{bmatrix}\boldsymbol{A} & \boldsymbol{O}\\ \boldsymbol{O} & \boldsymbol{B}\end{bmatrix}=\boldsymbol{C}.\end{aligned}$$

又因 $\boldsymbol{P}_1,\boldsymbol{P}_2$ 可逆,故 $\boldsymbol{M}$ 也可逆,所以 $\boldsymbol{C}$ 为正定矩阵.

方法二　设 $m+n$ 维行向量 $\boldsymbol{X}^{\mathrm{T}}=[\boldsymbol{X}_1^{\mathrm{T}}\quad \boldsymbol{X}_2^{\mathrm{T}}]$,其中

$$\boldsymbol{X}_1^{\mathrm{T}}=[x_1\quad x_2\quad \cdots\quad x_m],\boldsymbol{X}_2^{\mathrm{T}}=[x_{m+1}\quad x_{m+2}\quad \cdots\quad x_{m+n}].$$

若 $\boldsymbol{X}\neq 0$,则 $\boldsymbol{X}_1,\boldsymbol{X}_2$ 不同时为 0,即 $\boldsymbol{X}_1,\boldsymbol{X}_2$ 中至少有一个不为零,因 $\boldsymbol{A},\boldsymbol{B}$ 是正定矩阵,故 $\boldsymbol{X}_1^{\mathrm{T}}\boldsymbol{A}\boldsymbol{X}_1,\boldsymbol{X}_2^{\mathrm{T}}\boldsymbol{A}\boldsymbol{X}_2$ 中至少有一个大于零,而另外一个大于等于零,因而

$$\boldsymbol{X}^{\mathrm{T}}\boldsymbol{C}\boldsymbol{X}=[\boldsymbol{X}_1^{\mathrm{T}}\quad \boldsymbol{X}_2^{\mathrm{T}}]\begin{bmatrix}\boldsymbol{A} & \boldsymbol{O}\\ \boldsymbol{O} & \boldsymbol{B}\end{bmatrix}\begin{bmatrix}\boldsymbol{X}_1\\ \boldsymbol{X}_2\end{bmatrix}=\boldsymbol{X}_1^{\mathrm{T}}\boldsymbol{A}\boldsymbol{X}_1+\boldsymbol{X}_2^{\mathrm{T}}\boldsymbol{A}\boldsymbol{X}_2>0,$$

故 $\boldsymbol{C}$ 是正定矩阵.

方法三　设 $\boldsymbol{A}$ 的特征值为 $\lambda_1,\lambda_2,\cdots,\lambda_m$,$\boldsymbol{B}$ 的特征值为 $\mu_1,\mu_2,\cdots,\mu_n$,则 $\boldsymbol{C}$ 的特征值为 $\lambda_1,\lambda_2,\cdots,\lambda_m,\mu_1,\mu_2,\cdots,\mu_n$,这可由下式看出.

$$|\lambda\boldsymbol{E}_{m+n}-\boldsymbol{C}|=\begin{vmatrix}\lambda\boldsymbol{E}_m-\boldsymbol{A} & \boldsymbol{O}\\ \boldsymbol{O} & \lambda\boldsymbol{E}_n-\boldsymbol{B}\end{vmatrix}=|\lambda\boldsymbol{E}_m-\boldsymbol{A}|\,|\lambda\boldsymbol{E}_n-\boldsymbol{B}|.$$

因 $\boldsymbol{A},\boldsymbol{B}$ 正定,故 $\lambda_i>0,\mu_j>0(i=1,2,\cdots,m;j=1,2,\cdots,n)$,从而 $\boldsymbol{C}$ 的特征值全部大于零,所以 $\boldsymbol{C}$ 为正定矩阵.

点评:若 $\boldsymbol{A}_1,\boldsymbol{A}_2,\cdots,\boldsymbol{A}_k$ 均为正定矩阵,则分块对角矩阵

$$\begin{bmatrix}\boldsymbol{A}_1 & & & \\ & \boldsymbol{A}_2 & & \\ & & \ddots & \\ & & & \boldsymbol{A}_k\end{bmatrix}$$

也为正定矩阵.

证法七　利用下述结论证之.

命题 6.5.6　$\boldsymbol{A}$ 为 n 阶正定矩阵的充要条件是下述四个条件之一成立.

(1)$\boldsymbol{A}^{-1}$ 是正定矩阵;　(2)$k\boldsymbol{A}(k>0)$为正定矩阵;

(3)$\boldsymbol{A}^m$ 为正定矩阵(m 为正整数);　(4)$\boldsymbol{A}^*$ 是正定矩阵.

命题 6.5.7 设 $\boldsymbol{A},\boldsymbol{B}$ 均为 n 阶正定矩阵,则

(1)$\boldsymbol{A}+\boldsymbol{B}$ 均为规阶正定矩阵; (2) $\begin{bmatrix}\boldsymbol{A} & \boldsymbol{O}\\ \boldsymbol{O} & \boldsymbol{B}\end{bmatrix}$为正定矩阵.

6.6 二次型在几何中的应用

6.6.1 二次曲面的标准形

在平面解析几何中,一般的二次曲线

$$ax^2+bxy+cy^2+dx+ey+f=0(a,b,c\text{ 不全为零})$$

利用旋转、平移变换可以化简,从而划分为椭圆、双曲线和抛物线三种类型,这一结论可以推广到一般的 n 维向量空间中.

一般地,在 $\mathbf{R}^n$ 中由二次方程

$$\sum_{i=1}^{n}\sum_{j=1}^{n}a_{ij}x_ix_j+2\sum_{j=1}^{n}a_jx_j+a=0$$

确定的点 $\boldsymbol{x}=[x_1\quad x_2\quad\cdots\quad x_n]^{\mathrm{T}}\in\mathbf{R}^n$ 的集合称为二次超平面.

如果 $a_{ij}=a_{ji}(i,j=1,2,\cdots,n)$,则二次超曲面可以改写为

$$\boldsymbol{x}^{\mathrm{T}}\boldsymbol{A}\boldsymbol{x}+2\boldsymbol{\alpha}^{\mathrm{T}}\boldsymbol{x}+a=0$$

其中,$\boldsymbol{A}=(a_{ij})_{n\times n}$为实对称矩阵,$\boldsymbol{x}=[x_1\quad x_2\quad\cdots\quad x_n]^{\mathrm{T}}$,$\boldsymbol{\alpha}=[\alpha_1\quad\alpha_2\quad\cdots\quad\alpha_n]^{\mathrm{T}}$.

二次超曲面的化简、分类具有重要的理论意义和广泛应用.n 元二次函数 $f(\boldsymbol{x})=\boldsymbol{x}^{\mathrm{T}}\boldsymbol{A}\boldsymbol{x}+2\boldsymbol{\alpha}^{\mathrm{T}}\boldsymbol{x}+a$ 是经济学中生产函数、成本函数的常见形式之一,在最优化理论中,也经常遇到该二次函数的极值问题.

为了化简二次超曲面,先引入仿射变换的概念.

定义 6.6.1 设 $\boldsymbol{x}=[x_1\quad x_2\quad\cdots\quad x_n]^{\mathrm{T}}\in\mathbf{R}^n$,称

$$\boldsymbol{\sigma}(\boldsymbol{x})=\boldsymbol{B}\boldsymbol{x}+\boldsymbol{\beta}$$

为 $\mathbf{R}^n$ 中的仿射变换,其中 $\boldsymbol{B}=(b_{ij})_{n\times n}$,$\det(\boldsymbol{B})\neq0$,$\boldsymbol{\beta}=[b_1\quad b_2\quad\cdots\quad b_n]^{\mathrm{T}}\in\boldsymbol{R}^n$.

不难看出,这一变换将 n 维向量 $\boldsymbol{x}$ 变换为 n 维向量 $\boldsymbol{\sigma}(\boldsymbol{x})$.

引理 6.6.1 $\mathbf{R}^n$ 中的仿射变换 $\boldsymbol{\sigma}$ 保持任意两个向量 $\boldsymbol{x},\boldsymbol{y}\in\mathbf{R}^n$ 的距离不变的充分必要条件是 $\boldsymbol{B}$ 为正交矩阵.

注:矩阵 $\boldsymbol{B}$ 为正交矩阵时,仿射变换也称为等距变换.

定理 6.6.1 设 $\mathbf{R}^n$ 中的二次超曲面为 $f(\boldsymbol{x})=\boldsymbol{x}^{\mathrm{T}}\boldsymbol{A}\boldsymbol{x}+2\boldsymbol{\alpha}^{\mathrm{T}}\boldsymbol{x}+a=0$,实对称矩阵 $\boldsymbol{A}$ 的非零特征根为$\lambda_1,\lambda_2,\cdots,\lambda_r$.设 r 为矩阵$\boldsymbol{A}$ 的秩,r^* 为矩阵$\begin{bmatrix}\boldsymbol{A} & \boldsymbol{\alpha}\\ \boldsymbol{\alpha}^{\mathrm{T}} & a\end{bmatrix}$的秩,则该曲面可经等距变换化为下列情形之一.

(1)当 $r=r^*$ 时,$f=\lambda_1 z_1^2+\lambda_2 z_2^2+\cdots+\lambda_r z_r^2=0$.

(2)当 $r=r^*-1$ 时,$f=\lambda_1 z_1^2+\lambda_2 z_2^2+\cdots+\lambda_r z_r^2-c=0$.

(3)当 $r=r^*-2$ 时,$f=\lambda_1 z_1^2+\lambda_2 z_2^2+\cdots+\lambda_r z_r^2+2bz_n=0$.

此定理证明略.

利用该定理,可以把二次超曲面标准化为三种情形之一,从而进行分类.

6.6.2　二次曲面的分类

在 $\mathbf{R}^3$ 中,一般的二次曲面方程都可以利用定理 6.6.1 化成标准形,从而对二次曲面进行分类,其中常见的曲面有以下七种.

(1)球面.在某个空间直角坐标系中,如果二次曲面可化为

$$x^2+y^2+z^2=r^2,$$

则此曲面是以原点为球心,r 为半径的球面.

(2)椭球面.在某个空间直角坐标系中,如果二次曲面可化为

$$\frac{x^2}{a^2}+\frac{y^2}{b^2}+\frac{z^2}{c^2}=1 \quad (a\geqslant b>c>0),$$

则此曲面称为椭球面.

(3)单叶双曲面.在某个空间直角坐标系中,如果二次曲面可化为

$$\frac{x^2}{a^2}+\frac{y^2}{b^2}-\frac{z^2}{c^2}=1 \quad (a\geqslant b>0, c>0),$$

则此曲面称为单叶双曲面.

(4)双叶双曲面.在某个空间直角坐标系中,如果二次曲面可化为

$$\frac{z^2}{c^2}-\frac{x^2}{a^2}-\frac{y^2}{b^2}=1 \quad (a\geqslant b>0, c>0),$$

则此曲面为双叶双曲面.

(5)双曲抛物面.在某个空间直角坐标系中,如果二次曲面可化为

$$\frac{x^2}{a^2}-\frac{y^2}{b^2}=z,$$

则此曲面称为双曲抛物面,亦称鞍面.

(6)椭圆抛物面.在某个空间直角坐标系中,如果二次曲面可化为

$$\frac{x^2}{a^2}+\frac{y^2}{b^2}=z,$$

则此曲面称为椭圆抛物面.

(7)锥面.在某个空间直角坐标系中,如果二次曲面可化为

$$\frac{x^2}{a^2}+\frac{y^2}{b^2}-\frac{z^2}{c^2}=0 \quad (a\geqslant b>0, c>0),$$

则称此曲面为二次锥面.

第7章　线性空间

向量空间的引入，使得一些反映不同研究对象的有序数组在线性运算下的性质可以统一起来讨论.但是在另外一些数学问题中，还会遇到许多其他的研究对象，它们之间也可以进行线性运算，也具有一些类似的性质.为了对这些更为广泛的问题统一地加以研究，有必要将向量的概念更为一般化、抽象化，这就需要引入一般的线性空间的概念.

7.1　线性子空间

定义 7.1.1　设 V 是一个非空向量集合，$\mathbf{R}$ 为一个非空数域，在非空向量集合 V 中的元素间定义一种运算法则，叫作加法，若对于任意 n 维向量 $\boldsymbol{\alpha},\boldsymbol{\beta}\in V$，在非空向量集合 V 都可以找到向量 $\boldsymbol{\gamma}$ 等于向量 $\boldsymbol{\alpha}+\boldsymbol{\beta}$，且向量 $\boldsymbol{\gamma}$ 与向量 $\boldsymbol{\alpha}+\boldsymbol{\beta}$ 唯一对应；在数域 $\mathbf{R}$ 中的数与集合 V 中的元素间也定义一种运算，叫作数乘，对于任意 n 维向量 $\boldsymbol{\alpha}\in V$ 和数 $\lambda\in R$，在非空向量集合 V 可以找到向量 $\boldsymbol{\gamma}$ 等于向量 $\lambda\boldsymbol{\alpha}$，且向量 $\boldsymbol{\gamma}$ 与向量 $\lambda\boldsymbol{\alpha}$ 唯一对应.而且加法和数乘运算还满足：对于任意的 n 维向量 $\boldsymbol{\alpha},\boldsymbol{\beta},\boldsymbol{\gamma}\in V$ 和任意数 $\lambda,\mu\in\mathbf{R}$ 都有

(1)$\boldsymbol{\alpha}+\boldsymbol{\beta}=\boldsymbol{\beta}+\boldsymbol{\alpha}$；

(2)$\boldsymbol{\alpha}+\boldsymbol{\beta}+\boldsymbol{\gamma}=(\boldsymbol{\alpha}+\boldsymbol{\beta})+\boldsymbol{\gamma}$；

(3)集合 V 中存在 $\mathbf{0}$ 元素，使得对于任意一个元素 $\boldsymbol{\alpha}$，都有 $\boldsymbol{\alpha}+\mathbf{0}=\mathbf{0}+\boldsymbol{\alpha}=\boldsymbol{\alpha}$；

(4)对于集合 V 中的任意一个元素 $\boldsymbol{\alpha}$，在集合 V 中都存在其负元素 $-\boldsymbol{\alpha}$，使得 $\boldsymbol{\alpha}+(-\boldsymbol{\alpha})=\mathbf{0}$；

(5)$\lambda(\boldsymbol{\alpha}+\boldsymbol{\beta})=\lambda\boldsymbol{\alpha}+\lambda\boldsymbol{\beta}$；

(6)$(\lambda+\mu)\boldsymbol{\alpha}=\lambda\boldsymbol{\alpha}+\mu\boldsymbol{\alpha}$；

(7)$\lambda(\mu\boldsymbol{\alpha})=(\lambda\mu)\boldsymbol{\alpha}$；

(8)数域 $\mathbf{R}$ 中的数 1 与集合 V 中的任意一个元素 $\boldsymbol{\alpha}$，都有 $1\boldsymbol{\alpha}=\boldsymbol{\alpha}$.

那么，我们就称非空向量集合 V 是非空数域 $\mathbf{R}$ 上的线性空间.如果非空数域 $\mathbf{R}$ 是实数域，那么，非空向量集合 V 又称为实线性空间.实线性空间中的向量称为实向量.

在线性空间的定义中，非空集合 V 中的元素是什么，加法和数乘具体如何进行都没有规定，而只叙述了它们应该满足的性质.正是由于这个原因，线性空间的内涵十分丰富，人们说到某个非空集合是某个数域上的线性空间时，应该说明这个集合的元素及加法、数乘的具体定义.验证 V 是否为线性空间时，不仅要验证在 V 上是否定义了加法和数乘，还要验证这种加法和数乘是否满足向量线性运算的八条规律，只要定义中某一点不满足，V 就不是线性空间.由

于线性空间的元素都是 n 维向量，线性空间 V 中的元素不论本来的属性如何，统称为向量.特别地，n 维有序实数组的全体 $\mathbf{R}^n$ 通常关于 n 维实向量的加法与数乘满足定义 7.1.1 中的八条性质，所以 $\mathbf{R}^n$ 是实线性空间.显然，$\mathbf{R}^n$ 只是线性空间的一个具体例子.而向量不一定是有序实数组，线性空间的线性运算也未必是有序实数组的加法及数乘.

我们常见的线性空间有：

(1)$V=\mathbf{C}$(复数域)，$\mathbf{P}=\mathbf{C}$(复数域)，定义加法和数乘分别是数的加法与乘法，则 V 构成 $\mathbf{P}$ 上的线性空间.

(2)设 V 是实数域 $\mathbf{R}$ 上所有 $m\times n$ 矩阵的集合，对于矩阵的加法和数乘运算，构成 $\mathbf{R}$ 上的一个线性空间.

(3)次数小于 n 的全体实系数多项式以及零多项式构成的集合 $\mathbf{R}[x]_n$.关于多项式的加法及实数与多项式的乘法构成实线性空间.

注意，次数等于 n 的实系数多项式的全体关于多项式的加法及实数与多项式的乘法不构成线性空间.它们对加法运算不封闭.

(4)齐次线性方程组 $\boldsymbol{AX}=\boldsymbol{0}$ 的全体解向量，关于向量加法和数乘运算构成线性空间，称为解空间；而非齐次线性方程组 $\boldsymbol{AX}=\boldsymbol{b}$ 的全体解向量关于向量的加法与数乘不构成线性空间.

定义 7.1.2　设集合 V 是一个定义在数域 $\mathbf{P}$ 上的线性空间，集合 W 是集合 V 的一个非空子集，如果集合 W 对于集合 V 中定义的加法和数乘两种运算也构成一个线性空间，则称集合 W 是集合 V 的一个线性子空间，简称子空间.

显然，由于线性空间的八个运算规律中除(3)和(4)外，其余运算规律对 V 中任一子集的元素均成立，所以 V 中的一个子集 W 对于 V 中两个运算能否构成其子空间，就要求 W 对运算封闭且满足运算律(3)和(4)，而只要 W 对运算封闭，则必有零元素和负元素，即满足运算律(3)和(4).因此可有：

任何一个非零线性空间 V 都一定包含两个子空间，一个是它自身，另一个是只含有集合 $\{\boldsymbol{0}\}$.$\{\boldsymbol{0}\}$称为零空间.同时这两个子空间称作线性空间 V 的平凡子空间，其余子空间称作线性空间 V 的非平凡子空间.

定理 7.1.1　线性空间 V 的非空子集 W 构成子空间的充分必要条件是 W 对于 V 中的线性运算是封闭的.即

(1)对于任意的 $\boldsymbol{\alpha},\boldsymbol{\beta}\in W$，都有 $\boldsymbol{\alpha}+\boldsymbol{\beta}\in W$；

(2)对于任意的 $\boldsymbol{\alpha}\in W,\lambda\in R$，都有 $\lambda\boldsymbol{\alpha}\in W$.

证明略.

若 W_1,W_2 为某线性空间的两个子空间，称集合 $W_1\cap W_2=\{\boldsymbol{\alpha}\,|\,\boldsymbol{\alpha}\in W_1$ 且 $\boldsymbol{\alpha}\in W_2\}$，以及集合 $W_1+W_2=\{\boldsymbol{\alpha}+\boldsymbol{\beta}\,|\,\boldsymbol{\alpha}\in W_1,\boldsymbol{\beta}\in W_2\}$和集合 $W_1\cup W_2=\{\boldsymbol{\alpha}\,|\,\boldsymbol{\alpha}\in W_1$ 或 $\boldsymbol{\alpha}\in W_2\}$分别为子空间 W_1 与 W_2 的交、和、并.可以证明，线性空间中两个子空间的交与和均为子空间，但它们的并未必为子空间.

一般地，如果 V 是数域 $\mathbf{P}$ 上的线性空间，$\boldsymbol{\alpha},\boldsymbol{\beta}\in V$，构建集合

$$W=\{\boldsymbol{\gamma}\,|\,\boldsymbol{\gamma}=k\boldsymbol{\alpha}+l\boldsymbol{\beta};k,l\in\mathbf{P}\},$$

由于

$$\boldsymbol{\gamma}_1=k_1\boldsymbol{\alpha}+l_1\boldsymbol{\beta},$$

$$\boldsymbol{\gamma}_2=k_2\boldsymbol{\alpha}+l_2\boldsymbol{\beta},$$

其中，$k_1,l_1,k_2,l_2\in\mathbf{P}$.

则

$$\begin{aligned}\boldsymbol{\gamma}_1+\boldsymbol{\gamma}_2&=(k_1\boldsymbol{\alpha}+l_1\boldsymbol{\beta})+(k_2\boldsymbol{\alpha}+l_2\boldsymbol{\beta})\\&=(k_1\boldsymbol{\alpha}+k_2\boldsymbol{\alpha})+(l_1\boldsymbol{\beta}+l_2\boldsymbol{\beta})\\&=(k_1+k_2)\boldsymbol{\alpha}+(l_1+l_2)\boldsymbol{\beta}\\&\in W,\end{aligned}$$

$$k\boldsymbol{\gamma}_1=k(k_1\boldsymbol{\alpha}+l_1\boldsymbol{\beta})=kk_1\boldsymbol{\alpha}+kl_1\boldsymbol{\beta}\in W,k\in F.$$

所以

$$W=\{\boldsymbol{\gamma}\mid\gamma=k\boldsymbol{\alpha}+l\boldsymbol{\beta};k,l\in\mathbf{P}\}$$

是 V 的一个线性子空间，我们称这个线性子空间是由 $\boldsymbol{\alpha},\boldsymbol{\beta}$ 所生成的线性空间 V 的子空间.

一般地，由线性空间 V 中的向量组 $\boldsymbol{\alpha}_1,\boldsymbol{\alpha}_2,\cdots,\boldsymbol{\alpha}_m$ 所生成的线性空间 V 的子空间为

$$W=\{\boldsymbol{\gamma}\mid\boldsymbol{\gamma}=k_1\boldsymbol{\alpha}_1+k_2\boldsymbol{\alpha}_2+\cdots+k_m\boldsymbol{\alpha}_m;k_1,k_2,\cdots,k_m\in\mathbf{P}\}.$$

例 7.1.1 正实数的全体记为 $\mathbf{R}^+$，在其中定义加法和数乘运算为

$$a\oplus b=ab,\lambda\circ a=a^\lambda(\lambda\in\mathbf{R},a,b\in\mathbf{R}^+),$$

试验证 $\mathbf{R}^+$ 对上述加法与数乘运算构成线性空间.

证明：由于对于任意的 $\lambda\in\mathbf{R},a,b\in\mathbf{R}^+$，都有 $a\oplus b=ab,\lambda\circ a=a^\lambda$，故而 $\mathbf{R}^+$ 对上述加法与数乘运算封闭.接下来验证其是否满足八大规律.

(1)$a\oplus b=ab=ba=b\oplus a$；

(2)$(a\oplus b)\oplus c=(ab)\oplus c=(ab)c=a\oplus(b\oplus c)$；

(3)$\mathbf{R}^+$ 中存在零元素 1，对任何 $a\in\mathbf{R}^+$，有 $1\oplus a=a$；

(4)$\forall a\in\mathbf{R}^+,a\oplus a^{-1}=aa^{-1}=1$，所以 a 有负元素 a^{-1}；

(5)$1\circ a=a^1=a$；

(6)$\lambda\circ(\mu\circ a)=\lambda\circ a^\mu=(a^\mu)^\lambda=a^{\lambda\mu}=(\lambda\mu)\circ a$；

(7)$(\lambda+\mu)\circ a=a^{\lambda+\mu}=a^\lambda a^\mu=a^\lambda\oplus a^\mu=(\lambda\circ a)+(\mu\circ a)$；

(8)$\lambda\circ(a\oplus b)=\lambda\circ(ab)=(ab)^\lambda=a^\lambda b^\lambda=a^\lambda\oplus b^\lambda=(\lambda\circ a)\oplus(\lambda\circ b)$.

所以，$\mathbf{R}^+$ 对上述加法与数乘运算构成线性空间.

例 7.1.2 若所有$[a,b]$上连续的函数构成集合 $C[a,b]$，在它上定义了通常的函数和及实数与函数相乘两种运算，试证明在这两种运算下，$C[a,b]$是 R 上的一个线性空间.

证明：设 f,g 是$[a,b]$上连续的函数，必然有

$\forall f,g\in C[a,b]$，有 $f+g\in C[a,b]$；

$\forall\lambda\in R,f\in C[a,b]$，有 $\lambda f\in C[a,b]$.

故而，$C[a,b]$对于加法和数乘封闭.又因为：

$\forall f,g\in C[a,b],f+g=g+f$；

$\forall f,g,h\in C[a,b],(f+g)+h=g+(f+h)$；

$\forall f,0\in C[a,b],f+0=0+f=f$；

$\forall f\in C[a,b],f+(-f)=(-f)+f=0$；

$\forall f\in C[a,b],\forall\lambda,\mu\in R,\lambda(\mu f)=\mu(\lambda f)$；

$\forall f,g\in C[a,b],\forall\lambda,\in R,\lambda(f+g)=\lambda f+\lambda g$；

$\forall f\in C[a,b],\forall\lambda,\mu\in R,(\lambda+\mu)f=\mu f+\lambda f$；

$\forall f\in C[a,b],1f=f$.

所以,原命题成立.

7.2　基、维数与坐标

定义 7.2.1　在线性空间 V 中,如果存在 n 个元素 $\boldsymbol{\alpha}_1,\boldsymbol{\alpha}_2,\cdots,\boldsymbol{\alpha}_n$,且满足:

(1)向量组 $\boldsymbol{\alpha}_1,\boldsymbol{\alpha}_2,\cdots,\boldsymbol{\alpha}_n$ 线性无关;

(2)线性空间 V 中的任一元素 $\boldsymbol{\alpha}$ 都可以由线性无关向量组 $\boldsymbol{\alpha}_1,\boldsymbol{\alpha}_2,\cdots,\boldsymbol{\alpha}_n$ 线性表示.

那么我们称向量组 $\boldsymbol{\alpha}_1,\boldsymbol{\alpha}_2,\cdots,\boldsymbol{\alpha}_n$ 为线性空间 V 的一个基,向量组 $\boldsymbol{\alpha}_1,\boldsymbol{\alpha}_2,\cdots,\boldsymbol{\alpha}_n$ 中向量的个数 n 称作线性空间 V 的维数,记作 $\dim V=n$.线性空间 V 也称作 n 维线性空间,记作 V_n.而只含有一个零向量的线性空间没有基,称作零维向量空间,n 维线性空间与零维向量空间统称有限维向量空间.

例如,线性空间 $\mathbf{P}^{2\times2}$ 是数域 $\mathbf{P}$ 上的二行二列矩阵的全体,任意矩阵 $\mathbf{A}=\begin{bmatrix}a_{11} & a_{12}\\ a_{21} & a_{22}\end{bmatrix}$ 可由单位矩阵组成的矩阵组 $\boldsymbol{E}_{11}=\begin{bmatrix}1 & 0\\ 0 & 0\end{bmatrix}$,$\boldsymbol{E}_{12}=\begin{bmatrix}0 & 1\\ 0 & 0\end{bmatrix}$,$\boldsymbol{E}_{21}=\begin{bmatrix}0 & 0\\ 1 & 0\end{bmatrix}$,$\boldsymbol{E}_{22}=\begin{bmatrix}0 & 0\\ 0 & 1\end{bmatrix}$ 线性表示为 $\boldsymbol{E}=a_{11}\boldsymbol{E}_{11}+a_{12}\boldsymbol{E}_{12}+a_{21}\boldsymbol{E}_{21}+a_{22}\boldsymbol{E}_{22}$,且 $\boldsymbol{E}_{11},\boldsymbol{E}_{12},\boldsymbol{E}_{21},\boldsymbol{E}_{22}$ 是线性无关的,故而 $\mathbf{P}^{2\times2}$ 是一个 4 维线性空间,$\boldsymbol{E}_{11},\boldsymbol{E}_{12},\boldsymbol{E}_{21},\boldsymbol{E}_{22}$ 是线性空间 $\mathbf{P}^{2\times2}$ 的一组基.

定理 7.2.1　向量组 $\boldsymbol{\alpha}_1,\boldsymbol{\alpha}_2,\cdots,\boldsymbol{\alpha}_n$ 为线性空间 V 的一个基,那么线性空间 V 的每一个向量 $\boldsymbol{\alpha}$ 都可以唯一地由向量组 $\boldsymbol{\alpha}_1,\boldsymbol{\alpha}_2,\cdots,\boldsymbol{\alpha}_n$ 线性表示.

证明:因为向量组 $\boldsymbol{\alpha}_1,\boldsymbol{\alpha}_2,\cdots,\boldsymbol{\alpha}_n$ 为线性空间 V 的一个基,所以线性空间 V 的每一个向量 $\boldsymbol{\alpha}$ 都可以由向量组 $\boldsymbol{\alpha}_1,\boldsymbol{\alpha}_2,\cdots,\boldsymbol{\alpha}_n$ 线性表示成

$$\boldsymbol{\alpha}=x_1\boldsymbol{\alpha}_1+x_2\boldsymbol{\alpha}_2+\cdots+x_n\boldsymbol{\alpha}_n.$$

在这里我们只需要确定唯一性.如果设还有

$$\boldsymbol{\alpha}=y_1\boldsymbol{\alpha}_1+y_2\boldsymbol{\alpha}_2+\cdots+y_n\boldsymbol{\alpha}_n,$$

那么,只需证明

$$(x_1-y_1)\boldsymbol{\alpha}_1+(x_2-y_2)\boldsymbol{\alpha}_2+\cdots+(x_n-y_n)\boldsymbol{\alpha}_n=0.$$

又由线性空间的基的定义可知向量组 $\boldsymbol{\alpha}_1,\boldsymbol{\alpha}_2,\cdots,\boldsymbol{\alpha}_n$ 是线性无关组,所以

$$(x_1-y_1)\boldsymbol{\alpha}_1+(x_2-y_2)\boldsymbol{\alpha}_2+\cdots+(x_n-y_n)\boldsymbol{\alpha}_n=0.$$

即

$$x_i-y_i=0(i=1,2,\cdots,n),$$

即

$$x_i=y_i(i=1,2,\cdots,n).$$

根据定理 7.2.1,若设向量组 $\boldsymbol{\alpha}_1,\boldsymbol{\alpha}_2,\cdots,\boldsymbol{\alpha}_n$ 为定义在数域 $\mathbf{P}$ 上的 n 维线性空间 V_n 的一

个基,那么V_n可以表示成

$$V_n=\{\boldsymbol{\gamma}\mid\boldsymbol{\gamma}=x_1\boldsymbol{\alpha}_1+x_2\boldsymbol{\alpha}_2+\cdots+x_n\boldsymbol{\alpha}_n;x_1,x_2,\cdots,x_n\in\mathbf{P}\}.$$

这样,定义在数域$\mathbf{P}$上的n维线性空间V_n的任意一个元素γ就与有序数组$x_1,x_2,\cdots,x_n$有了一一对应关系.

定义 7.2.2 若向量组$\boldsymbol{\alpha}_1,\boldsymbol{\alpha}_2,\cdots,\boldsymbol{\alpha}_n$为定义在数域$\mathbf{P}$上的$n$维线性空间$V_n$的一个基,那么对于任意向量$\boldsymbol{\gamma}\in V_n$,总有且仅有一组有序数$x_1,x_2,\cdots,x_n\in\mathbf{P}$使得

$$\boldsymbol{\gamma}=x_1\boldsymbol{\alpha}_1+x_2\boldsymbol{\alpha}_2+\cdots+x_n\boldsymbol{\alpha}_n,$$

我们称$x_1,x_2,\cdots,x_n$为向量γ关于基$\boldsymbol{\alpha}_1,\boldsymbol{\alpha}_2,\cdots,\boldsymbol{\alpha}_n$的坐标,记作$(x_1,x_2,\cdots,x_n)$.

由于线性空间V_n的基不唯一.因此,对于V_n中元素$\boldsymbol{\alpha}$,在不同的基下,其坐标一般是不同的.即$\boldsymbol{\alpha}$的坐标是相对于V_n的基而言的.

例如,多项式函数$f(x)=a_0+a_1x+\cdots+a_nx^n$在$\mathbf{P}[x]_n$的基$1,x,x^2,x^3,\cdots,x^n$下的坐标为$a_0,a_1,a_2,a_3,\cdots,a_n$,此时,可记作

$$f(x)=(a_0,a_1,a_2,a_3,\cdots,a_n).$$

利用泰勒公式,我们还可得到$f(x)$在$\mathbf{P}[x]_n$的另一组基$1,(x-1),(x-1)^2,\cdots,(x-1)^n$下的坐标.

在线性空间V_n中,引入元素的坐标概念后,就可把V_n中抽象向量$\boldsymbol{\alpha}$与具体的数组向量$(x_1,x_2,\cdots,x_n)$联系起来了,并且可把V_n中抽象的线性运算与数组向量的线性运算联系起来.

设$\boldsymbol{\alpha},\boldsymbol{\beta}\in V_n,\boldsymbol{\alpha}=x_1\alpha_1+x_2\alpha_2+\cdots+x_n\alpha_n,\boldsymbol{\beta}=y_1\alpha_1+y_2\alpha_2+\cdots+y_n\alpha_n$,
于是

$$\boldsymbol{\alpha}+\boldsymbol{\beta}=(x_1+y_1)\alpha_1+(x_2+y_2)\alpha_2+\cdots+(x_n+y_n)\alpha_n,$$
$$\lambda\boldsymbol{\alpha}=(\lambda x_1)\alpha_1+(\lambda x_2)\alpha_2+\cdots+(\lambda x_n)\alpha_n,$$

即$\boldsymbol{\alpha}+\boldsymbol{\beta}$的坐标是

$$(x_1+y_1,x_2+y_2,\cdots,x_n+y_n)=(x_1,x_2,\cdots,x_n)+(y_1,y_2,\cdots,y_n),$$

$\lambda\boldsymbol{\alpha}$的坐标是

$$(\lambda x_1,\lambda x_2,\cdots,\lambda x_n)=\lambda(x_1,x_2,\cdots,x_n).$$

总之,在n维线性空间V_n中取定一个基$\alpha_1,\alpha_2,\cdots,\alpha_n$,则$V_n$中的向量$\boldsymbol{\alpha}$与$n$维数组向量空间$\mathbf{R}^n$中的向量$(x_1,x_2,\cdots,x_n)$之间就有一个一一对应的关系,且这个对应关系具有下述性质:

若$\boldsymbol{\alpha}\leftrightarrow(x_1,x_2,\cdots,x_n),\boldsymbol{\beta}\leftrightarrow(y_1,y_2,\cdots,y_n)$,则

$$\boldsymbol{\alpha}+\boldsymbol{\beta}\leftrightarrow(x_1,x_2,\cdots,x_n)+(y_1,y_2,\cdots,y_n),\lambda\boldsymbol{\alpha}\leftrightarrow\lambda(x_1,x_2,\cdots,x_n).$$

即这个对应关系保持线性运算的对应.因此,我们可以说V_n与$\mathbf{R}^n$具有相同的结构,称V_n与$\mathbf{R}^n$同构,一般地有下面定义.

定义 7.2.3 设V和U是两个线性空间.如果在它们的元素之间存在一一对应关系,且这种对应关系保持元素之间线性运算的对应.则称线性空间V与U同构.

可以验证,线性空间的同构关系,具有自反性、对称性与传递性.任何n维线性空间都与$\mathbf{R}^n$同构.因此,维数相等的线性空间都是同构的.或者说,有限维线性空间同构的充要条件是它们具有相同的维数.从而可知,线性空间的结构完全被它的维数所决定.

同构的概念除元素一一对应外，主要是保持线性运算的对应关系.因此，V_n 中的抽象的线性运算就可转化为 $\mathbf{R}^n$ 中的线性运算，并且 $\mathbf{R}^n$ 中凡是只涉及线性运算的性质就都适用于 V_n，但 $\mathbf{R}^n$ 中超出线属于运算的性质，在 V_n 中就不一定具备.例如 $\mathbf{R}^n$ 中的内积概念在 V_n 中就不一定有意义.

例 7.2.1　在 n 维向量空间 $\mathbf{R}^n$ 中，显然

$$\begin{cases} \boldsymbol{\alpha}_1=(1,0,0,\cdots,0)^{\mathrm{T}} \\ \boldsymbol{\alpha}_2=(0,1,0,\cdots,0)^{\mathrm{T}} \\ \qquad\vdots \\ \boldsymbol{\alpha}_n=(0,0,0,\cdots,1)^{\mathrm{T}} \end{cases}$$

是一个基，每一个向量 $\boldsymbol{\alpha}=\begin{bmatrix}\boldsymbol{\alpha}_1\\ \boldsymbol{\alpha}_2\\ \vdots\\ \boldsymbol{\alpha}_n\end{bmatrix}$ 在这组基下的坐标就是其本身，如果在向量空间 $\mathbf{R}^n$ 中另取一组基

$$\begin{cases} \boldsymbol{\alpha}_1'=(1,1,1,\cdots,1)^{\mathrm{T}} \\ \boldsymbol{\alpha}_2'=(0,1,1,\cdots,1)^{\mathrm{T}} \\ \qquad\vdots \\ \boldsymbol{\alpha}_n'=(0,0,0,\cdots,1)^{\mathrm{T}} \end{cases},$$

因为

$$\boldsymbol{\alpha}=\alpha_1\boldsymbol{\alpha}_1'+(\alpha_2-\alpha_1)\boldsymbol{\alpha}_2'+\cdots+(\alpha_n-\alpha_{n-1})\boldsymbol{\alpha}_n',$$

所以，$\boldsymbol{\alpha}$ 在这个基下的坐标为

$$[\alpha_1\quad \alpha_2-\alpha_1\quad \cdots\quad \alpha_n-\alpha_{n-1}]^{\mathrm{T}}.$$

7.3　基变换与坐标变换

从线性空间的基的定义我们可以看出，线性空间的基并不是唯一的，那么同一线性空间的两组基有着怎样的关系呢？

定义 7.3.1　设 $\boldsymbol{\alpha}_1,\boldsymbol{\alpha}_2,\cdots,\boldsymbol{\alpha}_n$ 和 $\boldsymbol{\beta}_1,\boldsymbol{\beta}_2,\cdots,\boldsymbol{\beta}_n$ 是 n 维线性空间 V_n 的两个基，它们的关系是

$$\begin{cases} \boldsymbol{\beta}_1=a_{11}\boldsymbol{\alpha}_1+a_{12}\boldsymbol{\alpha}_2+\cdots+a_{1n}\boldsymbol{\alpha}_n \\ \boldsymbol{\beta}_2=a_{21}\boldsymbol{\alpha}_1+a_{22}\boldsymbol{\alpha}_2+\cdots+a_{2n}\boldsymbol{\alpha}_n \\ \qquad\cdots \\ \boldsymbol{\beta}_n=a_{n1}\boldsymbol{\alpha}_1+a_{n2}\boldsymbol{\alpha}_2+\cdots+a_{nn}\boldsymbol{\alpha}_n \end{cases}, \tag{7-3-1}$$

将上式表示成矩阵形式为

$$[\boldsymbol{\beta}_1 \quad \boldsymbol{\beta}_2 \quad \cdots \quad \boldsymbol{\beta}_n]=[\boldsymbol{\alpha}_1 \quad \boldsymbol{\alpha}_2 \quad \cdots \quad \boldsymbol{\alpha}_n]\begin{bmatrix} a_{11} & a_{12} & \cdots & a_{1n} \\ a_{21} & a_{22} & \cdots & a_{2n} \\ \vdots & \vdots & & \vdots \\ a_{n1} & a_{n2} & \cdots & a_{nn} \end{bmatrix}=[\boldsymbol{\alpha}_1 \quad \boldsymbol{\alpha}_2 \quad \cdots \quad \boldsymbol{\alpha}_n]\boldsymbol{P} \tag{7-3-1}$$

我们称矩阵 $\boldsymbol{P}=\begin{bmatrix} a_{11} & a_{12} & \cdots & a_{1n} \\ a_{21} & a_{22} & \cdots & a_{2n} \\ \vdots & \vdots & & \vdots \\ a_{n1} & a_{n2} & \cdots & a_{nn} \end{bmatrix}$ 是由基 $\boldsymbol{\alpha}_1,\boldsymbol{\alpha}_2,\cdots,\boldsymbol{\alpha}_n$ 到 $\boldsymbol{\beta}_1,\boldsymbol{\beta}_2,\cdots,\boldsymbol{\beta}_n$ 的过渡矩阵，称式(7-3-1)和式(7-3-2)是基变换公式.

设有一组数 $b_1,b_2,\cdots,b_n$ 使得 $b_1\boldsymbol{\beta}_1+b_2\boldsymbol{\beta}_2+\cdots+b_n\boldsymbol{\beta}_n=\mathbf{0}$，即

$$\begin{aligned} & b_1(a_{11}\boldsymbol{\alpha}_1+a_{12}\boldsymbol{\alpha}_2+\cdots+a_{1n}\boldsymbol{\alpha}_n)+b_2(a_{21}\boldsymbol{\alpha}_1+a_{22}\boldsymbol{\alpha}_2+\cdots+a_{2n}\boldsymbol{\alpha}_n)+\cdots+ \\ & b_n(a_{n1}\boldsymbol{\alpha}_1+a_{n2}\boldsymbol{\alpha}_2+\cdots+a_{nn}\boldsymbol{\alpha}_n) \\ = & (a_{11}b_1+a_{21}b_2+\cdots+a_{n1}b_n)\alpha_1+(a_{12}b_1+a_{22}b_2+\cdots+a_{n2}b_n)\boldsymbol{\alpha}_2+\cdots+ \\ & (a_{1n}b_1+a_{2n}b_2+\cdots+a_{nn}b_n)\boldsymbol{\alpha}_n=0, \end{aligned}$$

由线性空间基的定义知 $\boldsymbol{\alpha}_1,\boldsymbol{\alpha}_2,\cdots,\boldsymbol{\alpha}_n$ 和 $\boldsymbol{\beta}_1,\boldsymbol{\beta}_2,\cdots,\boldsymbol{\beta}_n$ 均线性无关，故而

$$b_1=b_2=\cdots=b_n=0,$$

即

$$\begin{aligned} & a_{11}b_1+a_{12}b_2+\cdots+a_{1n}b_n \\ = & a_{21}b_1+a_{22}b_2+\cdots+a_{2n}b_n \\ = & \cdots \\ = & a_{n1}b_1+a_{n2}b_2+\cdots+a_{nn}b_n \\ = & 0, \end{aligned}$$

故而线性方程组

$$\begin{cases} a_{11}b_1+a_{12}b_2+\cdots+a_{1n}b_n=0 \\ a_{21}b_1+a_{22}b_2+\cdots+a_{2n}b_n=0 \\ \qquad\cdots \\ a_{n1}b_1+a_{n2}b_2+\cdots+a_{nn}b_n=0 \end{cases}$$

只有零解.所以矩阵 $\boldsymbol{P}$ 是一个可逆矩阵.

定义 7.3.2 设 n 维线性空间 V_n 中的任意一个向量 $\boldsymbol{\gamma}$ 关于基 $\boldsymbol{\alpha}_1,\boldsymbol{\alpha}_2,\cdots,\boldsymbol{\alpha}_n$ 和 $\boldsymbol{\beta}_1,\boldsymbol{\beta}_2,\cdots,\boldsymbol{\beta}_n$ 的坐标分别是 $[x_1 \quad x_2 \quad \cdots \quad x_n]^{\mathrm{T}}$ 和 $[x_1' \quad x_2' \quad \cdots \quad x_n']^{\mathrm{T}}$，即

$$\boldsymbol{\gamma}=x_1\boldsymbol{\alpha}_1+x_2\boldsymbol{\alpha}_2+\cdots+x_n\boldsymbol{\alpha}_n=[\boldsymbol{\alpha}_1 \quad \boldsymbol{\alpha}_2 \quad \cdots \quad \boldsymbol{\alpha}_n]\begin{bmatrix} x_1 \\ x_2 \\ \vdots \\ x_n \end{bmatrix}$$

$$\gamma = x_1'\beta_1 + x_2'\beta_2 + \cdots + x_n'\beta_n = [\beta_1 \quad \beta_2 \quad \cdots \quad \beta_n]\begin{bmatrix} x_1' \\ x_2' \\ \vdots \\ x_n' \end{bmatrix}$$

则

$$\gamma = [\alpha_1 \quad \alpha_2 \quad \cdots \quad \alpha_n]\begin{bmatrix} x_1 \\ x_2 \\ \vdots \\ x_n \end{bmatrix} = [\beta_1 \quad \beta_2 \quad \cdots \quad \beta_n]\begin{bmatrix} x_1' \\ x_2' \\ \vdots \\ x_n' \end{bmatrix} = [\alpha_1 \quad \alpha_2 \quad \cdots \quad \alpha_n]P\begin{bmatrix} x_1' \\ x_2' \\ \vdots \\ x_n' \end{bmatrix},$$

其中 P 为由基 $\alpha_1,\alpha_2,\cdots,\alpha_n$ 到基 $\beta_1,\beta_2,\cdots,\beta_n$ 的过渡矩阵.则有

$$\begin{bmatrix} x_1 \\ x_2 \\ \vdots \\ x_n \end{bmatrix} = P\begin{bmatrix} x_1' \\ x_2' \\ \vdots \\ x_n' \end{bmatrix} \tag{7-3-3}$$

或

$$\begin{bmatrix} x_1' \\ x_2' \\ \vdots \\ x' \end{bmatrix} = P^{-1}\begin{bmatrix} x_1 \\ x_2 \\ \vdots \\ x_n \end{bmatrix}. \tag{7-3-4}$$

式(7-3-3)与式(7-3-4)就是由基 $\alpha_1,\alpha_2,\cdots,\alpha_n$ 变换到基 $\beta_1,\beta_2,\cdots,\beta_n$ 时,向量的坐标变换公式.

定理 7.3.1　设向量组 $\alpha_1,\alpha_2,\cdots,\alpha_n$ 和 $\beta_1,\beta_2,\cdots,\beta_n$ 是 n 维线性空间 V_n 的两个基,由基 $\alpha_1,\alpha_2,\cdots,\alpha_n$ 到基 $\beta_1,\beta_2,\cdots,\beta_n$ 的过渡矩阵为 P,向量 γ 关于基 $\alpha_1,\alpha_2,\cdots,\alpha_n$ 和 $\beta_1,\beta_2,\cdots,\beta_n$ 的坐标分别是 $[x_1 \quad x_2 \quad \cdots \quad x_n]^T$ 和 $[x_1' \quad x_2' \quad \cdots \quad x_n']^T$,则

$$\begin{bmatrix} x_1 \\ x_2 \\ \vdots \\ x_n \end{bmatrix} = P\begin{bmatrix} x_1' \\ x_2' \\ \vdots \\ x_n' \end{bmatrix} \text{或} \begin{bmatrix} x_1' \\ x_2' \\ \vdots \\ x' \end{bmatrix} = P^{-1}\begin{bmatrix} x_1 \\ x_2 \\ \vdots \\ x_n \end{bmatrix}.$$

事实上,若向量组 $\varepsilon_1,\varepsilon_2,\cdots,\varepsilon_n$ 为定义在数域 $\mathbf{P}$ 上的 n 维线性空间 V_n 的一个基,V_n 中的任意两向量 α,β 在该基下的坐标分别为 $(x_1,x_2,\cdots,x_n)$ 和 $(y_1,y_2,\cdots,y_n)$,则有,向量

$$\begin{aligned} \alpha+\beta &= (x_1\varepsilon_1 + x_2\varepsilon_2 + \cdots + x_n\varepsilon_n) + (y_1\varepsilon_1 + y_2\varepsilon_2 + \cdots + y_n\varepsilon_n) \\ &= (x_1+y_1)\varepsilon_1 + (x_2+y_2)\varepsilon_2 + \cdots + (x_n+y_n)\varepsilon_n, \end{aligned}$$

所以向量 $\alpha+\beta$ 的坐标为 $(x_1+y_1,x_2+y_2,\cdots,x_n+y_n)$.若 k 为数域 $\mathbf{P}$ 上的数,那么,向量

$$\begin{aligned} k\alpha &= k(x_1\varepsilon_1 + x_2\varepsilon_2 + \cdots + x_n\varepsilon_n) \\ &= kx_1\varepsilon_1 + kx_2\varepsilon_2 + \cdots + kx_n\varepsilon_n, \end{aligned}$$

所以向量 $k\alpha$ 的坐标为 $(kx_1,kx_2,\cdots,kx_n)$.

所以说,如果取定了线性空间的基,线性空间内的向量不仅与它的坐标一一对应,而且向

量的加法与数乘也同样可以转化为坐标之间的加法与数乘.

例 7.3.1 设 $\boldsymbol{P}=\begin{bmatrix}1&-2&-1\\-1&3&0\\2&2&7\end{bmatrix}$, $\boldsymbol{\alpha}_1=\begin{bmatrix}-1\\1\\2\end{bmatrix}$, $\boldsymbol{\alpha}_2=\begin{bmatrix}1\\1\\-1\end{bmatrix}$, $\boldsymbol{\alpha}_3=\begin{bmatrix}2\\-2\\1\end{bmatrix}$.

(1)求 $\mathbf{R}^3$ 的一个基 $\boldsymbol{\beta}_1,\boldsymbol{\beta}_2,\boldsymbol{\beta}_3$,使得矩阵 $\boldsymbol{P}$ 是由基 $\boldsymbol{\beta}_1,\boldsymbol{\beta}_2,\boldsymbol{\beta}_3$ 到 $\boldsymbol{\alpha}_1,\boldsymbol{\alpha}_2,\boldsymbol{\alpha}_3$ 的过渡矩阵.

(2)求 $\mathbf{R}^3$ 的一个基 $\boldsymbol{v}_1,\boldsymbol{v}_2,\boldsymbol{v}_3$,使得矩阵 $\boldsymbol{P}$ 是由基 $\boldsymbol{\alpha}_1,\boldsymbol{\alpha}_2,\boldsymbol{\alpha}_3$ 到 $\boldsymbol{v}_1,\boldsymbol{v}_2,\boldsymbol{v}_3$ 的过渡矩阵.

解:(1)由题意知 $[\boldsymbol{\alpha}_1\quad\boldsymbol{\alpha}_2\quad\boldsymbol{\alpha}_3]=[\boldsymbol{\beta}_1\quad\boldsymbol{\beta}_2\quad\boldsymbol{\beta}_3]\boldsymbol{P}$,则

$$\begin{aligned}[\boldsymbol{\beta}_1\quad\boldsymbol{\beta}_2\quad\boldsymbol{\beta}_3]&=[\boldsymbol{\alpha}_1\quad\boldsymbol{\alpha}_2\quad\boldsymbol{\alpha}_3]\boldsymbol{P}^{-1}\\&=\begin{bmatrix}-1&1&2\\1&1&-2\\2&-1&1\end{bmatrix}\begin{bmatrix}1&-2&-1\\-1&3&0\\2&2&7\end{bmatrix}^{-1}\\&=\begin{bmatrix}-1&1&2\\1&1&-2\\2&-1&1\end{bmatrix}\begin{bmatrix}-21&-16&3\\-7&-5&1\\-8&-6&1\end{bmatrix}\\&=\begin{bmatrix}-2&-1&0\\-12&-9&2\\-43&-33&6\end{bmatrix}\end{aligned}$$

所以,所求基为 $\boldsymbol{\beta}_1=\begin{bmatrix}-2\\-12\\-43\end{bmatrix}$, $\boldsymbol{\beta}_2=\begin{bmatrix}-1\\-9\\-33\end{bmatrix}$, $\boldsymbol{\beta}_3=\begin{bmatrix}0\\2\\6\end{bmatrix}$.

(2)由题意知

$$[\boldsymbol{v}_1\quad\boldsymbol{v}_2\quad\boldsymbol{v}_3]=[\boldsymbol{\alpha}_1\quad\boldsymbol{\alpha}_2\quad\boldsymbol{\alpha}_3]\boldsymbol{P}=\begin{bmatrix}-1&1&2\\1&1&-2\\2&-1&1\end{bmatrix}\begin{bmatrix}1&-2&-1\\-1&3&0\\2&2&7\end{bmatrix}=\begin{bmatrix}2&9&-13\\-4&-3&13\\5&-5&-9\end{bmatrix},$$

所求基为 $\boldsymbol{v}_1=\begin{bmatrix}2\\-4\\5\end{bmatrix}$, $\boldsymbol{v}_2=\begin{bmatrix}9\\-3\\-5\end{bmatrix}$, $\boldsymbol{v}_3=\begin{bmatrix}-13\\13\\9\end{bmatrix}$.

例 7.3.2 在线性空间 $\mathbf{R}^3$ 中,设两组基 $\boldsymbol{\alpha}_1=\begin{bmatrix}1\\0\\1\end{bmatrix}$, $\boldsymbol{\alpha}_2=\begin{bmatrix}1\\1\\-1\end{bmatrix}$, $\boldsymbol{\alpha}_3=\begin{bmatrix}-2\\1\\0\end{bmatrix}$ 和 $\boldsymbol{\beta}_1=\begin{bmatrix}1\\1\\1\end{bmatrix}$, $\boldsymbol{\beta}_2=\begin{bmatrix}1\\1\\-1\end{bmatrix}$, $\boldsymbol{\beta}_3=\begin{bmatrix}1\\-1\\-1\end{bmatrix}$,求由基 $\boldsymbol{\alpha}_1,\boldsymbol{\alpha}_2,\boldsymbol{\alpha}_3$ 到基 $\boldsymbol{\beta}_1,\boldsymbol{\beta}_2,\boldsymbol{\beta}_3$ 的过渡矩阵,并求出向量 $\boldsymbol{\xi}=\begin{bmatrix}1\\-1\\0\end{bmatrix}$ 在基 $\boldsymbol{\alpha}_1,\boldsymbol{\alpha}_2,\boldsymbol{\alpha}_3$ 下的坐标.

解:取 $\mathbf{R}^3$ 的基 $\boldsymbol{\varepsilon}_1=\begin{bmatrix}1\\0\\0\end{bmatrix}$, $\boldsymbol{\varepsilon}_2=\begin{bmatrix}0\\1\\0\end{bmatrix}$, $\boldsymbol{\varepsilon}_3=\begin{bmatrix}0\\0\\1\end{bmatrix}$,则

$$[\boldsymbol{\alpha}_1\quad\boldsymbol{\alpha}_2\quad\boldsymbol{\alpha}_3]=[\boldsymbol{\varepsilon}_1\quad\boldsymbol{\varepsilon}_2\quad\boldsymbol{\varepsilon}_3]\mathbf{A},$$

$$[\boldsymbol{\beta}_1 \quad \boldsymbol{\beta}_2 \quad \boldsymbol{\beta}_3]=[\boldsymbol{\varepsilon}_1 \quad \boldsymbol{\varepsilon}_2 \quad \boldsymbol{\varepsilon}_3]\boldsymbol{B}.$$

其中

$$\boldsymbol{A}=\begin{bmatrix}1 & 1 & -2\\ 0 & 1 & 1\\ 1 & -1 & 0\end{bmatrix},\boldsymbol{B}=\begin{bmatrix}1 & 1 & 1\\ 1 & 1 & -1\\ 1 & -1 & -1\end{bmatrix}.$$

于是

$$[\boldsymbol{\beta}_1 \quad \boldsymbol{\beta}_2 \quad \boldsymbol{\beta}_3]=[\boldsymbol{\varepsilon}_1 \quad \boldsymbol{\varepsilon}_2 \quad \boldsymbol{\varepsilon}_3]\boldsymbol{B}=[\boldsymbol{\alpha}_1 \quad \boldsymbol{\alpha}_2 \quad \boldsymbol{\alpha}_3](\boldsymbol{A}^{-1}\boldsymbol{B}).$$

由 $\boldsymbol{\xi}=\begin{bmatrix}1\\ -1\\ 0\end{bmatrix}$ 在基 $\boldsymbol{\varepsilon}_1,\boldsymbol{\varepsilon}_2,\boldsymbol{\varepsilon}_3$ 下的坐标是 $\begin{bmatrix}1\\ -1\\ 0\end{bmatrix}$ 可以得出，$\boldsymbol{\xi}$ 在 $\boldsymbol{\alpha}_1,\boldsymbol{\alpha}_2,\boldsymbol{\alpha}_3$ 下的坐标为 $\boldsymbol{A}^{-1}\begin{bmatrix}1\\ -1\\ 0\end{bmatrix}$.

对下列矩阵进行初等行变换，则有

$$\begin{aligned}[\boldsymbol{A} \quad \boldsymbol{B} \quad \boldsymbol{\xi}]&=[\boldsymbol{\alpha}_1 \quad \boldsymbol{\alpha}_2 \quad \boldsymbol{\alpha}_3 \quad \boldsymbol{\beta}_1 \quad \boldsymbol{\beta}_2 \quad \boldsymbol{\beta}_3 \quad \boldsymbol{\xi}]\\ &=\begin{bmatrix}1 & 1 & -2 & 1 & 1 & 1 & 1\\ 0 & 1 & 1 & 1 & 1 & -1 & -1\\ 1 & -1 & 0 & 1 & -1 & -1 & 0\end{bmatrix}\\ &\rightarrow\begin{bmatrix}1 & 0 & 0 & \frac{3}{2} & 0 & -1 & -\frac{1}{4}\\ 0 & 1 & 0 & \frac{1}{2} & 1 & 0 & -\frac{1}{4}\\ 0 & 0 & 1 & \frac{1}{2} & 0 & -1 & -\frac{3}{4}\end{bmatrix},\end{aligned}$$

所以，由基 $\boldsymbol{\alpha}_1,\boldsymbol{\alpha}_2,\boldsymbol{\alpha}_3$ 到基 $\boldsymbol{\beta}_1,\boldsymbol{\beta}_2,\boldsymbol{\beta}_3$ 的过渡矩阵为 $\boldsymbol{A}^{-1}\boldsymbol{B}=\begin{bmatrix}\frac{3}{2} & 0 & -1\\ \frac{1}{2} & 1 & 0\\ \frac{1}{2} & 0 & -1\end{bmatrix}$，$\boldsymbol{\xi}$ 在 $\boldsymbol{\alpha}_1,\boldsymbol{\alpha}_2,\boldsymbol{\alpha}_3$ 下的坐标为 $\begin{bmatrix}-\frac{1}{4}\\ -\frac{1}{4}\\ -\frac{3}{4}\end{bmatrix}$.

例 7.3.3　如果在线性空间 $\boldsymbol{P}[x]_3$ 中取两个基

$$\boldsymbol{\alpha}_1=[1 \quad 2 \quad -1 \quad 0],\boldsymbol{\alpha}_2=[1 \quad -1 \quad 1 \quad 1],$$
$$\boldsymbol{\alpha}_3=[-1 \quad 2 \quad 1 \quad 1],\boldsymbol{\alpha}_4=[-1 \quad -1 \quad 0 \quad 1].$$

和

$$\boldsymbol{\beta}_1=[2 \quad 1 \quad 0 \quad 1],\boldsymbol{\beta}_2=[0 \quad 1 \quad 2 \quad 2],\boldsymbol{\beta}_3=[-2 \quad 1 \quad 1 \quad 2],\boldsymbol{\beta}_4=[1 \quad 3 \quad 1 \quad 2].$$

试求出从基 $\boldsymbol{\alpha}_1,\boldsymbol{\alpha}_2,\boldsymbol{\alpha}_3,\boldsymbol{\alpha}_4$ 变换到基 $\boldsymbol{\beta}_1,\boldsymbol{\beta}_2,\boldsymbol{\beta}_3,\boldsymbol{\beta}_4$ 时的坐标变换公式.

解:将 $\boldsymbol{\beta}_1,\boldsymbol{\beta}_2,\boldsymbol{\beta}_3,\boldsymbol{\beta}_4$ 用 $\boldsymbol{\alpha}_1,\boldsymbol{\alpha}_2,\boldsymbol{\alpha}_3,\boldsymbol{\alpha}_4$ 表示,由

$$[\boldsymbol{\alpha}_1^{\mathrm{T}}\quad \boldsymbol{\alpha}_2^{\mathrm{T}}\quad \boldsymbol{\alpha}_3^{\mathrm{T}}\quad \boldsymbol{\alpha}_4^{\mathrm{T}}]=\begin{bmatrix}1&1&-1&-1\\2&-1&2&-1\\-1&1&1&0\\0&1&1&1\end{bmatrix}=[\boldsymbol{\varepsilon}_1\quad \boldsymbol{\varepsilon}_2\quad \boldsymbol{\varepsilon}_3\quad \boldsymbol{\varepsilon}_4]\boldsymbol{A},$$

$$[\boldsymbol{\beta}_1^{\mathrm{T}}\quad \boldsymbol{\beta}_2^{\mathrm{T}}\quad \boldsymbol{\beta}_3^{\mathrm{T}}\quad \boldsymbol{\beta}_4^{\mathrm{T}}]=\begin{bmatrix}2&0&-2&1\\1&1&1&3\\0&2&1&1\\1&2&2&2\end{bmatrix}=[\boldsymbol{\varepsilon}_1\quad \boldsymbol{\varepsilon}_2\quad \boldsymbol{\varepsilon}_3\quad \boldsymbol{\varepsilon}_4]\boldsymbol{B},$$

其中

$$\boldsymbol{A}=\begin{bmatrix}1&1&-1&-1\\2&-1&2&-1\\-1&1&1&0\\0&1&1&1\end{bmatrix},\boldsymbol{B}=\begin{bmatrix}2&0&-2&1\\1&1&1&3\\0&2&1&1\\1&2&2&2\end{bmatrix}.$$

得

$$[\boldsymbol{\beta}_1^{\mathrm{T}}\quad \boldsymbol{\beta}_2^{\mathrm{T}}\quad \boldsymbol{\beta}_3^{\mathrm{T}}\quad \boldsymbol{\beta}_4^{\mathrm{T}}]=[\boldsymbol{\alpha}_1^{\mathrm{T}}\quad \boldsymbol{\alpha}_2^{\mathrm{T}}\quad \boldsymbol{\alpha}_3^{\mathrm{T}}\quad \boldsymbol{\alpha}_4^{\mathrm{T}}]\boldsymbol{A}^{-1}\boldsymbol{B}.$$

所以,从基 $\boldsymbol{\alpha}_1,\boldsymbol{\alpha}_2,\boldsymbol{\alpha}_3,\boldsymbol{\alpha}_4$ 变换到基 $\boldsymbol{\beta}_1,\boldsymbol{\beta}_2,\boldsymbol{\beta}_3,\boldsymbol{\beta}_4$ 时的坐标变换公式为

$$\begin{bmatrix}x_1\\x_2\\x_3\\x_4\end{bmatrix}=\boldsymbol{B}^{-1}\boldsymbol{A}\begin{bmatrix}y_1\\y_2\\y_3\\y_4\end{bmatrix}.$$

在这里,我们用矩阵的初等变换来求 $\boldsymbol{B}^{-1}\boldsymbol{A}$,将矩阵$(\boldsymbol{A}\,|\,\boldsymbol{B})$中的 $\boldsymbol{B}$ 变成 $\boldsymbol{E}$,那么矩阵 $\boldsymbol{A}$ 就变成了 $\boldsymbol{B}^{-1}\boldsymbol{A}$,即

$$[\boldsymbol{A}\,|\,\boldsymbol{B}]=\left[\begin{array}{cccc|cccc}1&1&-1&-1&2&0&-2&1\\2&-1&2&-1&1&1&1&3\\-1&1&1&0&0&2&1&1\\0&1&1&1&1&2&2&2\end{array}\right]$$

$$\xlongequal[r_4-r_2]{r_1-2r_2}\left[\begin{array}{cccc|cccc}0&-2&-4&-5&-3&3&-5&1\\1&1&1&3&2&-1&2&-1\\0&2&1&1&-1&1&1&0\\1&1&1&-1&-2&2&-1&2\end{array}\right]$$

$$\xlongequal[\substack{r_2-r_4\\r_3-2r_4}]{r_1+2r_4}\left[\begin{array}{cccc|cccc}0&0&-2&-7&-7&7&-7&5\\1&0&0&4&4&-3&3&-3\\0&0&-1&1&3&3&-3&3\\0&1&1&-1&1&2&-1&2\end{array}\right]$$

$$\xrightarrow[r_4+r_3]{r_1-2r_3}\left[\begin{array}{cccc|cccc}0&0&0&-13&-13&13&-13&13\\1&0&0&4&4&-3&3&-3\\0&0&-1&3&3&-3&3&-4\\0&1&1&2&1&-1&2&-2\end{array}\right]$$

$$\xrightarrow[\substack{r_2-4r_1\\r_3-3r_1\\r_4-2r_1}]{-\frac{r_1}{13}}\left[\begin{array}{cccc|cccc}0&0&0&1&1&-1&1&-1\\1&0&0&0&0&1&-1&1\\0&0&-1&0&0&0&0&-1\\0&1&0&0&-1&1&0&0\end{array}\right]$$

$$\xrightarrow[\substack{-r_3\\r_4\leftrightarrow r_2}]{r_2\leftrightarrow r_1}\left[\begin{array}{cccc|cccc}1&0&0&0&0&1&-1&1\\0&1&0&0&-1&1&0&0\\0&0&1&0&0&0&0&1\\0&0&0&1&1&-1&1&-1\end{array}\right],$$

故而,矩阵

$$\boldsymbol{B}^{-1}\boldsymbol{A}=\begin{bmatrix}0&1&-1&1\\-1&1&0&0\\0&0&0&1\\1&-1&1&-1\end{bmatrix},$$

从基 $\boldsymbol{\alpha}_1,\boldsymbol{\alpha}_2,\boldsymbol{\alpha}_3,\boldsymbol{\alpha}_4$ 变换到基 $\boldsymbol{\beta}_1,\boldsymbol{\beta}_2,\boldsymbol{\beta}_3,\boldsymbol{\beta}_4$ 时的坐标变换公式为

$$\begin{bmatrix}x_1\\x_2\\x_3\\x_4\end{bmatrix}=\begin{bmatrix}0&1&-1&1\\-1&1&0&0\\0&0&0&1\\1&-1&1&-1\end{bmatrix}\begin{bmatrix}y_1\\y_2\\y_3\\y_4\end{bmatrix}.$$

7.4　线性空间中的同构的思想方法

高等代数主要研究的一个对象就是代数结构,而对代数结构进行比较的最好方法就是同构,因此同构思想在高等代数中的应用非常广泛.

同构既是一个比较代数结构的最好方法,也是一个解决实际数学问题的有效方法,主要是利用划归思想、类比思想、关系反演思想等等.

常用的同构线性空间有:

(1)数域 $\mathbf{P}$ 上任意抽象的 n 维线性空间都与 $\mathbf{P}^n$ 同构.

(2)设 V 是数域 $\mathbf{P}$ 上的一个 n 维线性空间,则 V 上线性变换的全体构成的线性空间 $L(V)$ 与数域 $\mathbf{P}$ 上全体 n 阶矩阵构成的线性空间 $\mathbf{P}^{n\times n}$ 同构.

(3)数域 $\mathbf{P}$ 上任意两个 n 维线性空间都同构.

(4)任意两个 n 维欧氏空间都同构.

向量空间是我们最先接触的一个线性空间，也是我们最熟练的线性空间.向量空间是一般线性空间的抽象基础，因此有时我们也称线性空间为向量空间，在讨论抽象的线性空间或不熟练的线性空间时，我们经常化归为向量空间来处理，一般是利用化归思想、类比思想和关系反演思想.

矩阵可以说贯穿了整个高等代数，矩阵空间也是我们比较熟练的线性空间，向量空间则是特殊的矩阵空间.在讨论很多高等代数中的问题时，我们经常化归成矩阵问题来处理，这主要是利用了化归思想、类比思想和关系反演思想.

线性变换是高等代数中的一个重要组成部分，是建立在抽象的线性空间之上的，讨论和研究线性变换问题是比较困难的事情，但在有些时候，讨论某些问题时，我们也常把矩阵问题化归为线性变换问题来处理，这主要是利用了化归思想、类比思想和关系反演思想.

二次型与其矩阵(对称矩阵)是一一对应的，并且保持线性关系，而且容易验证：所有的二次型与所有对称矩阵可以构成线性空间，我们一般分别称之为二次型线性空间与对称矩阵空间，并且二次型线性空间与对称矩阵空间是同构的.

由于二次型线性空间与对称矩阵空间的同构，故二者的问题可以相互转化.

7.5　线性空间中的分解与构造的思想方法

7.5.1　线性空间中的分解的思想方法

高等代数的很多内容都渗透着分解的思想，本节主要是利用分解的思想方法讨论线性空间中子空间的分解问题.

例 7.5.1　把 n 元列向量空间 V_n 表示成它的 n 个子空间的直和.

解： 设 $\varepsilon_1=[1\ \ 0\ \ \cdots\ \ 0]^{\mathrm{T}}$，$\varepsilon_2=[0\ \ 1\ \ \cdots\ \ 0]^{\mathrm{T}}$，……，$\varepsilon_n=[0\ \ 0\ \ \cdots\ \ 1]^{\mathrm{T}}$，则 $W_i=L(\varepsilon_i)\ (i=1,2,\cdots,n)$ 都是 V_n 的子空间，且 $\forall\alpha\in W_1+W_2+\cdots+W_n$，而 α 的这种分解式是唯一的，即：$W_1+W_2+\cdots+W_n$ 为直和，由 α 的任意性知，$V_n=W_1\oplus W_2\oplus\cdots\oplus W_n$.

7.5.2　线性空间中的构造的思想方法

构造的思想方法在线性空间中有着广泛的应用.

例 7.5.2　证明：在有限维线性空间 V 的 r 个真子空间 $V_1,V_2,\cdots,V_r$ 外，存在 V 的基.

证明： 设 $\dim V=n$，则 $\exists\alpha_1\in V$，但 $\alpha_1\ \overline{\in}\ V_i$，$i\in[1,r]$，令 $L(\alpha_1,\alpha_2)=V_{r+2}$，进而 $\exists\alpha_2\in V$，但 $\alpha_2\ \overline{\in}\ V_i$，$i\in[1,r+1]$，令 $L(\alpha_1,\alpha_2)=V_{r+2}$，如此进行下去，直到 $\exists\alpha_n\in V$.

但 $\alpha_n\ \overline{\in}\ V_i$，$i\in[1,r+n-1]$，则 $\boldsymbol{\alpha}_1,\boldsymbol{\alpha}_2,\cdots,\boldsymbol{\alpha}_n$ 即为所取.

事实上，设 $x_1\boldsymbol{\alpha}_1+x_2\boldsymbol{\alpha}_2+\cdots+x_n\boldsymbol{\alpha}_n=0$，若 $x_n=0$，否则 $\boldsymbol{\alpha}_n\in V_{r+n-1}$.矛盾！

依次可得 $x_{n-1}=0$，……，$x_1=0$，即有 $\boldsymbol{\alpha}_1,\boldsymbol{\alpha}_2,\cdots,\boldsymbol{\alpha}_n$ 线性无关.故结论成立.

7.6　线性空间的同构

线性空间种类繁多,不胜枚举.本节里,我们将弄清楚在这些种类繁多的线性空间中,哪些是有本质差异的,哪些是没有本质差异的.为此我们先简述一下关于映射的相关概念.

设 φ 是集合 M 到集合 N 的一个映射,$a\in M$,则称 $\varphi(a)$是元素 a 在 φ 之下的象,而称 a 为 $\varphi(a)$的原象(或逆象).更一般地,分别称

$$\varphi(M_1)=\{\varphi(a_1)\mid a_1\in M_1\},\quad (M_1\subseteq M)$$

$$\varphi^{-1}(N_1)=\{a_1\mid \varphi(a_1)\in N_1\},\quad (N_1\subseteq N)$$

为子集 M_1 的象和 N_1 的原象.如果 M 中不同的元素在映射 φ 之下的象也不同,则称 φ 为(从集合 M 到集合 N 的)一个单射;如果 N 中的每一个元素在 M 中都有原象,则称 φ 为(从集合 M 到集合 N 的)一个满射;如果 φ 既是满射又是单射,则称 φ 为 M 到 N 的一个双射(或一一对应).

7.6.1　同构

设 $\varepsilon_1,\varepsilon_2,\cdots,\varepsilon_n$ 是 n 维线性空间 V 的一组基,V 的每个向量 $\boldsymbol{\alpha}$ 在这组基下的坐标是唯一的.又向量的坐标可以看作是 $\mathbf{P}^n$ 中一个元素,所以,V 的每个向量与它的坐标之间的对应本质上就是一个从 V 到 $\mathbf{P}^n$ 的映射.反过来,对于数域 $\mathbf{P}$ 中任一有序数组$(a_1,a_2,\cdots,a_n)$也唯一的对应于 V 中一个向量 $\boldsymbol{\alpha}=a_1\varepsilon_1+a_2\varepsilon_2+\cdots+a_n\varepsilon_n$.我们把坐标$(a_1,a_2,\cdots,a_n)$看做是 n 维行向量,这样,在 n 维线性空间 V 与 $\mathbf{P}^n$ 之间有一个一一对应的映射

$$\varphi: a_1\boldsymbol{\varepsilon}_1+a_2\boldsymbol{\varepsilon}_2+\cdots+a_n\boldsymbol{\varepsilon}_n\to(a_1,a_2,\cdots,a_n)$$

即 $\varphi(a)=(a_1,a_2,\cdots,a_n)$

再设

$$\boldsymbol{\alpha}=a_1\boldsymbol{\varepsilon}_1+a_2\boldsymbol{\varepsilon}_2+\cdots+a_n\boldsymbol{\varepsilon}_n,\boldsymbol{\beta}=b_1\boldsymbol{\varepsilon}_1+b_2\boldsymbol{\varepsilon}_2+\cdots+b_n\boldsymbol{\varepsilon}_n,$$

则有

$$\boldsymbol{\alpha}+\boldsymbol{\beta}=(a_1+b_1)\boldsymbol{\varepsilon}_1+(a_2+b_2)\boldsymbol{\varepsilon}_2+\cdots+(a_n+b_n)\boldsymbol{\varepsilon}_n.$$

所以 $\boldsymbol{\alpha}+\boldsymbol{\beta}$ 对应于$(a_1+b_1,a_2+b_2,\cdots,a_n+b_n)$.

当我们把$(a_1,a_2,\cdots,a_n)$看作是 n 维向量空间中的向量时,则有

$$(a_1+b_1,a_2+b_2,\cdots,a_n+b_n)=(a_1,a_2,\cdots,a_n)+(b_1,b_2,\cdots,b_n),$$

所以

$$\begin{aligned}\varphi(\boldsymbol{\alpha}+\boldsymbol{\beta})&=(a_1+b_1,a_2+b_2,\cdots,a_n+b_n)\\&=(a_1,a_2,\cdots,a_n)+(b_1,b_2,\cdots,b_n)\\&=\varphi(\boldsymbol{\alpha})+\varphi(\boldsymbol{\beta}).\end{aligned}$$

即

$$\varphi(\boldsymbol{\alpha}+\boldsymbol{\beta})=\varphi(\boldsymbol{\alpha})+\varphi(\boldsymbol{\beta}).$$

在上式的左右两边的"+"的意义是不一样的，左边 $\varphi(\boldsymbol{\alpha}+\boldsymbol{\beta})$ 中的"+"是 V 中的加法，而 $\varphi(\boldsymbol{\alpha})+\varphi(\boldsymbol{\beta})$ 是 $\mathbf{P}^n$ 中的加法.

又

$$k\boldsymbol{\alpha}=ka_1\boldsymbol{\varepsilon}_1+ka_2\boldsymbol{\varepsilon}_2+\cdots+ka_n\boldsymbol{\varepsilon}_n \quad (k\in\mathbf{P})$$

则

$$\varphi(k\boldsymbol{\alpha})=(ka_1,ka_2,\cdots,ka_n)=k(a_1,a_2,\cdots,a_n)=k\varphi(\boldsymbol{\alpha}).$$

即

$$\varphi(k\boldsymbol{\alpha})=k\varphi(\boldsymbol{\alpha}).$$

从上面的分析可以看出，当在 V 中引入了一组基之后，我们就可以在 V 与 n 维向量空间之间建立起一个双射 φ，并且 φ 保持线性运算，即

$$\varphi(\boldsymbol{\alpha}+\boldsymbol{\beta})=\varphi(\boldsymbol{\alpha})+\varphi(\boldsymbol{\beta}),\varphi(k\boldsymbol{\alpha})=k\varphi(\boldsymbol{\alpha})$$

定义 7.6.1 设 V,U 是数域 $\mathbf{P}$ 上的两个线性空间，如果存在一个由 V 到 U 上的双射 φ，且 φ 满足：

(1) $\varphi(\boldsymbol{\alpha}+\boldsymbol{\beta})=\varphi(\boldsymbol{\alpha})+\varphi(\boldsymbol{\beta})$；

(2) $\varphi(k\boldsymbol{\alpha})=k\varphi(\boldsymbol{\alpha})$

其中 $\boldsymbol{\alpha},\boldsymbol{\beta}$ 是 V 中的任意向量，k 是 $\mathbf{P}$ 中任意的数，则称 V,U 这两个线性空间同构，且称这样的映射 φ 为同构映射.如果 $V=U$，则 φ 称为 V 的自同构映射.

从前面的讨论可以看出，在 V 中引入了一组基之后，向量与它的坐标之间的对应就是一个 V 到 $\mathbf{P}^n$ 的同构映射.因此有下面的命题：

命题 7.6.1 数域 $\mathbf{P}$ 上的任一个 n 维线性空间都与向量空间 $\mathbf{P}^n$ 同构.

7.6.2 同构映射的性质

同构映射 φ 具有如下基本性质：

性质 7.6.1 $\varphi(0)=0,\varphi(-\boldsymbol{\alpha})=-\varphi(\boldsymbol{\alpha})$.

这是显然的，只要在定义 7.6.1 的(2)中 k 分别取 0 与 1 即得结果.

性质 7.6.2 $\varphi(k_1\boldsymbol{\alpha}_1+k_2\boldsymbol{\alpha}_2+\cdots+k_s\boldsymbol{\alpha}_s)=k_1\varphi(\boldsymbol{\alpha}_1)+k_2\varphi(\boldsymbol{\alpha}_2)+\cdots+k_s\varphi(\boldsymbol{\alpha}_s)$.

这由定义 7.6.1 中的(1)与(2)立刻得到.

性质 7.6.3 V 的向量组 $\boldsymbol{\alpha}_1,\boldsymbol{\alpha}_2,\cdots,\boldsymbol{\alpha}_s$ 线性相关$\Leftrightarrow\varphi(\boldsymbol{\alpha}_1),\varphi(\boldsymbol{\alpha}_2),\cdots,\varphi(\boldsymbol{\alpha}_s)$线性相关.

事实上，由 $k_1\boldsymbol{\alpha}_1+k_2\boldsymbol{\alpha}_2+\cdots+k_s\boldsymbol{\alpha}_s=0$ 就有

$$\varphi(k_1\boldsymbol{\alpha}_1+k_2\boldsymbol{\alpha}_2+\cdots+k_s\boldsymbol{\alpha}_s)=0$$

由性质 7.6.2 有

$$k_1\varphi(\boldsymbol{\alpha}_1)+k_2\varphi(\boldsymbol{\alpha}_2)+\cdots+k_s\varphi(\boldsymbol{\alpha}_s)=0.$$

反过来，由

$$k_1\varphi(\boldsymbol{\alpha}_1)+k_2\varphi(\boldsymbol{\alpha}_2)+\cdots+k_s\varphi(\boldsymbol{\alpha}_s)=0,$$

则有

$$\varphi(k_1\boldsymbol{\alpha}_1+k_2\boldsymbol{\alpha}_2+\cdots+k_s\boldsymbol{\alpha}_s)=0.$$

因为 φ 是双射，所以只有 $\varphi(0)=0$，故

$$k_1\boldsymbol{\alpha}_1+k_2\boldsymbol{\alpha}_2+\cdots+k_s\boldsymbol{\alpha}_s=0.$$

性质7.6.3换一种说法就是:同构映射 φ 将线性相关的向量组变成线性相关的向量组;将线性无关的向量组变成线性无关的向量组.

性质7.6.4　(1)同构映射 φ 的逆映射 φ^{-1} 也是同构映射;

(2)两个同构映射 φ,ψ 的乘积 $\varphi\psi$ 还是同构映射.

证明:设 φ 是线性空间 V 到 V' 的同构映射,显然,其逆映射 φ^{-1} 是一个双射.下面证明 φ^{-1} 满足线性运算.

令 $\boldsymbol{\alpha}',\boldsymbol{\beta}'$ 是 V' 中任意的两个向量,则

$$\varphi\varphi^{-1}(\boldsymbol{\alpha}'+\boldsymbol{\beta}')=\boldsymbol{\alpha}'+\boldsymbol{\beta}'=\varphi\varphi^{-1}(\boldsymbol{\alpha}')+\varphi\varphi^{-1}(\boldsymbol{\beta}')=\varphi[\varphi^{-1}(\boldsymbol{\alpha}')+\varphi^{-1}(\boldsymbol{\beta}')],$$

两边作用 φ^{-1} 后有

$$\varphi^{-1}[\varphi\varphi^{-1}(\boldsymbol{\alpha}'+\boldsymbol{\beta}')]=\varphi^{-1}[(\varphi^{-1}(\boldsymbol{\alpha}')+\varphi^{-1}(\boldsymbol{\beta}')],$$

则有

$$\varphi^{-1}(\boldsymbol{\alpha}'+\boldsymbol{\beta}')=\varphi^{-1}(\boldsymbol{\alpha}')+\varphi^{-1}(\boldsymbol{\beta}').$$

对于 P 中任意的常数 k,则

$$\varphi\varphi^{-1}(k\boldsymbol{\alpha}')=k\boldsymbol{\alpha}'=k[\varphi\varphi^{-1}(\boldsymbol{\alpha}')]=k\varphi[\varphi^{-1}(\boldsymbol{\alpha}')]=\varphi[k\varphi^{-1}(\boldsymbol{\alpha}')],$$

两边再作用 φ^{-1} 后有

$$\varphi^{-1}[\varphi\varphi^{-1}(k\boldsymbol{\alpha}')]=\varphi^{-1}[\varphi(k\varphi^{-1}(\boldsymbol{\alpha}'))],$$

即有

$$\varphi^{-1}(k\boldsymbol{\alpha}')=k\varphi^{-1}(\boldsymbol{\alpha}').$$

故同构映射 φ 的逆映射 φ^{-1} 是同构映射.

(2) φ 是线性空间 V 到 V' 的同构映射, ψ 是线性空间 V' 到 V'' 的同构映射,则它们的乘积 $\varphi\psi$ 显然是 V 到 V'' 的双射.我们还要证明 $\varphi\psi$ 满足线性运算.因为

$$\varphi\psi(\boldsymbol{\alpha}+\boldsymbol{\beta})=\varphi(\psi(\boldsymbol{\alpha}))+\varphi(\psi(\boldsymbol{\beta}))=\varphi\psi(\boldsymbol{\alpha})+\varphi\psi(\boldsymbol{\beta}),$$

$$\varphi\psi(k\boldsymbol{\alpha})=\varphi(\psi(k\boldsymbol{\alpha}))=\varphi(k\psi(\boldsymbol{\alpha}))=k\varphi(\psi(\boldsymbol{\alpha}))=k\varphi\psi(\boldsymbol{\alpha}),$$

故两个同构映射 φ,ψ 的乘积 $\varphi\psi$ 还是同构映射.证毕.

注意到任一个线性空间 V 到它自身的恒等映射就是一个同构映射,再结合性质7.6.4可以看出,同构作为线性空间之间的一种关系,具有反身性、对称性及传递性.

性质7.6.5　如果 W 是 V 的一个子空间,则 W 在 φ 下的象的集合

$$\varphi(W)=\{\varphi(\boldsymbol{\alpha})\mid\boldsymbol{\alpha}\in W\}$$

是 $\varphi(V)$ 的子空间,且 $\dim\varphi(W)=\dim W$.

分析:我们只需要说明 $\varphi(W)$ 是非空子集,并且对加法与数乘封闭,就说明 $\varphi(W)$ 是 $\varphi(V)$ 的子空间,并进而求出它的一组基,问题便得到解决.

证明:显然, $\varphi(W)$ 是 $\varphi(V)$ 的子集, $\varphi(W)$ 是非空的,因为它至少含有 $\varphi(0)$,对于 $\varphi(W)$ 的任意两个向量 $\boldsymbol{\alpha}',\boldsymbol{\beta}'$,由于 φ 是双射,所以在 W 中必有 $\boldsymbol{\alpha}$ 与 $\boldsymbol{\beta}$,使得 $\boldsymbol{\alpha}'=\varphi(\boldsymbol{\alpha}),\boldsymbol{\beta}'=\varphi(\boldsymbol{\beta})$,则

$$\boldsymbol{\alpha}'+\boldsymbol{\beta}'=\varphi(\boldsymbol{\alpha})+\varphi(\boldsymbol{\beta})=\varphi(\boldsymbol{\alpha}+\boldsymbol{\beta}).$$

由于 W 是 V 的一个子空间,则 $\boldsymbol{\alpha}+\boldsymbol{\beta}\in W$,所以有 $\varphi(\boldsymbol{\alpha}+\boldsymbol{\beta})\in\varphi(W)$,即 $\boldsymbol{\alpha}'+\boldsymbol{\beta}'\in\varphi(W)$.

又设 $\mathbf{P}$ 中任意的常数 k,则 $k\boldsymbol{\alpha}'=k\varphi(\boldsymbol{\alpha})=\varphi(k\boldsymbol{\alpha})$,由于 $k\boldsymbol{\alpha}\in W$,所以 $\varphi(k\boldsymbol{\alpha})\in\varphi(W)$,即 $k\boldsymbol{\alpha}'\in\varphi(W)$,故 $\varphi(W)$ 是 $\varphi(V)$ 的子空间.

设 $\boldsymbol{\alpha}_1,\boldsymbol{\alpha}_2,\cdots,\boldsymbol{\alpha}_r$ 是子空间的一组基，则 W 的任一向量 $\boldsymbol{\alpha}$ 均可由它线性表示.我们证明 $\varphi(\boldsymbol{\alpha}_1),\varphi(\boldsymbol{\alpha}_2),\cdots,\varphi(\boldsymbol{\alpha}_r)$ 是 $\varphi(W)$ 的一组基.

对于 $\varphi(W)$ 中的任一向量 $\boldsymbol{\alpha}'$，都有 W 中的一向量 $\boldsymbol{\alpha}$ 与它对应，即 $\boldsymbol{\alpha}'=\varphi(\boldsymbol{\alpha})$.由于 $\boldsymbol{\alpha}$ 可由基 $\boldsymbol{\alpha}_1,\boldsymbol{\alpha}_2,\cdots,\boldsymbol{\alpha}_r$ 线性表示，则 $\boldsymbol{\alpha}=k_1\boldsymbol{\alpha}_1+k_2\boldsymbol{\alpha}_2+\cdots+k_r\boldsymbol{\alpha}_r$，所以

$$\boldsymbol{\alpha}'=\varphi(\boldsymbol{\alpha})=\varphi(k_1\boldsymbol{\alpha}_1+k_2\boldsymbol{\alpha}_2+\cdots+k_r\boldsymbol{\alpha}_r)=k_1\varphi(\boldsymbol{\alpha}_1)+k_2\varphi(\boldsymbol{\alpha}_2)+\cdots+k_r\varphi(\boldsymbol{\alpha}_r).$$

即 $\varphi(W)$ 中的任一向量都可以用 $\varphi(\boldsymbol{\alpha}_1),\varphi(\boldsymbol{\alpha}_2),\cdots,\varphi(\boldsymbol{\alpha}_r)$ 线性表示.

另一方面，若 $\lambda_1\varphi(\boldsymbol{\alpha}_1)+\lambda_2\varphi(\boldsymbol{\alpha}_2)+\cdots+\lambda_r\varphi(\boldsymbol{\alpha}_r)=0$，则

$$\varphi(\lambda_1\boldsymbol{\alpha}_1+\lambda_2\boldsymbol{\alpha}_2+\cdots+\lambda_r\boldsymbol{\alpha}_r)=0.$$

上式两边作用 φ^{-1} 后，有

$$\lambda_1\boldsymbol{\alpha}_1+\lambda_2\boldsymbol{\alpha}_2+\cdots+\lambda_r\boldsymbol{\alpha}_r=0,$$

而 $\boldsymbol{\alpha}_1,\boldsymbol{\alpha}_2,\cdots,\boldsymbol{\alpha}_r$ 线性无关，则

$$\lambda_1=\lambda_2=\cdots=\lambda_r=0.$$

从而 $\varphi(\boldsymbol{\alpha}_1),\varphi(\boldsymbol{\alpha}_2),\cdots,\varphi(\boldsymbol{\alpha}_r)$ 线性无关，故 $\varphi(\boldsymbol{\alpha}_1),\varphi(\boldsymbol{\alpha}_2),\cdots,\varphi(\boldsymbol{\alpha}_r)$ 是 $\varphi(W)$ 的一组基，所以 $\dim\varphi(W)=r=\dim W$.证毕.

由于 V 可以看作是自己的子空间，则由性质 7.6.5 有：$\dim\varphi(V)=\dim V$.即同构的线性空间有相同的维数.

因为数域 $\mathbf{P}$ 上的任一个 n 维线性空间都与向量空间 $\mathbf{P}^n$ 同构，由同构的对称性及传递性即有数域 $\mathbf{P}$ 上任意两个 n 维线性空间都同构.

综上，我们有下面的定理：

定理 7.6.1 数域 $\mathbf{P}$ 上的两个 n 维线性空间同构的充分必要条件是它们有相同的维数.

在对线性空间的抽象讨论中，我们并没有涉及线性空间中的元素是什么，也没有涉及其中的运算是怎样定义的，而只是涉及线性空间在所定义的运算下的代数性质，从这个观点来看，同构的线性空间是可以不加区别的.定理 7.6.1 说明维数是有限维线性空间的唯一本质特征.

7.7 子空间的交、和与直和

7.7.1 子空间的交与和

下面我们来介绍子空间的交与和运算.

定义 7.7.1 如果 W_1,W_2 是 V 的两个子空间，它们的交定义为：

$$W_1\cap W_2=\{\boldsymbol{\alpha}\,|\,\boldsymbol{\alpha}\in W_1\text{ 且 }\boldsymbol{\alpha}\in W_2\};$$

它们的和定义为

$$W_1+W_2=\{\boldsymbol{\gamma}\,|\,\boldsymbol{\gamma}=\boldsymbol{\alpha}+\boldsymbol{\beta},\boldsymbol{\alpha}\in W_1,\boldsymbol{\beta}\in W_2\}.$$

W_1+W_2 也就是所有形如 $\boldsymbol{\alpha}+\boldsymbol{\beta}$ 的向量的集合，其中要求 $\boldsymbol{\alpha}\in W_1,\boldsymbol{\beta}\in W_2$.

从和的定义可以看出，W_1+W_2 中的向量 $\boldsymbol{\gamma}$ 可以表示为 W_1 与 W_2 中向量的和，即 $\boldsymbol{\gamma}$ 可以分解为 W_1 与 W_2 中向量的和.但分解的方法并不一定是唯一的.

例 7.7.1　在通常的三维几何空间 V 中，W_1 是一条经过原点的直线，W_2 是经过原点且与 W_1 垂直的平面，W_1, W_2 都是 V 的子空间.则 $W_1 \cap W_2=\{0\}$，$W_1+W_2=V$.

定理 7.7.1　如果 W_1, W_2 是数域 $\mathbf{P}$ 上线性空间 V 的两个子空间，则 $W_1 \cap W_2$，W_1+W_2 都是 V 的子空间 .

分析:要证明 $W_1 \cap W_2$，W_1+W_2 是 V 的子空间，只需要说明两点即可:一是它们都是非空子集;二是它们对加法与数乘都是封闭的.

证明:由于 W_1, W_2 是 V 的两个子空间，所以有 $0 \in W_1$，$0 \in W_2$，于是 $0 \in W_1 \cap W_2$，$0 \in W_1+W_2$，因而 $W_1 \cap W_2$ 与 W_1+W_2 都是非空的.

(1)如果 $\alpha, \beta \in W_1 \cap W_2$，则有 $\alpha, \beta \in W_1$，且 $\alpha, \beta \in W_2$，所以有 $\alpha+\beta \in W_1$ 及 $\alpha+\beta \in W_2$，因此，$\alpha+\beta \in W_1 \cap W_2$，对于 $\forall k \in \mathbf{P}$，由于 $\alpha \in W_1$，且 $\alpha \in W_2$，所以有 $k\alpha \in W_1$ 及 $k\alpha \in W_2$.因此，$k\alpha \in W_1 \cap W_2$，故 $W_1 \cap W_2$ 是 V 的子空间.

(2)如果 $\alpha, \beta \in W_1+W_2$，则必存在 $\alpha_1, \beta_1 \in W_1$ 与 $\alpha_2, \beta_2 \in W_2$ 使得

$$\boldsymbol{\alpha}=\boldsymbol{\alpha}_1+\boldsymbol{\alpha}_2, \boldsymbol{\beta}=\boldsymbol{\beta}_1+\boldsymbol{\beta}_2,$$

$$\boldsymbol{\alpha}+\boldsymbol{\beta}=(\boldsymbol{\alpha}_1+\boldsymbol{\alpha}_2)+(\boldsymbol{\beta}_1+\boldsymbol{\beta}_2)=(\boldsymbol{\alpha}_1+\boldsymbol{\beta}_1)+(\boldsymbol{\alpha}_2+\boldsymbol{\beta}_2).$$

而又 W_1, W_2 是 V 的两个子空间，所以有

$$\boldsymbol{\alpha}_1+\boldsymbol{\beta}_1 \in W_1, \boldsymbol{\alpha}_2+\boldsymbol{\beta}_2 \in W_2.$$

因此

$$\boldsymbol{\alpha}+\boldsymbol{\beta} \in W_1+W_2.$$

对于 $\forall k \in P$，由于 $k\boldsymbol{\alpha}=k(\boldsymbol{\alpha}_1+\boldsymbol{\alpha}_2)=k\boldsymbol{\alpha}_1+k\boldsymbol{\alpha}_2 \in W_1+W_2$，故 W_1+W_2 也是 V 的子空间.证毕.

由子空间的交与和的定义可以看出：

(1)子空间的交满足交换律与结合律.

交换律　$W_1 \cap W_2=W_2 \in W_1$；

结合律　$(W_1 \cap W_2) \cap W_3=W_1 \cap (W_2 \in W_3)$.

由结合律，可以定义多个子空间的交：

$$W_1 \cap W_2 \cap \cdots \cap W_s=\bigcap_{i=1}^{s} W_i$$

也是一个子空间.

(2)子空间的和也满足交换律与结合律.

交换律　$W_1+W_2=W_2+W_1$；

结合律　$(W_1+W_2)+W_3=W_1+(W_2+W_3)$.

由结合律，我们也可以定义多个子空间的和

$$W_1+W_2+\cdots+W_s=\sum_{i=1}^{s} W_i.$$

$\sum\limits_{i=1}^{s} W_i$ 即是由所有形如 $\boldsymbol{\alpha}_1+\boldsymbol{\alpha}_2+\cdots+\boldsymbol{\alpha}_s$ 的向量的集合，其中 $\boldsymbol{\alpha}_i \in W_i (i=1,2,\cdots,s)$.

命题 7.7.1　(1)设 W_1, W_2 及 W 都是 V 的子空间.

①如果 $W \subset W_1$，$W \subset W_2$，则 $W \subset W_1 \cap W_2$；

②如果 $W_1 \subset W$，$W_2 \subset W$，则 $W_1+W_2 \subset W$.

(2)设 W_1,W_2 是 V 的子空间,下述 3 个论断等价:

①$W_1\subset W_2$;

②$W_1\cap W_2=W_1$;

③$W_1+W_2=W_2$.

命题 7.7.2 设 $\boldsymbol{\alpha}_1,\boldsymbol{\alpha}_2,\cdots,\boldsymbol{\alpha}_r$ 与 $\boldsymbol{\beta}_1,\boldsymbol{\beta}_2,\cdots,\boldsymbol{\beta}_s$ 是 V 中的两个向量组,则

$$L(\boldsymbol{\alpha}_1,\boldsymbol{\alpha}_2,\cdots,\boldsymbol{\alpha}_r)+L(\boldsymbol{\beta}_1,\boldsymbol{\beta}_2,\cdots,\boldsymbol{\beta}_s)=L(\boldsymbol{\alpha}_1,\boldsymbol{\alpha}_2,\cdots,\boldsymbol{\alpha}_r,\boldsymbol{\beta}_1,\boldsymbol{\beta}_2,\cdots,\boldsymbol{\beta}_s).$$

这些命题的证明非常简单,在此不加以证明,请读者自己证明.

7.7.2 子空间的直和

前面我们已经说明过,V 的两个子空间 W_1 与 W_2 的和 W_1+W_2 中的向量可以分解为 W_1 与 W_2 中向量的和,分解的方法可能并不是唯一的.

定义 7.7.2 设 W_1,W_2 是 n 维线性空间 V 的两个子空间,如果和 W_1+W_2 中每个向量 $\boldsymbol{\alpha}$ 的分解:

$$\boldsymbol{\alpha}=\boldsymbol{\alpha}_1+\boldsymbol{\alpha}_2(\boldsymbol{\alpha}_1\in W_1,\boldsymbol{\alpha}_2\in W_2)$$

是唯一的,则这样的和称为直和,记作 $W_1\oplus W_2$.

下面我们来讨论:如何判断两个子空间的和是不是直和问题.

定理 7.7.2 设 W_1,W_2 是 n 维线性空间 V 的两个子空间,则下列命题等价:

(1)W_1+W_2 是直和;

(2)零向量的分解是唯一的,即若

$$\boldsymbol{\alpha}_1+\boldsymbol{\alpha}_2=0(\boldsymbol{\alpha}_1\in W_1,\boldsymbol{\alpha}_2\in W_2)$$

则有 $\boldsymbol{\alpha}_1=\boldsymbol{\alpha}_2=0$;

(3)$W_1\cap W_2=\{0\}$;

(4)$\dim(W_1+W_2)=\dim W_1+\dim W_2$.

证明:(1)⇒(2)由直和的定义可以直接得出.

(2)⇒(1)对于 W_1+W_2 中的任一向量 $\boldsymbol{\alpha}$,假设有 $\boldsymbol{\alpha}_1,\boldsymbol{\beta}_1\in W_1$ 及 $\boldsymbol{\alpha}_2,\boldsymbol{\beta}_2\in W_2$,使得

$$\boldsymbol{\alpha}=\boldsymbol{\alpha}_1+\boldsymbol{\alpha}_2=\boldsymbol{\beta}_1+\boldsymbol{\beta}_2,$$

则有

$$0=\boldsymbol{\alpha}-\boldsymbol{\alpha}=(\boldsymbol{\alpha}_1+\boldsymbol{\alpha}_2)-(\boldsymbol{\beta}_1+\boldsymbol{\beta}_2)=(\boldsymbol{\alpha}_1-\boldsymbol{\beta}_1)+(\boldsymbol{\alpha}_2-\boldsymbol{\beta}_2).$$

而零向量的分解是唯一的,则有 $\boldsymbol{\alpha}_1=\boldsymbol{\beta}_1,\boldsymbol{\alpha}_2=\boldsymbol{\beta}_2$,即 $\boldsymbol{\alpha}$ 分解是唯一的,从而 W_1+W_2 是直和.

(2)⇒(3)设 $\boldsymbol{\alpha}$ 是 $W_1\cap W_2$ 中的任一向量,则 $-\boldsymbol{\alpha}\in W_1\cap W_2$,从而零向量可以表示为

$$0=\boldsymbol{\alpha}+(-\boldsymbol{\alpha})(\boldsymbol{\alpha}\in W_1,(-\boldsymbol{\alpha})\in W_2).$$

由命题(2),零向量的分解是唯一的,所以 $\boldsymbol{\alpha}=-\boldsymbol{\alpha}=0$,故 $W_1\cap W_2=\{0\}$.

(3)⇒(2)假设有 $\boldsymbol{\alpha}_1+\boldsymbol{\alpha}_2=0,\boldsymbol{\alpha}_1\in W_1,\boldsymbol{\alpha}_2\in W_2$,所以有 $\boldsymbol{\alpha}_1=-\boldsymbol{\alpha}_2,\boldsymbol{\alpha}_1\in W_1,\boldsymbol{\alpha}_2\in W_2$.则有 $\boldsymbol{\alpha}_1\cap W_2$,而 $W_1\cap W_2=\{0\}$.因而 $\boldsymbol{\alpha}_1=\boldsymbol{\alpha}_2=0$,所以零向量的分解是唯一的.

(3)⇔(4)设 W_1,W_2 是 n 维线性空间 V 的两个子空间,则由维数公式

$$\dim W_1+\dim W_2=\dim(W_1+W_2)+\dim(W_1\cap W_2)$$

就直接得到所要的结论.证毕.

定理 7.7.3 设 W 是 n 维线性空间 V 的子空间，则一定存在 V 的一个子空间 U 使得 $V=W\oplus U$.

分析：我们需要找出这样的子空间 U 使得 $V=W\oplus U$.由于 W 是 V 的子空间，则 W 的任一组基均可扩充为 V 的一组基.我们从这里出发进行证明.

证明：设 $\boldsymbol{\alpha}_1,\boldsymbol{\alpha}_2,\cdots,\boldsymbol{\alpha}_r$ 是 W 的一组基，我们将它扩充为 V 的一组基

$$\boldsymbol{\alpha}_1,\boldsymbol{\alpha}_2,\cdots,\boldsymbol{\alpha}_r,\boldsymbol{\alpha}_{r+1},\cdots,\boldsymbol{\alpha}_n$$

令 $U=L(\boldsymbol{\alpha}_{r+1},\cdots,\boldsymbol{\alpha}_n)$，就是我们要找的子空间.事实上，一方面 $W\cap U=0$，另一方面 $V=W+U$，这就说明了 $V=W\oplus U$，证毕.

我们可以将子空间的直和概念推广到多个子空间的情形：

定义 7.7.3 设 $W_1,W_2,\cdots,W_s$ 都是线性空间 V 的子空间，如果和 $W_1+W_2+\cdots+W_s$ 中的每个向量的分解：

$$\boldsymbol{\alpha}=\boldsymbol{\alpha}_1+\boldsymbol{\alpha}_2+\cdots+\boldsymbol{\alpha}_s(\boldsymbol{\alpha}_1\in W_1,\boldsymbol{\alpha}_2\in W_2,\cdots,\boldsymbol{\alpha}_s\in W_s)$$

是唯一的，这个和就称为直和.记作 $W_1\oplus W_2\oplus\cdots\oplus W_s$.

类似于两个子空间的直和，有下述定理.

定理 7.7.4 设 $W_1,W_2,\cdots,W_s$ 都是线性空间 V 的子空间，则下列命题等价：

(1) $W_1+W_2+\cdots+W_s$ 是直和；

(2)零向量的分解是唯一的；即若

$$\boldsymbol{\alpha}_1+\boldsymbol{\alpha}_2+\cdots+\boldsymbol{\alpha}_s=0(\boldsymbol{\alpha}_1\in W_1,\boldsymbol{\alpha}_2\in W_2,\cdots,\boldsymbol{\alpha}_s\in W_s)$$

则有

$$\boldsymbol{\alpha}_1=\boldsymbol{\alpha}_2=\cdots=\boldsymbol{\alpha}_s=0;$$

(3) $W_i\cap\sum\limits_{j\neq i}W_j=\{0\}\ (i=1,2,\cdots,s)$；

(4) $\dim(W_1+W_2+\cdots+W_s)=\dim W_1+\dim W_2+\cdots+\dim W_s$.

说明：一个线性空间如果能够分解成为若干个子空间的直和，则对整个线性空间的研究就可以归结为对这若干个子空间进行研究.

例 7.7.3 设 V 是数域 $\mathbf{P}$ 上 n 阶方阵组成的线性空间，W_1,W_2 分别是 $\mathbf{P}$ 上的对称矩阵与反对称矩阵所组成的集合.证明：W_1,W_2 都是 V 的子空间且 $V=W_1\oplus W_2$.

证明：由于两个对称矩阵的和仍是对称矩阵，一个数乘以对称矩阵仍是对称矩阵，因此 W_1 也是 V 的子空间，同理，W_2 是 V 的子空间.又因为任一个矩阵都可以表示为一个对称矩阵与一个反对称矩阵的和，所以 $V=W_1+W_2$.如果一个矩阵既是对称矩阵又是反对称矩阵，则它必是零矩阵.即 $W_1\cap W_2=\{0\}$.于是 $V=W_1\oplus W_2$，证毕.

第8章　线性变换

线性变换是高等代数的重要组成部分，也是主要研究对象，它是研究线性空间中向量联系的工具，其中包含着丰富的数学思想方法.线性空间是抽象代数学中的一个重要组成部分，其理论方法在数学其他分支和物理、化学、计算机科学、管理学等领域中都有着广泛的应用.

8.1　线性变换的函数和方程的思想方法

函数描述了自然界中量与量之间的依赖关系，函数的思想是用联系和变化的观点，从实际问题中抽象出数量关系的特征，建立函数关系，从而研究变量的变化规律.方程思想是在解决问题时，先设定一些未知数，然后根据问题的条件找出已知数与未知数之间的等量关系（组），进而列出方程，然后通过解出方程（组）中的未知数，最终使问题得到解决．函数和方程的思想是数学中最基本的数学思想方法之一.

线性变换中包含着丰富的函数和方程思想方法矩阵（线性变换）的特征值、特征向量的定义实质上就是一个方程.矩阵（线性变换）的特征值是满足特征多项式等于零的这个等式的一个数，即：特征多项式等于零的解，特征向量是满足定义式的等式的一个非零向量.具体求矩阵（线性变换）的特征值、特征向量的也是分别转化成一个方程（特征多项式等于零）齐次方程组来求解的．

定义 8.1.1　设 σ 是数域 $\mathbf{P}$ 上线性空间 V 的一个线性变换，如果对于数域 $\mathbf{P}$ 中一数 λ_0，存在一个非零向量 $\xi\in V$，使得：

$$\xi=\lambda_0\xi$$

成立，那么称 λ_0 为线性变换 σ 的一个特征值，而 ξ 叫作线性变换的属于特征值 λ_0 的一个特征向量.

我们等价地可以得到：

定义 8.1.2　设 $\mathbf{A}$ 是数域 $\mathbf{P}$ 上的一个 n 阶矩阵，如果对于数域 $\mathbf{P}$ 中一数 λ_0，存在一个非零向量 $\alpha\in\mathbf{P}^n$，使得：

$$\mathbf{A}\alpha=\lambda_0\alpha,$$

那么称 λ_0 为 n 阶矩阵 $\mathbf{A}$ 的一个特征值，而 α 叫作矩阵 $\mathbf{A}$ 的属于特征值 λ_0 的一个特征向量.

注：线性变换与矩阵的特征值与特征向量存在着一一对应的等价关系，也是一种同构关系，在一定条件下可以相互转化.

函数和方程的思想方法也是数学中的重要解题方法之一，也是高等代数中一种常用的解题方法.函数和方程的思想方法是在解决问题时，先根据已知条件设定需求的一些未知量，然后确定已知量与未知量之间的等量关系，一般是把它们放在同一个等式里面，得到一个方程，最后通过解方程得到未知量来解决问题.

例 8.1.1　求矩阵

$$\boldsymbol{A}=\begin{bmatrix}0&0&1&-1\\1&0&-1&1\\1&-1&0&1\\-1&1&1&0\end{bmatrix}$$

的特征值和特征向量.

解：矩阵 $\boldsymbol{A}$ 的特征多项式为：

$$|\lambda\boldsymbol{E}-\boldsymbol{A}|=\begin{vmatrix}\lambda&-1&-1&1\\-1&\lambda&1&-1\\-1&1&\lambda&-1\\1&-1&-1&\lambda\end{vmatrix}=(\lambda-1)^3+(\lambda+3),$$

所以 $\boldsymbol{A}$ 的特征值为 $\lambda_1=\lambda_2=\lambda_3=1,\lambda_4=-3$.

当 $\lambda=1$ 时，对应的齐次线形方程组：$(\boldsymbol{E}-\boldsymbol{A})X=0$ 的基础解系，即 $\boldsymbol{A}$ 的三个线性无关的特征向量为：

$$\alpha_1=\begin{bmatrix}1\\1\\0\\0\end{bmatrix},\alpha_2=\begin{bmatrix}1\\0\\1\\0\end{bmatrix},\alpha_3=\begin{bmatrix}-1\\0\\0\\1\end{bmatrix}.$$

当 $\lambda=-3$ 时，对应的齐次线形方程组：$(-3\boldsymbol{E}-\boldsymbol{A})X=0$ 的基础解系，即 $\boldsymbol{A}$ 的三个线性无关的特征向量为：

$$\alpha_4=\begin{bmatrix}1\\-1\\-1\\1\end{bmatrix}.$$

8.2　线性变换的矩阵及对角化

8.2.1　线性变换的矩阵

设 $\boldsymbol{\alpha}_1,\boldsymbol{\alpha}_2,\cdots,\boldsymbol{\alpha}_n$ 是数域 $\mathbf{P}$ 上 n 维线性空间 V 的一组基，T 是 V 的一个线性变换，且

$$\begin{cases} T(\boldsymbol{\alpha}_1)=a_{11}\boldsymbol{\alpha}_1+a_{21}\boldsymbol{\alpha}_2+\cdots+a_{n1}\boldsymbol{\alpha}_n \\ T(\boldsymbol{\alpha}_2)=a_{12}\boldsymbol{\alpha}_1+a_{22}\boldsymbol{\alpha}_2+\cdots+a_{n2}\boldsymbol{\alpha}_n \\ \qquad\vdots \\ T(\boldsymbol{\alpha}_n)=a_{1n}\boldsymbol{\alpha}_1+a_{2n}\boldsymbol{\alpha}_2+\cdots+a_{nn}\boldsymbol{\alpha}_n \end{cases}$$

用矩阵形式,上式可表示为

$$[T(\boldsymbol{\alpha}_1),T(\boldsymbol{\alpha}_2),\cdots,T(\boldsymbol{\alpha}_n)]=T(\boldsymbol{\alpha}_1,\boldsymbol{\alpha}_2,\cdots,\boldsymbol{\alpha}_n)=[\boldsymbol{\alpha}_1,\boldsymbol{\alpha}_2,\cdots,\boldsymbol{\alpha}_n]\boldsymbol{A},$$

其中,矩阵 $\boldsymbol{A}=[a_{ij}]_{n\times n}$ 称为线性变换 T 在基 $\boldsymbol{\alpha}_1,\boldsymbol{\alpha}_2,\cdots,\boldsymbol{\alpha}_n$ 下的矩阵,简称为线性变换 T 的矩阵.

求线性变换 T 的矩阵常用到下述线性变换的基本性质:

(1) $T(\mathbf{0})=0$;

(2)$T(-\boldsymbol{\alpha})=-T(\boldsymbol{\alpha})$;

(3)$T(k_1\boldsymbol{\alpha}_1+k_2\boldsymbol{\alpha}_2+\cdots+k_n\boldsymbol{\alpha}_n)=k_1T(\boldsymbol{\alpha}_1)+k_2T(\boldsymbol{\alpha}_2)+\cdots+k_nT(\boldsymbol{\alpha}_n)$;

(4)线性相关向量组在 T 下的像仍然线性相关,但线性无关向量组在 T 下的像不一定线性无关,也可能线性相关;

(5)同一线性变换在不同基下的矩阵必相似.

命题 8.2.1 设 $\boldsymbol{\alpha}_1,\boldsymbol{\alpha}_2,\cdots,\boldsymbol{\alpha}_n$ 和 $\boldsymbol{\beta}_1,\boldsymbol{\beta}_2,\cdots,\boldsymbol{\beta}_n$ 是线性空间 V 的两组基,由基 $\boldsymbol{\alpha}_1,\boldsymbol{\alpha}_2,\cdots,\boldsymbol{\alpha}_n$ 到基 $\boldsymbol{\beta}_1,\boldsymbol{\beta}_2,\cdots,\boldsymbol{\beta}_n$ 的过渡矩阵为 $\boldsymbol{P}$,线性空间 V 中的线性变换 T 在这两组基下的矩阵依次为 $\boldsymbol{A}$ 和 $\boldsymbol{B}$,则 $\boldsymbol{B}=\boldsymbol{P}^{-1}\boldsymbol{A}\boldsymbol{P}$,即线性变换在不同基下的矩阵相似.

求线性变换的矩阵,常见的有四种类型,类型不同,求法也不同.

类型Ⅰ 线性变换 T 由一组基或其线性组合像给出,T 在这组基下的矩阵按定义求出.为此,只需将基的像表示成基的线性组合.

例 8.2.1 设 V_3 是实数域 $\mathbf{R}$ 上的三维线性空间,且

$$T(\boldsymbol{k})=\boldsymbol{i}+2\boldsymbol{j},T(\boldsymbol{j}+\boldsymbol{k})=\boldsymbol{j}+\boldsymbol{k},T(\boldsymbol{i}+\boldsymbol{j}+\boldsymbol{k})=\boldsymbol{i}+\boldsymbol{j}-\boldsymbol{k},$$

其中,$\boldsymbol{i},\boldsymbol{j},\boldsymbol{k}$ 是 V_3 的一组基,T 为 V_3 上的线性变换,试求 T 关于 $\boldsymbol{i},\boldsymbol{j},\boldsymbol{k}$ 的矩阵.

解:T 为线性变换,由题设,得到

$$T(\boldsymbol{k})=\boldsymbol{i}+2\boldsymbol{j},T(\boldsymbol{j}+\boldsymbol{k})=T(\boldsymbol{j})+T(\boldsymbol{k})=\boldsymbol{j}+\boldsymbol{k},$$
$$T(\boldsymbol{i}+\boldsymbol{j}+\boldsymbol{k})=T(\boldsymbol{i})+T(\boldsymbol{j})+T(\boldsymbol{k})=\boldsymbol{i}+\boldsymbol{j}-\boldsymbol{k},$$

因而

$$T(\boldsymbol{i})=\boldsymbol{i}-2\boldsymbol{k},T(\boldsymbol{j})=-\boldsymbol{i}-\boldsymbol{j}+\boldsymbol{k},T(\boldsymbol{k})=\boldsymbol{i}+2\boldsymbol{j}.$$

写成矩阵形式,有

$$T(\boldsymbol{i},\boldsymbol{j},\boldsymbol{k})=[\boldsymbol{i},\boldsymbol{j},\boldsymbol{k}]\begin{bmatrix}1&-1&1\\0&-1&2\\-2&1&0\end{bmatrix}.$$

上式最右边矩阵为所求矩阵.

类型Ⅱ 线性变换 T 由一组基的像给出,但基及其像都用分量表示,T 对于这组基的矩阵,仍按定义求出.这时将基的像表示成基的线性组合的方法较多,常用的有视察法、解方程组法、矩阵求逆法、矩阵相似法等.

例 8.2.2 如线性空间 $\mathbf{R}^3$ 的线性变换 σ,把基

$$\boldsymbol{\alpha}_1=[1,0,1]^{\mathrm{T}},\boldsymbol{\alpha}_2=[0,1,0]^{\mathrm{T}},\boldsymbol{\alpha}_3=[0,0,1]^{\mathrm{T}}$$

分别变为 $\boldsymbol{\beta}_1=[1,0,2]^{\mathrm{T}},\boldsymbol{\beta}_2=[-1,2,-1]^{\mathrm{T}},\boldsymbol{\beta}_3=[1,0,0]^{\mathrm{T}}$.试求 σ 关于 $\boldsymbol{\alpha}_1,\boldsymbol{\alpha}_2,\boldsymbol{\alpha}_3$ 的矩阵.

解:方法一　可用视察法将基像组 $\sigma(\boldsymbol{\alpha}_1),\sigma(\boldsymbol{\alpha}_2),\sigma(\boldsymbol{\alpha}_3)$ 分别写成基 $\boldsymbol{\alpha}_1,\boldsymbol{\alpha}_2,\boldsymbol{\alpha}_3$ 的线性组合.事实上,有

$$\sigma(\boldsymbol{\alpha}_1)=\boldsymbol{\beta}_1=[1,0,2]^{\mathrm{T}}=\boldsymbol{\alpha}_1+\boldsymbol{\alpha}_3\boldsymbol{\alpha}_2,$$

$$\sigma(\boldsymbol{\alpha}_2)=\boldsymbol{\beta}_2[-1,2,-1]^{\mathrm{T}}=-\boldsymbol{\alpha}_1+2\boldsymbol{\alpha}_2,$$

$$\sigma(\boldsymbol{\alpha}_3)=\boldsymbol{\beta}_3=[1,0,0]^{\mathrm{T}}=\boldsymbol{\alpha}_1-\boldsymbol{\alpha}_3,$$

$$\sigma[\boldsymbol{\alpha}_1,\boldsymbol{\alpha}_2,\boldsymbol{\alpha}_3]=[\boldsymbol{\alpha}_1,\boldsymbol{\alpha}_2,\boldsymbol{\alpha}_3]\begin{bmatrix}1&-1&1\\0&2&0\\1&0&-1\end{bmatrix},$$

故 σ 关于基 $\boldsymbol{\alpha}_1,\boldsymbol{\alpha}_2,\boldsymbol{\alpha}_3$ 的矩阵为上式右端的数字矩阵.

方法二　用视察法不能将基的像表示成基的线性组合时,常用解方程组法求出.为此,设

$$\sigma(\boldsymbol{\alpha}_1)=\boldsymbol{\beta}_1=x_{11}\boldsymbol{\alpha}_1+x_{21}\boldsymbol{\alpha}_2+x_{31}\boldsymbol{\alpha}_3,$$

$$\sigma(\boldsymbol{\alpha}_2)=\boldsymbol{\beta}_2=x_{12}\boldsymbol{\alpha}_1+x_{22}\boldsymbol{\alpha}_2+x_{32}\boldsymbol{\alpha}_3,$$

$$\sigma(\boldsymbol{\alpha}_n)=\boldsymbol{\beta}_3=x_{1n}\boldsymbol{\alpha}_1+x_{2n}\boldsymbol{\alpha}_2+a_{33}\boldsymbol{\alpha}_3.$$

将 $\boldsymbol{\alpha}_i$ 与 $\boldsymbol{\beta}_i$ 的分量代入上式,得分量方程组,解之得

$$x_{11}=x_{13}=x_{31}=1,x_{12}=x_{33}=-1,x_{21}=x_{33}=-1,x_{22}=2,$$

故

$$\sigma[\boldsymbol{\alpha}_1,\boldsymbol{\alpha}_2,\boldsymbol{\alpha}_3]=[\boldsymbol{\alpha}_1,\boldsymbol{\alpha}_2,\boldsymbol{\alpha}_3]\begin{bmatrix}1&-1&1\\0&2&0\\1&0&-1\end{bmatrix}.$$

方法三　由 $[\sigma(\boldsymbol{\alpha}_1),\sigma(\boldsymbol{\alpha}_2),\sigma(\boldsymbol{\alpha}_3)]=[\boldsymbol{\alpha}_1,\boldsymbol{\alpha}_2,\boldsymbol{\alpha}_3]\boldsymbol{A}$ 得

$$\begin{bmatrix}1&-1&1\\0&2&0\\1&0&-1\end{bmatrix}=\begin{bmatrix}1&0&0\\0&1&0\\1&0&1\end{bmatrix}A.$$

两端左乘右端初等矩阵的逆矩阵,得

$$\boldsymbol{A}=\begin{bmatrix}1&0&0\\0&1&0\\-1&0&1\end{bmatrix}\begin{bmatrix}1&-1&1\\0&2&0\\2&-1&0\end{bmatrix}=\begin{bmatrix}1&-1&1\\0&2&0\\1&0&-1\end{bmatrix}.$$

方法四　设由 $\boldsymbol{\alpha}_1,\boldsymbol{\alpha}_2,\boldsymbol{\alpha}_3$ 到 $\sigma(\boldsymbol{\alpha}_1),\sigma(\boldsymbol{\alpha}_2),\sigma(\boldsymbol{\alpha}_3)$ 的过渡矩阵为

$$\boldsymbol{A}=\begin{bmatrix}a_1&a_2&a_3\\b_1&b_2&b_3\\c_1&c_2&c_3\end{bmatrix},$$

由 $\boldsymbol{A}=\begin{bmatrix}1&0&0\\0&1&0\\-1&0&1\end{bmatrix}\begin{bmatrix}1&-1&1\\0&2&0\\2&-1&0\end{bmatrix}=\begin{bmatrix}1&-1&1\\0&2&0\\1&0&-1\end{bmatrix}$ 得到

$$\begin{bmatrix}1&-1&1\\0&2&0\\2&-1&0\end{bmatrix}=\begin{bmatrix}a_1&a_2&a_3\\b_1&b_2&b_3\\a_1+c_1&a_2+c_2&a_3+c_3\end{bmatrix},$$

比较两端矩阵中的对应元素，得到

$$a_1=a_3=c_1=1,a_2=c_3=-1,b_1=b_3=c_2=0,b_2=2.$$

所求得的 $\boldsymbol{A}$ 与方法三相同.

类型Ⅲ 线性变换 T 由 V 中任意元素的像给出.将 T 作用于已知基或标准基，并将基像表示成该基的线性组合，可求出 T 在该基下的矩阵.

例 8.2.3 设在 $P[x]_n$ 中，线性变换 T 定义为

$$T[\boldsymbol{f}(x)]=\frac{1}{a}[\boldsymbol{f}(x+a)-\boldsymbol{f}(x)],$$

其中，a 为定数，$\boldsymbol{f}(x)\in P[x]_n$.求 T 在下述基下的矩阵：

$$\boldsymbol{f}_0(x)=1,\boldsymbol{f}_1(x)=x,\boldsymbol{f}_2(x)=\frac{x(x-a)}{2!},\boldsymbol{f}_3(x)=\frac{x(x-a)(x-2a)}{3!},\cdots\cdots$$

$$\boldsymbol{f}_n(x)=\frac{x(x-a)\cdots[x-(n-1)a]}{n!}.$$

解：T 由 $P[x]_n$ 中任意元素 $\boldsymbol{f}(x)$ 的像给出.为求 T 在上述基下的矩阵，将 T 作用于上述基，且将其像表示成该基的线性组合：

$$T[\boldsymbol{f}_0(x)]=T[1]=0,$$

$$T[\boldsymbol{f}_1(x)]=T[x]=1=\boldsymbol{f}_0(x),$$

$$T[\boldsymbol{f}_2(x)]=T\left[\frac{x(x-a)}{2!}\right]=x=\boldsymbol{f}_1(x),$$

$$T[\boldsymbol{f}_3(x)]=\frac{1}{a}[\boldsymbol{f}_3(x+a)-\boldsymbol{f}_3(x)]=\frac{x(x-a)}{2!}=\boldsymbol{f}_2(x),$$

$$\cdots\cdots$$

$$\begin{aligned}T[\boldsymbol{f}_n(x)]&=\frac{1}{a}\left\{\frac{(x+a)(x+a-a)\cdots[x+a-(n-1)a]}{n!}-\frac{x(x-a)\cdots[x-(n-1)a]}{n!}\right\}\\&=\boldsymbol{f}_{n-1}(x),\end{aligned}$$

写成矩阵形式：

$$T[\boldsymbol{f}_0(x),\boldsymbol{f}_1(x),\cdots,\boldsymbol{f}_n(x)]=[\boldsymbol{f}_0(x),\boldsymbol{f}_1(x),\cdots,\boldsymbol{f}_n(x)]\begin{bmatrix}0&1&0&\cdots&0\\0&0&1&\cdots&0\\\vdots&\vdots&\vdots&&\vdots\\0&0&0&\cdots&1\\0&0&0&\cdots&0\end{bmatrix},$$

故所求的矩阵为上式最右端矩阵.

类型Ⅳ 已知线性变换在一组基下的矩阵，求在另一组基下的矩阵.

这种矩阵的求法较多，或求出过渡矩阵，根据同一线性变换在不同基下的矩阵相似的结论求之；或由定义求之；或取标准基求之.

例 8.2.4 假定 $\mathbf{R}^3$ 中的线性变换 T 把基

$$\boldsymbol{\alpha}_1=[1,0,1]^{\mathrm{T}},\boldsymbol{\alpha}_2=[0,1,0]^{\mathrm{T}},\boldsymbol{\alpha}_3=[0,0,1]^{\mathrm{T}}$$

变为基

$$\boldsymbol{\beta}_1=[1,0,2]^{\mathrm{T}},\boldsymbol{\beta}_2=[-1,2,-1]^{\mathrm{T}},\boldsymbol{\beta}_3=[1,0,0]^{\mathrm{T}}.$$

试求 T 在下述基下的矩阵：

$$\tilde{\boldsymbol{\alpha}}_1=[1,0,0]^{\mathrm{T}},\tilde{\boldsymbol{\alpha}}_2=[0,1,0]^{\mathrm{T}},\tilde{\boldsymbol{\alpha}}_3=[0,0,1]^{\mathrm{T}}.$$

解：方法一　根据定义求之，设法将 $T(\tilde{\boldsymbol{\alpha}}_1),T(\tilde{\boldsymbol{\alpha}}_2),T(\tilde{\boldsymbol{\alpha}}_3)$ 都表示成 $\tilde{\boldsymbol{\alpha}}_1,\tilde{\boldsymbol{\alpha}}_2,\tilde{\boldsymbol{\alpha}}_3$ 的线性组合.为此，先将 $\tilde{\boldsymbol{\alpha}}_1,\tilde{\boldsymbol{\alpha}}_2,\tilde{\boldsymbol{\alpha}}_3$ 用 $\boldsymbol{\alpha}_1,\boldsymbol{\alpha}_2,\boldsymbol{\alpha}_3$ 线性表出：

$$\tilde{\boldsymbol{\alpha}}_1=[1,0,0]^{\mathrm{T}}=\boldsymbol{\alpha}_1-\boldsymbol{\alpha}_3,\tilde{\boldsymbol{\alpha}}_2=\boldsymbol{\alpha}_2,\tilde{\boldsymbol{\alpha}}_3=\boldsymbol{\alpha}_3. \tag{8-2-1}$$

在以上各等式两端用 T 作用之，得到

$$T(\tilde{\boldsymbol{\alpha}}_1)=T(\boldsymbol{\alpha}_1)-T(\boldsymbol{\alpha}_3)=[1,0,2]^{\mathrm{T}}-[1,0,0]^{\mathrm{T}}=2\tilde{\boldsymbol{\alpha}}_3,$$

$$T(\tilde{\boldsymbol{\alpha}}_2)=T(\boldsymbol{\alpha}_2)=[-1,2,-1]^{\mathrm{T}}=-2\tilde{\boldsymbol{\alpha}}_1+2\tilde{\boldsymbol{\alpha}}_2-\tilde{\boldsymbol{\alpha}}_3,$$

$$T(\tilde{\boldsymbol{\alpha}}_3)=T(\boldsymbol{\alpha}_3)=[1,0,0]^{\mathrm{T}}=\tilde{\boldsymbol{\alpha}}_1,$$

写成矩阵形式，即为

$$T(\tilde{\boldsymbol{\alpha}}_1,\tilde{\boldsymbol{\alpha}}_2,\tilde{\boldsymbol{\alpha}}_3)=[\tilde{\boldsymbol{\alpha}}_1,\tilde{\boldsymbol{\alpha}}_2,\tilde{\boldsymbol{\alpha}}_3]\begin{bmatrix}0&-1&1\\0&2&0\\2&-1&0\end{bmatrix},$$

故 T 在 $\tilde{\boldsymbol{\alpha}}_1,\tilde{\boldsymbol{\alpha}}_2,\tilde{\boldsymbol{\alpha}}_3$ 下的矩阵为上式最右边矩阵.

方法二　同一线性变换在不同基下的矩阵必相似，利用此关系求之.

将 $T(\boldsymbol{\alpha}_1),T(\boldsymbol{\alpha}_2),T(\boldsymbol{\alpha}_3)$ 写成 $\boldsymbol{\alpha}_1,\boldsymbol{\alpha}_2,\boldsymbol{\alpha}_3$ 的线性组合：

$$T(\boldsymbol{\alpha}_1)=[1,0,2]^{\mathrm{T}}=\boldsymbol{\alpha}_1+\boldsymbol{\alpha}_3,$$

$$T(\boldsymbol{\alpha}_2)=[-1,2,-1]^{\mathrm{T}}=-\boldsymbol{\alpha}_1+2\boldsymbol{\alpha}_2,$$

$$T(\boldsymbol{\alpha}_3)=[1,0,0]^{\mathrm{T}}=\boldsymbol{\alpha}_1-\boldsymbol{\alpha}_3,$$

故 T 在基 $\boldsymbol{\alpha}_1,\boldsymbol{\alpha}_2,\boldsymbol{\alpha}_3$ 下的矩阵为

$$\boldsymbol{A}=\begin{bmatrix}1&-1&1\\0&2&0\\1&0&-1\end{bmatrix},$$

由式(8-2-1)得

$$[\tilde{\boldsymbol{\alpha}}_1,\tilde{\boldsymbol{\alpha}}_2,\tilde{\boldsymbol{\alpha}}_3]=[\boldsymbol{\alpha}_1,\boldsymbol{\alpha}_2,\boldsymbol{\alpha}_3]\begin{bmatrix}1&0&1\\0&1&0\\-1&0&1\end{bmatrix},$$

因而由基 $\boldsymbol{\alpha}_1,\boldsymbol{\alpha}_2,\boldsymbol{\alpha}_3$ 到基 $\tilde{\boldsymbol{\alpha}}_1,\tilde{\boldsymbol{\alpha}}_2,\tilde{\boldsymbol{\alpha}}_3$ 的过渡矩阵 $\boldsymbol{P}$ 为右端数字矩阵，由命题 8.2.1 知，线性变换 T 在基 $\tilde{\boldsymbol{\alpha}}_1,\tilde{\boldsymbol{\alpha}}_2,\tilde{\boldsymbol{\alpha}}_3$ 下的矩阵为

$$\boldsymbol{B}=\boldsymbol{P}^{-1}\boldsymbol{AP}=\begin{bmatrix}0&-1&1\\0&2&0\\2&-1&0\end{bmatrix}.$$

方法三　取标准基 $\boldsymbol{\varepsilon}_1,\boldsymbol{\varepsilon}_2,\boldsymbol{\varepsilon}_3$，将所有基向量及其像都用 $\boldsymbol{\varepsilon}_1,\boldsymbol{\varepsilon}_2,\boldsymbol{\varepsilon}_3$ 的线性组合表示，写成矩阵形式，得到

$$[\boldsymbol{\alpha}_1,\boldsymbol{\alpha}_2,\boldsymbol{\alpha}_3]=[\boldsymbol{\varepsilon}_1,\boldsymbol{\varepsilon}_2,\boldsymbol{\varepsilon}_3]\begin{bmatrix}1&0&1\\0&1&0\\1&0&1\end{bmatrix}, \tag{8-2-2}$$

$$[\boldsymbol{\beta}_1,\boldsymbol{\beta}_2,\boldsymbol{\beta}_3]=[\boldsymbol{\varepsilon}_1,\boldsymbol{\varepsilon}_2,\boldsymbol{\varepsilon}_3]\begin{bmatrix}1&-1&1\\0&2&0\\2&-1&0\end{bmatrix},\tag{8-2-3}$$

$$[\tilde{\boldsymbol{\alpha}}_1,\tilde{\boldsymbol{\alpha}}_2,\tilde{\boldsymbol{\alpha}}_3]=[\boldsymbol{\varepsilon}_1,\boldsymbol{\varepsilon}_2,\boldsymbol{\varepsilon}_3]\begin{bmatrix}1&0&1\\0&1&0\\0&0&1\end{bmatrix}.\tag{8-2-4}$$

令式(8-2-2)、式(8-2-3)、式(8-2-4)最右端矩阵分别为 $\boldsymbol{P}_1,\boldsymbol{P}_2,\boldsymbol{P}_3(=\boldsymbol{E})$，则

$$T(\boldsymbol{\alpha}_1,\boldsymbol{\alpha}_2,\boldsymbol{\alpha}_3)=[T(\boldsymbol{\alpha}_1),T(\boldsymbol{\alpha}_2),T(\boldsymbol{\alpha}_3)]=[\boldsymbol{\beta}_1,\boldsymbol{\beta}_2,\boldsymbol{\beta}_3]=[\boldsymbol{\varepsilon}_1,\boldsymbol{\varepsilon}_2,\boldsymbol{\varepsilon}_3]\boldsymbol{P}_2.\tag{8-2-5}$$

将 T 作用于式(8-2-4)两端，得

$$\begin{aligned}T(\tilde{\boldsymbol{\alpha}}_1,\tilde{\boldsymbol{\alpha}}_2,\tilde{\boldsymbol{\alpha}}_3)&=T(\boldsymbol{\varepsilon}_1,\boldsymbol{\varepsilon}_2,\boldsymbol{\varepsilon}_3)\boldsymbol{P}_3\\&=T(\boldsymbol{\alpha}_1,\boldsymbol{\alpha}_2,\boldsymbol{\alpha}_3)\boldsymbol{P}_1^{-1}\boldsymbol{P}_3\\&=(\boldsymbol{\varepsilon}_1,\boldsymbol{\varepsilon}_2,\boldsymbol{\varepsilon}_3)\boldsymbol{P}_2\boldsymbol{P}_1^{-1}\boldsymbol{P}_3\\&=[\tilde{\boldsymbol{\alpha}}_1,\tilde{\boldsymbol{\alpha}}_2,\tilde{\boldsymbol{\alpha}}_3]\boldsymbol{P}_3^{-1}\boldsymbol{P}_2\boldsymbol{P}_1^{-1}\boldsymbol{P}_3,\end{aligned}$$

故 T 在 $\tilde{\boldsymbol{\alpha}}_1,\tilde{\boldsymbol{\alpha}}_2,\tilde{\boldsymbol{\alpha}}_3$ 下的矩阵为

$$\boldsymbol{P}_3^{-1}\boldsymbol{P}_2\boldsymbol{P}_1^{-1}\boldsymbol{P}_3=\boldsymbol{E}\boldsymbol{P}_2\boldsymbol{P}_1^{-1}\boldsymbol{E}=\boldsymbol{P}_2\boldsymbol{P}_1^{-1}=\begin{bmatrix}0&-1&1\\0&2&0\\2&-1&0\end{bmatrix}.$$

方法四　取标准基 $\boldsymbol{\varepsilon}_1,\boldsymbol{\varepsilon}_2,\boldsymbol{\varepsilon}_3$，先将 $T(\tilde{\boldsymbol{\alpha}}_1),T(\tilde{\boldsymbol{\alpha}}_2),T(\tilde{\boldsymbol{\alpha}}_3)$ 用 $\boldsymbol{\varepsilon}_1,\boldsymbol{\varepsilon}_2,\boldsymbol{\varepsilon}_3$ 的线性组合表示，然后将 $\boldsymbol{\varepsilon}_1,\boldsymbol{\varepsilon}_2,\boldsymbol{\varepsilon}_3$ 用基 $\tilde{\boldsymbol{\alpha}}_1,\tilde{\boldsymbol{\alpha}}_2,\tilde{\boldsymbol{\alpha}}_3$ 的线性组合表出，于是通过 $\boldsymbol{\varepsilon}_1,\boldsymbol{\varepsilon}_2,\boldsymbol{\varepsilon}_3$ 的过渡，将 $T(\tilde{\boldsymbol{\alpha}}_1)$，$T(\tilde{\boldsymbol{\alpha}}_2),T(\tilde{\boldsymbol{\alpha}}_3)$ 表示成基 $\tilde{\boldsymbol{\alpha}}_1,\tilde{\boldsymbol{\alpha}}_2,\tilde{\boldsymbol{\alpha}}_3$ 的组性组合.

由式(8-2-1)、式(8-2-4)及式(8-2-5)得到

$$T(\tilde{\boldsymbol{\alpha}}_1)=T(\boldsymbol{\alpha}_1-\boldsymbol{\alpha}_3)=T(\boldsymbol{\alpha}_1)-T(\boldsymbol{\alpha}_3)=\boldsymbol{\varepsilon}_1+2\boldsymbol{\varepsilon}_3-\boldsymbol{\varepsilon}_1=2\boldsymbol{\varepsilon}_3=2\tilde{\boldsymbol{\alpha}}_3,$$

$$T(\tilde{\boldsymbol{\alpha}}_2)=T(\boldsymbol{\alpha}_2)=-\boldsymbol{\varepsilon}_1+2\boldsymbol{\varepsilon}_2-\boldsymbol{\varepsilon}_3=-\tilde{\boldsymbol{\alpha}}_1+2\tilde{\boldsymbol{\alpha}}_2-\tilde{\boldsymbol{\alpha}}_3,$$

$$T(\tilde{\boldsymbol{\alpha}}_3)=T(\boldsymbol{\alpha}_3)=\boldsymbol{\varepsilon}_1=\tilde{\boldsymbol{\alpha}}_1,$$

故所求矩阵与上述诸解相同.

8.2.2 矩阵的对角化

下面研究一个 n 阶矩阵在什么条件下与一个对角形矩阵相似.

定义 8.2.1　设 $\boldsymbol{A}$ 是数域 $\mathbf{P}$ 上一个 n 阶矩阵，如果存在 $\mathbf{P}$ 上的一个可逆矩阵 $\boldsymbol{T}$，使 $\boldsymbol{T}^{-1}\boldsymbol{A}\boldsymbol{T}$ 是对角矩阵，就说 $\boldsymbol{A}$ 可以对角化.

由矩阵与线性变换的对应关系，类似地有：

定义 8.2.2　设 σ 是数域 $\mathbf{P}$ 上 $n(n\geqslant 1)$ 维线性空间 V 的一个线性变换，如果存在 V 的一个基，使得 σ 关于这个基的矩阵是对角形，就说 σ 可以对角化.

根据定义知：n 维线性空间的基取定后，V 的线性变换 σ 可以对角化当且仅当它关于这个基的矩阵 $\boldsymbol{A}$ 可以对角化.

定理 8.2.1　设 σ 是数域 $\mathbf{P}$ 上 n 维线性空间 V 的线性变换.σ 可对角化的充分必要条件是：σ 有 n 个线性无关的特征向量.

这个定理的结论较容易得到,在此不再证明.

定理 8.2.2　设数域 **P** 上线性空间 V 有一个线性变换 σ,$\xi_1,\xi_2,\cdots,\xi_m$ 分别是 σ 的属于互不相同的特征根 $\lambda_1,\lambda_2,\cdots,\lambda_m$ 的特征向量,那么,向量 $\xi_1,\xi_2,\cdots,\xi_m$ 线性无关.

证明:对 m 使用数学归纳法.

当 $m=1$ 时,$\xi_1\neq 0$,ξ_1 线性无关.

假设定理对于 $m-1(m>1)$ 个向量结论成立.现设 $\lambda_1,\lambda_2,\cdots,\lambda_m$ 是 σ 的两两不同的特征根,ξ_i 是属于 λ_i 的特征向量,即

$$\sigma(\xi_i)=\lambda_i\xi_i,i=1,2,\cdots,m, \tag{8-2-6}$$

如果有

$$a_1\xi_1+a_2\xi_2+\cdots+a_{m-1}\xi_{m-1}+a_m\xi_m=0,a_i\in F, \tag{8-2-7}$$

用 λ_m 乘式(8-2-7)两端,得

$$a_1\lambda_m\xi_1+a_2\lambda_m\xi_2+\cdots+a_{m-1}\lambda_m\xi_{m-1}+a_m\lambda_m\xi_m=0, \tag{8-2-8}$$

对式(8-2-7)两端的向量用线性变换 σ 去作用,得

$$a_1\lambda_1\xi_1+a_2\lambda_2\xi_2+\cdots+a_{m-1}\lambda_{m-1}\xi_{m-1}+a_m\lambda_m\xi_m=0, \tag{8-2-9}$$

用式(8-2-9)减去式(8-2-8)得

$$a_1(\lambda_1-\lambda_m)\xi_1+a_2(\lambda_2-\lambda_m)\xi_2+\cdots+a_{m-1}(\lambda_{m-1}-\lambda_m)\xi_{m-1}=0,$$

但 $\xi_1,\xi_2,\cdots,\xi_{m-1}$ 由归纳假设是线性无关的,所以

$$a_i(\lambda_i-\lambda_m)=0,i=1,2,\cdots,m-1,$$

而 $\lambda_1,\lambda_2,\cdots,\lambda_m$ 两两不同,$\lambda_i-\lambda_m\neq 0,i=1,2,\cdots,m-1$.只有 $a_1=a_2=\cdots=a_{m-1}=0$.代入式(8-2-7),由 $\xi_m\neq 0$ 又有 $a_m=0$,这就证明了向量 $\xi_1,\xi_2,\cdots,\xi_m$ 是线性无关的.

由上面两个定理可以得以下推论.

推论 8.2.1　设 σ 是数域 **P** 上 n 维线性空间 V 的一个线性变换,如果 σ 的特征多项式 $f_\sigma(x)$ 在 F 内有 n 个不同的根,那么 σ 可对角化.

证明:若 $f_\sigma(x)$ 在 F 中有互不相同的 n 个特征根 $\lambda_1,\lambda_2,\cdots,\lambda_n$,对每个 λ_i 选取一个特征向量 $\xi_i,i=1,2,\cdots,n$,$\xi_1,\xi_2,\cdots,\xi_n$ 线性无关,构成 V 的一个基.σ 在这个基下的矩阵是对角矩阵

$$\begin{bmatrix}\lambda_1 & 0 & \cdots & 0\\ 0 & \lambda_2 & \cdots & 0\\ \vdots & \vdots & & \vdots\\ 0 & 0 & \cdots & \lambda_n\end{bmatrix},$$

所以,σ 可对角化.

这个推论的矩阵说法是:设 **A** 是数域 **P** 上的一个 n 阶矩阵,如果 **A** 的特征多项式 $f_A(x)$ 在 **P** 内有 n 个单根,那么 **A** 可以对角化.

如果数域 **P** 是复数域 **C**,推论 8.2.1 可改为以下推论.

推论 8.2.2　设 F 是复数域 **C** 上 n 维线性空间 V 的一个线性变换,如果 σ 的特征多项式没有重根,那么 σ 可对角化.

推论 8.2.3　只给出了线性变换可对角化的一个充分条件,它并不是必要条件.而对没有 n 个不同特征根的线性变换,要判断它能否对角化,还需作进一步的讨论.

定理 8.2.3 如果 $\lambda_1,\lambda_2,\cdots,\lambda_s$ 是线性变换 σ 的 s 个不同的特征根，$\boldsymbol{\alpha}_{i1},\cdots,\boldsymbol{\alpha}_{ir_i}$ 是 σ 的属于特征根 λ_i 的线性无关的向量，$i=1,2,\cdots,s$，那么，向量组 $\boldsymbol{\alpha}_{11},\cdots,\boldsymbol{\alpha}_{1r_1},\boldsymbol{\alpha}_{21},\cdots,\boldsymbol{\alpha}_{2r_2},\cdots,\boldsymbol{\alpha}_{s1},\cdots,\boldsymbol{\alpha}_{sr_s}$ 线性无关.

证明：设

$$k_{11}\boldsymbol{\alpha}_{11}+\cdots+k_{1r_1}\boldsymbol{\alpha}_{1r_1}+k_{21}\boldsymbol{\alpha}_{21}+\cdots+k_{2r_2}\boldsymbol{\alpha}_{2r_2}+\cdots+k_{s1}\boldsymbol{\alpha}_{s1}+\cdots+k_{sr_s}\boldsymbol{\alpha}_{sr_s}=0,$$

即

$$\boldsymbol{\alpha}_1+\boldsymbol{\alpha}_2+\cdots+\boldsymbol{\alpha}_s=0, \tag{8-2-10}$$

其中

$$\boldsymbol{\alpha}_i=k_{i1}\boldsymbol{\alpha}_{i1}+\cdots+k_{ir_i}\boldsymbol{\alpha}_{ir_i}\in V_{\lambda i},i=1,2,\cdots,s,$$

因此，$\boldsymbol{\alpha}_i=0$ 或者 $\boldsymbol{\alpha}_i$ 是 σ 的属于 λ_i 的特征向量.如果 $\boldsymbol{\alpha}_1,\boldsymbol{\alpha}_2,\cdots,\boldsymbol{\alpha}_s$ 不全为 0，不妨设 $\boldsymbol{\alpha}_1,\boldsymbol{\alpha}_2,\cdots,\boldsymbol{\alpha}_t(t<s)$ 均不是零向量，而其余的 $\boldsymbol{\alpha}_j(j=t+1,t+2,\cdots,s)$ 全是零向量.由式(8-2-10)有

$$\boldsymbol{\alpha}_1+\boldsymbol{\alpha}_2+\cdots+\boldsymbol{\alpha}_t=0,$$

即 $\boldsymbol{\alpha}_1,\boldsymbol{\alpha}_2,\cdots,\boldsymbol{\alpha}_t$ 线性相关.所以有 $\boldsymbol{\alpha}_i=0,i=1,2,\cdots,s$，即

$$k_{i1}\boldsymbol{\alpha}_{i1}+\cdots+k_{ir_i}\boldsymbol{\alpha}_{ir_i}=0,i=1,2,\cdots,s,$$

由假设，$\boldsymbol{\alpha}_{i1},\cdots,\boldsymbol{\alpha}_{ir_i}$ 线性无关，所以

$$k_{i1}=\cdots=k_{ir_i}=0,i=1,2,\cdots,s,$$

因此，向量组 $\boldsymbol{\alpha}_{11},\cdots,\boldsymbol{\alpha}_{1r_1},\boldsymbol{\alpha}_{21},\cdots,\boldsymbol{\alpha}_{2r_2},\cdots,\boldsymbol{\alpha}_{s1},\cdots,\boldsymbol{\alpha}_{sr_s}$ 线性无关.
定理得到证明.

再来讨论线性变换的特征子空间的维数与所属特征根的重数的关系.

定理 8.2.4 设 σ 是数域 **P** 上 n 维线性空间 V 的一个线性变换，λ_0 是 σ 的一个特征，$V_{\lambda 0}$ 是 σ 的属于特征根 λ_0 的特征子空间，那么 $\dim V_{\lambda 0}\leqslant\lambda_0$ 的重数，其中 λ_0 的重数指的是它作为 $f_\sigma(x)$ 的根的重数.

证明：设 $\dim V_{\lambda 0}=s$，$\{\boldsymbol{\alpha}_1,\boldsymbol{\alpha}_2,\cdots,\boldsymbol{\alpha}_s\}$ 是 $V_{\lambda 0}$ 的基，将它扩充成 V 的一个基：$\{\boldsymbol{\alpha}_1,\boldsymbol{\alpha}_2,\cdots,\boldsymbol{\alpha}_s,\boldsymbol{\alpha}_{s+1},\cdots,\boldsymbol{\alpha}_n\}$.由于 $V_{\lambda 0}$ 是 σ 的特征子空间，可设

$$\sigma(\boldsymbol{\alpha}_1)=\lambda_0\boldsymbol{\alpha}_1,$$
$$\sigma(\boldsymbol{\alpha}_2)=\lambda_0\boldsymbol{\alpha}_2,$$
$$\cdots\cdots$$
$$\sigma(\boldsymbol{\alpha}_s)=\lambda_0\boldsymbol{\alpha}_s,$$
$$\sigma(\boldsymbol{\alpha}_{s+1})=a_{1,s+1}\boldsymbol{\alpha}_1+a_{2,s+1}\boldsymbol{\alpha}_2+\cdots+a_{n,s+1}\boldsymbol{\alpha}_n,$$
$$\cdots\cdots$$
$$\sigma(\boldsymbol{\alpha}_n)=a_{1n}\boldsymbol{\alpha}_1+a_{2n}\boldsymbol{\alpha}_2+\cdots+a_{nn}\boldsymbol{\alpha}_n,$$

于是，σ 在基 $\{\boldsymbol{\alpha}_1,\boldsymbol{\alpha}_2,\cdots,\boldsymbol{\alpha}_s,\boldsymbol{\alpha}_{s+1},\cdots,\boldsymbol{\alpha}_n\}$ 下的矩阵是

$$\mathbf{A}=\begin{bmatrix}\lambda_0 & & & a_{1,s+1} & \cdots & a_{1n}\\ & \ddots & & \vdots & & \vdots\\ & & \lambda_0 & a_{s,s+1} & \cdots & a_{sn}\\ 0 & \cdots & 0 & a_{s+1,s+1} & \cdots & a_{s+1,n}\\ \vdots & & \vdots & \vdots & & \vdots\\ 0 & \cdots & 0 & a_{n,s+1} & \cdots & a_{nn}\end{bmatrix},$$

$$f_\sigma(x)=f_A(x)=|x\boldsymbol{I}-\boldsymbol{A}|=(x-\lambda_0)^s h(x).$$

其中,$h(x)$是 $\mathbf{A}$ 中右下角小块矩阵

$$\begin{bmatrix} a_{s+1,s+1} & \cdots & a_{s+1,n} \\ \vdots & & \vdots \\ a_{n,s+1} & \cdots & a_{nn} \end{bmatrix},$$

的特征多项式.这样,λ_0 在 $f_\sigma(x)$中的重数不小于 s,即 $\dim V_{\lambda_0}\leqslant\lambda_0$ 的重数.

接下来证明下面的定理.

定理 8.2.5　设 σ 是数域 $\mathbf{P}$ 上 n 维线性空间 V 的一个线性变换,σ 可对角化的充分必要条件是:

(1)σ 的特征多项式的根都在 $\mathbf{P}$ 内;

(2)σ 的每个特征根 λ,$\dim V_\lambda=\lambda$ 的重数.

证明:充分性:设 σ 的所有不同的特征根 $\lambda_1,\lambda_2,\cdots,\lambda_t$,在特征多项式 $f_\sigma(x)$的重数分别是 $r_1,r_2,\cdots,r_t$.

由条件(1)有 $r_1+r_2+\cdots+r_t=n$,

由条件(2)有 $\dim V_{\lambda_i}=r_i,i=1,2,\cdots,t$,

可设 $\boldsymbol{\alpha}_{i1},\cdots,\boldsymbol{\alpha}_{ir_i}$ 是 V_{λ_i} 的一个基,$i=1,2,\cdots,t$,

根据定理 8.2.3,n 个特征向量为

$$\boldsymbol{\alpha}_{11},\cdots,\boldsymbol{\alpha}_{1r_1},\boldsymbol{\alpha}_{21},\cdots,\boldsymbol{\alpha}_{2r_2},\cdots,\boldsymbol{\alpha}_{t1},\cdots,\boldsymbol{\alpha}_{tr_t}, \tag{8-2-11}$$

它们线性无关,构成 V 的一个基,σ 可对角化.

必要性:设 σ 可对角化,V 有一个由 σ 的特征向量组成的基.适当排列基向量的次序,不妨设式(8-2-11)是重新排列后的 V 的一个基,σ 在这个基下的矩阵为

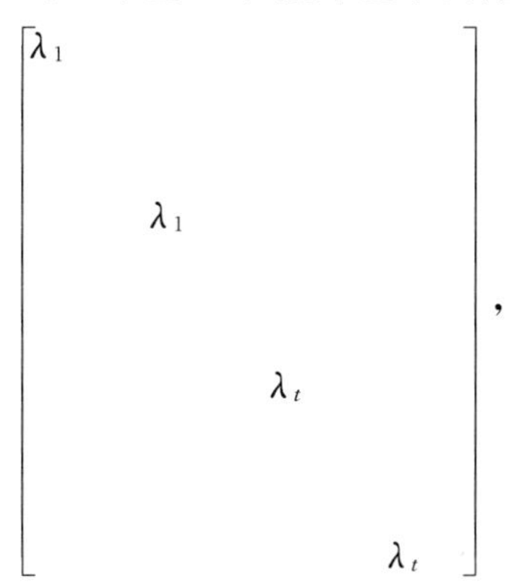

于是 σ 的特征多项式为

$$f_\sigma(x)=(x-\lambda_1)^{r1}(x-\lambda_2)^{r2}\cdots(x-\lambda_t)^{rt},$$

因此,$\lambda_1,\lambda_2,\cdots,\lambda_t$ 是它的全部互异的特征根,均属于数域 $\mathbf{P}$,且 λ_i 的重数是 $r_i,i=1,2,\cdots,t$,又由于 $\boldsymbol{\alpha}_{i1},\cdots,\boldsymbol{\alpha}_{ir_t}$ 线性无关,均是 V_{λ_t} 的向量,从而有 $\dim V_{\lambda_i}\geqslant r_i$.另一方面,$\dim V_{\lambda_i}\leqslant r_t$,所以 $\dim V_{\lambda_t}=r_i,i=1,2,\cdots,t$.

由定理 8.2.4 和定理 8.2.5 可知,要把一个可对角化的线性变换 σ 对角化,只需对 σ 的每个特征根 λ_i,求出 V_{λ_i} 的基,凑成空间 V 的由 σ 的特征向量组成的基,σ 在这样的一个基下的矩阵就具有对角形式.

例 8.2.5 设 $\mathbf{R}$ 上的三维线性空间 V 的线性变换 σ 在基 $[\boldsymbol{\alpha}_1,\boldsymbol{\alpha}_2,\boldsymbol{\alpha}_3]$ 下的矩阵是

$$\boldsymbol{A}=\begin{bmatrix}4&6&0\\-3&-5&0\\-3&-6&1\end{bmatrix},$$

则可求得 σ 的特征根为 $\lambda_1=1$(二重根),$\lambda_2=-2$,对应的基础解系为 $\boldsymbol{\xi}_1=[-2,1,0]$、$\boldsymbol{\xi}_2=[0,0,1]$ 和 $\boldsymbol{\xi}_3=[-1,1,1]$.由于 $f_\sigma(x)$ 的根 $1,1,-2$ 均在 $\mathbf{R}$ 内,且 $\dim V_1=2$ 等于 $\lambda_1=1$ 的重数,$\dim V_{-2}=1$ 等于 $\lambda_2=-2$ 的重数,所以 σ 可以对角化.

特征子空间 V_1 的基是 $\{-2\boldsymbol{\alpha}_1+\boldsymbol{\alpha}_2,\boldsymbol{\alpha}_3\}$,而特征子空间 V_{-2} 的基是 $[-\boldsymbol{\alpha}_1+\boldsymbol{\alpha}_2+\boldsymbol{\alpha}_3]$.令 $\boldsymbol{\eta}_1=-2\boldsymbol{\alpha}_1+\boldsymbol{\alpha}_2,\boldsymbol{\eta}_2=\boldsymbol{\alpha}_3,\boldsymbol{\eta}_3=-\boldsymbol{\alpha}_1+\boldsymbol{\alpha}_2+\boldsymbol{\alpha}_3$,$\{\boldsymbol{\eta}_1,\boldsymbol{\eta}_2,\boldsymbol{\eta}_3\}$ 构成 V 的一个基,σ 在这个基下的矩阵是

$$\begin{bmatrix}1&&\\&1&\\&&-2\end{bmatrix},$$

又因为

$$[\boldsymbol{\eta}_1,\boldsymbol{\eta}_2,\boldsymbol{\eta}_3]=[-\boldsymbol{\alpha}_1+\boldsymbol{\alpha}_2+\boldsymbol{\alpha}_3]\begin{bmatrix}-2&0&-1\\1&0&1\\0&1&1\end{bmatrix},$$

即

$$T=\begin{bmatrix}-2&0&-1\\1&0&1\\0&1&1\end{bmatrix}.$$

是由基 $\{\boldsymbol{\alpha}_1,\boldsymbol{\alpha}_2,\boldsymbol{\alpha}_3\}$ 到基 $\{\boldsymbol{\eta}_1,\boldsymbol{\eta}_2,\boldsymbol{\eta}_3\}$ 的过渡矩阵.

$$\begin{aligned}\boldsymbol{T}^{-1}\boldsymbol{AT}&=\begin{bmatrix}-2&0&-1\\1&0&1\\0&1&1\end{bmatrix}^{-1}\begin{bmatrix}4&6&0\\-3&-5&0\\-3&-6&1\end{bmatrix}\begin{bmatrix}-2&0&-1\\1&0&1\\0&1&1\end{bmatrix}\\&=\begin{bmatrix}1&&\\&1&\\&&-2\end{bmatrix}.\end{aligned}$$

注意:$\boldsymbol{T}$ 正好是由方程组 $(\boldsymbol{I}-\boldsymbol{A})\boldsymbol{X}=0$ 与 $(-2\boldsymbol{I}-\boldsymbol{A})\boldsymbol{X}=0$ 的基础解系中的向量作列向量拼成的矩阵.

定理 8.2.5 的矩阵进一步得到以下定理.

定理 8.2.6 设 $\mathbf{A}$ 是数域 $\mathbf{P}$ 上的一个 n 阶矩阵,$\mathbf{A}$(在 $\mathbf{P}$ 上)可对角化的充分必要条件是:

(1)$\mathbf{A}$ 的特征根都在 $\mathbf{P}$ 内;

(2)对于 $\mathbf{A}$ 的每个特征根 λ_i,有秩$(\lambda_i\boldsymbol{I}-\boldsymbol{A})=n-r_i$,其中 r_i 是 λ_i 的重数.

定理 8.2.5 与定理 8.2.6 是等价的.只要引入 $\mathbf{P}$ 上的 n 维线性空间、基及对应的线性变换,很容易就可理解这一点.

如果数域 $\mathbf{P}$ 上的 n 阶矩阵 $\mathbf{A}$ 可以对角化,那么对 $\mathbf{A}$ 的每个特征根 $\lambda_i\in\mathbf{P},i=1,2,\cdots,n$,齐次线性方程组 $(\lambda_i\boldsymbol{I}-\boldsymbol{A})\boldsymbol{X}=0$ 的基础解系中的每个解向量都是 $\mathbf{A}$ 的特征向量.设 $\mathbf{A}$ 有 s 个

两两不同的特征根，就求得 s 个基础解系：

$$\underbrace{T_{11},\cdots,T_{1r_1}}_{\text{属于}\lambda_1},\underbrace{T_{21},\cdots,T_{2r_2}}_{\text{属于}\lambda_2},\cdots,\underbrace{T_{s1},\cdots,T_{sr_s}}_{\text{属于}\lambda_s},$$

这 s 个基础解系中所含特征向量的总和是 n.这 n 个特征向量是线性无关的.把这 n 个线性无关的特征向量 T_{ij} 作为列，按照 $\lambda_1,\lambda_2,\cdots,\lambda_n$ 的相应顺序拼成一个可逆矩阵 $\boldsymbol{T}$，于是

$$\boldsymbol{AT}=\boldsymbol{T}\begin{bmatrix}\lambda_1 & & & \\ & \lambda_2 & & \\ & & \ddots & \\ & & & \lambda_n\end{bmatrix},$$

即

$$\boldsymbol{T}^{-1}\boldsymbol{AT}=\begin{bmatrix}\lambda_1 & & & \\ & \lambda_2 & & \\ & & \ddots & \\ & & & \lambda_n\end{bmatrix}.$$

上面讨论了当 $\boldsymbol{A}$ 可对角化时，如何求可逆矩阵 $\boldsymbol{T}$ 的问题.下面把判断 $\boldsymbol{A}$ 是否可对角化及可对角化时如何计算 $\boldsymbol{T}$($\boldsymbol{T}^{-1}\boldsymbol{AT}$ 为对角形)的方法及步骤归纳如下：

(1)求矩阵 $\boldsymbol{A}$ 的全部特征根.如果这些根不全在 $\mathbf{P}$ 内，那么 $\boldsymbol{A}$ 在 $\mathbf{P}$ 上不能对角化.

(2)如果 $\boldsymbol{A}$ 的特征根都在 $\mathbf{P}$ 内，那么对 $\boldsymbol{A}$ 的每个特征根 λ，求出齐次线性方程组

$$(\lambda\boldsymbol{I}-\boldsymbol{A})\begin{pmatrix}x_1\\x_2\\\vdots\\x_n\end{pmatrix}=\begin{pmatrix}0\\0\\\vdots\\0\end{pmatrix}$$

的一个基础解系.

(3)如果每个特征根 λ 的重数与齐次线性方程组 $(\lambda\boldsymbol{I}-\boldsymbol{A})\boldsymbol{X}=0$ 的基础解系所含解向量的个数相等，那么 $\boldsymbol{A}$ 可对角化.把这些解向量作为列拼成一个 n 阶可逆矩阵 $\boldsymbol{T}$，$\boldsymbol{T}^{-1}\boldsymbol{AT}$ 就是对角形矩阵.

例 8.2.6　判断下列矩阵 $\boldsymbol{A}$ 能否与对角矩阵相似.若能，求出可逆矩阵 T，使 $T^{-1}AT$ 是对角形矩阵.

$$(1)\boldsymbol{A}=\begin{bmatrix}-1 & 0\\ 1 & -1\end{bmatrix},\quad (2)\boldsymbol{A}=\begin{bmatrix}3 & 7 & -3\\ -2 & -5 & 2\\ -4 & -10 & 3\end{bmatrix}.$$

解：(1) $f_A(x)=|x\boldsymbol{I}-\boldsymbol{A}|=(x+1)^2$.

在这里 -1 是 $\boldsymbol{A}$ 的二重特征根，而秩 $(x\boldsymbol{I}-\boldsymbol{A})=1\neq n-r_i=2-2=0$，所以 $\boldsymbol{A}$ 在任何数域上都不能对角化.

(2) $\boldsymbol{A}$ 的特征根为 $1,i,-i$，$\boldsymbol{A}$ 在 $\mathbf{R}$ 上不能对角化，在 $\mathbf{C}$ 上可对角化.

以齐次线性方程组

$$(1\cdot\boldsymbol{I}-\boldsymbol{A})\boldsymbol{X}=0,(i\boldsymbol{I}-\boldsymbol{A})\boldsymbol{X}=0\text{ 和}(-i\boldsymbol{I}-\boldsymbol{A})\boldsymbol{X}=0$$

的基础解系的解向量为列拼成矩阵

$$T=\begin{bmatrix}2 & -1+2i & -1-2i\\ -1 & 1-i & 1+i\\ -1 & 2 & 2\end{bmatrix},$$

则有

$$T^{-1}AT=\begin{bmatrix}1 & & \\ & i & \\ & & -i\end{bmatrix}.$$

例 8.2.7 计算

$$\begin{bmatrix}1 & 2 & 2\\ 2 & 1 & 2\\ 2 & 2 & 1\end{bmatrix}^k, k>0.$$

解:令 $A=\begin{bmatrix}1 & 2 & 2\\ 2 & 1 & 2\\ 2 & 2 & 1\end{bmatrix}$,则 A 的特征根为$-1,-1,5$.

对特征根-1,解方程组$(-1I-A)X=0$,得基础解系

$$\begin{bmatrix}1\\ 0\\ -1\end{bmatrix},\begin{bmatrix}0\\ 1\\ -1\end{bmatrix},$$

对特征根 5,解方程组$(5I-A)X=0$,得基础解系

$$\begin{bmatrix}1\\ 1\\ 1\end{bmatrix},$$

用上面三列拼成矩阵 T,有

$$T=\begin{bmatrix}1 & 0 & 1\\ 0 & 1 & 1\\ -1 & -1 & 1\end{bmatrix},$$

则有

$$T^{-1}AT=\begin{bmatrix}1 & 0 & 1\\ 0 & 1 & 1\\ -1 & -1 & 1\end{bmatrix}^{-1}\begin{bmatrix}1 & 2 & 2\\ 2 & 1 & 2\\ 2 & 2 & 1\end{bmatrix}\begin{bmatrix}1 & 0 & 1\\ 0 & 1 & 1\\ -1 & -1 & 1\end{bmatrix}=\begin{bmatrix}-1 & & \\ & -1 & \\ & & 5\end{bmatrix},$$

于是有

$$A=T\begin{bmatrix}-1 & & \\ & -1 & \\ & & 5\end{bmatrix}T^{-1},$$

则

$$A^k=\left(T\begin{bmatrix}-1&&\\&-1&\\&&5\end{bmatrix}T^{-1}\right)^k=T\begin{bmatrix}-1&&\\&-1&\\&&5\end{bmatrix}^kT^{-1}=T\begin{bmatrix}(-1)^k&&\\&(-1)^k&\\&&5^k\end{bmatrix}T^{-1}$$

$$=\frac{1}{3}\begin{bmatrix}(-1)^k\cdot 2+5^k & (-1)^{k+1}\cdot 2+5^k & (-1)^{k+1}\cdot 2+5^k\\(-1)^{k+1}\cdot 2+5^k & (-1)^k\cdot 2+5^k & (-1)^{k+1}\cdot 2+5^k\\(-1)^{k+1}\cdot 2+5^k & (-1)^{k+1}\cdot 2+5^k & (-1)^k\cdot 2+5^k\end{bmatrix}.$$

8.3　线性变换分解与构造的思想方法

8.3.1　线性变换中分解的思想方法

分解的思想,就是把一个研究对象分解成若干个子对象,或者把一个研究问题分成若干种情况来处理的一种思想方法.分解的思想也是数学中的一个重要思想方法,其实质是化整为零、化繁为简,利用局部来表示整体,利用局部的解决来攻克整体的一种有效的重要手段和方法.

在线性变换理论中,经常会碰到一些线性变换的分解问题,即:把一个线性变换可以分解成具有某些特定属性的线性变换的和或积,或者把一个线性变换可以写成具有某些属性的线性变换的某种表达式等,这些问题通常比较抽象,甚至感到无从下手,下面讨论有关线性变换的分解问题.

所谓线性变换的分解思想,就是把一个线性变换写成具有某些特定属性的线性变换的表达式.而最常见的就是把一个线性变换分解成若干线性变换的和或积的性质.

处理或解决这样一类问题,一般是对线性变换加以变形,然后利用构造的思想,定性地构造出抽象的具体表达式来.

例 8.3.1　证明:数域 **P** 上的 n 维线性空间 V 中的对合线性变换 φ(即 $\varphi^2=\tau$,τ 是单位变换)的特征值为 ± 1,且 $V=V_1\oplus V_{-1}$.

证明:设有 $\varphi(\alpha)=\lambda\alpha$,$\alpha\neq 0$,由已知得 $\varphi^2(\alpha)=\lambda^2\alpha=l(\alpha)=\alpha$,于是 $(\lambda^2-1)\alpha=0$,进而 $\lambda^2-1=0$,即有 $\lambda=\pm 1$.

由 $\varphi^2=\tau$ 有 $(\varphi-\tau)(\varphi+\tau)=0$,进而 $\mathrm{rank}(\varphi-\tau)+\mathrm{rank}(\varphi+\tau)=n$.

又 $\ker(\varphi-\tau)=V_1$,$\ker(\varphi+\tau)=V_{-1}$,得 $\dim V_1+\dim V_{-1}=n$.

$\forall\alpha\in V_1\cap V_{-1}$,有 $\varphi(\alpha)=\alpha$,$\varphi(\alpha)=-\alpha$,必有 $\alpha=0$,所以 $V=V_1\oplus V_{-1}$.

注:根据同构的思想,相应地可以得到矩阵的对应结果:

若 $A^2=E$,则 A 与 $\begin{bmatrix}E_r&\\&-E_{n-r}\end{bmatrix}$ 相似.

例 8.3.2　证明:n 维线性空间 V 中的幂等变换 φ(即 $\varphi^2=\varphi$)的特征值为 1,0,且

$$V=\varphi(V)\oplus\ker(\varphi)=V_1\oplus V_0.$$

证明:设有 $\varphi(\alpha)=\lambda\alpha,\alpha\neq 0$,由已知得 $\varphi^2(\alpha)=\lambda^2\alpha=\varphi(\alpha)=\lambda\alpha$,于是 $(\lambda^2-\lambda)\alpha=0$,进而 $\lambda^2-\lambda=0$,即有 $\lambda=1$ 或者 $\lambda=0$.

由 $\varphi^2=\varphi$ 有 $\varphi(\varphi-\tau)=0$,进而 $\text{rank}(\varphi)+\text{rank}(\varphi-\tau)=n$.

又 $\ker(\varphi)=V_0,\ker(\varphi-\tau)=V_1$,得 $\dim V_0+\dim V_1=n$.

$\forall\alpha\in V_1\cap V_{-1}$,有 $\varphi(\alpha)=0,\varphi(\alpha)=\alpha$,必有 $\alpha=0$,所以 $V=V_1\oplus V_0$.

推论:若 $\boldsymbol{A}^2=\boldsymbol{A}$,则 $\boldsymbol{A}$ 与 $\begin{bmatrix}\boldsymbol{E}_r & \\ & \boldsymbol{O}_{n-r}\end{bmatrix}$ 相似,其中 $\text{rank}(\boldsymbol{A})=r$.

8.3.2 线性变换中构造的思想方法

构造的思想方法是指,当某些数学问题用通常的方法定势思维去解决很难奏效时,应根据题设条件和结论的特征、性质,从新的观点观察、分析、解释对象,抓住反映问题的条件与结论之间的内在联系,把握问题的外形、数字、位置等特征.

构造方法作为一种数学方法,不同于一般的逻辑方法,即一步一步地寻求必要条件,直至推断出结论,而是一种非常规思维,其本质特征是"构造",用构造的方法解题,无一定之规,表现出思维的试探性、不规则性和创造性.用构造法解题的活动是一种创造性思维活动,其关键在于利用已知条件,借助对问题特征的敏锐观察,展开丰富的联想,实施正确的转化.

构造的思想方法在线性变换中有着广泛的应用,主要是借助已知条件,利用线性变换与矩阵的同构与性质,构造出符合条件的线性变换与矩阵,从而最终得到解.

例 8.3.3 证明:n 维线性空间 V 的任意一个子空间 W 必为某线性变换的核.

证法 1:设 $V=W\oplus U$,$\forall\alpha\in V$,有 $\alpha=\beta+\gamma$,其中 $\beta\in W,\gamma\in U$,取线性变换 $\varphi(\alpha)=\gamma$,$\forall\beta\in W\subseteq V,\beta=\beta+0$ 有 $\varphi(\beta)=0$,而 $\forall\eta\in V:\varphi(\eta)=0,\eta=\zeta+\xi,\zeta\in W,\xi\in U$,则 $\varphi(\eta)=\xi=0$,所以 $\eta=\zeta\in W$,即 W 为线性变换 φ 的核.

证法 2:若 $W=\{0\}$,则 W 为单位变换 τ 的核;若 $W=V$,则 W 为零变换 θ 的核;若 $\{0\}\subset W\subset V$,即为真子空间,设 $\dim W=r$,取 W 的一组基:$\alpha_1,\alpha_2,\cdots,\alpha_r$,扩充成 V 的一组基:$\alpha_1,\cdots,\alpha_r,\alpha_{r+1},\cdots,\alpha_n$,令 $\varphi(\alpha_i)=\begin{cases}0,1\leqslant i\leqslant r\\ \alpha_i,r<i\leqslant n\end{cases}$,显然 φ 为线性变换,且 $\varphi^{-1}(0)=W$.

例 8.3.4 设 φ 是 n 维线性空间 V 的一个线性变换,λ_0 是 φ 的一个特征值,试证:对于任意一组不全为零的数 $k_1,k_2,\cdots,k_n$,都存在一组基 $\varepsilon_1,\varepsilon_2,\cdots,\varepsilon_n$,使得 $\alpha=\sum\limits_{i=1}^{n}k_i\varepsilon_i$ 是 φ 的属于 λ_0 的特征向量.

证明:设 $\varphi(\alpha)=\lambda_0\alpha,\alpha\neq 0$,将 α 扩充成 V 的基:$\alpha_1=\alpha,\alpha_2,\cdots,\alpha_n$.

令 $\beta=(k_1,k_2,\cdots,k_n)'$,将 β 扩充成 P^n 的基:$\beta_1=\beta,\beta_2,\cdots,\beta_n$.

令 $T=(\beta,\beta_2,\cdots,\beta_n)$,取 $(\varepsilon_1,\varepsilon_2,\cdots,\varepsilon_n)=(\alpha_1,\alpha_2,\cdots,\alpha_n)T^{-r}$.

由于 T 可逆,则 $\varepsilon_1,\varepsilon_2,\cdots,\varepsilon_n$ 为 V 的一组基,并且使得:

$$\alpha=\sum_{i=1}^{n}k_i\varepsilon_i.$$

8.4　线性码

在信息时代里，大量的信息要及时传递.例如，人造地球卫星拍摄的照片要及时发送回地面接收站，这需要利用无线电波.而工程上容易实现的是把无线电信号区分成两种状态，让一种状态对应于0，另一种状态对应于1.于是首先要把待发送的消息编成由0和1组成的字符串，然后利用无线电波发送.在传送过程中，受自然界的电磁源以及其他无线电系统发射的信号的干扰，有可能0错成1，1错成0.这样收到的字符串就不一定是原来发送的字符串.试问：能否检查出有无差错？如果发现有差错，能否纠正差错？运用线性空间的理论可以提供一种检错和纠错的方法.下面通过简单的例子来阐述这种方法.

把待发送的消息编成由0和1组成的4位字符串，并且把这种4位字符串看成是二元域 $\mathbf{Z}_2$ 上的4维向量空间 $\mathbf{Z}_2^4$ 里的一个向量 (a_1, a_2, a_3, a_4).如何察觉在传送过程中有无发生差错？从日常生活的例子可受到启发.例如，写一封英文信，如果一个单词的字母较多，那么容易察觉出拼写差错，例如，communication（通信）如果写成“conmunication”，那么容易察觉第3个字母“n”是错的.这表明一个单词如果有冗余度，那么就有可能察觉出拼写差错.由此受到启发，在每一个4维向量 (a_1, a_2, a_3, a_4) 的右边添上3个分量，成为 $\mathbf{Z}_2$ 上的7维向量空间 $(a_1, a_2, a_3, a_4, c_1, c_2, c_3)$，其中

$$
\begin{aligned}
c_1 &= a_1 + a_2 + a_3, \\
c_2 &= a_1 + a_2 + a_4, \\
c_3 &= a_1 + a_3 + a_4.
\end{aligned} \tag{8-4-1}
$$

这样就给出了二元域 $\mathbf{Z}_2$ 上的向量空间 $\mathbf{Z}_2^4$ 到 $\mathbf{Z}_2^7$ 的一个映射 σ：

$$
\begin{aligned}
\sigma: \mathbf{Z}_2^4 &\to \mathbf{Z}_2^7 c, \\
(a_1, a_2, a_3, a_4) &\to (a_1, a_2, a_3, a_4, c_1, c_2, c_3),
\end{aligned} \tag{8-4-2}
$$

其中，c_1, c_2, c_3 如式(8-4-1)所示，显然 σ 是单射，称 σ 是一个编码；σ 的象 $\mathrm{Im}\,\sigma$ 称为一个码，通常记作 C；码 C 里的每一个元素称为一个码字；而 σ 的陪域 $\mathbf{Z}_2^7$ 的每一个元素称为一个字；码字 $(a_1, a_2, a_3, a_4, c_1, c_2, c_3)$ 的前4个分量称为信息位，后3个分量称为校验位.下面研究码 C 具有什么样的结构.用矩阵可以把式(8-4-1)写成

$$
\begin{bmatrix} c_1 \\ c_2 \\ c_3 \end{bmatrix} = \begin{bmatrix} 1 & 1 & 1 & 0 \\ 1 & 1 & 0 & 1 \\ 1 & 0 & 1 & 1 \end{bmatrix} \begin{bmatrix} a_1 \\ a_2 \\ a_3 \\ a_4 \end{bmatrix}, \tag{8-4-3}
$$

把式(8-4-3)右边的 3×4 矩阵记作 $\boldsymbol{A}$，则式(8-4-3)可写成

$$
\boldsymbol{A} \begin{bmatrix} a_1 \\ a_2 \\ a_3 \\ a_4 \end{bmatrix} - \boldsymbol{E}_3 \begin{bmatrix} c_1 \\ c_2 \\ c_3 \end{bmatrix} = 0. \tag{8-4-4}
$$

式(8-4-4)等价于

$$(\boldsymbol{A}-\boldsymbol{E}_3)\begin{bmatrix}a_1\\a_2\\a_3\\a_4\\c_1\\c_2\\c_3\end{bmatrix}=0, \tag{8-4-5}$$

把式(8-4-5)左边的分块矩阵$(\boldsymbol{A}-\boldsymbol{E}_3)$记成$\boldsymbol{H}$,即

$$\boldsymbol{H}=(\boldsymbol{A}-\boldsymbol{E}_3), \tag{8-4-6}$$

则从式(8-4-5)、式(8-4-6)得,对于$\alpha\in\mathbf{Z}_2^7$(元素写成列向量),有

$$\alpha\in C\Leftrightarrow\boldsymbol{H}\alpha^{\mathrm{T}}=0. \tag{8-4-7}$$

这表明α是码字当且仅当α^{T}是齐次线性方程组$\boldsymbol{H}X=0$的一个解.由于$\boldsymbol{H}X=0$的解集W是$\mathbf{Z}_2^7$(元素写成列向量)的一个线性子空间,因此码C是$\mathbf{Z}_2^7$(元素写成列向量)的一个线性子空间.由于秩$(\boldsymbol{H})=3$,因此$\dim W=7-3=4$.从而

$$\dim C=4. \tag{8-4-8}$$

我们称码C是式(8-4-4)的线性码,其中7是编码σ的陪域$\mathbf{Z}_2^7$的维数,4是码C的维数.式(8-4-6)给出的3×7矩阵$\boldsymbol{H}$称为码C的校验矩阵.

设发送一个码字α,接收到的字为γ.计算$\boldsymbol{H}\gamma^{\mathrm{T}}$,如果$\boldsymbol{H}\gamma^{\mathrm{T}}\neq0$,则$\gamma$不是码字,从而察觉出传递过程中发生了差错.这时能否纠正差错,从γ恢复成发送的码字α?由于传送码字的途径(称为信道)应该是:出错少的可能性较大,出错多的可能性较小,因此应当在码C中寻找一个码字,它与γ的对应分量不同位置最少,为此我们引出一个概念.

定义 8.4.1 设$\alpha,\beta\in\mathbf{Z}_2^n$,$\alpha$与$\beta$对应分量不同位置的个数称为$\alpha$与$\beta$的Hamming距离,记作$d(\alpha,\beta)$.

显然$d(\alpha,\beta)$等于向量α,β的非零分量的个数,为此又引出一个概念.

定义 8.4.2 设$\alpha\in\mathbf{Z}_2^n$,α的非零分量的个数称为α的Hamming重量,记作$W(\alpha)$.

从上面所说的可以知道

$$d(\alpha,\beta)=W(\alpha-\beta). \tag{8-4-9}$$

如果接收到的字γ不是码字,那么我们去求C中每一个码字与γ的Hamming距离,从中找出与γ的Hamming距离最短的码字β,把γ译成这个码字β.在编码σ满足一定条件下,β很可能就是原来发送的码字α.这种译码想法称为极大似然译码原理,为了减少上述计算量,应分析收到的字γ与发送的码字α之间的关系.令

$$\boldsymbol{e}=\gamma-\alpha, \tag{8-4-10}$$

称$\boldsymbol{e}$是差错向量.我们有

$$\boldsymbol{H}\boldsymbol{e}^{\mathrm{T}}=\boldsymbol{H}(\gamma-\alpha)^{\mathrm{T}}=\boldsymbol{H}\gamma^{\mathrm{T}}-\boldsymbol{H}\alpha^{\mathrm{T}}=\boldsymbol{H}\gamma^{\mathrm{T}}, \tag{8-4-11}$$

称$\boldsymbol{H}\gamma^{\mathrm{T}}$是$\gamma$的校验子.从式(8-4-11)看出,差错向量$\boldsymbol{e}$与收到的字$\gamma$有相同的校验子.

一般地,

$$
\begin{aligned}
&\alpha \text{ 与 } \beta \text{ 有相同的校验子}\\
&\Leftrightarrow \boldsymbol{H}\alpha^{\mathrm{T}}=\boldsymbol{H}\beta^{\mathrm{T}}\\
&\Leftrightarrow \boldsymbol{H}(\alpha^{\mathrm{T}}-\beta^{\mathrm{T}})=0\\
&\Leftrightarrow \alpha^{\mathrm{T}}-\beta^{\mathrm{T}}\in C\\
&\Leftrightarrow \alpha^{\mathrm{T}}+C=\beta^{\mathrm{T}}+C.
\end{aligned}
\tag{8-4-12}
$$

这表明 α 与 β 有相同的校验子当且仅当 α 与 β 属于码 C 的同一个陪集.由此得出,差错向量 $\boldsymbol{e}$ 属于陪集 $\gamma+C$.由极大似然译码原理得,陪集 $\gamma+C$ 中重量最小的向量最有可能是差错向量 $\boldsymbol{e}$.于是,把 γ 就译成码字 $\gamma-\boldsymbol{e}$.陪集中重量最小的向量称为陪集头.

在实际译码中,把码 C 的所有码字排在第一行,其余每个陪集的向量排成另一行.求出每个陪集的陪集头,写在该行的最左边:求出该陪集头的校验子,写在该行的最右边,得到一张译码表收到一个字 γ 后,计算它的校验子 $\boldsymbol{H}\gamma^{\mathrm{T}}$,从译码表的最右边一列查出该校验子,从这个校验子所在的行查出字 γ,从字 γ 所在的列找出第一行里的码字,则把 γ 就译成这个码字.

为简单起见,举一个线性码 C 作为例子.设码 C 的校验矩阵 $\boldsymbol{H}$ 为

$$
\boldsymbol{H}=\begin{bmatrix}1&1&1&0\\0&1&0&1\end{bmatrix}.
$$

容易看出,秩$(\boldsymbol{H})=2$,因此齐次线性方程组 $\boldsymbol{H}X=0$ 的解空间 W 的维数为 $4-2=2$.从而 $\dim C=2$.于是 C 是$(4,2)$线性码,由于商空间 $\mathbf{Z}_2^4/C$ 的维数为

$$
\dim(\mathbf{Z}_2^4/C)=\dim\mathbf{Z}_2^4-\dim C=4-2=2,
$$

因此商空间 $\mathbf{Z}_2^4/C$ 的元素个数为 $2^2=4$,即 C 的陪集共有 4 个.现在可以列出码 C 的译码表如表 8.1 所示(把(a_1,a_2,a_3,a_4)简写成 $a_1a_2a_3a_4$).

表 8.1　码 C 的译码表

配集头	配集里的其他元素	校验子
0000	1010 0111 1101	$\begin{bmatrix}0\\0\end{bmatrix}$
1000	0010 1111 0101	$\begin{bmatrix}1\\0\end{bmatrix}$
0100	1110 0011 1001	$\begin{bmatrix}1\\1\end{bmatrix}$
0001	1011 0110 1100	$\begin{bmatrix}0\\1\end{bmatrix}$

例如,设收到的字 $\gamma=1110$,计算校验子 $\boldsymbol{H}\gamma^{\mathrm{T}}=\begin{bmatrix}1\\1\end{bmatrix}$.从译码表的最右边列查出 $\begin{bmatrix}1\\1\end{bmatrix}$.在该行里找到 1110,它所在列的第一行的码字为 1010,因此把 γ 就译成码字 1010.

8.5 不变子空间

本节介绍有关线性变换的一个重要概念——不变子空间，并说明它与化简线性变换的矩阵之间的关系.

定义 8.5.1 设 σ 是数域 $\mathbf{P}$ 上线性空间 V 的一个线性变换，W 是 V 的一个子空间.如果 W 中的向量在 σ 下的象仍在 W 中，也就是说，对于 W 中任一向量 $\boldsymbol{\xi}$，都有 $\sigma(\boldsymbol{\xi})\in W$，那么就称 W 是 σ 的一个不变子空间.

例 8.5.1 V 的平凡子空间即 V 及零子空间是 V 的任一线性变换的不变子空间.

例 8.5.2 V 的任何一个子空间都是数乘变换的不变子空间.

例 8.5.3 $F[x]_{n-1}$ 是 F_n 的线性变换 D 的不变子空间.

例 8.5.4 设 V 中向量 $\boldsymbol{\alpha}_1,\boldsymbol{\alpha}_2,\cdots,\boldsymbol{\alpha}_s$ 都是 V 的线性变换 σ 的特征向量，那么 $L(\boldsymbol{\alpha}_1,\boldsymbol{\alpha}_2,\cdots,\boldsymbol{\alpha}_s)$ 是 σ 的不变子空间.

这是因为如果 $\boldsymbol{\alpha}_i$ 对应的特征值是 λ_i，$i=1,2,\cdots,s$，那么

$$\begin{aligned}&\sigma(k_1\boldsymbol{\alpha}_1+k_2\boldsymbol{\alpha}_2+\cdots+k_s\boldsymbol{\alpha}_s)\\&=\lambda_1k_1\boldsymbol{\alpha}_1+\lambda_2k_2\boldsymbol{\alpha}_2+\cdots+\lambda_sk_s\boldsymbol{\alpha}_s\in L(\boldsymbol{\alpha}_1,\boldsymbol{\alpha}_2,\cdots,\boldsymbol{\alpha}_s).\end{aligned}$$

特别地，每个特征向量都生成一个 1 维不变子空间.

附带指出：σ 的不变子空间的交与和还是 σ 的不变子空间.其证明作为习题，请读者自证.

下面讨论不变子空间与线性变换的矩阵的化简之间的关系.

设 σ 是 n 维线性空间 V 的一个线性变换，W 是 σ 的一个非平凡不变子空间.在 W 中取一组基 $\boldsymbol{\varepsilon}_1,\boldsymbol{\varepsilon}_2,\cdots,\boldsymbol{\varepsilon}_m(0<m<n)$，把它扩充成 V 的一组基

$$\boldsymbol{\varepsilon}_1,\boldsymbol{\varepsilon}_2,\cdots,\boldsymbol{\varepsilon}_m,\boldsymbol{\varepsilon}_{m+1},\cdots,\boldsymbol{\varepsilon}_n, \tag{8-5-1}$$

于是，因为 $\sigma(\boldsymbol{\varepsilon}_i)\in W(i=1,2,\cdots,m)$，故可设

$$\begin{aligned}\sigma(\boldsymbol{\varepsilon}_1)&=a_{11}\boldsymbol{\varepsilon}_1+\cdots+a_{m1}\boldsymbol{\varepsilon}_m,\\&\cdots\cdots\\\sigma(\boldsymbol{\varepsilon}_m)&=a_{1m}\boldsymbol{\varepsilon}_1+\cdots+a_{mm}\boldsymbol{\varepsilon}_m,\\\sigma(\boldsymbol{\varepsilon}_{m+1})&=a_{1,m+1}\boldsymbol{\varepsilon}_1+\cdots+a_{m,m+1}\boldsymbol{\varepsilon}_m+\cdots+a_{n,m+1},\\&\cdots\cdots\\\sigma(\boldsymbol{\varepsilon}_n)&=a_{1n}\boldsymbol{\varepsilon}_1+\cdots+a_{mn}\boldsymbol{\varepsilon}_m+\cdots+a_{nn},\end{aligned}$$

那么，σ 在这组基下的矩阵 $\boldsymbol{A}$ 是

$$\boldsymbol{A}=\begin{bmatrix}a_{11}&\cdots&a_{1m}&a_{1,m+1}&\cdots&a_{1n}\\\vdots&&\vdots&\vdots&&\vdots\\a_{m1}&\cdots&a_{mm}&a_{m,m+1}&\cdots&a_{mn}\\0&\cdots&0&a_{m+1,m+1}&\cdots&a_{m+1,n}\\\vdots&&\vdots&\vdots&&\vdots\\0&\cdots&0&a_{n,m+1}&\cdots&a_{nn}\end{bmatrix},$$

把 $\boldsymbol{A}$ 写成分块矩阵，则为

$$\boldsymbol{A}=\begin{bmatrix}\boldsymbol{A}_1 & \boldsymbol{A}_2\\ 0 & \boldsymbol{A}_3\end{bmatrix},\tag{8-5-2}$$

反之，如果 σ 在基(8-5-1)下的矩阵具有式(8-5-2)的形式，其中 $\boldsymbol{A}_1$ 是一个 m 阶矩阵，那么 $\boldsymbol{\varepsilon}_1$，$\boldsymbol{\varepsilon}_2$，…，$\boldsymbol{\varepsilon}_m$ 生成的子空间是 σ 的不变子空间.

更进一步，如果 σ 可以分解成若干个不变子空间的直和：

$$V=W_1\oplus W_2\oplus\cdots\oplus W_s,$$

在每个子空间 W_i 中取一组基

$$\boldsymbol{\varepsilon}_{i1},\boldsymbol{\varepsilon}_{i2},\cdots,\boldsymbol{\varepsilon}_{im_i}\ (i=1,2,\cdots,s),\tag{8-5-3}$$

把它们按下列次序合并起来成为 V 的一组基

$$\boldsymbol{\varepsilon}_{11},\boldsymbol{\varepsilon}_{12},\cdots,\boldsymbol{\varepsilon}_{1m_1},\boldsymbol{\varepsilon}_{21},\boldsymbol{\varepsilon}_{22},\cdots,\boldsymbol{\varepsilon}_{2m_2},\boldsymbol{\varepsilon}_{s1},\boldsymbol{\varepsilon}_{s2},\cdots,\boldsymbol{\varepsilon}_{sm_s},\tag{8-5-4}$$

那么由于 $W_i(i=1,2,\cdots,s)$ 是不变子空间，$\sigma(\boldsymbol{\varepsilon}_{ij})(j=1,2,\cdots,m_i)$ 仍在 W_i 中，故可以表示成 $\boldsymbol{\varepsilon}_{i1},\boldsymbol{\varepsilon}_{i2},\cdots,\boldsymbol{\varepsilon}_{im_i}$ 的线性组合，所以 σ 在这组基下的矩阵是准对角形矩阵

$$\begin{bmatrix}\boldsymbol{A}_1 & & & \\ & \boldsymbol{A}_2 & & \\ & & \ddots & \\ & & & \boldsymbol{A}_s\end{bmatrix}.\tag{8-5-5}$$

反之，如果 σ 在基(8-5-4)下的矩阵是准对角形(8-5-5)，其中 $\boldsymbol{A}_i(i=1,2,\cdots,s)$ 是 m_i 阶矩阵，那么由(8-5-3)生成的子空间 $W_i(i=1,2,\cdots,s)$ 是 σ 的不变子空间，而且 V 是它们的直和.

由此可知：线性变换的矩阵的化简与不变子空间有着密切的关系.

8.6　Jordan 标准形与最小多项式

8.6.1　Jordan 标准形

从前面的讨论可知，并非对每一个线性变换都存在一个基，使它在这个基下的矩阵是对角形.线性变换在一个基下的矩阵能否是对角矩阵或准对角矩阵，就看线性空间 V 是否能分解成一些不变子空间的直和，这些不变子空间的维数越小，准对角矩阵就越接近对角矩阵.若 V 能分解成 n 个一维不变子空间的直和，则准对角矩阵就变为对角矩阵.本节引入若当(Jordan)矩阵的概念.

定义 8.6.1　形如

$$\boldsymbol{J}(\lambda,t)=\begin{bmatrix}\lambda & 0 & \cdots & 0 & 0 & 0\\ 1 & \lambda & \cdots & 0 & 0 & 0\\ \vdots & \vdots & & \vdots & \vdots & \vdots\\ 0 & 0 & \cdots & 1 & \lambda & 0\\ 0 & 0 & \cdots & 0 & 1 & \lambda\end{bmatrix}_{t\times t}$$

的矩阵称为若当块，其中 λ 是复数.由若干个若当块组成的准对角矩阵就是若当形矩阵，其一般形式为 $\begin{bmatrix} \mathbf{A}_1 & & & \\ & \mathbf{A}_2 & & \\ & & \ddots & \\ & & & \mathbf{A}_s \end{bmatrix}$，其中 $\mathbf{A}_i = \begin{bmatrix} \lambda_i & & & \\ 1 & \lambda_i & & \\ & \ddots & \ddots & \\ & & 1 & \lambda_i \end{bmatrix} = \mathbf{J}(\lambda_i, t_i), i=1,2,\cdots,s.$

例如，$\begin{bmatrix} 1 & 0 & 0 \\ 1 & 1 & 0 \\ 0 & 1 & 1 \end{bmatrix}$，$\begin{bmatrix} 0 & 0 & 0 & 0 \\ 1 & 0 & 0 & 0 \\ 0 & 1 & 0 & 0 \\ 0 & 0 & 1 & 0 \end{bmatrix}$，$\begin{bmatrix} i & 0 \\ 1 & i \end{bmatrix}$都是若当块，

$$\begin{bmatrix} 1 & 0 & 0 & 0 & 0 & 0 \\ 1 & 1 & 0 & 0 & 0 & 0 \\ 0 & 0 & i & 0 & 0 & 0 \\ 0 & 0 & 1 & i & 0 & 0 \\ 0 & 0 & 0 & 0 & 0 & 0 \\ 0 & 0 & 0 & 0 & 1 & 0 \end{bmatrix}$$

是一个若当形矩阵，对角矩阵是若当形矩阵的特例.

对于复数域中线性空间 V 中的线性变换 σ 来说，可以在 V 中找到一个基，使 σ 在这个基下的矩阵为若当形，这就是下面的定理，它回答了前面提出的问题.

定理 8.6.1 设 σ 是 C 上以 n 维线性空间 V 的一个线性变换，在 V 中必存在一个基，使 σ 在这个基下的矩阵是若当形矩阵，且这个若当形矩阵除去其中若当块的排列次序外，是由 σ 唯一决定的，它称为 σ 的若当标准形.

这个结论用矩阵的语言可叙述为：

定理 8.6.1′ 每个 n 阶复数矩阵 $\mathbf{A}$ 都与一个若当形矩阵相似，这个若当形矩阵除去其中若当块的排列次序外被矩阵 $\mathbf{A}$ 唯一确定，它称为 $\mathbf{A}$ 的若当标准形.

由于若当标准形是下三角形矩阵，因此，它的特征根正是主对角线上的元素.由于相似矩阵有相同的特征多项式，故若一个线性变换 σ 的矩阵是若当标准形，则这个若当标准形中主对角线上的元素正是变换 σ 的特征多项式的全部根(重根按重数计算).

例 8.6.1 设 V 是复数域上的 n 维线性空间，而线性变换 σ 在基 $\boldsymbol{a}_1, \boldsymbol{a}_2, \cdots, \boldsymbol{a}_n$ 下的矩阵是一若当块.

证明：(1)V 中包含 $\boldsymbol{a}_1$ 的 σ-子空间只有 V 自身；(2)V 中任一非零 σ-子空间都包含 $\boldsymbol{a}_n$；(3)V 不能分解成两个非平凡的 σ-子空间的直和.

证明：(1)设 σ 在基 $\boldsymbol{a}_1, \boldsymbol{a}_2, \cdots, \boldsymbol{a}_n$ 下的矩阵是

$$\mathbf{A} = \begin{bmatrix} \lambda & 0 & \cdots & 0 & 0 & 0 \\ 1 & \lambda & \cdots & 0 & 0 & 0 \\ \vdots & \vdots & & \vdots & \vdots & \vdots \\ 0 & 0 & \cdots & 1 & \lambda & 0 \\ 0 & 0 & \cdots & 0 & 1 & \lambda \end{bmatrix}.$$

于是得 $\sigma(\boldsymbol{a}_1)=\lambda\boldsymbol{a}_1+\boldsymbol{a}_2,\sigma(\boldsymbol{a}_2)=\lambda\boldsymbol{a}_2+\boldsymbol{a}_3,\cdots,\sigma(\boldsymbol{a}_{n-1})=\lambda\boldsymbol{a}_{n-1}+\boldsymbol{a}_n,\sigma(\boldsymbol{a}_n)=\lambda\boldsymbol{a}_n$.

(1)设 W 是 V 中包含 $\boldsymbol{a}_1$ 的 σ-子空间，于是 $\sigma(\boldsymbol{a}_1),\lambda\boldsymbol{a}_1\in W\Rightarrow\boldsymbol{a}_2\in W$，又由 $\sigma(\boldsymbol{a}_2),\lambda\boldsymbol{a}_2\in W\Rightarrow\boldsymbol{a}_3\in W$，如此继续下去可得 $\boldsymbol{a}_1,\boldsymbol{a}_2,\cdots,\boldsymbol{a}_n$ 都属于 W，故 $W=V$.

(2)设 W 是 V 中非零 σ-子空间，则有 $\boldsymbol{\beta}\in W,\boldsymbol{\beta}\neq\boldsymbol{\theta}$.设 $\boldsymbol{\beta}=k_1\boldsymbol{a}_1+k_2\boldsymbol{a}_2+\cdots+k_n\boldsymbol{a}_n$，且 k_i 是其中第一个非零系数，于是 $\boldsymbol{\beta}=k_i\boldsymbol{a}_i+k_{i+1}\boldsymbol{a}_{i+1}+\cdots+k_n\boldsymbol{a}_n$.由于 $\sigma\boldsymbol{\beta}-\lambda\boldsymbol{\beta}\in W$，此即 $\boldsymbol{\beta}_1=\sigma\boldsymbol{\beta}-\lambda\boldsymbol{\beta}=k_i\boldsymbol{a}_{i+1}+k_{i+1}\boldsymbol{a}_{i+2}+\cdots+k_{n-1}\boldsymbol{a}_n\in W$，同理 $\boldsymbol{\beta}_2=\sigma\boldsymbol{\beta}_1-\lambda\boldsymbol{\beta}_1=k_i\boldsymbol{a}_{i+2}+k_{i+1}\boldsymbol{a}_{i+3}+\cdots+k_{n-2}\boldsymbol{a}_n\in W$，于是至多经 $n-i$ 步可得 $\boldsymbol{\beta}_{n-i}=k_i\boldsymbol{a}_n\in W\Rightarrow\boldsymbol{a}_n\in W$.

(3)设 V 能分解成两个非平凡的 σ-子空间 V_1 和 V_2 的直和，由(2)知 $\boldsymbol{a}_n\in V_1,\boldsymbol{a}_n\in V_2$，于是 $\boldsymbol{a}_n\in V_1\cap V_2$，这和 $V_1\cap V_2=\{\boldsymbol{\theta}\}$ 矛盾.故 V 不能分解成两个非平凡的 σ-子空间的直和.

8.6.2 最小多项式

要判断一个矩阵能否对角化，前面已经给出一些判定条件.例如：(1)若矩阵 $\mathbf{A}$ 有 n 个线性无关的特征向量，则 $\mathbf{A}$ 可对角化；(2)若矩阵 $\mathbf{A}$ 的特征多项式在 F 中有 n 个单根，则 $\mathbf{A}$ 可对角化；(3)在 $\mathbf{C}$ 上，若矩阵 $\mathbf{A}$ 的特征多项式没有重根，则 $\mathbf{A}$ 可对角化；(4)若 $\mathbf{A}$ 的所有特征根都属于 F，而每个特征子空间的维数等于这个特征根的重数，则 $\mathbf{A}$ 可对角化；(5)若线性空间 V 可分解成 m 个一维不变子空间的直和，则 $\mathbf{A}$ 可对角化.

本节要介绍另一个判断矩阵能否对角化的方法，为此引进最小多项式的概念.本节围绕以下问题展开讨论.

定义 8.6.2 设 $f(x)\in F[x],\mathbf{A}\in F^{n\times n}$，若有 $f(\mathbf{A})=\boldsymbol{O}$，则称 $f(x)$ 以 $\mathbf{A}$ 为根，称以 $\mathbf{A}$ 为根的多项式中次数最低且首项系数为 1 的多项式为 $\mathbf{A}$ 的最小多项式.

对数域 $\mathbf{P}$ 上的任一个 n 阶矩阵 $\mathbf{A}$，由哈密尔顿-凯莱定理知，总存在 F 上一个多项式 $f(x)$，使 $f(\mathbf{A})=\boldsymbol{O}$，故对任一个 n 阶矩阵 $\mathbf{A}$，它的最小多项式是存在的.

最小多项式有以下性质：

性质 1：矩阵 $\mathbf{A}$ 的最小多项式是唯一的.

证明：设 $g_1(x)$ 和 $g_2(x)$ 都是 $\mathbf{A}$ 的最小多项式，由带余除法知：

$$g_1(x)=q(x)g_2(x)+r(x),$$

其中 $r(x)=0$ 或 $\partial(r(x))<\partial(g_2(x))$，于是有

$$g_1(\mathbf{A})=q(\mathbf{A})g_2(\mathbf{A})+r(\mathbf{A})=\boldsymbol{O}.$$

因此 $r(\mathbf{A})=\boldsymbol{O}$.由于 $g_2(x)$ 是 $\mathbf{A}$ 的最小多项式，故 $r(x)=0$，从而有 $g_2(x)\mid g_1(x)$.同理可证 $g_1(x)\mid g_2(x)$，因此 $g_2(x)=ag_1(x)$.但由于 $g_1(x)$ 和 $g_2(x)$ 都是首一多项式，故 $g_1(x)=g_2(x)$.

性质 2：设 $g(x)$ 是矩阵 $\mathbf{A}$ 的最小多项式，则 $f(x)$ 以 $\mathbf{A}$ 为根的充要条件是：$g(x)\mid f(x)$.

证明：充分性.

若 $g(x)\mid f(x)$，则 $\exists q(x)$，使 $f(x)=g(x)q(x)$，于是 $f(\mathbf{A})=g(\mathbf{A})q(\mathbf{A})=\boldsymbol{O}$，故 $f(x)$ 以 $\mathbf{A}$ 为根.

若 $f(x)$ 以 $\boldsymbol{A}$ 为根，设 $f(x)=g(x)q(x)+r(x)$，$r(x)=\boldsymbol{O}$ 或 $\partial(r(x))<\partial(g(x))$，由于 $f(\boldsymbol{A})=g(\boldsymbol{A})q(\boldsymbol{A})+r(\boldsymbol{A})=\boldsymbol{O}$，故 $r(\boldsymbol{A})=\boldsymbol{O}$.由于 $g(x)$ 是 $\boldsymbol{A}$ 的最小多项式，故 $r(x)=0$. 于是有 $g(x)\,\Big|\,f(x)$.

由这个性质可知，矩阵 $\boldsymbol{A}$ 的最小多项式必定是 $\boldsymbol{A}$ 的特征多项式的一个因式.

性质 3:相似矩阵有相同的最小多项式.

证明:设矩阵 $\boldsymbol{A}$ 与 $\boldsymbol{B}$ 相似，于是存在可逆矩阵 $\boldsymbol{T}$，使

$$\boldsymbol{B}=\boldsymbol{T}^{-1}\boldsymbol{A}\boldsymbol{T}.$$

对任一多项式 $f(x)$，由于

$$f(\boldsymbol{B})=\boldsymbol{T}^{-1}f(\boldsymbol{A})\boldsymbol{T},$$

因此

$$f(\boldsymbol{B})=\boldsymbol{O}\Leftrightarrow f(\boldsymbol{A})=\boldsymbol{O}.$$

由此可得矩阵 $\boldsymbol{A}$ 与 $\boldsymbol{B}$ 有相同的最小多项式.

注意:相反的结论不成立，即当两个矩阵有相同的最小多项式时，这两个矩阵未必相似，见下面的例 8.6.2.

性质 4:t 阶若当块 $\boldsymbol{J}(\lambda,t)=\begin{bmatrix}\lambda & & & \\ 1 & \lambda & & \\ & \ddots & \ddots & \\ & & 1 & \lambda\end{bmatrix}$ 的最小多项式为 $(x-\lambda)^t$.

事实上，$\boldsymbol{J}(\lambda,t)$ 的特征多项式为 $(x-\lambda)^t$，因此 $\boldsymbol{J}(\lambda,t)$ 的最小多项式是 $(x-\lambda)^t$ 的因式，但

$$\boldsymbol{J}-\lambda\boldsymbol{E}=\begin{bmatrix}0 & & & \\ 1 & \ddots & & \\ & \ddots & \ddots & \\ & & 1 & 0\end{bmatrix}\neq\boldsymbol{O},\cdots,$$

$$(\boldsymbol{J}-\lambda\boldsymbol{E})^{t-1}=\begin{bmatrix}0 & 0 & \cdots & 0\\ \vdots & \vdots & & \vdots\\ 0 & 0 & \cdots & 0\\ 1 & 0 & \cdots & 0\end{bmatrix}\neq\boldsymbol{O},$$

故 $\boldsymbol{J}(\lambda,t)$ 的最小多项式为 $(x-\lambda)^t$.

对于准对角矩阵 $\boldsymbol{A}$ 来说，$\boldsymbol{A}$ 的最小多项式与其中的各小块矩阵的最小多项式有没有联系？这是我们感兴趣的问题，下面的定理回答这个问题.

定理 8.6.2 设 $\boldsymbol{A}$ 是一个准对角矩阵，形如

$$\boldsymbol{A}=\begin{bmatrix}\boldsymbol{A}_1 & \boldsymbol{O}\\ \boldsymbol{O} & \boldsymbol{A}_2\end{bmatrix},$$

设 $\boldsymbol{A}_1,\boldsymbol{A}_2$ 的最小多项式分别是 $g_1(x),g_2(x)$，则 $\boldsymbol{A}$ 的最小多项式为 $g_1(x),g_2(x)$ 的最小公倍式 $[g_1(x),g_2(x)]$.

证明:记 $g(x)=[g_1(x),g_2(x)]$，由于 $\boldsymbol{A}^n=\begin{bmatrix}\boldsymbol{A}_1^n & \boldsymbol{O}\\ \boldsymbol{O} & \boldsymbol{A}_2^n\end{bmatrix}$，$n\geqslant 1$，

$$kA=\begin{bmatrix}kA_1 & O\\ O & kA_2\end{bmatrix},$$

所以

$$g(A)=\begin{bmatrix}g(A_1) & O\\ O & g(A_2)\end{bmatrix}=O,$$

因此,$g(x)$是以A为根的首一多项式.设有$h(x)$,使$h(A)=O$,则

$$h(A)=\begin{bmatrix}h(A_1) & O\\ O & h(A_2)\end{bmatrix}=O,$$

即$h(A_1)=O$,$h(A_2)=O$,因此$g_1(x)\mid h(x)$,$g_2(x)\mid h(x)$.于是有$g(x)\mid h(x)$,又$g(x)$是首一多项式,故$g(x)$是A的最小多项式.

这个定理可推广到一般情况,即当

$$A=\begin{bmatrix}A_1 & & & \\ & A_2 & & \\ & & \ddots & \\ & & & A_i\end{bmatrix},$$

而A_i的最小多项式是$g_i(x)$,$i=1,2,\cdots,s$时,A的最小多项式为

$$[g_1(x),g_2(x),\cdots,g_s(x)].$$

定理 8.6.3　数域 **P** 上n阶矩阵A与对角矩阵相似的充要条件是:A的最小多项式是F上互素的一次因式的乘积.

证明:必要性.若A与对角矩阵相似,则对角矩阵主对角线上的元素为A的特征值,对每个特征值来说,由定理 8.6.1 的推广知,每个最小多项式是一次因式,因此,A的最小多项式是一次因式的乘积,它们是互素的.

充分性.设线性变换σ与矩阵A对应,因此线性变换σ的最小多项式,就对应矩阵A的最小多项式.即线性变换σ的最小多项式$g(x)$是F上互素的一次因式的乘积:$g(x)=\prod\limits_{i=1}^{l}(x-\lambda_i)$.由于$g(A)=O$,故$g(\sigma)=\theta$,因此$g(\sigma)V=\theta$,由定理 8.6.2 中的证法可知$V=V_1\oplus\cdots\oplus V_l$,其中$V_i=\{\xi\mid(\sigma-\lambda_i I)\xi=\theta,\xi\in V\}$,$i=1,\cdots,l$.把$V_1,\cdots,V_l$各自的基合起来组成$V$的基,每个基向量都属于$V_i$,因而是$\sigma$的特征向量.$\sigma$在这个基下的矩阵就是对角矩阵,故$A$与对角矩阵相似.

本定理用线性变换的语言可叙述如下:

定理 8.6.3′　设σ是n维线性空间V上的线性变换,则σ可对角化的充要条件是:σ的最小多项式在$F[x]$中能分解成互素的一次因式的乘积.

例 8.6.2　求$A=\begin{bmatrix}1&1&0\\0&1&0\\0&0&1\end{bmatrix}$的最小多项式.

解:A的特征多项式为$f(\lambda)=|\lambda E-A|=(\lambda-1)^3$.故$A$的最小多项式是$(x-1)^3$的因式,又由于$A-E\neq O$,而$(A-E)^2=O$,因此$A$的最小多项式为$(x-1)^2$.

设 $\boldsymbol{A}=\begin{bmatrix}1&1&0&0\\0&1&0&0\\0&0&1&0\\0&0&0&2\end{bmatrix}$ 与 $\boldsymbol{B}=\begin{bmatrix}1&1&0&0\\0&1&0&0\\0&0&2&0\\0&0&0&2\end{bmatrix}$，$\boldsymbol{A}$ 与 $\boldsymbol{B}$ 的最小多项式都是 $(x-1)^2(x-2)$，但是它们的特征多项式并不相等，因此 $\boldsymbol{A}$ 和 $\boldsymbol{B}$ 不相似.

8.7 可交换的线性变换

命题 8.7.1 设 A 与 B 是 V 上的线性变换.若 A 与 B 可交换，则 $\mathrm{Ker}B$，$\mathrm{Im}B$，B 的特征子空间都是 A 的子空间.

域 $\mathbf{P}$ 的线性空间 V 上的所有线性变换组成的集合 $\mathrm{Hom}(V,V)$ 是域 $\mathbf{P}$ 上的一个代数，其乘法不满足交换律.如果 V 上的线性变换 A 与 B 可交换，那么关于 A 和 B 有许多好的性质.

如果 A 与 B 可交换，那么 $\mathrm{Ker}B$，$\mathrm{Im}B$，B 的特征子空间都是 A 的不变子空间(据命题 8.7.1).

引理 8.7.2 设 V 是复数域上的 n 维线性空间，A 与 B 都是 V 上的线性变换，且 A 有 s 个不同的特征值.若 A 与 B 可交换，则 A 与 B 至少有 s 个公共特征向量，并且它们线性无关.

取 $\mathbf{P}$ 为复数域 $\mathbf{C}$，$\dim V=n$，设 A 有 s 个不同的特征值，如果 A 与 B 可交换，那么 A 与 B 至少有 s 个公共的特征向量，并且它们线性无关(据引理 8.7.2).

引理 8.7.3 设 A 与 B 是实数域上奇数维线性空间 V 上的线性变换，若 $AB=BA$，则 A 与 B 必有公共特征向量.

取 $\mathbf{P}$ 为实数域 $\mathbf{R}$，设 V 是奇数维的，如果 A 与 B 可交换，那么 A 与 B 必有公共的特征向量(据引理 8.7.3).

引理 8.7.4 设 V 是复数域上的 n 维线性空间，$A_1,A_2,\cdots,A_s$ 都是 V 上的线性变换.若 $A_1,A_2,\cdots,A_s$ 两两可交换，则 $A_1,A_2,\cdots,A_s$ 至少有一个公共特征向量.

取 $\mathbf{P}$ 为复数域 $\mathbf{C}$，$\dim V=n$，如果线性变换 $A_1,A_2,\cdots,A_s$ 两两可交换，那么 $A_1,A_2,\cdots,A_s$ 至少有一个公共的特征向量(据引理 8.7.4).

引理 8.7.5 设 V 是数域 $\mathbf{P}$ 上的 n 维线性空间，$A_1,A_2,\cdots,A_s$ 都是 V 上的线性变换.若 $A_1,A_2,\cdots,A_s$ 可对角化且两两可交换，则 V 中存在一个基，使得 $A_1,A_2,\cdots,A_s$ 在此基下的矩阵都是对角矩阵，

设 $\dim V=n$，如果线性变换 $A_1,A_2,\cdots,A_s$ 两两可交换，且它们都可对角化，那么 V 中存在一个基，使得 $A_1,A_2,\cdots,A_s$ 在此基下的矩阵都是对角矩阵(据引理 8.7.5).

引理 8.7.6 设 V 是复数域上的 n 维线性空间，A 与 B 都是 V 上的线性变换.若 $AB=BA$，则

$$V=U_1\oplus U_2\oplus\cdots\oplus U_r,$$

其中，每个 U_i 是 A 和 B 的公共的不变子空间，且 A 和 B 在每个 U_i 上的限制 $A|U_i$，$B|U_i$ 都只有一个特征值.

取 $\mathbf{P}$ 为复数域 $\mathbf{C}$，$\dim V=n$.如果 A 与 B 可交换，那么

$$V=U_1\oplus U_2\oplus\cdots\oplus U_s,$$

其中，每个 U_i 是 A 与 B 的公共的不变子空间，且 $A|U_i$，$B|U_i$ 都只有一个特征值（据引理 8.7.6）.

域 $\mathbf{P}$ 上所有 n 阶矩阵组成的集合 $M_n(\mathbf{P})$ 也是域 $\mathbf{P}$ 上的一个代数.设 V 是域 $\mathbf{P}$ 上的 n 维线性空间，在 V 中取一个基 $\alpha_1,\alpha_2,\cdots,\alpha_n$，设线性变换 A 在此基下的矩阵为 $\boldsymbol{A}$，则 $\mathrm{Hom}(V,V)$ 到 $M_n(\mathbf{P})$ 的一个映射 σ：$A\to\boldsymbol{A}$ 是代数同构映射，从而代数 $\mathrm{Hom}(V,V)$ 与代数 $M_n(\mathbf{P})$ 同构，$M_n(\mathbf{P})$ 中乘法不满足交换律.如果域 $\mathbf{P}$ 上 n 阶矩阵 $\boldsymbol{A}$ 与 $\boldsymbol{B}$ 可交换，那么关于 $\boldsymbol{A}$ 与 $\boldsymbol{B}$ 有许多好的性质.

如果 $\boldsymbol{A}$ 与 $\boldsymbol{B}$ 可交换，那么 $(\boldsymbol{A}+\boldsymbol{B})^m$ 可以按照二项式定理展开.

设 $\boldsymbol{A}$ 与 $\boldsymbol{B}$ 都是 n 阶对称矩阵，则 $\boldsymbol{AB}$ 为对称矩阵的充分必要条件是 $\boldsymbol{A}$ 与 $\boldsymbol{B}$ 可交换.

两个 n 阶对称矩阵 $\boldsymbol{A}$ 与 $\boldsymbol{B}$ 的乘积 $\boldsymbol{AB}$ 是对称矩阵当且仅当 $\boldsymbol{A}$ 与 $\boldsymbol{B}$ 可交换.

引理 8.7.7　设 $\boldsymbol{A}$ 与 $\boldsymbol{B}$ 是 n 阶复矩阵.若 $\boldsymbol{A}$ 与 $\boldsymbol{B}$ 可交换，则存在 n 阶可逆矩阵 $\boldsymbol{P}$ 使得 $\boldsymbol{P}^{-1}\boldsymbol{AP}$ 和 $\boldsymbol{P}^{-1}\boldsymbol{BP}$ 都是上三角矩阵.

引理 8.7.8　设 $A_1,A_2,\cdots,A_s$ 是 n 阶复矩阵.若 $A_1,A_2,\cdots,A_s$ 两两可交换，则存在 n 阶可逆矩阵 $\boldsymbol{P}$ 使得 $\boldsymbol{P}^{-1}\boldsymbol{A}_1\boldsymbol{P},\boldsymbol{P}^{-1}\boldsymbol{A}_2\boldsymbol{P},\cdots,\boldsymbol{P}^{-1}\boldsymbol{A}_s\boldsymbol{P}$ 都是上三角矩阵.

设 $\boldsymbol{A},\boldsymbol{B},\boldsymbol{C},\boldsymbol{D}$ 都是数域 $\mathbf{P}$ 上的 n 阶矩阵，如果 $\boldsymbol{A}$ 与 $\boldsymbol{C}$ 可交换，那么

$$\begin{vmatrix}\boldsymbol{A} & \boldsymbol{B}\\ \boldsymbol{C} & \boldsymbol{D}\end{vmatrix}=|\boldsymbol{AD}-\boldsymbol{CB}|.$$

设 $\boldsymbol{A}$ 与 $\boldsymbol{B}$ 都是 n 阶对称矩阵，如果 $\boldsymbol{A}$ 与 $\boldsymbol{C}$ 可交换，那么存在 n 阶可逆复矩阵 $\boldsymbol{P}$，使得 $\boldsymbol{P}^{-1}\boldsymbol{AP}$ 和 $\boldsymbol{P}^{-1}\boldsymbol{BP}$ 都是上三角矩阵（据引理 8.7.7）.

设 $\boldsymbol{A}_1,\boldsymbol{A}_2,\cdots,\boldsymbol{A}_s$ 都是 n 阶复矩阵，如果 $\boldsymbol{A}_1,\boldsymbol{A}_2,\cdots,\boldsymbol{A}_s$ 两两可互换，那么存在 n 阶可逆复矩阵 $\boldsymbol{P}$，使得 $\boldsymbol{P}^{-1}\boldsymbol{A}_1\boldsymbol{P},\boldsymbol{P}^{-1}\boldsymbol{A}_2\boldsymbol{P},\cdots,\boldsymbol{P}^{-1}\boldsymbol{A}_s\boldsymbol{P}$ 都是上三角矩阵（据引理 8.7.8）.

引理 8.7.9　设 $\boldsymbol{A}$ 与 $\boldsymbol{B}$ 是数域 $\mathbf{P}$ 上的 n 阶可对角化矩阵.若 $\boldsymbol{AB}=\boldsymbol{BA}$，则存在数域 $\mathbf{P}$ 上的 n 阶可逆矩阵 $\boldsymbol{P}$ 使得 $\boldsymbol{P}^{-1}\boldsymbol{AP}$ 和 $\boldsymbol{P}^{-1}\boldsymbol{BP}$ 都为对角矩阵.

如果域 $\mathbf{P}$ 上的 n 阶矩阵 $\boldsymbol{A}$ 与 $\boldsymbol{B}$ 可交换，且它们都可对角化，那么存在域 $\mathbf{P}$ 上的一个 n 阶可逆矩阵 $\boldsymbol{S}$，使得 $\boldsymbol{S}^{-1}\boldsymbol{AS}$ 和 $\boldsymbol{S}^{-1}\boldsymbol{BS}$ 都为三角矩阵（据引理 8.7.9）.

上述讨论促使我们研究下述内容：

设 $\boldsymbol{A}$ 是域 $\mathbf{P}$ 上的一个 n 阶矩阵，$M_n(\mathbf{P})$ 中与 $\boldsymbol{A}$ 可交换的所有矩阵组成的集合记作 $C(A)$，它是域 $\mathbf{P}$ 上线性空间 $M_n(\mathbf{P})$ 的一个子空间，也是环 $M_n(\mathbf{P})$ 的一个子环.如何求 $C(A)$？等价地，设 $\boldsymbol{A}$ 是域 $\mathbf{P}$ 上 n 维线性空间 V 上的一个线性变换，$\mathrm{Hom}(V,V)$ 中与 $\boldsymbol{A}$ 可交换的线性变换组成的集合记作 $C(A)$，它是 $\mathrm{Hom}(V,V)$ 的一个子空间，也是 $\mathrm{Hom}(V,V)$ 的一个子环，设 $\boldsymbol{A}$ 在 V 的一个基下的矩阵是 $\boldsymbol{A}$，求 $C(A)$ 与求 $C(\boldsymbol{A})$ 是等价的.

引理 8.7.10　设 $\boldsymbol{A}$ 与 $\boldsymbol{B}$ 是数域 $\mathbf{P}$ 上的 n 阶矩阵.若 $\boldsymbol{A}\sim\boldsymbol{B}$，则 $C(A)=\boldsymbol{C}(B)$，从而 $\dim C(\boldsymbol{A})=\dim C(\boldsymbol{B})$.

引理 8.7.11　设 A 是数域 $\mathbf{P}$ 上线性空间 V 上的线性变换，用 $C^2(A)$ 表示与 $C(A)$ 中每一个线性变换可交换的线性变换组成的集合，即

$$C^2(A)=\{H\in\mathrm{Hom}(V,V)\mid HB=BH,\forall B\in C(A)\}.$$

容易看出 $C^2(A)$ 是 $\mathrm{Hom}(V,V)$ 的一个子空间.设 A 的最小多项式 $m(\lambda)=p^l(\lambda)$，其中 $p(\lambda)$

在数域 **P** 上不可约,则

$$C^2(A)=\mathbf{P}[A].$$

在 $M_n(\mathbf{P})$ 中,若 $A\sim B$,则 $C(A)=C(B)$(据引理 8.7.10).于是只要对 A 的相似标准形 B,求 $C(B)$.

将 **A** 的最小多项式记作 $m(\lambda)$.

情形 1　**A** 可对角化,此时在 $\mathbf{P}[\lambda]$ 中

$$m(\lambda)=(\lambda-\lambda_1)(\lambda-\lambda_2)\cdots(\lambda-\lambda_s),\tag{8-7-1}$$

其中,$\lambda_1,\lambda_2,\cdots,\lambda_s$ 两两不等.

(1)若 **A** 有 n 个不同的特征值,即 $s=n$,则

$$\dim C(\mathbf{A})=n,C(\mathbf{A})=\mathbf{P}[\mathbf{A}].$$

(2)若 $s<n$,设 **A** 的特征多项式 $f(\lambda)$ 为 $f(\lambda)=(\lambda-\lambda_1)^{n_1}(\lambda-\lambda_2)^{n_2}\cdots(\lambda-\lambda_s)^{n_s}$,则

$$\dim C(\mathbf{A})=\sum_{i=1}^{s}n_i^2,C(\mathbf{A})\cong M_{n_1}(\mathbf{P})+M_{n_2}(\mathbf{P})+\cdots+M_{n_s}(\mathbf{P}),C(\mathbf{A})\underset{\neq}{\supset}\mathbf{P}[\mathbf{A}].$$

情形 2　**A** 有若当标准形.此时在 $\mathbf{P}[\lambda]$ 中,

$$m(\lambda)=(\lambda-\lambda_1^{l_1})(\lambda-\lambda_2^{l_2})\cdots(\lambda-\lambda_s^{l_s}).\tag{8-7-2}$$

(1)**A** 的若当标准形为

$$\mathrm{diag}\{J_{l_1}(\lambda_1),J_{l_2}(\lambda_2),\cdots,J_{l_s}(\lambda_s)\},$$

则

$$\dim C(\mathbf{A})=n,C(\mathbf{A})=\mathbf{P}[\mathbf{A}].$$

(2)**A** 的若当标准形中有一个特征值 λ_j 至少有两个若当块,此时

$$\dim C(\mathbf{A})>n,C(\mathbf{A})\underset{\neq}{\supset}\mathbf{P}[\mathbf{A}].$$

把 **A** 看成域 **P** 上 n 维线性空间 V 上线性变换 **A** 的矩阵,由式(8.7.1)得

$$\begin{aligned}V&=\mathrm{Ker}(\mathbf{A}-\lambda_1I)^{l_1}\oplus\mathrm{Ker}(\mathbf{A}-\lambda_2I)^{l_2}\oplus\cdots\oplus\mathrm{Ker}(\mathbf{A}-\lambda_sI)^{l_s}\\&=W_1\oplus W_2\oplus\cdots\oplus W_s,\end{aligned}$$

其中,$W_i=\mathrm{Ker}(\mathbf{A}-\lambda_iI)^{l_i}$.记 $\mathbf{A}_i=\mathbf{A}|W_i,i=1,2,\cdots,s$,则

$$C(\mathbf{A})\cong C(\mathbf{A}_1)\dot{+}C(\mathbf{A}_2)\dot{+}\cdots\dot{+}C(\mathbf{A}_s),$$

$$\dim C(\mathbf{A})=\sum_{i=1}^{s}\dim C(\mathbf{A}_i).$$

注意到 $\mathbf{A}_i$ 的最小多项式 $m_i(\lambda)=(\lambda-\lambda_i)^{l_i}$,因此求 $C(\mathbf{A})$ 的难点在于当 $\mathbf{A}_i$ 的最小多项式为 $(\lambda-\lambda_i)^{l_i}$,且 $\mathbf{A}_i$ 的若当标准形至少有两个若当块时去求 $C(\mathbf{A}_i)$.这个问题尚未完全解决,但是在引理 8.7.11 中解决了 $C^2(\mathbf{A}_i)$ 的结构问题:

$$C^2(\mathbf{A}_i)=\mathbf{P}[\mathbf{A}_i],\dim C^2(\mathbf{A}_i)=l_i.$$

其中,$C^2(\mathbf{A}_i)=\{H\in\mathrm{Hom}(V,V)\,|\,HB=BH,\forall B\in C(\mathbf{A}_i)\}$.

情形 3　**A** 的相似标准形为有理标准形.此时在 $\mathbf{P}[\lambda]$ 中

$$m(\lambda)=p_1^{l_1}(\lambda)p_2^{l_2}(\lambda)\cdots p_s^{l_s}(\lambda),\tag{8-7-3}$$

其中,$p_1^{l_1}(\lambda),p_2^{l_2}(\lambda),\cdots,p_s^{l_s}(\lambda)$ 是两两不等的首一不可约多项式,且至少有一个 $p_j^{l_j}(\lambda)$ 的次数大于 1.

(1)$\mathbf{A}$ 的有理标准形是一个有理块,则

$$\dim C(\mathbf{A})=n, C(\mathbf{A})=\mathbf{P}[\mathbf{A}].$$

(2)$\mathbf{A}$ 的有理标准形的各个有理块的最小多项式两两互素,则

$$\dim C(\mathbf{A})=n, C(\mathbf{A})=\mathbf{P}[\mathbf{A}].$$

(3) $\mathbf{A}$ 的最小多项式 $m(\lambda)=p(\lambda)$,其中 $p(\lambda)$ 不可约,$\deg p(\lambda)=r>1$,且 $\mathbf{A}$ 的有理标准形至少有两个有理块,把 $\mathbf{A}$ 看成域 $\mathbf{P}$ 上 n 维线性空间 V 上线性变换 $\mathscr{A}$ 的矩阵,则

$$\dim C(\mathbf{A})=\frac{1}{r}(\dim_P V)^2, C(\mathbf{A})=\mathrm{Hom}_{P[\mathbf{A}]}(V,V).$$

(4) $\mathbf{A}$ 的最小多项式 $m(\lambda)=p_1(\lambda)p_2(\lambda)\cdots p_s(\lambda)$,$\deg p_i(\lambda)=r_i$,$i=1,2,\cdots,s$.设 $\mathbf{A}$ 的特征多项式 $f(\lambda)$ 为

$$m(\lambda)=p_1^{k_1}(\lambda)p_2^{k_2}(\lambda)\cdots p_s^{k_s}(\lambda),$$

把 $\mathbf{A}$ 看成域 $\mathbf{P}$ 上 n 维线性空间 V 上线性变换 $\mathscr{A}$ 的矩阵,记 $W_i=\mathrm{Ker}p_i(\mathbf{A})$,$\mathbf{A}_i=\mathbf{A}|W_i$,$i=1,2,\cdots,s$,则

$$\dim C(\mathbf{A})=\sum_{i=1}^{s} r_i k_i^2,$$

$$C(\mathbf{A})\cong C(\mathbf{A}_1)\dotplus C(\mathbf{A}_2)\dotplus\cdots\dotplus C(\mathbf{A}_s)$$

$$\cong \mathrm{Hom}_{P[\mathbf{A}_1]}(W_1,W_1)\dotplus\cdots\dotplus \mathrm{Hom}_{P[\mathbf{A}_s]}(W_s,W_s).$$

(5) $\mathbf{A}$ 的最小多项式 $m(\lambda)$ 为式(8-7-2),至少有一个 $l_j>1$,且 $\mathbf{A}$ 的有理标准形中至少有两个有理块的最小多项式不互素.把 $\mathbf{A}$ 看成域 $\mathbf{P}$ 上 n 维线性空间 V 上线性变换 $\mathscr{A}$ 的矩阵.记 $W_i=\mathrm{Ker}p_i^{l_i}(\mathbf{A})$,$\mathbf{A}_i=\mathbf{A}|W_i$,$i=1,2,\cdots,s$,则

$$C(\mathbf{A})\cong C(\mathbf{A}_1)\dotplus C(\mathbf{A}_2)\dotplus\cdots\dotplus C(\mathbf{A}_s),$$

$$\dim C(\mathbf{A})=\sum_{i=1} C(\mathbf{A}_i).$$

于是求 $C(\mathbf{A})$ 的难点在于求 $C(\mathbf{A}_i)$,其中 $\mathbf{A}_i$ 的最小多项式为 $p_i^{l_i}(\lambda)$,且 $\mathbf{A}_i$ 的有理标准形至少有两个有理块.求 $C(\mathbf{A}_i)$ 的问题尚未完全解决,但在引理 8.7.11 解决了 $C^2(\mathbf{A}_i)$ 的结构问题:

$$C^2(\mathbf{A}_i)=\mathbf{P}[\mathbf{A}_i], \dim C^2(\mathbf{A}_i)=l_i\deg p_i(\lambda).$$

第9章 欧氏空间

欧氏空间理论在多元分析等问题中有广泛的应用.本章重点就欧氏空间与酉空间的理论展开论述.

9.1 欧式空间中的数学思想方法

9.1.1 欧氏空间中的联想与类比的思想方法

确定相联系的两个或两类事物或问题为联想的作用所在,两种事物或问题的一部分类似的性质,从而来推测这两种事物同样具有其他类似性质的推理方法称之为类比.

联想和类比的区别在于:联想由整体到整体,然而类比却是从个别到个别(或特殊到特殊).联想和类比的相似之处在于:联想与类比的基础都是比较;事物之间的同一性为联想与类比原理的客观依据.

欧氏空间中包含着丰富的联想与类比的思想方法①.

设 V 为 n 维内积空间,$\boldsymbol{\alpha}_1,\boldsymbol{\alpha}_2,\cdots,\boldsymbol{\alpha}_n\in V$ 为一组基,称矩阵

$$\boldsymbol{A}=\begin{pmatrix}(\boldsymbol{\alpha}_1,\boldsymbol{\alpha}_1) & (\boldsymbol{\alpha}_1,\boldsymbol{\alpha}_2) & \cdots & (\boldsymbol{\alpha}_1,\boldsymbol{\alpha}_n)\\ (\boldsymbol{\alpha}_2,\boldsymbol{\alpha}_1) & (\boldsymbol{\alpha}_2,\boldsymbol{\alpha}_2) & \cdots & (\boldsymbol{\alpha}_2,\boldsymbol{\alpha}_n)\\ \vdots & \vdots & & \vdots\\ (\boldsymbol{\alpha}_n,\boldsymbol{\alpha}_1) & (\boldsymbol{\alpha}_n,\boldsymbol{\alpha}_2) & \cdots & (\boldsymbol{\alpha}_n,\boldsymbol{\alpha}_n)\end{pmatrix}$$

为基的 $\boldsymbol{\alpha}_1,\boldsymbol{\alpha}_2,\cdots,\boldsymbol{\alpha}_n\in V$ 度量矩阵,度量矩阵是正定矩阵.记为:

$$G(\boldsymbol{\alpha}_1,\boldsymbol{\alpha}_2,\cdots,\boldsymbol{\alpha}_n)=(\boldsymbol{\alpha}_i,\boldsymbol{\alpha}_j)=(\boldsymbol{\alpha}_1,\boldsymbol{\alpha}_2,\cdots,\boldsymbol{\alpha}_n)'(\boldsymbol{\alpha}_1,\boldsymbol{\alpha}_2,\cdots,\boldsymbol{\alpha}_n).$$

例 9.1.1 证明(1)度量矩阵正定,且任给正定矩阵 $\boldsymbol{A}$,则存在基 $\boldsymbol{\alpha}_1,\boldsymbol{\alpha}_2,\cdots,\boldsymbol{\alpha}_n\in V$,使得 $G(\boldsymbol{\alpha}_1,\boldsymbol{\alpha}_2,\cdots,\boldsymbol{\alpha}_n)=\boldsymbol{A}$.

(2)不同基的度量矩阵是合同的.

证明:(1)设 V 的任意一组基 $\boldsymbol{\alpha}_1,\boldsymbol{\alpha}_2,\cdots,\boldsymbol{\alpha}_n\in V$,任意非零向量

---

① 刘振宇.高等代数的思想与方法[M].济南:山东大学出版社,2009.

$$\boldsymbol{X}=(x_1,x_2,\cdots,x_n)'\in\mathbf{R}^n,$$

有

$$\boldsymbol{X}'\boldsymbol{A}\boldsymbol{X}=\boldsymbol{X}'G(\boldsymbol{\alpha}_1,\boldsymbol{\alpha}_2,\cdots,\boldsymbol{\alpha}_n)\boldsymbol{X}=\left(\sum_{i=1}^{n}x_i\boldsymbol{\alpha}_i,\sum_{i=1}^{n}x_i\boldsymbol{\alpha}_i\right)\geqslant 0,$$

$\boldsymbol{X}=\mathbf{0}$ 时等号成立.

因此可知度量矩阵为正定的.

(3)设基 $\boldsymbol{\alpha}_1,\boldsymbol{\alpha}_2,\cdots,\boldsymbol{\alpha}_n$ 到基 $\boldsymbol{\beta}_1,\boldsymbol{\beta}_2,\cdots,\boldsymbol{\beta}_n$ 的过渡矩阵为 $\boldsymbol{P}$,则有

$$\begin{aligned}G(\beta_1,\boldsymbol{\beta}_2,\cdots,\boldsymbol{\beta}_n)&=(\boldsymbol{\beta}_1,\boldsymbol{\beta}_2,\cdots,\boldsymbol{\beta}_n)'(\boldsymbol{\beta}_1,\boldsymbol{\beta}_2,\cdots,\boldsymbol{\beta}_n)\\&=\boldsymbol{P}'(\boldsymbol{\alpha}_1,\boldsymbol{\alpha}_2,\cdots,\boldsymbol{\alpha}_n)'(\boldsymbol{\alpha}_1,\boldsymbol{\alpha}_2,\cdots,\boldsymbol{\alpha}_n)\boldsymbol{P}\\&=\boldsymbol{P}'G(\boldsymbol{\alpha}_1,\boldsymbol{\alpha}_2,\cdots,\boldsymbol{\alpha}_n)\boldsymbol{P},\end{aligned}$$

也就是说不同基的度量矩阵为合同的.

通过联想与类比的思想方法,我们取 $\boldsymbol{\alpha}_1,\boldsymbol{\alpha}_2,\cdots,\boldsymbol{\alpha}_m\in V$ 为 V 的任意一组向量,类似地可以找到矩阵

$$\begin{pmatrix}(\boldsymbol{\alpha}_1,\boldsymbol{\alpha}_1)&(\boldsymbol{\alpha}_1,\boldsymbol{\alpha}_2)&\cdots&(\boldsymbol{\alpha}_1,\boldsymbol{\alpha}_m)\\(\boldsymbol{\alpha}_2,\boldsymbol{\alpha}_1)&(\boldsymbol{\alpha}_2,\boldsymbol{\alpha}_2)&\cdots&(\boldsymbol{\alpha}_2,\boldsymbol{\alpha}_m)\\\vdots&\vdots&&\vdots\\(\boldsymbol{\alpha}_m,\boldsymbol{\alpha}_1)&(\boldsymbol{\alpha}_m,\boldsymbol{\alpha}_2)&\cdots&(\boldsymbol{\alpha}_m,\boldsymbol{\alpha}_m)\end{pmatrix}.$$

事实上,该矩阵也有非常的好的性质,通常称为向量组 $\boldsymbol{\alpha}_1,\boldsymbol{\alpha}_2,\cdots,\boldsymbol{\alpha}_m$ 的格兰姆矩阵 $G(\boldsymbol{\alpha}_1,\boldsymbol{\alpha}_2,\cdots,\boldsymbol{\alpha}_m)$.

9.1.2 欧氏空间中的分析与综合的思想方法

分析方法着眼于事物内部的各个小细节的研究,有助于将真相和假相分辨开来以及去掉与本质无关的因素.分析方法是科学研究的基本方法.

综合方法也是科学研究的重要方法.在科学研究中,当感性经验及对某一自然事物或现象的某些方面的知识积累到一定程度时,如果此时能够通过观观察全局,并且及时综合,通常情况下,我们能够获得重大发现和发明,从而建立科学理论或提出科学假说①.

分析方法和综合方法具有如下关系:(1)对立统一;(2)相互依存;(3)相互渗透;(4)在一定条件下相互转化,不可分割的统一体;(5)分析是综合的基础;(6)综合又是分析前提.

欧氏空间中蕴含着丰富的分析与综合的思想方法.

例 9.1.2　设 $\boldsymbol{\gamma}_1,\boldsymbol{\gamma}_2,\cdots,\boldsymbol{\gamma}_s$ 为 V 的子空间 W 的标准正交基,$\forall\boldsymbol{\alpha}\in V$,则唯一地

$$\exists\boldsymbol{\beta}\in W,(\boldsymbol{\alpha}-\boldsymbol{\beta})\perp W,$$

且

$$\boldsymbol{\beta}=(\boldsymbol{\beta},\boldsymbol{\gamma}_1)\boldsymbol{\gamma}_1+(\boldsymbol{\beta},\boldsymbol{\gamma}_2)\boldsymbol{\gamma}_2+\cdots+(\boldsymbol{\beta},\boldsymbol{\gamma}_s)\boldsymbol{\gamma}_s.$$

① 刘振宇.高等代数的思想与方法[M].济南:山东大学出版社,2009.

证明：$V=W\oplus W^{\perp}$，$\forall\boldsymbol{\alpha}\in V$，$\exists\boldsymbol{\beta}\in W$，$\boldsymbol{\gamma}\in W^{\perp}$，使得

$$\boldsymbol{\alpha}=\boldsymbol{\beta}+\boldsymbol{\gamma},$$

根据

$$\boldsymbol{\alpha}-\boldsymbol{\beta}=\boldsymbol{\gamma}\in W^{\perp},$$

即

$$\boldsymbol{\alpha}-\boldsymbol{\beta}\perp W.$$

如果还有

$$\exists\boldsymbol{\beta}_1\in W,$$

使得

$$\boldsymbol{\alpha}-\boldsymbol{\beta}_1\perp W,$$

则

$$[(\boldsymbol{\alpha}-\boldsymbol{\beta})-(\boldsymbol{\alpha}-\boldsymbol{\beta}_1)]\perp W,$$

即

$$\boldsymbol{\beta}-\boldsymbol{\beta}_1\perp W,$$

而

$$\boldsymbol{\beta}-\boldsymbol{\beta}_1\in W,$$

所以

$$\boldsymbol{\beta}-\boldsymbol{\beta}_1=\mathbf{0},$$

即

$$\boldsymbol{\beta}=\boldsymbol{\beta}_1.$$

证得唯一性.

设

$$\boldsymbol{\gamma}_1,\boldsymbol{\gamma}_2,\cdots,\boldsymbol{\gamma}_s,\boldsymbol{\gamma}_{s+1},\boldsymbol{\gamma}_{s+2},\cdots,\boldsymbol{\gamma}_n$$

由于，$\boldsymbol{\gamma}_1,\boldsymbol{\gamma}_2,\cdots,\boldsymbol{\gamma}_s$ 扩充的标准正交基，则

$$W^{\perp}=L(\boldsymbol{\gamma}_{s+1},\boldsymbol{\gamma}_{s+2},\cdots,\boldsymbol{\gamma}_n),$$

而

$$\boldsymbol{\beta}\in W\subseteq V,$$

且

$$\boldsymbol{\beta}=(\boldsymbol{\beta},\boldsymbol{\gamma}_1)\boldsymbol{\gamma}_1+(\boldsymbol{\beta},\boldsymbol{\gamma}_2)\boldsymbol{\gamma}_2+\cdots+(\boldsymbol{\beta},\boldsymbol{\gamma}_n)\boldsymbol{\gamma}_n.$$

根据

$$\boldsymbol{\beta}\perp W^{\perp},$$

得

$$(\boldsymbol{\beta},\boldsymbol{\gamma}_{s+1})=(\boldsymbol{\beta},\boldsymbol{\gamma}_{s+2})=(\boldsymbol{\beta},\boldsymbol{\gamma}_n)=0.$$

所以

$$\boldsymbol{\beta}=(\boldsymbol{\beta},\boldsymbol{\gamma}_1)\boldsymbol{\gamma}_1+(\boldsymbol{\beta},\boldsymbol{\gamma}_2)\boldsymbol{\gamma}_2+\cdots+(\boldsymbol{\beta},\boldsymbol{\gamma}_s)\boldsymbol{\gamma}_s.$$

9.2　标准正交基与子空间

9.2.1　标准正交基

从平面解析几何中任选两个彼此正交的单位向量基,这个基对应一个直角坐标系.空间解析几何中也有完全类似的情形,这里将这个结论推广到一般的 n 维欧氏空间中.

定义 9.2.1　欧氏空间 V 的一组两两正交的非零向量称为 V 的一个正交向量组,简称正交组.如果一个正交组的每一个向量都是单位向量,则这个正交组就称为一个标准正交组.

例 9.2.1　向量组

$$\boldsymbol{\alpha}_1=(0,1,0),\boldsymbol{\alpha}_2=\left(\frac{1}{\sqrt{2}},0,\frac{1}{\sqrt{2}}\right),\boldsymbol{\alpha}_3=\left(\frac{1}{\sqrt{2}},0,-\frac{1}{\sqrt{2}}\right)$$

构成了 $\mathbf{R}^3$ 的一个标准正交组,因为 $|\boldsymbol{\alpha}_1|=|\boldsymbol{\alpha}_2|=|\boldsymbol{\alpha}_3|=1$, $[\boldsymbol{\alpha}_1,\boldsymbol{\alpha}_2]=[\boldsymbol{\alpha}_2,\boldsymbol{\alpha}_3]=[\boldsymbol{\alpha}_3,\boldsymbol{\alpha}_1]=0$.

定理 9.2.1　欧氏空间的任何一个正交组都是线性无关的.

证明:设 $\boldsymbol{\alpha}_1,\boldsymbol{\alpha}_2,\cdots,\boldsymbol{\alpha}_n$ 是欧氏空间 V 的一个正交组,取一组实数 $a_1,a_2,\cdots,a_n$ 使得

$$a_1\boldsymbol{\alpha}_1+a_2\boldsymbol{\alpha}_2+\cdots+a_n\boldsymbol{\alpha}_n=0.$$

因为当 $i\neq j$ 时,

$$[\boldsymbol{\alpha}_i,\boldsymbol{\alpha}_j]=0,$$

因此

$$0=[0,\boldsymbol{\alpha}_i]=\left[\boldsymbol{\alpha}_i,\sum_{j=1}^{n}a_j\boldsymbol{\alpha}_j\right]=\sum_{j=1}^{n}a_j[\boldsymbol{\alpha}_i,\boldsymbol{\alpha}_j]=a_i[\boldsymbol{\alpha}_i,\boldsymbol{\alpha}_i].$$

但 $[\boldsymbol{\alpha}_i,\boldsymbol{\alpha}_i]\neq0$,因此 $a_i,i=1,2,\cdots,n$,即 $\boldsymbol{\alpha}_1,\boldsymbol{\alpha}_2,\cdots,\boldsymbol{\alpha}_n$ 线性无关.

定义 9.2.2　在 n 维欧氏空间 V 中,由 n 个向量组成的正交向量组称为一个正交基.如果 V 的正交基还是一个标准正交向量组,那么就称为一个标准正交基.

例 9.2.2　欧氏空间 $\mathbf{R}^n$ 的基

$$\begin{gathered}\varepsilon_1=(1,0,\cdots,0)\\ \varepsilon_2=(0,1,\cdots,0)\\ \vdots\\ \varepsilon_n=(0,0,\cdots,1)\end{gathered}$$

是 $\mathbf{R}^n$ 的一个标准正交基.

如果 $\boldsymbol{\alpha}_1,\boldsymbol{\alpha}_2,\cdots,\boldsymbol{\alpha}_n$ 是 n 维欧氏空间 V 的一个标准正交基,而 $\boldsymbol{\alpha}$ 为 V 的任意一个向量,那么 $\boldsymbol{\alpha}$ 可唯一写为

$$\boldsymbol{\alpha}=[\boldsymbol{\alpha},\boldsymbol{\alpha}_1]\boldsymbol{\alpha}_1+[\boldsymbol{\alpha},\boldsymbol{\alpha}_2]\boldsymbol{\alpha}_2+\cdots+[\boldsymbol{\alpha},\boldsymbol{\alpha}_n]\boldsymbol{\alpha}_n.$$

即向量 $\boldsymbol{\alpha}$ 关于标准正交基的第 i 个坐标等于向量 $\boldsymbol{\alpha}$ 与第 i 个基向量的内积.实质上,令

$$\boldsymbol{\alpha}=x_1\boldsymbol{\alpha}_1,x_2\boldsymbol{\alpha}_2,\cdots,x_n\boldsymbol{\alpha}_n$$

其中 x_i 为实数,这样就有

$$[\boldsymbol{\alpha},\boldsymbol{\alpha}_i]=(\sum_{j=1}^{n}x_j\boldsymbol{\alpha}_j,\boldsymbol{\alpha}_i)=x_i.$$

令

$$\boldsymbol{\beta}=y_1\boldsymbol{\alpha}_1,y_2\boldsymbol{\alpha}_2,\cdots,y_n\boldsymbol{\alpha}_n,$$

那么

$$[\boldsymbol{\alpha},\boldsymbol{\beta}]=x_1y_1+x_2y_2+\cdots+x_ny_n.$$

特别地

$$|\boldsymbol{\alpha}|=\sqrt{x_1^2+x_2^2+\cdots+x_n^2},$$

以及

$$d(\boldsymbol{\alpha},\boldsymbol{\beta})=|\boldsymbol{\alpha}-\boldsymbol{\beta}|=\sqrt{(x_1-y_1)^2+(x_2-y_2)^2+\cdots+(x_n-y_n)^2}.$$

下面进一步探讨 n 维欧氏空间 V 的标准正交基的存在性及求法问题.在二维欧氏空间 V 中,设$\{\boldsymbol{\alpha}_1,\boldsymbol{\alpha}_2\}$是 V 的任意一个基,取 $\boldsymbol{\beta}_1=\boldsymbol{\alpha}_1$,求 $\boldsymbol{\beta}_2$,使得$[\boldsymbol{\beta}_1,\boldsymbol{\beta}_2]=0$,即 $\boldsymbol{\beta}_1\perp\boldsymbol{\beta}_2$,且 $\boldsymbol{\beta}_1,\boldsymbol{\beta}_2$ 线性无关.

令

$$\boldsymbol{\beta}_2=\boldsymbol{\alpha}_2+a\boldsymbol{\beta}_1,$$

a 是实数,由

$$0=[\boldsymbol{\alpha}_2+a\boldsymbol{\beta}_1,\boldsymbol{\beta}_1]=[\boldsymbol{\alpha}_2,\boldsymbol{\beta}_1]+a[\boldsymbol{\beta}_1,\boldsymbol{\beta}_1]\text{及 }\boldsymbol{\beta}_1\neq 0$$

得

$$a=-\frac{[\boldsymbol{\alpha}_2,\boldsymbol{\beta}_1]}{[\boldsymbol{\beta}_1,\boldsymbol{\beta}_2]}.$$

取

$$\boldsymbol{\beta}_2=\boldsymbol{\alpha}_2-\frac{[\boldsymbol{\alpha}_2,\boldsymbol{\beta}_1]}{[\boldsymbol{\beta}_1,\boldsymbol{\beta}_1]}\boldsymbol{\beta}_1.$$

那么$[\boldsymbol{\beta}_2,\boldsymbol{\beta}_1]=0$.

又因为 $\boldsymbol{\alpha}_1,\boldsymbol{\alpha}_2$ 线性无关,因此对于任意实数 a,$\boldsymbol{\alpha}_2+a\boldsymbol{\beta}_1=\boldsymbol{\alpha}_2+a\boldsymbol{\alpha}_1\neq\mathbf{0}$.因而 $\boldsymbol{\beta}_2\neq\mathbf{0}$.这样就可以得到 V 的一个正交基$\{\boldsymbol{\beta}_1,\boldsymbol{\beta}_2\}$.

9.2.2 子空间

定义 9.2.3 设 V_1,V_2 是欧氏空间 V 中两个子空间.如果 $\boldsymbol{\alpha}\in V$,对于任意的 $\boldsymbol{\beta}\in V_1$,恒有

$$(\boldsymbol{\alpha},\boldsymbol{\beta})=0,$$

则称 $\boldsymbol{\alpha}$ 与子空间 V_1 正交,记为 $\boldsymbol{\alpha}\perp V_1$,或$(\boldsymbol{\alpha},V_1)=0$.如果对于任意的 $\boldsymbol{\alpha}\in V_1$,$\boldsymbol{\beta}\in V_2$,恒有

$$(\boldsymbol{\alpha},\boldsymbol{\beta})=0,$$

则称 V_1,V_2 为正交的,记为 $V_1\perp V_2$ 或$(V_1,V_2)=0$.

根据定义可以得出以下推论.

推论 9.2.1　(1)只有零向量与它自身正交;

(2)如果 $V_1 \perp V_2$,则 $V_1 \cap V_2 = \{\mathbf{0}\}$;

(3)如果 $\boldsymbol{\alpha} \perp V_1$,且 $\boldsymbol{\alpha} \in V_1$,则 $\boldsymbol{\alpha} = \mathbf{0}$.

定理 9.2.2　如果子空间 $V_1, V_2, \cdots, V_s$ 两两正交,那么和 $V_1 + V_2 + \cdots + V_s$ 是直和.

证明:在 $V_i \cap \sum\limits_{j \neq i} V_j$ 任取一个向量 $\boldsymbol{\alpha}$,则

$$\boldsymbol{\alpha} \in V_i \text{ 且 } \boldsymbol{\alpha} \in V_j,$$

由假设可知 $\boldsymbol{\alpha} \perp V_j$,于是由推论 9.2.1 的(3)可得 $\boldsymbol{\alpha} = \mathbf{0}$,所以

$$V_i \cap \sum_{j \neq i} V_j = \{\mathbf{0}\}.$$

因此,$V_1 + V_2 + \cdots + V_s$ 是直和.

定义 9.2.4　设 V_1, V_2 是欧氏空间 V 的子空间,如果 $V = V_1 + V_2$,且 $V_1 \perp V_2$,则称 V_2 是 V_1 的正交补空间,简称正交补,记为 $V_1^{\perp}$.

显然,如果 V_2 是 V_1 的正交补,那么 V_1 也是 V_2 的正交补.

定理 9.2.3　设 V 是 n 维欧氏空间,V_1 是 V 的子空间,则

(1)$V = V_1 \oplus V_1^{\perp}$;

(2)V_1 中的任一组标准正交基均可以扩张为 V 的标准正交基.

证明:(1)若 $\boldsymbol{x} \in V_1 \cap V_1^{\perp}$,则$(\boldsymbol{x}, \boldsymbol{x}) = 0$,因此 $\boldsymbol{x} = 0$,即 $V_1 \cap V_1^{\perp} = \{\mathbf{0}\}$.另一方面,对任意的 $\boldsymbol{v} \in V$,由欧式空间均有标准正交基可知,存在 V_1 的一组标准正交基 $\boldsymbol{e}_1, \boldsymbol{e}_2, \cdots, \boldsymbol{e}_m$,令

$$\boldsymbol{v}_1 = (\boldsymbol{v}, \boldsymbol{e}_1)\boldsymbol{e}_1 + (\boldsymbol{v}, \boldsymbol{e}_2)\boldsymbol{e}_2 + \cdots + (\boldsymbol{v}, \boldsymbol{e}_m)\boldsymbol{e}_m,$$

则 $\boldsymbol{v}_1 \in V_1$.又令 $\boldsymbol{w} = \boldsymbol{v} - \boldsymbol{v}_1$,则对任一 $\boldsymbol{e}_i (i = 1, 2, \cdots, m)$,有

$$(\boldsymbol{w}, \boldsymbol{e}_i) = (\boldsymbol{v}, \boldsymbol{e}_i) - (\boldsymbol{v}_1, \boldsymbol{e}_i) = 0.$$

因此 $\boldsymbol{w} \in V_1^{\perp}$,而 $\boldsymbol{v} = \boldsymbol{v}_1 + \boldsymbol{w}$,这就证明了 $V = V_1 \oplus V_1^{\perp}$.

(2)设 $\boldsymbol{e}_1, \boldsymbol{e}_2, \cdots, \boldsymbol{e}_m$ 是 V_1 的任一组标准正交基,$\boldsymbol{e}_{m+1}, \boldsymbol{e}_{m+2}, \cdots \boldsymbol{e}_n$ 是 $V_1^{\perp}$ 的任一组标准正交基,则 $\boldsymbol{e}_1, \boldsymbol{e}_2, \cdots, \boldsymbol{e}_n$ 是 V 的任一组标准正交基.

由定理 9.2.3 可以得出:

(1)欧式空间的任一子空间都存在正交补空间,并且是唯一的;

(2)设 V_1 是 n 维欧氏空间 V 的子空间,则 $\dim V_1 + \dim V_1^{\perp} = n$.

推论 9.2.2　$V_1^{\perp}$ 恰由所有与 V_1 正交的向量组成.

由分解式

$$V = V_1 \oplus V_1^{\perp}$$

可知,V 中任一向量 $\boldsymbol{\alpha}$ 都可以唯一地分解成

$$\boldsymbol{\alpha} = \boldsymbol{\alpha}_1 + \boldsymbol{\alpha}_2,$$

其中 $\boldsymbol{\alpha}_1 \in V_1, \boldsymbol{\alpha}_2 \in V_1^{\perp}$.称 $\boldsymbol{\alpha}_1$ 为向量 $\boldsymbol{\alpha}$ 在子空间 V_1 上的内射影.

例 9.2.3　W 是欧氏空间 $\mathbf{R}^5$ 的一个子空间.已知 $W = L(\boldsymbol{\alpha}_1, \boldsymbol{\alpha}_2, \boldsymbol{\alpha}_3)$,其中

$$\boldsymbol{\alpha}_1 = (1,1,1,2,1), \boldsymbol{\alpha}_2 = (1,0,0,1,-2), \boldsymbol{\alpha}_3 = (2,1,-1,0,2).$$

求 $W^{\perp}$,并求向量 $\boldsymbol{\alpha} = (3,-7,2,1,8)$ 在 W 上的内射影.

解:根据推论 9.2.2 知:$W^{\perp}$ 由与 $\boldsymbol{\alpha}_1, \boldsymbol{\alpha}_2, \boldsymbol{\alpha}_3$ 正交的全部向量组成.向量$(x_1, x_2, x_3, x_4, x_5)$与 $\boldsymbol{\alpha}_1, \boldsymbol{\alpha}_2, \boldsymbol{\alpha}_3$ 正交的充分必要条件为

$$\begin{cases}x_1+x_2+x_3+2x_4+x_5=0\\x_1+x_4-2x_5=0\\2x_1+x_2-x_3=0\end{cases}.$$

取这个齐次方程组的一个基础解系

$$\boldsymbol{\alpha}_4=(2,-1,3,-2,0)$$
$$\boldsymbol{\alpha}_5=(4,-9,3,0,2)$$

那么$\boldsymbol{\alpha}_4,\boldsymbol{\alpha}_5$构成$W^{\perp}$的一组基,即

$$W^{\perp}=L(\boldsymbol{\alpha}_4,\boldsymbol{\alpha}_5)$$

为了求$\boldsymbol{\alpha}$在子空间形中的内射影,将$\boldsymbol{\alpha}$表成$\boldsymbol{\alpha}_1,\boldsymbol{\alpha}_2,\boldsymbol{\alpha}_3,\boldsymbol{\alpha}_4,\boldsymbol{\alpha}_5$的线性组合,即

$$\boldsymbol{\alpha}=\boldsymbol{\alpha}_1-2\boldsymbol{\alpha}_2+\frac{1}{2}\boldsymbol{\alpha}_3-\frac{1}{2}\boldsymbol{\alpha}_4+\boldsymbol{\alpha}_5,$$

于是

$$\boldsymbol{\alpha}=\left(\boldsymbol{\alpha}_1-2\boldsymbol{\alpha}_2+\frac{1}{2}\boldsymbol{\alpha}_3\right)+\left(-\frac{1}{2}\boldsymbol{\alpha}_4+\boldsymbol{\alpha}_5\right)$$

其中

$$\boldsymbol{\alpha}_1-2\boldsymbol{\alpha}_2+\frac{1}{2}\boldsymbol{\alpha}_3\in W,-\frac{1}{2}\boldsymbol{\alpha}_4+\boldsymbol{\alpha}_5\in W^{\perp}.$$

所以$\boldsymbol{\alpha}$在W中的内射影为

$$\boldsymbol{\alpha}_1-2\boldsymbol{\alpha}_2+\frac{1}{2}\boldsymbol{\alpha}_3=\left(0,\frac{3}{2},\frac{1}{2},0,6\right).$$

9.3 同构与正交变换

9.3.1 同构

从同一个线性空间可得到若干个欧氏空间.至于实数域**R**上不同的线性空间,亦可得不同的欧氏空间.

定义 9.3.1 设V,V'均为欧氏空间.如果存在V到V'的一个双射σ,使$\forall\alpha,\beta\in V,\forall k\in R$,均有(1)$\sigma(\alpha+\beta)=\sigma(\alpha)+\sigma(\beta)$;(2)$\sigma(k\alpha)=k\sigma(\alpha)$;(3)$(\sigma(\alpha),\sigma(\beta))=(\alpha,\beta)$.那么称$\sigma$为$V$到$V'$的一个同构映射.如果欧氏空间$V$与$V'$之间存在同构映射,则称$V$与$V'$同构,记为$V\cong V'$.

根据同构的定义可知,欧氏空间V到V'的同构映射σ是线性空间V到V'的同构映射并且内积保持不变.所以,欧氏空间V到V'的同构映射与线性空间同构映射具有相同的性质,如$V\cong V'$,若V是有限维的,则V'也是有限维的,且V到V'的维数相等.则有以下定理.

定理 9.3.1 两个有限维欧氏空间同构的充要条件是其维数相等.

证明:设V和V'是两个有限欧氏空间.如果V和V'同构,可认为

$$\dim V=\dim V'.$$

反之，设

$$\dim V=\dim V'=n.$$

如果 $n=0$，则 V 和 V' 就是同构，由于零空间中任意两个向量的内积只能是

$$(\mathbf{0},\mathbf{0})=0.$$

设 $n>0$，在 V 中取一个标准正交基 $\{\boldsymbol{\gamma}_1,\boldsymbol{\gamma}_2,\cdots,\boldsymbol{\gamma}_n\}$；在 V' 中任取一个标准正交基 $\{\boldsymbol{\gamma}'_1,\boldsymbol{\gamma}'\mathbf{V}_2,\cdots,\boldsymbol{\gamma}'_n\}$.对于 V 的每一个向量，有

$$\boldsymbol{\xi}=x_1\boldsymbol{\gamma}_1,x_2\boldsymbol{\gamma}_2,\cdots,x_n\boldsymbol{\gamma}_n,$$

规定

$$f(\boldsymbol{\xi})=x_1\boldsymbol{\gamma}'_1,x_2\boldsymbol{\gamma}'_2,\cdots,x_n\boldsymbol{\gamma}'_n.$$

已知映射 f 为实数域上向量空间 V 到 V' 的同构映射.设

$$\boldsymbol{\xi}=\sum_{i=1}^{n}x_i\boldsymbol{\gamma}_i,\eta=\sum_{i=1}^{n}y_i\boldsymbol{\gamma}_i$$

是 V 中任意两个向量，则

$$f(\boldsymbol{\xi})=\sum_{i=1}^{n}x_i\boldsymbol{\gamma}'_i,f(\eta)=\sum_{i=1}^{n}y_i\boldsymbol{\gamma}'_i.$$

可得

$$(\boldsymbol{\xi},\boldsymbol{\eta})=x_1y_1+\cdots+x_ny_n=(f(\boldsymbol{\xi}),f(\boldsymbol{\eta})).$$

因此欧氏空间 V 和 V' 的同构.

9.3.2　正交变换

在空间解析几何中，如果一点 P 的坐标是 (x,y,z)，旋转变换后，P 变为了 P'，其坐标为 (x',y',z')，则 P 和 P' 的坐标之间存在如下关系：

$$\begin{cases}x=a_{11}x'+a_{12}y'+a_{13}z'\\x=a_{21}x'+a_{22}y'+a_{23}z',\\x=a_{31}x'+a_{32}y'+a_{33}z'\end{cases}$$

$$|\mathbf{A}|=|(a_{ij})|=1.$$

$a_{1i},a_{2i},a_{3i}(i=1,2,3)$ 为某些单位长向量 $\boldsymbol{a}_i$ 的方向余弦，所以

$$a_{1i}^2+a_{2i}^2+a_{3i}^2=1.$$

此外，当 $i\neq j$ 时，$\boldsymbol{a}_i\perp\boldsymbol{a}_j$，因此

$$\sum_{k=1}^{3}a_{ki}a_{kj}=0,0\leqslant i\leqslant j\leqslant 3.$$

线段 $\overline{OP}$ 与线段 $\overline{OP'}$ 的长度相等，这就是一个正交变换.该概念可推广到一般的欧氏空间.

定义 9.3.2　设 σ 为欧氏空间 V 的一个线性变换，若对于任意的 $\alpha\in V$ 均存在

$$|\sigma(\alpha)|=|\alpha|,$$

则称 σ 是 V 的正交变换.

例 9.3.1　在二维几何空间 V_2 中，V_2 的一个正交变换即将每一向量都旋转一个角度 θ 的线性变换.

二维几何空间 V_2 中,对每一个向量 $\boldsymbol{\alpha}\in V_2$,设 $\sigma(\boldsymbol{\alpha})$ 为关于一条过原点的直线的反射,则 σ 是 V_2 的一个正交变换.

关于正交变换我们可从如下几个方面进行刻画.

定理 9.3.2 设 σ 为欧氏空间 V 的线性变换,下面四命题相互等价:

(1)σ 是正交变换.

(2)如果 $\boldsymbol{\varepsilon}_1,\boldsymbol{\varepsilon}_2,\cdots,\boldsymbol{\varepsilon}_n$ 是 V 的标准正交基,则 $\sigma\boldsymbol{\varepsilon}_1,\sigma\boldsymbol{\varepsilon}_2,\cdots,\sigma\boldsymbol{\varepsilon}_n$ 也是标准正交基.

(3)σ 在 V 的任一标准正交基下的矩阵均为正交矩阵.

(4)保持 σ 向量的长度不变,即对于任意 $\boldsymbol{\alpha}\in V$,$|\sigma\boldsymbol{\alpha}|=|\boldsymbol{\alpha}|$.

根据定理 9.3.2 可推出以下结论.

推论 9.3.1 设 σ 是欧氏空间 V 的一个正交变换,$\boldsymbol{\alpha}$ 与 $\boldsymbol{\beta}$ 是 V 的两个任意非零向量,则 σ 保持 $\boldsymbol{\alpha}$ 与 $\boldsymbol{\beta}$ 的夹角不变,即 $\sigma(\boldsymbol{\alpha})$ 与 $\sigma(\boldsymbol{\beta})$ 的夹角等于 $\boldsymbol{\alpha}$ 与 $\boldsymbol{\beta}$ 的夹角.

设 σ 是几何空间 V_2 的每一个向量旋转角 θ 的正交变换,下述为 σ 关于 V_2 的任意标准正交基的矩阵

$$\boldsymbol{U}=\begin{pmatrix}\cos\theta & -\sin\theta\\ \sin\theta & \cos\theta\end{pmatrix}$$

十分明显,$\boldsymbol{U}$ 为正交矩阵.

根据正交变换在任意标准正交基下的矩阵均为正交矩阵,而正交矩阵为可逆的,所以正交变换是可逆的.另外,若 $\boldsymbol{U}$ 为正交矩阵,则根据

$$\boldsymbol{U}^{\mathrm{T}}\boldsymbol{U}=\boldsymbol{I}$$

可知

$$|\boldsymbol{U}|^2=1$$

或者

$$|\boldsymbol{U}|=\pm 1,$$

所以,正交变换矩阵的行列式等于 1 或 -1.行列式等于 $+1$ 的正交变换通常称为旋转(第一类的正交变换);行列式等于 -1 的正交变换称为第二类的正交变换.

例 9.3.2 设 σ 为 n 维欧氏空间 V 上的线性变换,$\boldsymbol{\alpha}_1,\boldsymbol{\alpha}_2,\cdots,\boldsymbol{\alpha}_n$ 为 V 的基,σ 在基 $\boldsymbol{\alpha}_1,\boldsymbol{\alpha}_2,\cdots,\boldsymbol{\alpha}_n$ 下的矩阵为 $\boldsymbol{A}$.证明:σ 为 V 的正交变换的充要条件为

$$G(\boldsymbol{\alpha}_1,\boldsymbol{\alpha}_2,\cdots,\boldsymbol{\alpha}_n)=\boldsymbol{A}^{\mathrm{T}}G(\boldsymbol{\alpha}_1,\boldsymbol{\alpha}_2,\cdots,\boldsymbol{\alpha}_n)\boldsymbol{A}.$$

证明:根据条件,则有

$$\sigma(\boldsymbol{\alpha}_1,\boldsymbol{\alpha}_2,\cdots,\boldsymbol{\alpha}_n)=(\boldsymbol{\alpha}_1,\boldsymbol{\alpha}_2,\cdots,\boldsymbol{\alpha}_n)\boldsymbol{A},$$

所以

$$G(\sigma(\boldsymbol{\alpha}_1),\sigma(\boldsymbol{\alpha}_2),\cdots,\sigma(\boldsymbol{\alpha}_n))=\boldsymbol{A}^{\mathrm{T}}G(\boldsymbol{\alpha}_1,\boldsymbol{\alpha}_2,\cdots,\boldsymbol{\alpha}_n)\boldsymbol{A}.$$

则 $\forall\,\boldsymbol{\alpha},\boldsymbol{\beta}\in V$,设

$$\boldsymbol{\alpha}=\sum_{i=1}^{n}a_i\boldsymbol{\alpha}_i,\boldsymbol{\beta}=\sum_{j=1}^{n}b_j\boldsymbol{\alpha}_j.$$

根据

$$(\sigma(\boldsymbol{\alpha}),\sigma(\boldsymbol{\beta}))=\left(\sum_{i=1}^{n}a_i\boldsymbol{\alpha}_i,\sum_{j=1}^{n}b_j\boldsymbol{\alpha}_j\right)$$

$$=(a_1,a_2,\cdots,a_n)G(\sigma(\boldsymbol{\alpha}_1),\sigma(\boldsymbol{\alpha}_2),\cdots,\sigma(\boldsymbol{\alpha}_n))\begin{pmatrix}b_1\\b_2\\\vdots\\b_n\end{pmatrix}$$

$$=(a_1,a_2,\cdots,a_n)\boldsymbol{A}^{\mathrm{T}}G(\boldsymbol{\alpha}_1,\boldsymbol{\alpha}_2,\cdots,\boldsymbol{\alpha}_n)\boldsymbol{A}\begin{pmatrix}b_1\\b_2\\\vdots\\b_n\end{pmatrix},$$

而

$$(\boldsymbol{\alpha},\boldsymbol{\beta})=(a_1,a_2,\cdots,a_n)G(\boldsymbol{\alpha}_1,\boldsymbol{\alpha}_2,\cdots,\boldsymbol{\alpha}_n)\begin{pmatrix}b_1\\b_2\\\vdots\\b_n\end{pmatrix},$$

所以

$$\sigma \text{ 为 } V \text{ 的正交变换} \Leftrightarrow (\sigma(\boldsymbol{\alpha}),\sigma(\boldsymbol{\beta}))=(\boldsymbol{\alpha},\boldsymbol{\beta}) \Leftrightarrow G(\boldsymbol{\alpha}_1,\boldsymbol{\alpha}_2,\cdots,\boldsymbol{\alpha}_n)=\boldsymbol{A}^{\mathrm{T}}G(\boldsymbol{\alpha}_1,\boldsymbol{\alpha}_2,\cdots,\boldsymbol{\alpha}_n)\boldsymbol{A}.$$

因为 $\boldsymbol{A}$ 可逆且 $\boldsymbol{A}^{-1}$ 也为正交矩阵及正交举证的乘积仍然为正交矩阵，因此正交变换 σ 可逆并且 σ^{-1} 也为正交变换及正交变换的乘积依旧为正交变换.

9.4　欧氏空间中的分类讨论的思想方法

分类讨论思想也称为逻辑划分的思想，其实质就是逻辑划分，按照问题的要求，确定分类的标准，对研究的对象进行分类，然后对每一类分别进行求解，最后综合得出结果.

需要运用分类讨论的思想解决的数学问题，就其引起分类的原因可归结为：(1)涉及数学概念是分类定义的；(2)运用的定理、公式或运算性质、法则是分类给出的；(3)求解问题的结论存在多种情况(多种可能)；(4)问题中存在参数变量，这些变量的取值不同产生的结果也不相同.

例 9.4.1　欧氏空间 V 的子空间 W 存在唯一的正交补子空间 $W^{\perp}$，使得

$$V=W\oplus W^{\perp},$$

且

$$W\perp W^{\perp}.$$

证明：(1)若

$$W=\{0\},$$

则

$$W^{\perp}=V.$$

(2)若

$$W=V,$$

则

$$W^{\perp}=\{0\}.$$

(3)若 W 为非平凡的,设 $\boldsymbol{\gamma}_1,\boldsymbol{\gamma}_2,\cdots,\boldsymbol{\gamma}_s$ 为 W 的标准正交基,

$$\boldsymbol{\gamma}_1,\boldsymbol{\gamma}_2,\cdots,\boldsymbol{\gamma}_s,\boldsymbol{\gamma}_{s+1},\boldsymbol{\gamma}_{s+2},\cdots,\boldsymbol{\gamma}_n,$$

与

$$\boldsymbol{\gamma}_1,\boldsymbol{\gamma}_2,\cdots,\boldsymbol{\gamma}_s,\boldsymbol{\varepsilon}_{s+1},\boldsymbol{\varepsilon}_{s+2},\cdots\boldsymbol{\varepsilon}_n.$$

是由 $\boldsymbol{\gamma}_1,\boldsymbol{\gamma}_2,\cdots,\boldsymbol{\gamma}_s$ 扩充得到的两组标准正交基.设

$$W_1=L(\boldsymbol{\gamma}_{s+1},\boldsymbol{\gamma}_{s+2},\cdots,\boldsymbol{\gamma}_n),$$

$$W_2=L(\boldsymbol{\varepsilon}_{s+1},\boldsymbol{\varepsilon}_{s+2},\cdots\boldsymbol{\varepsilon}_n),$$

则 W_1,W_2 均为 W 的正交补,且

$$W_2=W_1.$$

实际上:根据 W_1,W_2 的构造得

$$V=W\oplus W_1=W\oplus W_2,$$

对于 $\forall\alpha\in W_1$,有 $\alpha\in V$,使得:

$$\boldsymbol{\alpha}=\boldsymbol{\alpha}_0+\boldsymbol{\alpha}_2,$$

其中 $\boldsymbol{\alpha}_0\in W_1,\boldsymbol{\alpha}_2\in W_2$.

根据

$$(\boldsymbol{\alpha},\boldsymbol{\alpha}_0)=(\boldsymbol{\alpha}_0+\boldsymbol{\alpha}_2,\boldsymbol{\alpha}_0)=(\boldsymbol{\alpha}_0,\boldsymbol{\alpha}_0)+(\boldsymbol{\alpha}_2,\boldsymbol{\alpha}_0)=(\boldsymbol{\alpha}_0,\boldsymbol{\alpha}_0)=0,$$

可得

$$\boldsymbol{\alpha}_0=\mathbf{0}.$$

因此

$$\boldsymbol{\alpha}=\boldsymbol{\alpha}_0+\boldsymbol{\alpha}_2=\boldsymbol{\alpha}_2\in W_2,$$

即有

$$W_1\subseteq W_2,$$

同理

$$W_1\supseteq W_2,$$

于是

$$W_1=W_2.$$

$W^{\perp}$是由与 W 都正交的向量组成的集合,构成子空间,且

$$(W^{\perp})^{\perp}=W.$$

9.5　对称变换与实对称矩阵

9.5.1　对称变换

定义 9.5.1　设 σ 为欧氏空间 V 的一个线性变换，如果对 V 中任意向量 $\boldsymbol{\alpha}$、$\boldsymbol{\beta}$，等式

$$(\sigma(\boldsymbol{\alpha}),\boldsymbol{\beta})=(\boldsymbol{\alpha},\sigma(\boldsymbol{\beta}))$$

成立，此时称 σ 为一个对称变换.

例 9.5.1　$\mathbf{R}^3$ 的线性变换

$$\sigma(a_1,a_2,a_3)=(a_1,0,0)$$

是对称变换.

对于任意 $\mathbf{R}^3$ 中的两向量

$$\boldsymbol{\alpha}=(a,a_2,a_3),\boldsymbol{\beta}=(b_1,b_2,b_3),$$

则有

$$\begin{aligned}(\sigma(\boldsymbol{\alpha}),\boldsymbol{\beta})&=((a_1,0,0),(b_1,b_2,b_3))=a_1b_1\\&=((a_1,a_2,a_3),(b_1,0,0))\\&=(\boldsymbol{\alpha},\sigma(\boldsymbol{\beta})).\end{aligned}$$

定理 9.5.1　n 维欧氏空间 V 的对称变换 σ 关于标准正交基的矩阵是实对称矩阵.

定理 9.5.2　为关于对称变换与实对称之间的关系.在欧氏空间里，对称变换关于任一个标准正交基的矩阵是对称矩阵.

定理 9.5.3　如果 n 维欧氏空间 V 的线性变换 σ 关于 V 中的一个标准正交基的矩阵是实对称矩阵，则 σ 是一个对称变换.

根据定理 9.5.3 可知，n 维欧氏空间的所有对称变换的集合与所有 n 阶实对称的集合之间可建立一一对应的关系.

定理 9.5.4　如果 W 是欧氏空间 V 的对称变换 σ 的不变子空间，则 $W^{\perp}$ 也是 σ 的不变子空间.

定理 9.5.5　设 σ 是 n 维欧氏空间 V 的一个对称变换，存在 V 的一个标准正交基，使得 σ 关于这个基的矩阵是实对角矩阵

$$\begin{pmatrix}\lambda_1 & 0 & \cdots & 0\\0 & \lambda_2 & \cdots & 0\\\vdots & \vdots & \ddots & \vdots\\0 & 0 & \cdots & \lambda_n\end{pmatrix}$$

其中，$\lambda_1,\lambda_2,\cdots,\lambda_n$ 恰是 σ 的全部特征值.

9.5.2 实对称矩阵的标准形

由二次型可知,任意一个实对称矩阵 $\boldsymbol{A}$ 都合同于一个对角形矩阵.换句话说,有一个可逆矩阵 $\boldsymbol{C}$ 使 $\boldsymbol{C}^{\mathrm{T}}\boldsymbol{AC}$ 为对角形矩阵.根据欧氏空间的理论,关于实对称矩阵,可以有更强的结论.

先介绍几个引理.

引理 9.5.1 设 σ 是 n 维欧氏空间 V 的对称变换,则 σ 有几个本征值(重根按重数计算).

引理 9.5.2 设 σ 是 n 维欧氏空间 V 的对称变换,W_1 是 σ 的不变子空间,则 $W_1^{\perp}$ 也是 σ 的不变子空间.

证明: 设 $\alpha \in W_1^{\perp}$,要证 $\sigma(\alpha) \in W_1^{\perp}$.

任取 $\beta \in W_1$,有 $\sigma(\beta) \in W_1$.因为 $\alpha \in W_1^{\perp}$,所以 $<\alpha,\sigma(\beta)>=0$.又 σ 是对称变换,故 $<\sigma(\alpha),\beta>=<\alpha,\sigma(\beta)>=0$,即 $\sigma(\alpha) \in W_1^{\perp}$}.

引理 9.5.3 设 $\boldsymbol{A}$ 是 n 阶实对称矩阵,则属于 $\boldsymbol{A}$ 的不同特征根的特征向量必正交.

证明: 设 λ_1,λ_2 是 $\boldsymbol{A}$ 的两个不同特征根,α,β 是相应的特征向量,则 $\boldsymbol{A}\alpha=\lambda_1\alpha,\boldsymbol{A}\beta=\lambda_2\beta$.根据矩阵的乘法知,$\beta^{\mathrm{T}}\boldsymbol{A}\alpha$ 是一个数,且

$$\beta^{\mathrm{T}}\boldsymbol{A}\alpha=(\beta^{\mathrm{T}}\boldsymbol{A}\alpha)^{\mathrm{T}}=\alpha^{\mathrm{T}}\boldsymbol{A}^{\mathrm{T}}\beta=\alpha^{\mathrm{T}}\boldsymbol{A}\beta.$$

即

$$\lambda_1\beta^{\mathrm{T}}\alpha=\lambda_2\alpha^{\mathrm{T}}\beta.$$

由于 $\beta^{\mathrm{T}}\alpha=\alpha^{\mathrm{T}}\beta$,所以 $(\lambda_1-\lambda_2)\alpha^{\mathrm{T}}\beta=0$.而 $\lambda_1-\lambda_2\neq 0$,因此 $\alpha^{\mathrm{T}}\beta=0$.即 $<\alpha,\beta>=0$.所以,α 与 β 正交.

定理 9.5.6 设 σ 是 n 维欧氏空间 V 的对称变换,则存在 V 的一个规范正交基,使得 σ 在这个规范正交基下的矩阵为对角形矩阵.

证明: 只要证明对称变换 σ 有 n 个本征向量做成 V 的规范正交基即可.

对空间 V 的维数 n 作归纳法.

当 $n=1$ 时,显然结论成立.

假设对 $n-1$,结论成立.对 n 维欧氏空间 V,对称变换 σ 一定有实本征值 λ_1,设 α_1 为其相应的本征向量.把 α_1 单位化,得 β_1.作 $\wp(\beta_1)$ 的正交补,设为 W_1.因为 $\wp(\beta_1)$ 是 σ 的不变子空间,所以由引理 11.6.2,W_1 是 σ 的不变子空间.而 W_1 的维数为 $n-1$,将 σ 限制在 W_1 上,$\sigma|_{W_1}$ 仍是对称变换,根据归纳假设,$\sigma|_{W_1}$ 有 $n-1$ 个本征向量 $\beta_2,\cdots,\beta_n$ 作成 W_1 的规范正交基.从而 $\beta_1,\beta_2,\cdots,\beta_n$ 是 V 的规范正交基,又是 σ 的 n 个本征向量.所以结论对 n 成立.

推论 9.5.1 对于任意一个 n 阶实对称矩阵 $\boldsymbol{A}$,都存在一个 n 阶正交矩阵 $\boldsymbol{T}$,使

$$\boldsymbol{T}^{\mathrm{T}}\boldsymbol{AT}=\boldsymbol{T}^{-1}\boldsymbol{AT}$$

成对角形矩阵.

为了求出正交矩阵 $\boldsymbol{T}$,可以先求出一个可逆矩阵 $\boldsymbol{P}$,使 $\boldsymbol{P}^{-1}\boldsymbol{AP}$ 是对角形矩阵.因为 $\boldsymbol{P}$ 的每个列向量都是 $\boldsymbol{A}$ 的特征向量,由引理 11.6.3,而 $\boldsymbol{A}$ 的属于不同特征根的特征向量彼此正交,所以只需再对 $\boldsymbol{P}$ 中属于同一特征根的特征向量进行正交化、单位化,最终得 n 个列向量,它们构成 $\mathbf{R}^n$ 的一个规范正交基,以它们为列作矩阵 $\boldsymbol{T}$,那么 $\boldsymbol{T}$ 是正交矩阵,且 $\boldsymbol{T}^{\mathrm{T}}\boldsymbol{AT}$ 是对角形矩阵.

例 9.5.2　设

$$A=\begin{pmatrix}2&2&-2\\2&5&-4\\-2&-4&5\end{pmatrix},$$

求正交矩阵 T,使 $T^{-1}AT$ 为对角矩阵.

解:A 的特征多项式为

$$\det(xI-A)=\begin{vmatrix}x-2&-2&2\\-2&x-5&4\\2&4&x-5\end{vmatrix}=(x-1)^2(x-10)$$

所以 A 的特征值为 $\lambda_1=\lambda_2=1,\lambda_3=10$.

当 $\lambda_1=\lambda_2=1$ 时,齐次线性方程组 $(1\cdot I-A)X=0$ 的一个基础解系是:$\alpha_1=(-2,1,0)^T$,$\alpha_2==(2,0,1)^T$.

当 $\lambda_3=10$ 时,齐次线性方程组 $(10\cdot I-A)X=0$ 的基础解系是:$\alpha_3=(1,2,-2)^T$.

根据引理 9.5.3,α_1,α_2 都与 α_3 正交,但 α_1 与 α_2 不正交,因此需要把 $\alpha_1,\alpha_2,\alpha_3$ 化成正交向量组.

令

$$\beta_1=\alpha_1,$$

$$\beta_2=\alpha_2-\frac{(\alpha_2,\beta_1)}{(\beta_1,\beta_1)}\beta_1=\left(\frac{2}{5},\frac{4}{5},1\right)^T,$$

$$\beta_3=\alpha_3.$$

因此 β_1,β_2,β_3 是正交向量组.再将 β_1,β_2,β_3 单位化,得

$$\gamma_1=\frac{1}{|\beta_1|}\beta_1=\left(-\frac{2}{\sqrt{5}},\frac{1}{\sqrt{5}},0\right)^T,$$

$$\gamma_2=\frac{1}{|\beta_2|}\beta_2\left(\frac{2}{3\sqrt{5}},\frac{4}{3\sqrt{5}},\frac{5}{3\sqrt{5}}\right)^T,$$

$$\gamma_3=\frac{1}{|\beta_3|}\beta_3\left(\frac{1}{3},\frac{2}{3},-\frac{2}{3}\right)^T.$$

令

$$T=(\gamma_1,\gamma_2,\gamma_3)=\begin{pmatrix}\frac{-2}{\sqrt{5}}&\frac{2}{3\sqrt{5}}&\frac{1}{3}\\\frac{1}{\sqrt{5}}&\frac{4}{3\sqrt{5}}&\frac{2}{3}\\0&\frac{5}{3\sqrt{5}}&\frac{-2}{3}\end{pmatrix}$$

$$T^{-1}AT=T^TAT=\begin{pmatrix}1&0&0\\0&1&0\\0&0&10\end{pmatrix}.$$

9.6 酉空间

如果说欧氏空间是专对实数域上线性空间进行讨论的，则酉空间就是欧氏空间在复数域上的推广.在酉空间中，许多概念、结论及证明都与欧氏空间类似.下面对其与欧氏空间不同的性质着重叙述.

定义 9.6.1 设在复数域 **C** 上线性空间 V 上定义了 2 元复函数，将每一对向量 $\boldsymbol{\alpha},\boldsymbol{\beta}$ 对应到一个复数$(\boldsymbol{\alpha},\boldsymbol{\beta})$，且满足如下条件：

(1)共轭双线性：$(\boldsymbol{\alpha}_1+\boldsymbol{\alpha}_2,\boldsymbol{\beta})=(\boldsymbol{\alpha}_1,\boldsymbol{\beta})+(\boldsymbol{\alpha}_2,\boldsymbol{\beta})$，$(\lambda\boldsymbol{\alpha}_1,\boldsymbol{\beta})=\bar{\lambda}(\boldsymbol{\alpha}_1,\boldsymbol{\beta})$

$$(\boldsymbol{\beta},\boldsymbol{\alpha}_1+\boldsymbol{\alpha}_2)=(\boldsymbol{\beta},\boldsymbol{\alpha}_1)+(\boldsymbol{\beta},\boldsymbol{\alpha}_2),(\boldsymbol{\beta},\lambda\boldsymbol{\alpha}_1)=\lambda(\boldsymbol{\beta},\boldsymbol{\alpha}_1)$$

对任意 $\boldsymbol{\alpha}_1,\boldsymbol{\alpha}_2,\boldsymbol{\beta}\in V$ 和 $\lambda\in F$ 成立；

(2)共轭对称性：$(\boldsymbol{\alpha},\boldsymbol{\beta})=\overline{(\boldsymbol{\beta},\boldsymbol{\alpha})}$对任意 $\boldsymbol{\alpha}_1,\boldsymbol{\alpha}_2\in V$ 成立；

(3)正定性：$(\boldsymbol{\alpha},\boldsymbol{\alpha})>0$ 对任意 $\boldsymbol{0}\neq\boldsymbol{\alpha}\in V$ 成立，

则称$(\boldsymbol{\alpha},\boldsymbol{\beta})$为内积，$V$ 为酉空间.

定理 9.6.1(Cauchy-Schwarz 不等式) 对于酉空间 V 中任意向量 $\boldsymbol{\alpha},\boldsymbol{\beta}\in V$，

$$|(\boldsymbol{\alpha},\boldsymbol{\beta})|^2\leqslant(\boldsymbol{\alpha},\boldsymbol{\alpha})(\boldsymbol{\beta},\boldsymbol{\beta})$$

当且仅当 $\boldsymbol{\alpha}$ 与 $\boldsymbol{\beta}$ 线性相关时等号成立.

证明：我们只需要考虑 $\boldsymbol{\alpha}\neq\boldsymbol{0}$ 的情形，根据内积的正定性可知

$$(-(\boldsymbol{\alpha},\boldsymbol{\beta})\boldsymbol{\alpha}+(\boldsymbol{\alpha},\boldsymbol{\alpha})\boldsymbol{\beta},-(\boldsymbol{\alpha},\boldsymbol{\beta})\boldsymbol{\alpha}+(\boldsymbol{\alpha},\boldsymbol{\alpha})\boldsymbol{\beta})\geqslant 0$$

展开可得

$$\overline{(\boldsymbol{\alpha},\boldsymbol{\beta})}(\boldsymbol{\alpha},\boldsymbol{\beta})(\boldsymbol{\alpha},\boldsymbol{\alpha})-(\boldsymbol{\alpha},\boldsymbol{\alpha})(\boldsymbol{\alpha},\boldsymbol{\beta})(\boldsymbol{\beta},\boldsymbol{\alpha})-$$
$$\overline{(\boldsymbol{\alpha},\boldsymbol{\beta})}(\boldsymbol{\alpha},\boldsymbol{\alpha})(\boldsymbol{\alpha},\boldsymbol{\beta})+(\boldsymbol{\alpha},\boldsymbol{\alpha})^2(\boldsymbol{\beta},\boldsymbol{\beta})\geqslant 0$$

不等式两边同乘以$(\boldsymbol{\alpha},\boldsymbol{\alpha})$，同时注意到

$$\overline{(\boldsymbol{\alpha},\boldsymbol{\beta})}(\boldsymbol{\alpha},\boldsymbol{\beta})=|(\boldsymbol{\alpha},\boldsymbol{\beta})|^2,$$
$$(\boldsymbol{\alpha},\boldsymbol{\beta})(\boldsymbol{\beta},\boldsymbol{\alpha})=(\boldsymbol{\alpha},\boldsymbol{\beta})\overline{(\boldsymbol{\alpha},\boldsymbol{\beta})}=|(\boldsymbol{\alpha},\boldsymbol{\beta})|^2.$$

从而可得

$$(\boldsymbol{\alpha},\boldsymbol{\alpha})(\boldsymbol{\beta},\boldsymbol{\beta})\geqslant|(\boldsymbol{\alpha},\boldsymbol{\beta})|^2,$$

等号成立当且仅当$-(\boldsymbol{\alpha},\boldsymbol{\beta})\boldsymbol{\alpha}+(\boldsymbol{\alpha},\boldsymbol{\alpha})\boldsymbol{\beta}=0$，$\boldsymbol{\alpha},\boldsymbol{\beta}$ 线性相关.

推论 9.6.1(三角形不等式) 对于欧氏空间 V 中任意向量 $\boldsymbol{\alpha},\boldsymbol{\beta}$，有

$$|\boldsymbol{\alpha}+\boldsymbol{\beta}|\leqslant|\boldsymbol{\alpha}|+|\boldsymbol{\beta}|.$$

注意：在酉空间中虽然不能像欧氏空间中那样定义任意两个向量的夹角，但可定义正交.

对于酉空间 V 中任意向量 $\boldsymbol{\alpha},\boldsymbol{\beta}$，若$(\boldsymbol{\alpha},\boldsymbol{\beta})=0$，则称 $\boldsymbol{\alpha},\boldsymbol{\beta}$ 正交，记作 $\boldsymbol{\alpha}\perp\boldsymbol{\beta}$.

虽然一般情况下$(\boldsymbol{\alpha},\boldsymbol{\beta})$与$(\boldsymbol{\beta},\boldsymbol{\alpha})$不一定相等，然而$(\boldsymbol{\alpha},\boldsymbol{\beta})=0\Leftrightarrow(\boldsymbol{\beta},\boldsymbol{\alpha})=0$，即正交关系为对称的：$\boldsymbol{\alpha}\perp\boldsymbol{\beta}\Leftrightarrow\boldsymbol{\beta}\perp\boldsymbol{\alpha}$.

设 $\boldsymbol{\alpha}_1,\boldsymbol{\alpha}_2,\cdots,\boldsymbol{\alpha}_n$ 为 n 维复线性空间 V 的一组基. V 中向量 $\boldsymbol{\alpha}$ 与 $\boldsymbol{\beta}$ 可以唯一地表示为

$$\boldsymbol{\alpha}=x_1\boldsymbol{\alpha}_1+x_2\boldsymbol{\alpha}_2+\cdots+x_n\boldsymbol{\alpha}_n,$$

$$\boldsymbol{\beta}=y_1\boldsymbol{\beta}_1+y_2\boldsymbol{\beta}_2+\cdots+y_n\boldsymbol{\beta}_n.$$

故向量 $\boldsymbol{\alpha}$ 与 $\boldsymbol{\beta}$ 的内积 $(\boldsymbol{\alpha},\boldsymbol{\beta})$ 为

$$(\boldsymbol{\alpha},\boldsymbol{\beta})=\sum_{i=1}^{n}\sum_{j=1}^{n}x_i\overline{y}_j(\boldsymbol{\alpha}_i,\boldsymbol{\alpha}_j). \tag{9-6-1}$$

记作

$$\boldsymbol{G}=\begin{bmatrix}(\boldsymbol{\alpha}_1,\boldsymbol{\alpha}_1) & (\boldsymbol{\alpha}_1,\boldsymbol{\alpha}_2) & \cdots & (\boldsymbol{\alpha}_1,\boldsymbol{\alpha}_n)\\(\boldsymbol{\alpha}_2,\boldsymbol{\alpha}_1) & (\boldsymbol{\alpha}_2,\boldsymbol{\alpha}_2) & \cdots & (\boldsymbol{\alpha}_2,\boldsymbol{\alpha}_n)\\ & \cdots\cdots & & \\(\boldsymbol{\alpha}_n,\boldsymbol{\alpha}_1) & (\boldsymbol{\alpha}_n,\boldsymbol{\alpha}_2) & \cdots & (\boldsymbol{\alpha}_n,\boldsymbol{\alpha}_n)\end{bmatrix},$$

则 n 阶方阵 $\boldsymbol{G}$ 称为内积 $(\boldsymbol{\alpha},\boldsymbol{\beta})$ 在基 $\boldsymbol{\alpha}_1,\boldsymbol{\alpha}_2,\cdots,\boldsymbol{\alpha}_n$ 下的 Gram 方阵，记作

$$\boldsymbol{x}=(x_1,x_2,\cdots,x_n),$$
$$\boldsymbol{y}=(y_1,y_2,\cdots,y_n),$$

那么式(9-6-1)可写成

$$(\boldsymbol{\alpha},\boldsymbol{\beta})=\boldsymbol{xGy}^*,$$

其中 $\boldsymbol{y}^*$ 为 $1\times n$ 矩阵 $\boldsymbol{y}$ 的共轭转置.

内积 $(\boldsymbol{\alpha},\boldsymbol{\beta})$ 在基 $\boldsymbol{\alpha}_1,\boldsymbol{\alpha}_2,\cdots,\boldsymbol{\alpha}_n$ 下的 Gram 方阵 $\boldsymbol{G}$ 具有如下性质：

(1)Gram 方阵 $\boldsymbol{G}$ 为 Hermite 方阵，即有 $\boldsymbol{G}^*=\boldsymbol{G}$；

(2)对任意非零向量 $\boldsymbol{x}\in\boldsymbol{C}^n$，$\boldsymbol{xGx}^*>0$；

设 $\boldsymbol{H}$ 为 n 阶 Hermite 方阵.若对任意非零向量 $\boldsymbol{x}\in\boldsymbol{C}^n$，$\boldsymbol{xHx}^*>0$，则方阵 $\boldsymbol{H}$ 称为正定 Hermite 方阵.Gram 方阵 $\boldsymbol{G}$ 的上述性质表明，Gram 方阵 $\boldsymbol{G}$ 为一个正定 Hermite 方阵.

反之，令 $\boldsymbol{G}$ 为一个 n 阶正定 Hermite 方阵.则在 n 维复线性空间 V 的基 $\boldsymbol{\alpha}_1,\boldsymbol{\alpha}_2,\cdots,\boldsymbol{\alpha}_n$ 下，向量 $\boldsymbol{\alpha},\boldsymbol{\beta}\in V$ 的坐标分别记作

$$\boldsymbol{x}=(x_1,x_2,\cdots,x_n),$$
$$\boldsymbol{y}=(y_1,y_2,\cdots,y_n),$$

其中 $\boldsymbol{x},\boldsymbol{y}\in\boldsymbol{C}^n$.设 V 上的二元复值函数 $(\boldsymbol{\alpha},\boldsymbol{\beta})$ 为

$$(\boldsymbol{\alpha},\boldsymbol{\beta})=\boldsymbol{xGy}^*.$$

易验证，V 上二元复值函数 $(\boldsymbol{\alpha},\boldsymbol{\beta})$ 满足 Hermite 对称性、恒正性和共轭双线性.所以二元复值函数 $(\boldsymbol{\alpha},\boldsymbol{\beta})$ 为复线性空间 V 的一个内积.从而表明，在 n 维复线性空间 V 中取定一组基 $\boldsymbol{\alpha}_1,\boldsymbol{\alpha}_2,\cdots,\boldsymbol{\alpha}_n$ 后，V 的内积 $(\boldsymbol{\alpha},\boldsymbol{\beta})$ 则和其在该组基下的 Gram 方阵建立的对应.该对应为复线性空间 V 上所有内积的集合到所有 n 阶正定 Hermite 方阵集合上的一一对应.

定理 9.6.2　酉空间 V 中任意 k 个两两正交的非零向量 $\boldsymbol{\alpha}_1,\boldsymbol{\alpha}_2,\cdots,\boldsymbol{\alpha}_k$ 为线性无关的.

定理 9.6.3　设 $\boldsymbol{\alpha}_1,\boldsymbol{\alpha}_2,\cdots,\boldsymbol{\alpha}_n$ 为 n 维酉空间 V 的一组基，那么 V 中存在一组两两正交的非零向量 $\boldsymbol{\beta}_1,\boldsymbol{\beta}_2,\cdots,\boldsymbol{\beta}_n$，使得对于每个 k，$\boldsymbol{\beta}_1,\boldsymbol{\beta}_2,\cdots,\boldsymbol{\beta}_k$ 为 V 中由向量 $\boldsymbol{\alpha}_1,\boldsymbol{\alpha}_2,\cdots,\boldsymbol{\alpha}_k$ 生成的子空间 V_k 的一组基.

证明：设

$$\boldsymbol{\beta}_1=\boldsymbol{\alpha}_1,$$
$$\boldsymbol{\beta}_2=\boldsymbol{\alpha}_2+\lambda_{21}\boldsymbol{\beta}_1,$$
$$\cdots\cdots$$

$$\boldsymbol{\beta}_k=\boldsymbol{\alpha}_k+\lambda_{k,k-1}\boldsymbol{\beta}_{k-1}+\cdots+\lambda_{k1}\boldsymbol{\beta}_1,$$

其中 λ_{ij} 为待定常数 $1\leqslant j<i\leqslant k$.对于 $i>j$,设

$$(\boldsymbol{\beta}_i,\boldsymbol{\beta}_j)=(\boldsymbol{\alpha}_i+\sum_{l=1}^{i-1}\lambda_{il}\boldsymbol{\beta}_l\boldsymbol{\beta}_i)=0.$$

从而可得

$$\lambda_{ij}=-\frac{(\boldsymbol{\alpha}_i,\boldsymbol{\beta}_j)}{(\boldsymbol{\beta}_j,\boldsymbol{\beta}_j)},j=1,2,\cdots,i-1.$$

设

$$\boldsymbol{\beta}_1=\boldsymbol{\alpha}_1,$$

$$\boldsymbol{\beta}_2=\boldsymbol{\alpha}_2-\frac{(\boldsymbol{\alpha}_2,\boldsymbol{\beta}_1)}{(\boldsymbol{\beta}_1,\boldsymbol{\beta}_1)}\boldsymbol{\beta}_1,$$

……

$$\boldsymbol{\beta}_k=\boldsymbol{\alpha}_k-\frac{(\boldsymbol{\alpha}_k,\boldsymbol{\beta}_{k-1})}{(\boldsymbol{\beta}_{k-1},\boldsymbol{\beta}_{k-1})}\boldsymbol{\beta}_{k-1}-\cdots-\frac{(\boldsymbol{\alpha}_k,\boldsymbol{\beta}_1)}{(\boldsymbol{\beta}_1,\boldsymbol{\beta}_1)}\boldsymbol{\beta}_1.$$

那么向量 $\boldsymbol{\beta}_1,\boldsymbol{\beta}_2,\cdots,\boldsymbol{\beta}_k$ 为由 $\boldsymbol{\alpha}_1,\boldsymbol{\alpha}_2,\cdots,\boldsymbol{\alpha}_k$ 生成的子空间 V_k,且两两正交.根据定理 8.3.2 可知,$\boldsymbol{\beta}_1,\boldsymbol{\beta}_2,\cdots,\boldsymbol{\beta}_k$ 为 V_k 的一组基.

定理 9.6.4 n 维酉空间具有标准正交基.

定理 9.6.5 n 维酉空间中任意一组两两正交的单位向量组 $\boldsymbol{\alpha}_1,\boldsymbol{\alpha}_2,\cdots,\boldsymbol{\alpha}_k$ 都可扩成 V 的一组标准正交基.

定理 9.6.6 设 n 维酉空间 V 中由标准正交基 $\boldsymbol{\varepsilon}_1,\boldsymbol{\varepsilon}_2,\cdots,\boldsymbol{\varepsilon}_n$ 到标准正交基 $\boldsymbol{\eta}_1,\boldsymbol{\eta}_2,\cdots\boldsymbol{\eta}_n$ 的过渡矩阵为 $\boldsymbol{U}$,即有

$$(\boldsymbol{\eta}_1,\boldsymbol{\eta}_2,\cdots\boldsymbol{\eta}_n)=(\boldsymbol{\varepsilon}_1,\boldsymbol{\varepsilon}_2,\cdots,\boldsymbol{\varepsilon}_n)\boldsymbol{U}.$$

那么过渡矩阵 $\boldsymbol{U}$ 为酉方阵,即矩阵 $\boldsymbol{U}$ 满足

$$\boldsymbol{U}\boldsymbol{U}^*=\boldsymbol{E}_{(n)}=\boldsymbol{U}^*\boldsymbol{U}$$

其中 $\boldsymbol{U}^*$ 表示方阵 $\boldsymbol{U}$ 的共轭转置.

定理 9.6.7 任意 n 阶可逆复方阵 $\boldsymbol{A}$ 均可表示为一个酉方阵 $\boldsymbol{U}$ 与一个对角元全为正数的上三角方阵 $\boldsymbol{T}$ 的乘积,即有

$$\boldsymbol{A}=\boldsymbol{U}\boldsymbol{T},$$

并且表法唯一.

定义 9.6.2 设 W 为酉空间 V 的子空间,$\boldsymbol{\beta}\in V$.若 $\boldsymbol{\beta}$ 与 W 中任意向量 $\boldsymbol{\alpha}$ 均正交,那么称向量 $\boldsymbol{\beta}$ 和子空间 W 正交,V 中所有与子空间 W 正交的向量的集合称为子空间 W 的正交补,记作 $W^{\perp}$.

定义 9.6.3 设 V 和 W 为酉空间,若存在复线性空间 V 到 W 上的同构映射 σ,使得对任意$(\boldsymbol{\alpha},\boldsymbol{\beta})\in V$,均有

$$(\sigma(\boldsymbol{\alpha}),\sigma(\boldsymbol{\beta}))=(\boldsymbol{\alpha},\boldsymbol{\beta}),$$

其中$(\boldsymbol{\alpha},\boldsymbol{\beta})$为定义在酉空间 V 的内积,而$(\sigma(\boldsymbol{\alpha}),\sigma(\boldsymbol{\beta}))$为酉空间 W 中向量 $\sigma(\boldsymbol{\alpha}),\sigma(\boldsymbol{\beta})$的内积,即映射 σ 报内积的,故称 σ 为酉空间 V 到 W 上的同构映射,且酉空间 V 和 W 称之为同构.

定理 9.6.8　任意 n 维酉空间 V 都同构于 n 维复的行向量空间连同标准内积构成的酉空间 $\mathbf{C}^n$.有限维酉空间 U 与 W 同构的充分必要条件为

$$\dim U=\dim W.$$

酉空间的讨论与欧氏空间的讨论十分类似,所以我们在这里仅列出一些重要的结论.

(1)$(\boldsymbol{\alpha},k\boldsymbol{\beta})=\overline{k}(\boldsymbol{\alpha},\boldsymbol{\beta})$;

(2)$(\boldsymbol{\alpha},\boldsymbol{\beta}+\boldsymbol{\gamma})=(\boldsymbol{\alpha},\boldsymbol{\beta})+(\boldsymbol{\alpha},\boldsymbol{\gamma})$;

(3)柯西-施瓦兹不等式仍然成立,即对任意的向量 $\boldsymbol{\alpha},\boldsymbol{\beta}$ 都有

$$|(\boldsymbol{\alpha},\boldsymbol{\beta})|\leqslant|\boldsymbol{\alpha}||\boldsymbol{\beta}|,$$

当且仅当 $\boldsymbol{\alpha},\boldsymbol{\beta}$ 线性相关时,等号成立;

(4)当$(\boldsymbol{\alpha},\boldsymbol{\beta})=0$ 时,称 $\boldsymbol{\alpha}$ 与 $\boldsymbol{\beta}$ 正交或者垂直;

(5)对 n 维复矩阵 $\boldsymbol{A}$,如果满足 $\boldsymbol{A}\overline{\boldsymbol{A}}^{\mathrm{T}}=\overline{\boldsymbol{A}}^{\mathrm{T}}\boldsymbol{A}=\boldsymbol{E}$(其中 $\overline{\boldsymbol{A}}$ 表示以 $\boldsymbol{A}$ 的元素的共轭复数为元素的矩阵),那么称矩阵 $\boldsymbol{A}$ 为酉矩阵,其行列式的绝对值为 1,两组标准正交基之间的过渡矩阵为酉矩阵;

(6)酉空间 V 的线性变换 $\boldsymbol{\sigma}$ 称为 V 的一个酉变换,若对任意的 $\boldsymbol{\alpha},\boldsymbol{\beta}\in V$ 恒有

$$(\boldsymbol{\sigma\alpha},\boldsymbol{\sigma\beta})=(\boldsymbol{\alpha},\boldsymbol{\beta})$$

酉变换在标准正交基下的矩阵为酉矩阵.

(7)若矩阵 $\boldsymbol{A}$ 满足:

$$\overline{\boldsymbol{A}}^{\mathrm{T}}=\boldsymbol{A},$$

那么称矩阵 $\boldsymbol{A}$ 为厄米特矩阵,在酉空间 $\mathbf{C}^n$ 中令

$$\boldsymbol{\sigma}\begin{bmatrix}x_1\\x_2\\\vdots\\x_n\end{bmatrix}=\boldsymbol{A}\begin{bmatrix}x_1\\x_2\\\vdots\\x_n\end{bmatrix},$$

则$(\boldsymbol{\sigma\alpha},\boldsymbol{\beta})=(\boldsymbol{\alpha},\boldsymbol{\sigma\beta})$,即 $\boldsymbol{\sigma}$ 也为对称变换;

(8)V 为酉空间,V_1 为其子空间,$V_1^{\perp}$ 为其正交补,则有 $V=V_1\oplus V_1^{\perp}$;

(9)厄米特矩阵的特征值为实数,其属于不同特征值的特征向量必定正交;

(10)如果 $\boldsymbol{A}$ 为厄米特矩阵,则有酉矩阵 $\boldsymbol{C}$,使得 $\boldsymbol{C}^{-1}\boldsymbol{AC}=\overline{\boldsymbol{C}}^{\mathrm{T}}\boldsymbol{AC}$ 为对角矩阵;

(11)设 $\boldsymbol{A}$ 为厄米特矩阵,二次齐次函数

$$f(x_1,x_2,\cdots,x_n)=\sum_{i=1}^{n}\sum_{j=1}^{n}a_{ij}x_i\overline{x}_j=\boldsymbol{X}^{\mathrm{T}}\boldsymbol{A}\overline{\boldsymbol{X}}$$

称为厄米特二次型,则必有酉矩阵 $\boldsymbol{C}$,当 $\boldsymbol{X}=\boldsymbol{CY}$ 时,

$$f(x_1,x_2,\cdots,x_n)=d_1y_1\overline{y}_1+d_2y_2\overline{y}_2+\cdots+d_ny_n\overline{y}_n.$$

第 10 章　双线性函数与辛空间

双线性函数可以看作是欧氏空间的推广，而对称双线性函数可以看作是二次型理论的另一表现形式，19 世纪下半期，德国数学家魏尔斯特拉斯将二次型的理论推广到了双线性函数．本章从线性函数入手，介绍对偶空间、双线性函数、对称与反对称双线性函数和辛空间的一些基本结论．

10.1　线性函数

定义 10.1.1　设 V 是数域 $\mathbf{P}$ 上的线性空间，f 是 V 到数域 $\mathbf{P}$ 的映射，如果 f 满足

(1) $\forall \boldsymbol{\alpha},\boldsymbol{\beta}\in V, f(\boldsymbol{\alpha}+\boldsymbol{\beta})=f(\boldsymbol{\alpha})+f(\boldsymbol{\beta})$；

(2) $\forall k\in \mathbf{P},\boldsymbol{\alpha}\in V, f(k\boldsymbol{\alpha})=kf(\boldsymbol{\alpha})$，

则称 f 是 V 上的线性函数．

数域 $\mathbf{P}$ 上线性空间上的线性函数的集合记为 $L(V,\mathbf{P})$ 或 V^*．

性质 10.1.1　设 f 是数域 $\mathbf{P}$ 上的线性空间 V 的线性函数，则

(1) $f(\mathbf{0})=0, f(-\boldsymbol{\alpha})=-f(\boldsymbol{\alpha})$；

(2) $f(k_1\boldsymbol{\alpha}_1+k_2\boldsymbol{\alpha}_2+\cdots+k_s\boldsymbol{\alpha}_s)=k_1f(\boldsymbol{\alpha}_1)+k_2f(\boldsymbol{\alpha}_2)+\cdots+k_sf(\boldsymbol{\alpha}_s)$．

定理 10.1.1　设 V 是数域 $\mathbf{P}$ 上的线性空间，$\boldsymbol{\varepsilon}_1,\boldsymbol{\varepsilon}_2,\cdots,\boldsymbol{\varepsilon}_n$ 是 V 的一个基，对于 $\mathbf{P}$ 中任意 n 个数 $a_1,a_2,\cdots,a_n$，则存在唯一的线性函数 f，使得

$$f(\boldsymbol{\varepsilon}_i)=a_i, i=1,2,\cdots,n.$$

定理 10.1.2　设 V 是数域 $\mathbf{P}$ 上的 n 维线性空间，f 是 V 上的线性函数，则

$$f^{-1}(0)=\{\boldsymbol{\alpha}\in V \mid f(\boldsymbol{\alpha})=0\}$$

是 V 的子空间，且

(1) $f=0$ 时，$\dim f^{-1}(0)=n$；

(2) $f\neq 0$ 时，$\dim f^{-1}(0)=n-1$．

证明：这里仅证(2)．取 V 的基 $\boldsymbol{\varepsilon}_1,\boldsymbol{\varepsilon}_2,\cdots,\boldsymbol{\varepsilon}_n$，$\forall \boldsymbol{\alpha}\in V$，设 $\boldsymbol{\alpha}=a_1\boldsymbol{\varepsilon}_1+a_2\boldsymbol{\varepsilon}_2+\cdots+a_n\boldsymbol{\varepsilon}_n$，于是 $\boldsymbol{\alpha}\in f^{-1}(0)\Leftrightarrow f(\boldsymbol{\alpha})=0\Leftrightarrow a_1f(\boldsymbol{\varepsilon}_1)+a_2f(\boldsymbol{\varepsilon}_2)+\cdots+a_nf(\boldsymbol{\varepsilon}_n)=0\Leftrightarrow\boldsymbol{\alpha}$ 在基 $\boldsymbol{\varepsilon}_1,\boldsymbol{\varepsilon}_2,\cdots,\boldsymbol{\varepsilon}_n$ 的坐标是齐次线性方程组

$$x_1f(\boldsymbol{\varepsilon}_1)+x_2f(\boldsymbol{\varepsilon}_2)+\cdots+x_nf(\boldsymbol{\varepsilon}_n)=0 \tag{10-1-1}$$

的解空间的解向量．

注意到 $f\neq 0$，于是 $f(\boldsymbol{\varepsilon}_1),f(\boldsymbol{\varepsilon}_2),\cdots,f(\boldsymbol{\varepsilon}_n)$ 不全为零，因而式(10-1-1)的系数矩阵的秩为 1，故解空间为 $n-1$ 维，$\dim f^{-1}(0)=n-1$.

例 10.1.1　设 V 是数域 $\mathbf{P}$ 上的线性空间，$\boldsymbol{\varepsilon}_1,\boldsymbol{\varepsilon}_2,\boldsymbol{\varepsilon}_3$ 是它的一个基，f 是 V 上的线性函数，已知

$$f(\boldsymbol{\varepsilon}_1+\boldsymbol{\varepsilon}_3)=1,f(\boldsymbol{\varepsilon}_2+2\boldsymbol{\varepsilon}_3)=-1,f(\boldsymbol{\varepsilon}_1+\boldsymbol{\varepsilon}_2)=-3,$$

求 $f(x_1\boldsymbol{\varepsilon}_1+x_2\boldsymbol{\varepsilon}_2+x_3\boldsymbol{\varepsilon}_3)$.

解：方法 1：由已知得方程组

$$\begin{cases}f(\boldsymbol{\varepsilon}_1)+f(\boldsymbol{\varepsilon}_3)=1,\\ f(\boldsymbol{\varepsilon}_2)+2f(\boldsymbol{\varepsilon}_3)=-1,\\ f(\boldsymbol{\varepsilon}_1)+f(\boldsymbol{\varepsilon}_2)=1,\end{cases}$$

解得

$$f(\boldsymbol{\varepsilon}_1)=4,f(\boldsymbol{\varepsilon}_2)=-7,f(\boldsymbol{\varepsilon}_3)=-3,$$

于是

$$f(x_1\boldsymbol{\varepsilon}_1+x_2\boldsymbol{\varepsilon}_2+x_3\boldsymbol{\varepsilon}_3)=4x_1-7x_2-3x_3.$$

方法 2：令

$$\boldsymbol{\alpha}_1=\boldsymbol{\varepsilon}_1+\boldsymbol{\varepsilon}_3,\boldsymbol{\alpha}_2=\boldsymbol{\varepsilon}_2+2\boldsymbol{\varepsilon}_3,\boldsymbol{\alpha}_3=\boldsymbol{\varepsilon}_1+\boldsymbol{\varepsilon}_2,\boldsymbol{A}=\begin{bmatrix}1&0&1\\0&1&1\\1&-2&0\end{bmatrix},$$

则

$$(\boldsymbol{\alpha}_1,\boldsymbol{\alpha}_2,\boldsymbol{\alpha}_3)=(\boldsymbol{\varepsilon}_1,\boldsymbol{\varepsilon}_2,\boldsymbol{\varepsilon}_3)\boldsymbol{A}.$$

于是

$$\begin{aligned}f(x_1\boldsymbol{\varepsilon}_1+x_2\boldsymbol{\varepsilon}_2+x_3\boldsymbol{\varepsilon}_3)&=f(\boldsymbol{\varepsilon}_1,\boldsymbol{\varepsilon}_2,\boldsymbol{\varepsilon}_3)\begin{pmatrix}x_1\\x_2\\x_3\end{pmatrix}=f(\boldsymbol{\alpha}_1,\boldsymbol{\alpha}_2,\boldsymbol{\alpha}_3)\boldsymbol{A}^{-1}\begin{pmatrix}x_1\\x_2\\x_3\end{pmatrix}\\&=(f(\boldsymbol{\alpha}_1),f(\boldsymbol{\alpha}_2),f(\boldsymbol{\alpha}_3))\boldsymbol{A}^{-1}\begin{pmatrix}x_1\\x_2\\x_3\end{pmatrix}\\&=(1,-1,-3)\begin{pmatrix}2&-2&-1\\1&-1&-1\\-1&2&1\end{pmatrix}\begin{pmatrix}x_1\\x_2\\x_3\end{pmatrix}\\&=4x_1-7x_2-3x_3.\end{aligned}$$

例 10.1.2　在 $\mathbf{P}^3$ 中给出两个基

$$\begin{cases}\boldsymbol{\alpha}_1=(1,0,0),\\ \boldsymbol{\alpha}_2=(0,1,0),\\ \boldsymbol{\alpha}_3=(0,0,1),\end{cases}\quad\begin{cases}\boldsymbol{\beta}_1=(1,1,-1),\\ \boldsymbol{\beta}_2=(1,1,0),\\ \boldsymbol{\beta}_3=(1,0,0).\end{cases}$$

试求它们各自的对偶基作用在 $\mathbf{P}^3$ 中任意向量 $\boldsymbol{\alpha}=(x_1,x_2,x_3)$ 的表达式.

解:设 $\boldsymbol{\alpha}_1,\boldsymbol{\alpha}_2,\boldsymbol{\alpha}_3$ 与 $\boldsymbol{\beta}_1,\boldsymbol{\beta}_2,\boldsymbol{\beta}_3$ 的对偶基分别是 $f_1,f_2,\cdots,f_n$ 与 $g_1,g_2,\cdots,g_n$,于是

$$f_1(x_1,x_2,x_3)=f_1(\boldsymbol{\alpha}_1,\boldsymbol{\alpha}_2,\boldsymbol{\alpha}_3)\begin{pmatrix}x_1\\x_2\\x_3\end{pmatrix}=(1,0,0,)\begin{pmatrix}x_1\\x_2\\x_3\end{pmatrix}=x_1,$$

类似可得

$$f_2(x_1,x_2,x_3)=x_2,f_3(x_1,x_2,x_3)=x_3.$$

由已知得

$$(\boldsymbol{\beta}_1,\boldsymbol{\beta}_2,\boldsymbol{\beta}_3)=(\boldsymbol{\alpha}_1,\boldsymbol{\alpha}_2,\boldsymbol{\alpha}_3)\boldsymbol{A},$$

其中

$$\boldsymbol{A}=\begin{bmatrix}1&1&1\\1&1&0\\-1&0&0\end{bmatrix},$$

则

$$\boldsymbol{A}^{-1}=\begin{bmatrix}0&0&-1\\0&1&1\\1&-1&0\end{bmatrix},$$

于是

$$g_1(x_1,x_2,x_3)=g_1(\boldsymbol{\alpha}_1,\boldsymbol{\alpha}_2,\boldsymbol{\alpha}_3)\begin{pmatrix}x_1\\x_2\\x_3\end{pmatrix}=g_1(\boldsymbol{\beta}_1,\boldsymbol{\beta}_2,\boldsymbol{\beta}_3)\boldsymbol{A}^{-1}\begin{pmatrix}x_1\\x_2\\x_3\end{pmatrix}=-x_3,$$

类似可得

$$g_2(x_1,x_2,x_3)=x_2+x_3,g_3(x_1,x_2,x_3)=x_1-x_2.$$

例 10.1.3 设 V 为复 n 阶矩阵所成线性空间到复数域 $\mathbf{C}$ 的线性函数,且 $\forall \boldsymbol{A},\boldsymbol{B}\in\mathbf{C}^{n\times n}$,有

$$f(\boldsymbol{AB})=f(\boldsymbol{BA}).$$

试证,必有复数 a,$\forall \boldsymbol{G}=g(g_{ij})\in\mathbf{C}^{n\times n}$,有 $f(\boldsymbol{G})=a\sum_{j=1}^{n}g_{ij}$.

分析:$\boldsymbol{E}_{ij}$ 是线性空间 $\mathbf{C}^{n\times n}$ 常用的基,关键是计算基向量的函数值,从而给出 a.

证明:$\boldsymbol{E}_{ij}$ 表示(i,j)元为 1,其余元为 0 的 n 阶矩阵,$i,j=1,2,\cdots,n$.

当 $i=j$ 时,

$$f(\boldsymbol{E}_{ij})=f(\boldsymbol{E}_{ij}\boldsymbol{E}_{jj})=f(\boldsymbol{E}_{jj}E_{ij})=f(\boldsymbol{0})=0.$$

当 $i\neq j$ 时,

$$f(\boldsymbol{E}_{ii})=f(\boldsymbol{E}_{i1}\boldsymbol{E}_{1i})=f(\boldsymbol{E}_{1i}\boldsymbol{E}_{i1})=f(\boldsymbol{E}_{11})\stackrel{\Delta}{=}a.$$

于是

$$f(\boldsymbol{G})=f\Big(\sum_{i,j=1}^{n}g_{ij}\boldsymbol{E}_{ij}\Big)=\sum_{i,j=1}^{n}g_{ij}f(\boldsymbol{E}_{ij})=\sum_{j=1}^{n}g_{jj}f(\boldsymbol{E}_{jj})=a\sum_{j=1}^{n}g_{jj}.$$

例 10.1.4 设 V 是 n 维欧几里得空间,$f(\boldsymbol{x})$ 是 V 上的线性函数,则存在向量 $\boldsymbol{\alpha}\in V$,使得

$$f(\boldsymbol{x})=(\boldsymbol{x},\boldsymbol{\alpha}).$$

分析:关键是构造向量 $\boldsymbol{\alpha}$,满足结论 $f(\boldsymbol{x})=(\boldsymbol{x},\boldsymbol{\alpha})$.为此取 V 的标准正交基

$$\boldsymbol{\varepsilon}_1,\boldsymbol{\varepsilon}_2,\cdots,\boldsymbol{\varepsilon}_n,$$

记

$$f(\boldsymbol{\varepsilon}_i)=\boldsymbol{\alpha}_i,$$

设

$$\boldsymbol{\alpha}=x_1\boldsymbol{\varepsilon}_1+x_2\boldsymbol{\varepsilon}_2+\cdots+x_n\boldsymbol{\varepsilon}_n$$

为所求.只要算出 x_i.

$$x_i=(x_1\boldsymbol{\varepsilon}_1+x_2\boldsymbol{\varepsilon}_2+\cdots+x_n\boldsymbol{\varepsilon}_n,\boldsymbol{\varepsilon}_i)=(\boldsymbol{\alpha},\boldsymbol{\varepsilon}_i)\xlongequal{\text{结论}}f(\boldsymbol{\varepsilon}_i)=\boldsymbol{\alpha}_i,$$

取 $\boldsymbol{\alpha}=a_1\boldsymbol{\varepsilon}_1+a_2\boldsymbol{\varepsilon}_2+\cdots+a_n\boldsymbol{\varepsilon}_n$ 即可.

n 维欧几里得空间 V 上的每一个线性函数都可以表示为内积,这对于无限维欧几里得空间结论是不成立的.

例 10.1.5 证明:n 维欧几里得空间 V 上的每一个线性函数都可以表示为内积,并说明该结论对无限维欧几里得空间结论是不成立

证明:由例 10.1.4 知前一结论成立.令 $V=\mathbf{R}[x]$,内积定义为

$$(f(x),g(x))=\int_0^1 f(x)g(x)\,\mathrm{d}x.$$

令

$$\varphi(f(x))=f(0),$$

则 φ 是 V 上的线性函数.若存在

$$g_0(x)\in\mathbf{R}[x],$$

使

$$\varphi(f(x))=(f(0),g_0(x))=\int_0^1 f(x)g_0(x)\,\mathrm{d}x,$$

取

$$f(x)=xg_0(x),$$

则

$$\varphi(xg_0(x))=0=(xg_0(x),g_0(x))=\int_0^1 xg_0^2(x)\,\mathrm{d}x,$$

因而

$$g_0(x)\equiv 0.$$

取

$$f(x)=1,$$

则

$$\varphi(f(x))=(f(0),g_0(x))=(1,0)=0,\varphi(f(x))=f(0)=1$$

矛盾.

10.2 对偶空间

设V是数域$\mathbf{P}$上的线性空间,$L(V,\mathbf{P})$对于如下定义的向量加法和数量乘法

$$(f+g)(\boldsymbol{\alpha})=f(\boldsymbol{\alpha})+g(\boldsymbol{\alpha}),(kf)(\boldsymbol{\alpha})=k(f(\boldsymbol{\alpha}))$$

构成数域$\mathbf{P}$上的线性空间,称为V的对偶空间,常用V^*表示.

设$\boldsymbol{\varepsilon}_1,\boldsymbol{\varepsilon}_2,\cdots,\boldsymbol{\varepsilon}_n$是$V$的一个基,若$V$上的线性函数$f_1,f_2,\cdots,f_n$满足

$$f_i(\boldsymbol{\varepsilon}_j)=\begin{cases}1,i=j\\0,i\neq j\end{cases}i,j=1,2,\cdots,n,$$

则$f_1,f_2,\cdots,f_n$是V的基,称为$\boldsymbol{\varepsilon}_1,\boldsymbol{\varepsilon}_2,\cdots,\boldsymbol{\varepsilon}_n$的对偶基.

定理 10.2.1 设$\boldsymbol{\varepsilon}_1,\boldsymbol{\varepsilon}_2,\cdots,\boldsymbol{\varepsilon}_n$是数域$\mathbf{P}$上线性空间$V$的基,$\boldsymbol{\eta}_1,\boldsymbol{\eta}_2,\cdots,\boldsymbol{\eta}_n$是它的对偶基,则

(1) $\forall\boldsymbol{\alpha}\in V$,有$\boldsymbol{\alpha}=f_1(\boldsymbol{\alpha})\boldsymbol{\varepsilon}_1+f_2(\boldsymbol{\alpha})\boldsymbol{\varepsilon}_2+\cdots+f_n(\boldsymbol{\alpha})\boldsymbol{\varepsilon}_n$;

(2) $\forall f\in V^*$,有$f=f(\boldsymbol{\varepsilon}_1)f_1+f(\boldsymbol{\varepsilon}_2)f_2+\cdots+f(\boldsymbol{\varepsilon}_n)f_n$.

定理 10.2.2 设$\boldsymbol{\varepsilon}_1,\boldsymbol{\varepsilon}_2,\cdots,\boldsymbol{\varepsilon}_n$和$\boldsymbol{\eta}_1,\boldsymbol{\eta}_2,\cdots,\boldsymbol{\eta}_n$是线性空间$V$的两个基,它们的对偶基分别是$f_1,f_2,\cdots,f_n$和$g_1,g_2,\cdots,g_n$,如果$(\boldsymbol{\eta}_1,\boldsymbol{\eta}_2,\cdots,\boldsymbol{\eta}_n)=(\boldsymbol{\varepsilon}_1,\boldsymbol{\varepsilon}_2,\cdots,\boldsymbol{\varepsilon}_n)\mathbf{A}$则

$$(g_1,g_2,\cdots,g_n)=(f_1,f_2,\cdots,f_n)(\mathbf{A}')^{-1}.$$

定理 10.2.3 设V是线性空间,V^{**}是V的对偶空间的对偶空间,则映射

$$\varphi:V\to V^{**},x\to x^{**},$$

其中$x^{**}(f)=f(x)$是线性空间的同构映射.

例 10.2.1 设线性空间$V=\mathbf{R}[x]_4$,这里

$$V=\mathbf{R}[x]_4=\{a_0+a_1x+a_2x^2+a_3x^3\mid a_0,a_1,a_2,a_3\in\mathbf{R}\},$$

对于任意取定4个不同实数b_1,b_2,b_3,b_4,令

$$p_i(x)=\frac{(x-b_1)\cdots(x-b_{i-1})(x-b_{i+1})\cdots(x-b_4)}{(b_i-b_1)\cdots(b_i-b_{i-1})(b_i-b_{i+1})\cdots(b_i-b_4)},i=1,2,3,4.$$

证明:$p_1(x),p_2(x),p_3(x),p_4(x)$构成$V$的一组基,并求$p_1(x),p_2(x),p_3(x),p_4(x)$的对偶基.

证明:设

$$k_1p_1(x)+k_2p_2(x)+k_3p_3(x)+k_4p_4(x)=0,$$

将b_i代入上式,注意到

$$p_j(b_i)=\begin{cases}1,i=j\\0,i\neq j\end{cases}i,j=1,2,3,4,$$

得

$$k_ip_i(b_i)=0\Rightarrow k_i=0,i=1,2,3,4,$$

故 $p_1(x),p_2(x),p_3(x),p_4(x)$ 线性无关.由 $\dim V=4$,故 $p_1(x),p_2(x),p_3(x),p_4(x)$ 是 V 的基.

设 L_i 为 V^* 在 b_i 点的取值函数

$$L_i(p(x))=p(b_i),i=1,2,3,4,p(x)\in V,$$

则线性函数 L_i 满足

$$L_i(p_j(x))=p_j(b_i)=\begin{cases}1,i=j\\0,i\neq j\end{cases}i,j=1,2,3,4,$$

故 L_1,L_2,L_3,L_4 是 $p_1(x),p_2(x),p_3(x),p_4(x)$ 的对偶基.

例 10.2.2 设 $\boldsymbol{\varepsilon}_1,\boldsymbol{\varepsilon}_2,\boldsymbol{\varepsilon}_3$ 是数域 **P** 上线性空间 V 的一组基,f_1,f_2,f_3 是 $\boldsymbol{\varepsilon}_1,\boldsymbol{\varepsilon}_2,\boldsymbol{\varepsilon}_3$ 的对偶基,令

$$\boldsymbol{\alpha}_1=\boldsymbol{\varepsilon}_1+\boldsymbol{\varepsilon}_2+\boldsymbol{\varepsilon}_3,\boldsymbol{\alpha}_2=\boldsymbol{\varepsilon}_2+\boldsymbol{\varepsilon}_3,\boldsymbol{\alpha}_3=\boldsymbol{\varepsilon}_3.$$

(1)证明:$\boldsymbol{\alpha}_1,\boldsymbol{\alpha}_2,\boldsymbol{\alpha}_3$ 是 V 的基;

(2)求 $\boldsymbol{\alpha}_1,\boldsymbol{\alpha}_2,\boldsymbol{\alpha}_3$ 的对偶基,并用 f_1,f_2,f_3 表示 $\boldsymbol{\alpha}_1,\boldsymbol{\alpha}_2,\boldsymbol{\alpha}_3$ 的对偶基.

证明:(1)设

$$\boldsymbol{A}=\begin{bmatrix}1&0&0\\1&1&0\\1&1&1\end{bmatrix},$$

则

$$(\boldsymbol{\alpha}_1,\boldsymbol{\alpha}_2,\boldsymbol{\alpha}_3)=(\boldsymbol{\varepsilon}_1,\boldsymbol{\varepsilon}_2,\boldsymbol{\varepsilon}_3)\boldsymbol{A},$$

由 $|\boldsymbol{A}|\neq 0$,$\boldsymbol{\varepsilon}_1,\boldsymbol{\varepsilon}_2,\boldsymbol{\varepsilon}_3$ 是 V 的基,故 $\boldsymbol{\alpha}_1,\boldsymbol{\alpha}_2,\boldsymbol{\alpha}_3$ 也是 V 的基.

(2)设 g_1,g_2,g_3 是 $\boldsymbol{\alpha}_1,\boldsymbol{\alpha}_2,\boldsymbol{\alpha}_3$ 的对偶基,由

$$(\boldsymbol{\alpha}_1,\boldsymbol{\alpha}_2,\boldsymbol{\alpha}_3)=(\boldsymbol{\varepsilon}_1,\boldsymbol{\varepsilon}_2,\boldsymbol{\varepsilon}_3)\boldsymbol{A},$$

则

$$(g_1,g_2,g_3)=(f_1,f_2,f_3)(\boldsymbol{A}^{-1})'=(f_1,f_2,f_3)\begin{bmatrix}1&-1&0\\0&1&-1\\0&0&1\end{bmatrix},$$

于是 $\boldsymbol{\alpha}_1,\boldsymbol{\alpha}_2,\boldsymbol{\alpha}_3$ 的对偶基为

$$g_1=f_1,g_2=f_2-f_1,g_3=f_3-f_2.$$

注:求对偶基的常用方法有两种:一是用定义求对偶基;二是用过渡矩阵求对偶基.

例 10.2.3 设 V 是 n 维欧几里得空间,(,)为其内积,V^* 为其对偶空间.证明:

(1)对于每个给定的 $\boldsymbol{\alpha}\in V$,映射 $f_{\boldsymbol{\alpha}}:V\to R,\boldsymbol{\beta}\to(\boldsymbol{\alpha},\boldsymbol{\beta})$ 是 V^* 中的一个元素;

(2)映射 $f:V\to V^*,\boldsymbol{\alpha}\to f_{\boldsymbol{\alpha}}$ 是 n 维线性空间 V 到 V^* 的同构映射.

证明:(1) $\forall\boldsymbol{\beta}_1,\boldsymbol{\beta}_2\in V,\forall k_1,k_2\in\mathbf{R}$,因为

$$\begin{aligned}f_{\boldsymbol{\alpha}}(t_1\boldsymbol{\beta}_1+t_2\boldsymbol{\beta}_2)&=(\boldsymbol{\alpha},t_1\boldsymbol{\beta}_1+t_2\boldsymbol{\beta}_2)\\&=t_1(\boldsymbol{\alpha},\boldsymbol{\beta}_1)+t_2(\boldsymbol{\alpha},\boldsymbol{\beta}_2)\\&=t_1f_{\boldsymbol{\alpha}}(\boldsymbol{\beta}_1)+t_2f_{\boldsymbol{\alpha}}(\boldsymbol{\beta}_2),\end{aligned}$$

所以 $f_{\boldsymbol{\alpha}}$ 是 V 上的线性函数,即 $f_{\boldsymbol{\alpha}}\in V^*$.

(2) $\forall \boldsymbol{\alpha},\boldsymbol{\beta},\boldsymbol{\gamma}\in V$,因为

$$\begin{aligned}f_{\boldsymbol{\alpha}+\boldsymbol{\beta}}(\boldsymbol{\gamma})&=(\boldsymbol{\alpha}+\boldsymbol{\beta},\boldsymbol{\gamma})\\&=(\boldsymbol{\alpha},\boldsymbol{\gamma})+(\boldsymbol{\beta},\boldsymbol{\gamma})\\&=f_{\boldsymbol{\alpha}}(\boldsymbol{\gamma})+f_{\boldsymbol{\beta}}(\boldsymbol{\gamma})\\&=(f_{\boldsymbol{\alpha}}+f_{\boldsymbol{\beta}})\\&=f(\boldsymbol{\alpha})+f(\boldsymbol{\beta}),\end{aligned}$$

所以

$$f_{\boldsymbol{\alpha}+\boldsymbol{\beta}}=f_{\boldsymbol{\alpha}}+f_{\boldsymbol{\beta}},$$

故

$$f(\boldsymbol{\alpha}+\boldsymbol{\beta})=f_{\boldsymbol{\alpha}+\boldsymbol{\beta}}=f_{\boldsymbol{\alpha}}+f_{\boldsymbol{\beta}}=f(\boldsymbol{\alpha})+f(\boldsymbol{\beta}),$$

类似可得 $\forall \boldsymbol{\alpha}\in V,k\in\mathbf{R}$,有 $f(k\boldsymbol{\alpha})=kf(\boldsymbol{\alpha})$.

若 $f(\boldsymbol{\alpha})=0$,则

$$f_{\boldsymbol{\alpha}}=0\Rightarrow f_{\boldsymbol{\alpha}}(\boldsymbol{\alpha})=0\Rightarrow(\boldsymbol{\alpha},\boldsymbol{\alpha})=0\Rightarrow\alpha=0,$$

于是 $\mathrm{Ker}f=0$,故 f 是单射.注意到 V 和 V^* 都是 $\mathbf{R}$ 上的 n 维线性空间,则 f 是双射,故 f 是 V 到 V^* 的同构映射.

例 10.2.4 设 V 是数域 $\mathbf{P}$ 上的,n 维线性空间,V^* 是 V 的对偶空间,$\boldsymbol{\alpha}$ 是 V 中固定的非零向量,令

$$W=\{f\mid f\in V^*,f(\boldsymbol{\alpha})=0\}.$$

证明:W 是 V^* 的子空间,并求 W 的维数.

证明:显然 W 是 V^* 的非空子集,$\forall f,g\in W,ab\in\mathbf{P}$,有

$$(af+bg)(\boldsymbol{\alpha})=af(\boldsymbol{\alpha})+bg(\boldsymbol{\alpha})=0+0=0,$$

则 $af+bg\in W$,故 W 是 V^* 的子空间.

将 $\boldsymbol{\alpha}=\boldsymbol{\alpha}_1$.扩充成 V 的基 $\boldsymbol{\alpha}_1,\boldsymbol{\alpha}_2,\cdots,\boldsymbol{\alpha}_n$,设 $f_1,f_2,\cdots,f_n$ 是它的对偶基,由

$$(\boldsymbol{\alpha}_1)=\begin{cases}1,i=1,\\0,i=2,3,\cdots,n,\end{cases}$$

故 $f_2,\cdots,f_n\in W,f_1\notin W$.注意到 $f_2,\cdots,f_n$ 线性无关,故 $\dim W=n-1$.

10.3 双线性函数

定义 10.3.1 V 是数域 $\mathbf{P}$ 上一个线性空间,$f(\boldsymbol{\alpha},\boldsymbol{\beta})$是 V 上一个二元函数,即对 V 中任意两个向量 $\boldsymbol{\alpha},\boldsymbol{\beta}$ 都按照某一法则 f 对应于 P 中唯一确定的一个数 $f(\boldsymbol{\alpha},\boldsymbol{\beta})$.
如果 $f(\boldsymbol{\alpha},\boldsymbol{\beta})$有下列性质:

(1) $f(\boldsymbol{\alpha},k_1\boldsymbol{\beta}_1+k_2\boldsymbol{\beta}_2)=k_1f(\boldsymbol{\alpha},\boldsymbol{\beta}_1)+k_2f(\boldsymbol{\alpha},\boldsymbol{\beta}_2)$;

(2) $f(\boldsymbol{\alpha},\boldsymbol{\beta}_2)f(k_1\boldsymbol{\alpha}_1+k_2\boldsymbol{\alpha}_2,\boldsymbol{\beta})=k_1f(\boldsymbol{\alpha}_1,\boldsymbol{\beta})+k_2f(\boldsymbol{\alpha}_2,\boldsymbol{\beta})$.

其中理,$\boldsymbol{\alpha},\boldsymbol{\alpha}_1,\boldsymbol{\alpha}_2,\boldsymbol{\beta},\boldsymbol{\beta}_1,\boldsymbol{\beta}_2$ 是 V 中任意向量,k_1,k_2 是 P 中任意数,则称 $f(\boldsymbol{\alpha},\boldsymbol{\beta})$为 V 上的一

个双线性函数.

易知:若令 $\boldsymbol{\beta}$ 保持不变,则 $f(\boldsymbol{\alpha},\boldsymbol{\beta})$ 是 $\boldsymbol{\alpha}$ 的线性函数;若令 $\boldsymbol{\alpha}$ 保持不变,则 $f(\boldsymbol{\alpha},\boldsymbol{\beta})$ 是 $\boldsymbol{\beta}$ 的线性函数.

例 10.3.1　证明 $\mathbf{P}^{n\times n}$ 上的二元函数 $f(\boldsymbol{X},\boldsymbol{Y})=\mathrm{tr}(\boldsymbol{XY})$(任意 $\boldsymbol{X},\boldsymbol{Y}\in\mathbf{P}^{n\times n}$)是 $\mathbf{P}^{n\times n}$ 上的双线性函数.

证明:任意 $\boldsymbol{X},\boldsymbol{X}_1,\boldsymbol{X}_2,\boldsymbol{Y},\boldsymbol{Y}_1,\boldsymbol{Y}_2\in\mathbf{P}^{n\times n}$,任意,则

$$
\begin{aligned}
f(\boldsymbol{X},k_1\boldsymbol{Y}_1+k_2\boldsymbol{Y}_2)&=\mathrm{tr}(\boldsymbol{X}(k_1\boldsymbol{Y}_1+k_2\boldsymbol{Y}_2))=k_1\mathrm{tr}(\boldsymbol{XY}_1)+k_2\mathrm{tr}(\boldsymbol{XY}_2)\\
&=k_1f(\boldsymbol{X},\boldsymbol{Y}_1)+k_2f(\boldsymbol{X},\boldsymbol{Y}_2).
\end{aligned}
$$

同理可证

$$f(k_1\boldsymbol{X}_1+k_2\boldsymbol{X}_2,\boldsymbol{Y})=k_1f(\boldsymbol{X}_1,\boldsymbol{Y})+k_2f(\boldsymbol{X}_2,\boldsymbol{Y}).$$

所以,

$$f(\boldsymbol{X},\boldsymbol{Y})=\mathrm{tr}(\boldsymbol{XY})$$

是 $\mathbf{P}^{n\times n}$ 上的双线性函数.

例 10.3.2　证明欧氏空间 V 的内积是 V 上的双线性函数.

证明:因为 $(\boldsymbol{\alpha},\boldsymbol{\beta})$ 是 V 上的一个二元函数,且对任意理,$\boldsymbol{\alpha},\boldsymbol{\beta}_1,\boldsymbol{\beta}_2\in V$,任意 $k_1,k_2\in\mathbf{R}$ 有

$$
\begin{aligned}
(\boldsymbol{\alpha},k_1\boldsymbol{\beta}_1+k_2\boldsymbol{\beta}_2)=k_1(\boldsymbol{\alpha},\boldsymbol{\beta}_1)+k_2(\boldsymbol{\alpha},\boldsymbol{\beta}_2),&(k_1\boldsymbol{\beta}_1+k_2\boldsymbol{\beta}_2,\boldsymbol{\alpha})\\
&=k_1(\boldsymbol{\beta}_1,\boldsymbol{\alpha})+k_2(\boldsymbol{\beta}_2,\boldsymbol{\alpha}),
\end{aligned}
$$

所以,$(\boldsymbol{\alpha},\boldsymbol{\beta})$ 是 V 上的双线性函数.

例 10.3.3　设 $\mathbf{P}^n$ 是数域 $\mathbf{P}$ 上 n 维列向量构成的线性空间,$\boldsymbol{X},\boldsymbol{Y}\in\mathbf{P}^n$,设 $\boldsymbol{A}$ 是 $\mathbf{P}$ 上的 n 阶方阵.令

$$f(\boldsymbol{X},\boldsymbol{Y})=\boldsymbol{X}'\boldsymbol{A}\boldsymbol{Y},\tag{10-3-1}$$

则 $f(\boldsymbol{X},\boldsymbol{Y})$ 是 $\mathbf{P}^n$ 上的一个双线性函数.

如果设

$$\boldsymbol{X}'=(x_1,x_2,\cdots,x_n),\boldsymbol{Y}'=(y_1,y_2,\cdots,y_n),$$

并设

$$
\boldsymbol{A}=\begin{bmatrix}
a_{11} & a_{12} & \cdots & a_{1n}\\
a_{11} & a_{22} & \cdots & a_{2n}\\
\vdots & \vdots & & \vdots\\
a_{n1} & a_{n2} & \cdots & a_{nn}
\end{bmatrix},
$$

则

$$f(\boldsymbol{X},\boldsymbol{Y})=\sum_{i=1}^{n}\sum_{j=1}^{n}a_{ij}x_iy_j.\tag{10-3-2}$$

式(10-3-1)或式(10-3-2)实际上是数域 $\mathbf{P}$ 上任意 n 维线性空间 V 上的双线性函数 $f(\boldsymbol{\alpha},\boldsymbol{\beta})$ 的一般形式.事实上,取 V 的一组基 $\boldsymbol{\varepsilon}_1,\boldsymbol{\varepsilon}_2,\cdots,\boldsymbol{\varepsilon}_n$,设

$$
\boldsymbol{\alpha}=(\boldsymbol{\varepsilon}_1,\boldsymbol{\varepsilon}_2,\cdots,\boldsymbol{\varepsilon}_n)\begin{pmatrix}x_1\\x_2\\\vdots\\x_n\end{pmatrix}=(\boldsymbol{\varepsilon}_1,\boldsymbol{\varepsilon}_2,\cdots,\boldsymbol{\varepsilon}_n)X,
$$

$$\boldsymbol{\beta}=(\boldsymbol{\varepsilon}_1,\boldsymbol{\varepsilon}_2,\cdots,\boldsymbol{\varepsilon}_n)=\begin{pmatrix}y_1\\y_2\\\vdots\\y_n\end{pmatrix}=(\boldsymbol{\varepsilon}_1,\boldsymbol{\varepsilon}_2,\cdots,\boldsymbol{\varepsilon}_n)\boldsymbol{Y},$$

则

$$f(\boldsymbol{\alpha},\boldsymbol{\beta})=f\left(\sum_{i=1}^{n}x_i\boldsymbol{\varepsilon}_i,\sum_{j=1}^{n}y_j\boldsymbol{\varepsilon}_j\right)=\sum_{i=1}^{n}\sum_{j=1}^{n}f(\boldsymbol{\varepsilon}_i,\boldsymbol{\varepsilon}_j)x_iy_j. \tag{10-3-3}$$

令

$$a_{ij}=f(\boldsymbol{\varepsilon}_i,\boldsymbol{\varepsilon}_j),i,j=1,2,\cdots,n,$$

$$\boldsymbol{A}=\begin{bmatrix}a_{11}&a_{12}&\cdots&a_{1n}\\a_{11}&a_{22}&\cdots&a_{2n}\\\vdots&\vdots&&\vdots\\a_{n1}&a_{n2}&\cdots&a_{nn}\end{bmatrix},$$

则式(10-3-3)就成为式(10-3-2)或式(10-3-1).

定义 10.3.2 设 $f(\boldsymbol{\alpha},\boldsymbol{\beta})$ 是数域 $\mathbf{P}$ 上 n 维线性空间 V 上的一个双线性函数，$\boldsymbol{\varepsilon}_1,\boldsymbol{\varepsilon}_2,\cdots,\boldsymbol{\varepsilon}_n$ 是 V 的一组基，则矩阵

$$\boldsymbol{A}=\begin{bmatrix}f(\boldsymbol{\varepsilon}_1,\boldsymbol{\varepsilon}_1)&f(\boldsymbol{\varepsilon}_1,\boldsymbol{\varepsilon}_2)&\cdots&f(\boldsymbol{\varepsilon}_1,\boldsymbol{\varepsilon}_n)\\f(\boldsymbol{\varepsilon}_2,\boldsymbol{\varepsilon}_1)&f(\boldsymbol{\varepsilon}_2,\boldsymbol{\varepsilon}_2)&\cdots&f(\boldsymbol{\varepsilon}_2,\boldsymbol{\varepsilon}_n)\\\vdots&\vdots&&\vdots\\f(\boldsymbol{\varepsilon}_n,\boldsymbol{\varepsilon}_1)&f(\boldsymbol{\varepsilon}_n,\boldsymbol{\varepsilon}_2)&\cdots&f(\boldsymbol{\varepsilon}_n,\boldsymbol{\varepsilon}_n)\end{bmatrix} \tag{10-3-4}$$

称为 $f(\boldsymbol{\alpha},\boldsymbol{\beta})$ 在 $\boldsymbol{\varepsilon}_1,\boldsymbol{\varepsilon}_2,\cdots,\boldsymbol{\varepsilon}_n$ 下的度量矩阵.

以上说明，取定 V 的一组基 $\boldsymbol{\varepsilon}_1,\boldsymbol{\varepsilon}_2,\cdots,\boldsymbol{\varepsilon}_n$ 后，每个双线性函数都对应于一个 n 阶矩阵，就是这个双线性函数在基 $\boldsymbol{\varepsilon}_1,\boldsymbol{\varepsilon}_2,\cdots,\boldsymbol{\varepsilon}_n$ 下的度量矩阵.度量矩阵被双线性函数及基唯一确定.而且不同的双线性函数在同一基下的度量矩阵是不同的.

反之，任给数域 $\mathbf{P}$ 上一个 n 阶矩阵

$$\boldsymbol{A}=\begin{bmatrix}a_{11}&a_{12}&\cdots&a_{1n}\\a_{11}&a_{22}&\cdots&a_{2n}\\\vdots&\vdots&&\vdots\\a_{n1}&a_{n2}&\cdots&a_{nn}\end{bmatrix},$$

对 V 中任意向量

$$\boldsymbol{\alpha}=(\boldsymbol{\varepsilon}_1,\boldsymbol{\varepsilon}_2,\cdots,\boldsymbol{\varepsilon}_n)\boldsymbol{X}\text{ 及 }\boldsymbol{\beta}=(\boldsymbol{\varepsilon}_1,\boldsymbol{\varepsilon}_2,\cdots,\boldsymbol{\varepsilon}_n)\boldsymbol{Y},$$

其中

$$\boldsymbol{X}'=(x_1,x_2,\cdots,x_n),\boldsymbol{Y}'=(y_1,y_2,\cdots,y_n),$$

用

$$f(\boldsymbol{\alpha},\boldsymbol{\beta})=\boldsymbol{X}'\boldsymbol{A}\boldsymbol{Y}=(\boldsymbol{C}\boldsymbol{X}_1)'\boldsymbol{A}(\boldsymbol{C}\boldsymbol{Y}_1)=\boldsymbol{X}_1{}'(\boldsymbol{C}'\boldsymbol{A}\boldsymbol{C})\boldsymbol{Y}_1$$

定义的函数是 V 上一个双线性函数.容易计算出 $f(\boldsymbol{\alpha},\boldsymbol{\beta})$ 在 $\boldsymbol{\varepsilon}_1,\boldsymbol{\varepsilon}_2,\cdots,\boldsymbol{\varepsilon}_n$ 下的度量矩阵就是 $\boldsymbol{A}$.

因此，在给定的基下，V 上全体双线性函数与 $\mathbf{P}$ 上全体二阶矩阵之间有一个双射.

下面讨论双线性函数在不同基下矩阵之间的相互关系.

设 $\boldsymbol{\varepsilon}_1,\boldsymbol{\varepsilon}_2,\cdots,\boldsymbol{\varepsilon}_n$ 及 $\boldsymbol{\eta}_1,\boldsymbol{\eta}_2,\cdots,\boldsymbol{\eta}_n$ 是线性空间 y 的两组基.

$$(\boldsymbol{\eta}_1,\boldsymbol{\eta}_2,\cdots,\boldsymbol{\eta}_n)=(\boldsymbol{\varepsilon}_1,\boldsymbol{\varepsilon}_2,\cdots,\boldsymbol{\varepsilon}_n)\boldsymbol{C},$$

$\boldsymbol{\alpha},\boldsymbol{\beta}$ 是 V 中的两个向量

$$\boldsymbol{\alpha}=(\boldsymbol{\varepsilon}_1,\boldsymbol{\varepsilon}_2,\cdots,\boldsymbol{\varepsilon}_n)\boldsymbol{X}=(\boldsymbol{\eta}_1,\boldsymbol{\eta}_2,\cdots,\boldsymbol{\eta}_n)\boldsymbol{X}_1,$$

$$\boldsymbol{\beta}=(\boldsymbol{\varepsilon}_1,\boldsymbol{\varepsilon}_2,\cdots,\boldsymbol{\varepsilon}_n)\boldsymbol{Y}=(\boldsymbol{\eta}_1,\boldsymbol{\eta}_2,\cdots,\boldsymbol{\eta}_n)\boldsymbol{Y}_1,$$

那么

$$\boldsymbol{X}=\boldsymbol{C}\boldsymbol{X}_1,\boldsymbol{Y}=\boldsymbol{C}\boldsymbol{Y}_1.$$

如果双线性函数 $f(\boldsymbol{\alpha},\boldsymbol{\beta})$ 在 $\boldsymbol{\varepsilon}_1,\boldsymbol{\varepsilon}_2,\cdots,\boldsymbol{\varepsilon}_n$ 及 $\boldsymbol{\eta}_1,\boldsymbol{\eta}_2,\cdots,\boldsymbol{\eta}_n$ 下的度量矩阵分别为 $\boldsymbol{A},\boldsymbol{B}$,则有

$$f(\boldsymbol{\alpha},\boldsymbol{\beta})=\boldsymbol{X}'\boldsymbol{A}\boldsymbol{Y}=(\boldsymbol{C}\boldsymbol{X}_1)'\boldsymbol{A}(\boldsymbol{C}\boldsymbol{Y}_1)=\boldsymbol{X}_1{}'(\boldsymbol{C}'\boldsymbol{A}\boldsymbol{C})\boldsymbol{Y}_1,$$

又

$$f(\boldsymbol{\alpha},\boldsymbol{\beta})=\boldsymbol{X}_1{}'\boldsymbol{B}\boldsymbol{Y}_1,$$

因此

$$\boldsymbol{B}=\boldsymbol{C}'\boldsymbol{A}\boldsymbol{C}.$$

这说明同一个双线性函数在不同基下的度量矩阵是合同的.由于互相合同的矩阵秩相同,可以得到如下定义.

定义 10.3.3　设 $f(\boldsymbol{\alpha},\boldsymbol{\beta})$ 是 n 维线性空间 V 上的一个双线性函数,该函数在某一组基下的矩阵 $\boldsymbol{A}$ 的秩 $r(\boldsymbol{A})$ 称为 $f(\boldsymbol{\alpha},\boldsymbol{\beta})$ 的秩.如果 $\boldsymbol{A}$ 是满秩的,即 $r(\boldsymbol{A})=n$,则 $f(\boldsymbol{\alpha},\boldsymbol{\beta})$ 是满秩双线性函数(或称非退化双线性函数).

例 10.3.4　已知 $f((x_1,x_2),(y_1,y_2))=2x_1y_1-3x_1y_2+x_2x_2$ 为 $\mathbf{R}^2$ 上的双线性函数.

(1)求 f 在基 $\boldsymbol{\alpha}_1=(1,0),\boldsymbol{\alpha}_2=(1,1)$ 下的矩阵 $\boldsymbol{A}$;

(2)求 f 在基 $\boldsymbol{\beta}_1=(2,1),\boldsymbol{\beta}_2=(1,-1)$ 下的矩阵 $\boldsymbol{B}$;

(3)求从 $\boldsymbol{\alpha}_1,\boldsymbol{\alpha}_2$ 到 $\boldsymbol{\beta}_1,\boldsymbol{\beta}_2$ 的过渡矩阵 $\boldsymbol{P}$,并验证 $\boldsymbol{P}'\boldsymbol{A}\boldsymbol{P}=\boldsymbol{B}$.

解:(1)由定义

$$\boldsymbol{A}=\begin{bmatrix} f(\boldsymbol{\alpha}_1,\boldsymbol{\alpha}_1) & f(\boldsymbol{\alpha}_1,\boldsymbol{\alpha}_2) \\ f(\boldsymbol{\alpha}_2,\boldsymbol{\alpha}_1) & f(\boldsymbol{\alpha}_2,\boldsymbol{\alpha}_2) \end{bmatrix}=\begin{bmatrix} 2 & -1 \\ 2 & 0 \end{bmatrix};$$

(2)同样由定义

$$\boldsymbol{B}=\begin{bmatrix} f(\boldsymbol{\beta}_1,\boldsymbol{\beta}_1) & f(\boldsymbol{\beta}_1,\boldsymbol{\beta}_2) \\ f(\boldsymbol{\beta}_2,\boldsymbol{\beta}_1) & f(\boldsymbol{\beta}_2,\boldsymbol{\beta}_2) \end{bmatrix}=\begin{bmatrix} 3 & 9 \\ 0 & 6 \end{bmatrix};$$

(3)由已知

$$\boldsymbol{\beta}_1=\boldsymbol{\alpha}_1+\boldsymbol{\alpha}_2,$$

$$\boldsymbol{\beta}_2=2\boldsymbol{\alpha}_1-\boldsymbol{\alpha}_2,$$

所以 $\boldsymbol{\alpha}_1,\boldsymbol{\alpha}_2$ 到 $\boldsymbol{\beta}_1,\boldsymbol{\beta}_2$ 的过渡矩阵 $\boldsymbol{P}$ 是

于是

$$\boldsymbol{P}'\boldsymbol{A}\boldsymbol{P}=\begin{bmatrix} 1 & 1 \\ 2 & -1 \end{bmatrix}\begin{bmatrix} 2 & -1 \\ 2 & 0 \end{bmatrix}\begin{bmatrix} 1 & 2 \\ 1 & -1 \end{bmatrix}=\begin{bmatrix} 3 & 9 \\ 0 & 6 \end{bmatrix}=\boldsymbol{B}.$$

对度量矩阵作合同变换可以使度量矩阵化简.但对一般矩阵用合同变换化简是比较复杂的.

10.4 对称与反对称双线性函数

定义 10.4.1 设 $f(\boldsymbol{\alpha},\boldsymbol{\beta})$是线性空间 V 上的一个双线性函数,如果对 V 上任意两个向量 $\boldsymbol{\alpha},\boldsymbol{\beta}$ 都有

$$f(\boldsymbol{\alpha},\boldsymbol{\beta})=f(\boldsymbol{\beta},\boldsymbol{\alpha}),$$

则称 $f(\boldsymbol{\alpha},\boldsymbol{\beta})$为对称双线性函数.如果对 V 中任意两个向量 $\boldsymbol{\alpha},\boldsymbol{\beta}$ 都有

$$f(\boldsymbol{\alpha},\boldsymbol{\beta})=-f(\boldsymbol{\beta},\boldsymbol{\alpha}),$$

则称 $f(\boldsymbol{\alpha},\boldsymbol{\beta})$为反对称双线性函数.

设 $f(\boldsymbol{\alpha},\boldsymbol{\beta})$是线性空间 V 上的一个对称双线性函数,对 y 的任一组基 $\boldsymbol{\varepsilon}_1,\boldsymbol{\varepsilon}_2,\cdots,\boldsymbol{\varepsilon}_n$,由于

$$f(\boldsymbol{\varepsilon}_i,\boldsymbol{\varepsilon}_j)=f(\boldsymbol{\varepsilon}_j,\boldsymbol{\varepsilon}_i).$$

故其度量矩阵是对称的,另一方面,如果双线性函数 $f(\boldsymbol{\alpha},\boldsymbol{\beta})$在 $\boldsymbol{\varepsilon}_1,\boldsymbol{\varepsilon}_2,\cdots,\boldsymbol{\varepsilon}_n$ 下的度量矩阵是对称的,那么对 V 中任意两个向量 $\boldsymbol{\alpha}=(\boldsymbol{\varepsilon}_1,\boldsymbol{\varepsilon}_2,\cdots,\boldsymbol{\varepsilon}_n)\boldsymbol{X}$ 及 $\boldsymbol{\beta}=(\boldsymbol{\varepsilon}_1,\boldsymbol{\varepsilon}_2,\cdots,\boldsymbol{\varepsilon}_n)\boldsymbol{Y}$ 都有

$$f(\boldsymbol{\alpha},\boldsymbol{\beta})=\boldsymbol{X}'\boldsymbol{A}\boldsymbol{Y}=\boldsymbol{Y}'\boldsymbol{A}'\boldsymbol{X}=\boldsymbol{Y}'\boldsymbol{A}\boldsymbol{X}=f(\boldsymbol{\beta},\boldsymbol{\alpha}),$$

因此 $f(\boldsymbol{\beta},\boldsymbol{\alpha})$是对称的,这就是说,双线性函数是对称的,当且仅当该函数在任一组基下的度量矩阵是对称的.

同样的,双线性函数是反对称的充要条件是该函数在任一组基下的度量矩阵是反对称矩阵.

我们知道,欧氏空间的内积不仅是对称双线性函数,而且其内积在任一基下的度量矩阵是正交矩阵.

根据二次型的相关知识中对称矩阵在合同变换下的标准型理论,可以得到如下定理:

定理 10.4.1 设 V 是数域 $\mathbf{P}$ 上的 n 维线性空间,$f(\boldsymbol{\alpha},\boldsymbol{\beta})$是 V 上对称双线性函数,则存在 V 的一组基 $\boldsymbol{\varepsilon}_1,\boldsymbol{\varepsilon}_2,\cdots,\boldsymbol{\varepsilon}_n$,使 $f(\boldsymbol{\alpha},\boldsymbol{\beta})$在这组基下的度量矩阵为对角矩阵.

证明:对 V 的维数 n 作数学归纳法.

当 $n=1$ 时,定理显然成立.设对 $n-1$ 维线性空间成立,证明对 n 维线性空间也成立.

如果对 V 中一切 $\boldsymbol{\alpha},\boldsymbol{\beta}$ 都有 $f(\boldsymbol{\alpha},\boldsymbol{\beta})=0$,则结论成立.

如果 $f(\boldsymbol{\alpha},\boldsymbol{\beta})$不全为零,先证必有 $\boldsymbol{\varepsilon}_1$ 使 $f(\boldsymbol{\varepsilon}_1,\boldsymbol{\varepsilon}_1)\neq0$.否则,若对于所有 $\boldsymbol{\alpha}\in V$ 都有 $f(\boldsymbol{\alpha},\boldsymbol{\alpha})=0$,那么对任意 $\boldsymbol{\alpha},\boldsymbol{\beta}\in V$,有

$$f(\boldsymbol{\alpha},\boldsymbol{\beta})=\frac{1}{2}\{f(\boldsymbol{\alpha}+\boldsymbol{\beta},\boldsymbol{\alpha}+\boldsymbol{\beta})-f(\boldsymbol{\alpha},\boldsymbol{\alpha})-f(\boldsymbol{\beta},\boldsymbol{\beta})\}=0$$

矛盾,所以这样的 $\boldsymbol{\varepsilon}_1$ 是存在的.将 $\boldsymbol{\varepsilon}_1$ 扩充成 V 的一组基 $\boldsymbol{\varepsilon}_1,\boldsymbol{\eta}_2,\cdots,\boldsymbol{\eta}_n$ 令

$$\boldsymbol{\varepsilon}_1'=\boldsymbol{\eta}_i-\frac{f(\boldsymbol{\varepsilon}_1,\boldsymbol{\eta}_i)}{f(\boldsymbol{\varepsilon}_1,\boldsymbol{\varepsilon}_1)}\boldsymbol{\varepsilon}_1,i=1,2,\cdots,n,$$

容易验证 $\boldsymbol{\varepsilon}_1,\boldsymbol{\varepsilon}'_2,\cdots,\boldsymbol{\varepsilon}'_n$仍是 V 的一个基,考察由 $\boldsymbol{\varepsilon}'_2,\boldsymbol{\varepsilon}'_3,\cdots,\boldsymbol{\varepsilon}'_n$生成的线性子空间 $L(\boldsymbol{\varepsilon}_2',\boldsymbol{\varepsilon}_3',\cdots,\boldsymbol{\varepsilon}_n')$,其中每个向量 $\boldsymbol{\alpha}$ 都满足,$f(\boldsymbol{\varepsilon}_1,\boldsymbol{\alpha})=0$,而且

$$V=L(\boldsymbol{\varepsilon}_1)\oplus L(\boldsymbol{\varepsilon}_2',\boldsymbol{\varepsilon}_3',\cdots,\boldsymbol{\varepsilon}_n').$$

把 $f(\boldsymbol{\alpha},\boldsymbol{\beta})$看成 $L(\boldsymbol{\varepsilon}_2',\boldsymbol{\varepsilon}_3',\cdots,\boldsymbol{\varepsilon}_n')$上的双线性函数，仍是对称的，但是 $L(\boldsymbol{\varepsilon}_2',\boldsymbol{\varepsilon}_3',\cdots,\boldsymbol{\varepsilon}_n')$的维数小于 n，由归纳法假设，$L(\boldsymbol{\varepsilon}_2',\boldsymbol{\varepsilon}_3',\cdots,\boldsymbol{\varepsilon}_n')$有一组基 $\boldsymbol{\varepsilon}_1,\boldsymbol{\varepsilon}_2,\cdots,\boldsymbol{\varepsilon}_n$ 满足

$$f(\boldsymbol{\varepsilon}_i,\boldsymbol{\varepsilon}_j)=0,i,j=1,2,\cdots,n,i\neq j,$$

由于 $V=L(\boldsymbol{\varepsilon}_1)\oplus L(\boldsymbol{\varepsilon}_2',\boldsymbol{\varepsilon}_3',\cdots,\boldsymbol{\varepsilon}_n')$，故 $\boldsymbol{\varepsilon}_1,\boldsymbol{\varepsilon}_2,\cdots,\boldsymbol{\varepsilon}_n$ 是 V 的一组基，且满足上述要求.

如果 $f(\boldsymbol{\alpha},\boldsymbol{\beta})$在 $\boldsymbol{\varepsilon}_1,\boldsymbol{\varepsilon}_2,\cdots,\boldsymbol{\varepsilon}_n$ 下的度量矩阵为对角矩阵，那么对 $\boldsymbol{\alpha}=\sum\limits_{i=1}^{n}x_i\boldsymbol{\varepsilon}_i,\boldsymbol{\beta}=\sum\limits_{i=1}^{n}y_i\boldsymbol{\varepsilon}_i$，$f(\boldsymbol{\alpha},\boldsymbol{\beta})$ 有表示式

$$f(\boldsymbol{\alpha},\boldsymbol{\beta})=d_1x_1y_1+d_2x_2y_2+\cdots+d_nx_ny_n,$$

这个表示式也是 $f(\boldsymbol{\alpha},\boldsymbol{\beta})$在 $\boldsymbol{\varepsilon}_1,\boldsymbol{\varepsilon}_2,\cdots,\boldsymbol{\varepsilon}_n$ 下的度量矩阵为对角形的充分条件.

推论 10.4.1　设 V 是复数域上的 n 维线性空间，$f(\boldsymbol{\alpha},\boldsymbol{\beta})$是 V 上的对称双线性函数，则存在 V 的一组基 $\boldsymbol{\varepsilon}_1,\boldsymbol{\varepsilon}_2,\cdots,\boldsymbol{\varepsilon}_n$，对 V 中任意向 $\boldsymbol{\alpha}=\sum\limits_{i=1}^{n}x_i\boldsymbol{\varepsilon}_i,\boldsymbol{\beta}=\sum\limits_{i=1}^{n}y_i\boldsymbol{\varepsilon}_i$，有

$$f(\boldsymbol{\alpha},\boldsymbol{\beta})=x_1y_1+x_2y_2+\cdots+x_ry_r\ (0\leqslant r\leqslant n).$$

推论 10.4.2　设 V 是实数域上的 n 维线性空间，$f(\boldsymbol{\alpha},\boldsymbol{\beta})$是 V 上的对称双线性函数，则存在 V 的一组基 $\boldsymbol{\varepsilon}_1,\boldsymbol{\varepsilon}_2,\cdots,\boldsymbol{\varepsilon}_n$，对 V 中任意向量积

$$\boldsymbol{\alpha}=\sum_{i=1}^{n}x_i\boldsymbol{\varepsilon}_i,\boldsymbol{\beta}=\sum_{i=1}^{n}y_i\boldsymbol{\varepsilon}_i,$$

有

$$f(\boldsymbol{\alpha},\boldsymbol{\beta})=x_1y_1+\cdots+x_py_p-x_{p+1}y_{p+1}-\cdots-x_ry_r.$$

定义 10.4.2　设 V 是数域 $\mathbf{P}$ 上的线性空间，$f(\boldsymbol{\alpha},\boldsymbol{\beta})$是 V 上的双线性函数.当 $\boldsymbol{\alpha}=\boldsymbol{\beta}$ 时，V 上的函数 $f(\boldsymbol{\alpha},\boldsymbol{\alpha})$称为与 $f(\boldsymbol{\alpha},\boldsymbol{\beta})$对应的二次齐次函数.

给定 V 上的一组基 $\boldsymbol{\varepsilon}_1,\boldsymbol{\varepsilon}_2,\cdots,\boldsymbol{\varepsilon}_n$ 设 $f(\boldsymbol{\alpha},\boldsymbol{\beta})$的度量矩阵为 $\mathbf{A}=(a_{ij})_{n\times n}$.对 V 中任意向量 $\boldsymbol{\alpha}=\sum\limits_{i=1}^{n}x_i\boldsymbol{\varepsilon}_i$ 有

$$f(\boldsymbol{\alpha},\boldsymbol{\alpha})=\sum_{i=1}^{n}\sum_{j=1}^{n}a_{ij}x_iy_j.\tag{10-4-1}$$

式中 x_iy_j 的系数为 $a_{ij}+a_{ji}$.因此如果两个双线性函数的度量矩阵分别为

$$\mathbf{A}=(a_{ij})_{n\times n}\text{及}\mathbf{B}=(b_{ij})_{n\times n},$$

只要

$$a_{ij}+a_{ji}=b_{ij}+b_{ji},i,j=1,2,\cdots,n,$$

那么 $\mathbf{A},\mathbf{B}$ 对应的二次齐次函数就相同，因此有许多双线性函数对应于同一个二次齐次函数，但是如果要求 $\mathbf{A}$ 为对称矩阵，即要求双线性函数为对称的，那么一个二次齐次函数只对应一个对称双线性函数.从式(10-4-1)可以看出二次齐次函数的坐标表达式就是以前学过的二次型.该二次型与对称矩阵是一一对应的，而这个对称矩阵就是唯一的与这个二次齐次函数对应的对称双线性函数的度量矩阵.

从定理 10.4.1 可知，V 上的对称双线性函数 $f(\boldsymbol{\alpha},\boldsymbol{\beta})$如果是非退化的，则有 V 的一组基 $\boldsymbol{\varepsilon}_1,\boldsymbol{\varepsilon}_2,\cdots,\boldsymbol{\varepsilon}_n$ 满足

$$\begin{cases}f(\boldsymbol{\varepsilon}_i,\boldsymbol{\varepsilon}_i)\neq 0,i=1,2,\cdots,n,\\ f(\boldsymbol{\varepsilon}_i,\boldsymbol{\varepsilon}_j)=0,j\neq i,\end{cases}$$

前面的不等式是非退化条件保证的，这样的基称为 V 的对于 $f(\boldsymbol{\alpha},\boldsymbol{\beta})$ 的正交基.

定义 10.4.3 设 V 是数域 $\mathbf{P}$ 上的线性空间，在 V 上定义一个非退化线性函数，则 V 称为一个双线性度量空间.当 f 是非退化对称双线性函数时，V 称为 $\mathbf{P}$ 上的正交空间；当 V 是 n 维实线性空间，f 是非退化对称双线性函数时，V 称为准欧氏空间；当 f 是非退化反对称双线性函数时，V 称为辛空间.

例 10.4.1 设 V 是数域 $\mathbf{P}$ 上的 n 维线性空间，则 V 上的一个对称双线性函数 $f(\boldsymbol{\alpha},\boldsymbol{\beta})$ 由与它对应的二次齐次函数 $q(\boldsymbol{\alpha})$ 完全确定，但非对称双线性函数不能由它对应的二次齐次函数唯一确定.

证明：设 $\boldsymbol{\alpha},\boldsymbol{\beta}\in V$，则利用，$f(\boldsymbol{\alpha},\boldsymbol{\beta})$ 是对称双线性函数，有

$$\begin{aligned}q(\boldsymbol{\alpha}+\boldsymbol{\beta})&=f(\boldsymbol{\alpha}+\boldsymbol{\beta},\boldsymbol{\alpha}+\boldsymbol{\beta})\\&=f(\boldsymbol{\alpha},\boldsymbol{\alpha})-f(\boldsymbol{\alpha},\boldsymbol{\beta})+f(\boldsymbol{\beta},\boldsymbol{\alpha})+f(\boldsymbol{\beta},\boldsymbol{\beta})\\&=f(\boldsymbol{\alpha},\boldsymbol{\alpha})-2f(\boldsymbol{\alpha},\boldsymbol{\beta})+f(\boldsymbol{\beta},\boldsymbol{\beta}),\end{aligned}$$

而

$$\begin{aligned}q(\boldsymbol{\alpha}-\boldsymbol{\beta})&=f(\boldsymbol{\alpha}-\boldsymbol{\beta},\boldsymbol{\alpha}-\boldsymbol{\beta})\\&=f(\boldsymbol{\alpha},\boldsymbol{\alpha})-f(\boldsymbol{\alpha},\boldsymbol{\beta})-f(\boldsymbol{\beta},\boldsymbol{\alpha})+f(\boldsymbol{\beta},\boldsymbol{\beta})\\&=f(\boldsymbol{\alpha},\boldsymbol{\alpha})-2f(\boldsymbol{\alpha},\boldsymbol{\beta})+f(\boldsymbol{\beta},\boldsymbol{\beta}),\end{aligned}$$

两式相减，得

$$f(\boldsymbol{\alpha},\boldsymbol{\beta})=\frac{1}{4}q(\boldsymbol{\alpha}+\boldsymbol{\beta})-\frac{1}{4}q(\boldsymbol{\alpha}-\boldsymbol{\beta}),$$

可见 $f(\boldsymbol{\alpha},\boldsymbol{\beta})$ 可由它对应的二次齐次函数完全确定.

在向量空间 $\mathbf{P}^2$ 中任取两个向量 $\boldsymbol{\alpha}=(x_1,x_2)$ 和 $\boldsymbol{\beta}=(y_1,y_2)$，规定

$$f_1(\boldsymbol{\alpha},\boldsymbol{\beta})=x_1y_1+2x_1y_2+x_2y_2,$$

$$f_2(\boldsymbol{\alpha},\boldsymbol{\beta})=x_1y_1+x_1y_2+x_2y_1+x_2y_2,$$

容易验证，f_1,f_2 都是 $\mathbf{P}^2$ 上的双线性函数，与它们对应的二次齐次函数都是

$$q(\boldsymbol{\alpha})=x_1^2+2x_1x_2+x_2^2,$$

但，$f_1\neq f_2$.

例 10.4.2 证明：如果数域 $\mathbf{P}$ 上，n 维线性空间 V 上的对称双线性函数，能分解为两个线性函数之积：

$$f(\boldsymbol{\alpha},\boldsymbol{\beta})=f_1(\boldsymbol{\alpha})f_2(\boldsymbol{\beta}),\forall\,\boldsymbol{\alpha},\boldsymbol{\beta}\in V,$$

则存在非零数 k 及线性函数 g，使

$$f(\boldsymbol{\alpha},\boldsymbol{\beta})=kg(\boldsymbol{\alpha})g(\boldsymbol{\beta}).$$

证明：设 $\boldsymbol{\varepsilon}_1,\boldsymbol{\varepsilon}_2,\cdots,\boldsymbol{\varepsilon}_n$ 是 V 的一组基，对任意 $\boldsymbol{\alpha},\boldsymbol{\beta}\in V$ 有

$$\boldsymbol{\alpha}=x_1\boldsymbol{\varepsilon}_1+x_2\boldsymbol{\varepsilon}_2+\cdots+x_n\boldsymbol{\varepsilon}_n,$$

$$\boldsymbol{\beta}=y_1\boldsymbol{\varepsilon}_1+y_2\boldsymbol{\varepsilon}_2+\cdots+y_n\boldsymbol{\varepsilon}_n,$$

又设

$$f_1(\boldsymbol{\alpha})=a_1x_1+a_2x_2+\cdots+a_nx_n,$$

$$f_2(\boldsymbol{\beta})=b_1y_1+b_2y_2+\cdots+b_ny_n,$$

这里 $a_i,b_i\in P(i=1,2,\cdots,n)$，则

$$f(\boldsymbol{\alpha},\boldsymbol{\beta})=(a_1x_1+a_2x_2+\cdots+a_nx_n)(b_1y_1+b_2y_2+\cdots+b_ny_n).$$

由于 f 是对称的,所以

$$(a_1x_1+a_2x_2+\cdots+a_nx_n)(b_1y_1+b_2y_2+\cdots+b_ny_n)=(a_1y_1+\cdots+a_ny_n)(b_1x_1+\cdots+b_nx_n).$$

因为 $x_1,x_2,\cdots,x_n$ 及 $y_1,y_2,\cdots,y_n$ 可以独立地自由取值,考虑上式两边 x_iy_j 的系数,得

$$a_ib_j=a_jb_i\ (i,j=1,2,\cdots,n).$$

这说明 $(a_1,a_2,\cdots,a_n)$ 与 $(b_1,b_2,\cdots,b_n)$ 成比例.设 $f_1\neq0$,令 $g=f_1$,则存在 $k\in P$,使 $f_2=kg$.于是

$$f(\boldsymbol{\alpha},\boldsymbol{\beta})=kg(\boldsymbol{\alpha})g(\boldsymbol{\beta}).$$

10.5　辛空间

近年来,辛空间的理论在力学、计算数学、几何学、代数学、组合设计、纠错设计、控制论等科学研究领域中越来越重要,因此了解辛空间的理论是有益的.

我们假定 V 都是有限维的.下面先讨论反对称双线性函数的标准形.

引理 10.5.1　设 $f(\xi,\eta)$ 是 n 维向量空间 V 上的反对称双线性函数,则存在 V 的一组基 $\alpha_1,\alpha_{-1},\cdots,\alpha_r,\alpha_{-r},\beta_1,\cdots,\beta_s$ 使

$$\begin{cases}f(\alpha_i,\alpha_i)=1,i=1,\cdots,r,\\ f(\alpha_i,\alpha_j)=0,i+j\neq0,\\ f(\xi,\beta_k)=0,\xi\in V,k=1,\cdots,s.\end{cases}$$

证明:若 $f(\xi,\eta)\equiv0$,取任一组基为 $\beta_1,\cdots,\beta_s$,定理成立.

若 $f(\xi,\eta)$ 不是零函数,因为 $f(\xi,\eta)$ 在任一组基下的度量矩阵 $\boldsymbol{A}$ 是非零反对称矩阵,所以必有其中两个基向量 $\alpha_1,\eta\in V$ 使 $f(\alpha_1,\eta)\neq0$,令

$$\alpha_{-1}=\frac{1}{f(\alpha_1,\eta)}\eta,$$

则

$$f(\alpha_1,\alpha_{-1})=1.$$

将 α_1,α_{-1} 扩充成 V 的一组基 $\alpha_1,\alpha_{-1},\eta_3'\cdots,\eta_n'$,令

$$\eta_i=\eta_i'-f(\eta_{ii}',\alpha_{-1})\alpha_1+f(\eta_i',\alpha_1)\alpha_{-1},i=3,\cdots,n,$$

则当 $i\geqslant3$ 时

$$f(\eta_i,\alpha_1)=f(\eta_i',\alpha_1)-f(\eta_i',\alpha_{-1})f(\alpha_1,\alpha_1)+f(\eta_i',\alpha_1)f(\alpha_{-1},\alpha_1)=0,$$
$$f(\eta_i,\alpha_{-1})=f(\eta_i',\alpha_{-1})-f(\eta_i',\alpha_{-1})f(\alpha_1,\alpha_{-1})+f(\eta_i',\alpha_1)f(\alpha_{-1},\alpha_{-1})=0.$$

显然 $\alpha_1,\alpha_{-1},\eta_3\cdots,\eta_n$ 仍然是 V 的基,于是 $V=L(\alpha_1,\alpha_{-1})\oplus L(\eta_3\cdots,\eta_n)$.

将 $f(\xi,\eta)$ 看成是 $L(\eta_3\cdots,\eta_n)$ 上的双线性函数,若 $f(\xi,\eta)$ 是零函数,到上面这步定理已证.若 $f(\xi,\eta)$ 不是零函数,同理又可找到 $L(\eta_3\cdots,\eta_n)$ 的一组基 $\alpha_2,\alpha_{-2},\gamma_5\cdots,\gamma_n$ 使

$$\begin{cases}f(\alpha_2,\alpha_{-2})=1,\\ f(\gamma_i,\alpha_j)=0,\end{cases}\quad i=5,\cdots,n;j=\pm1,\pm2.$$

依此进行下去就会找到 V 的一组基 $\alpha_1,\alpha_{-1},\cdots,\alpha_r,\alpha_{-r},\beta_1,\cdots,\beta_s$,使结论成立.

推论 10.5.1 设 $f(\xi,\eta)$ 是 V 上的一个反对称双线性函数,则存在 V 的一组基使 $f(\xi,\eta)$ 在其下的度量矩阵具有形式

$$\boldsymbol{B}=\operatorname{diag}\left\{\begin{bmatrix}0 & 1\\ -1 & 0\end{bmatrix},\cdots,\begin{bmatrix}0 & 1\\ -1 & 0\end{bmatrix},0,\cdots,0\right\}.$$

推论 10.5.2 每个反对称矩阵 $\boldsymbol{A}\in M_n(F)$ 都与一个形如

$$\boldsymbol{B}=\operatorname{diag}\left\{\begin{bmatrix}0 & 1\\ -1 & 0\end{bmatrix},\cdots,\begin{bmatrix}0 & 1\\ -1 & 0\end{bmatrix},0,\cdots,0\right\}$$

的准对角矩阵合同,称为 $\boldsymbol{A}$ 的规范形.

因为非退化双线性函数在任一组基下的矩阵也是非退化的,所以有下面的结论.

推论 10.5.3 只有在偶数维向量空间,上才能定义非退化反对称双线性函数.

证明:从引理 10.5.1 可知,如果 V 上的反对称双线性函数 $f(\xi,\eta)$ 是非退化的,则有 V 的一组基 $\alpha_1,\alpha_{-1},\cdots,\alpha_r,\alpha_{-r}$,使

$$\begin{cases}f(\alpha_i,\alpha_{-i})=1,i=1,\cdots,r,\\ f(\alpha_i,\alpha_j)=0,i+j\neq 0,\end{cases}$$

由于非退化的条件,引理 10.5.1 中的 $\beta_1,\cdots,\beta_s$ 不可能出现.因此具有非退化反对称双线性函数的向量空间一定是偶数维的.

引理 10.5.2 辛空间 (V,f) 中一定能找到一组基 $\alpha_1,\alpha_2,\cdots,\alpha_n,\alpha_{-1},\alpha_{-2},\cdots,\alpha_{-n}$ 满足

$$\begin{cases}f(\alpha_i,\alpha_{-i})=1,1\leqslant i\leqslant n,\\ f(\alpha_i,\alpha_j)=0,-n\leqslant i,j\leqslant n,i+j\neq 0.\end{cases}$$

这样的基称为 (V,f) 的辛正交基.还可看出辛空间一定是偶数维的.

引理 10.5.3 任一 $2n$ 级非退化反对称矩阵 $\boldsymbol{K}$ 可把一个数域 $\mathbf{P}$ 上 $2n$ 维空间 V 化成一个辛空间,且使 $\boldsymbol{K}$ 为 V 的某基 $\alpha_1,\alpha_2,\cdots,\alpha_n,\alpha_{-1},\alpha_{-2},\cdots,\alpha_{-n}$ 下的度量矩阵.又在辛空间在某辛正交基 $\alpha_1,\alpha_2,\cdots,\alpha_n,\alpha_{-1},\alpha_{-2},\cdots,\alpha_{-n}$ 下的度量矩阵为

$$\boldsymbol{J}=\begin{bmatrix}\boldsymbol{0} & \boldsymbol{E}\\ -\boldsymbol{E} & \boldsymbol{0}\end{bmatrix}_{2n\times 2n},$$

故 $\boldsymbol{K}$ 合同于 $\boldsymbol{J}$,即任一 $2n$ 级非退化反对称矩阵皆合同于 $\boldsymbol{J}$.

两个辛空间 (V_1,f_1) 及 (V_2,f_2),若有 V_1 到 V_2 的作为向量空间的同构 φ,它满足

$$f_1(u,v)=f_2(\varphi u,\varphi v),$$

则称 φ 是 (V_1,f_1) 到 (V_2,f_2) 的辛同构.

不难证明以下结论:

(1) (V_1,f_1) 到 (V_2,f_2) 的作为向量空间的同构是辛同构当且仅当它把 (V_1,f_1) 的一组,辛正交基变成 (V_2,f_2) 的辛正交基;

(2)两个辛空间是辛同构的当且仅当它们有相同的维数;

(3)辛空间 (V,f) 到自身的辛同构称为 (V,f) 上的辛变换.取定 (V,f) 的一组辛正交基 $\alpha_1,\alpha_2,\cdots,\alpha_n,\alpha_{-1},\alpha_{-2},\cdots,\alpha_{-n}$,$V$ 上的一个线性变换 φ,在该基下的矩阵为 $\boldsymbol{K}$,即

$$\boldsymbol{K}=\begin{bmatrix}\boldsymbol{A} & \boldsymbol{B}\\ \boldsymbol{C} & \boldsymbol{D}\end{bmatrix}.$$

其中 $\boldsymbol{A},\boldsymbol{B},\boldsymbol{C},\boldsymbol{D}$ 皆为 n 阶方阵.则 φ 是辛变换当且仅当 $\boldsymbol{K}'\boldsymbol{J}\boldsymbol{K}=\boldsymbol{J}$,亦即当且仅当下列条件成立:$\boldsymbol{A}'\boldsymbol{C}=\boldsymbol{C}'\boldsymbol{A},\boldsymbol{B}'\boldsymbol{D}=\boldsymbol{D}'\boldsymbol{B},\boldsymbol{A}'\boldsymbol{D}-\boldsymbol{C}'\boldsymbol{B}=\boldsymbol{E}$,且易证 $|\boldsymbol{K}|\neq 0$.辛变换的乘积、辛变换的逆变换皆为辛变换.

设 (V,f) 是辛空间,$u,v\in V$,满足 $f(u,v)=0$,则称 u,v 为辛正交的.

设 W 是 V 的子空间,令 $W^{\perp}=\{u\in V\mid f(u,w)=0,\forall w\in W\}$,$W^{\perp}$ 是 V 的子空间,称为 W 的辛正交补空间.

定理 10.5.1　设 (V,f) 是辛空间,W 是 V 的子空间,则

$$\dim W^{\perp}=\dim V-\dim W.$$

定义 10.5.1　设 (V,f) 为辛空间,W 为 V 的子空间.若 $W\subset W^{\perp}$,则称 W 为 (V,f) 的迷向子空间;若 $W=W^{\perp}$,即 W 是按包含关系极大的迷向子空间,也称它为拉格朗日子空间;若 $W\cap W^{\perp}=\{0\}$,则称 W 为 (V,f) 的辛子空间.

例如,设 $\alpha_1,\alpha_2,\cdots,\alpha_n,\alpha_{-1},\alpha_{-2},\cdots,\alpha_{-n}$ 是 (V,f) 的辛正交基,则 $L(\alpha_1,\alpha_2,\cdots,\alpha_k)$ 是迷向子空间.$L(\alpha_1,\alpha_2,\cdots,\alpha_n)$ 是极大迷向子空间,即拉格朗日子空间 $L(\alpha_1,\alpha_2,\cdots,\alpha_k,\alpha_{-1},\alpha_{-2},\cdots,\alpha_{-k})$ 是辛子空间.

对辛空间 (V,f) 的子空间 U,W.通过验证,并利用定理 10.5.1,可得下列性质:

(1) $(W^{\perp})^{\perp}=W$;

(2) 若 $U\subset W$,则 $W^{\perp}\subset U^{\perp}$;

(3) 若 U 是辛子空间,则 $V=U\oplus U^{\perp}$;

(4) 若 U 是迷向子空间,则 $\dim U\leqslant\frac{1}{2}\dim V$;

(5) 若 U 是拉格朗日子空间,则 $\dim U=\frac{1}{2}\dim V$.

定理 10.5.2　设 L 是辛空间 (V,f) 的拉格朗日子空间,$\alpha_1,\alpha_2,\cdots,\alpha_n$ 是 L 的基,则它可扩充为 (V,f) 的辛正交基.

推论 10.5.4　设 W 是 (V,f) 的迷向子空间,$\{\alpha_1,\alpha_2,\cdots,\alpha_k\}$ 是 L 的基,则它可扩充成 (V,f) 的辛正交基.

证明:设 L 是包含 W 的极大迷向子空间,先把 W 的基扩充为 L 的基,再扩充为 (V,f) 的辛正交基.

对于辛子空间 $(U,f|_U)$ 也是非退化的.同样 $f|_{U^{\perp}}$ 也非退化.由定理 10.5.1 有 $V=U\oplus U^{\perp}$.

定理 10.5.3　辛空间 (V,f) 的辛 子空间 $(U,f|_U)$ 的一组辛正交基可扩充成 (V,f) 的辛正交基.

证明:把 $(U,f|_U)$ 的一组辛正交基和 $(U^{\perp},f|_{U^{\perp}})$ 的一组辛正交基合起来就是 (V,f) 的辛正交基.

下面是辛变换的特征值的一些性质.

设 σ 是辛空间 (V,f) 上的辛变换,则 σ 的行列式为 1.

取定 (V,f) 的辛正交基 $\alpha_1,\alpha_2,\cdots,\alpha_n,\alpha_{-1},\alpha_{-2},\cdots,\alpha_{-n}$.设 σ 在此基下的矩阵为 $\boldsymbol{K}$,这时有 $\boldsymbol{K}'\boldsymbol{J}\boldsymbol{K}=\boldsymbol{J}$.

定理 10.5.4 设 σ 是 $2n$ 维辛空间中的辛变换，$\boldsymbol{K}$ 是 σ 在某辛正交基下的矩阵，则它的特征多项式 $f(\lambda)=|\lambda\boldsymbol{E}-\boldsymbol{K}|$ 满足 $f(\lambda)=\lambda^{2n}f\left(\frac{1}{\lambda}\right)$，若设

$$f(\lambda)=a_0\lambda^{2n}+a_1\lambda^{2n-1}+\cdots+a_{2n-1}\lambda+a_{2n},$$

则 $a_i=a_{2n-i}(i=0,1,\cdots,n)$.

由定理 10.5.4 可知，辛变换 σ 的特征多项式 $f(\lambda)$ 的（复）根 λ 与 $\frac{1}{\lambda}$ 同时出现的，且具有相同的重数.它在 $\mathbf{P}$ 中的特征值也如此.又 $|\boldsymbol{K}|$ 等于 $f(\lambda)$ 的所有（复）根的积，而 $|\boldsymbol{K}|=1$，故特征值 -1 的重数为偶数.又不等于 ±1 的复根重数的和及空间的维数皆为偶数，因此特征值为 $+1$ 的重数也为偶数.

定理 10.5.5 设 λ_i,λ_j 是数域 $\mathbf{P}$ 上辛空间 (V,f) 的辛变换 σ 在 $\mathbf{P}$ 中的特征值，且 $\lambda_i\lambda_j\neq1$.

设 $V_{\lambda_i},V_{\lambda_j}$ 分别是 V 中对应于特征值 λ_i 及 λ_j 的特征子空间.则 $\forall u\in V_{\lambda_i},v\in V_{\lambda_j}$，有 $f(u,v)=0$，即 V_{λ_i} 与 V_{λ_j} 是辛正交的.特别地，当 $\lambda_i\neq1$ 时，V_{λ_j} 是迷向子空间.

证明： 因 $\sigma u=\lambda_i u,\sigma v=\lambda_i v$，故 $f(u,v)=f(\sigma u,\sigma v)=\lambda_i\lambda_j f(u,v)$，从而

$$1-\lambda_i\lambda_j\neq0\Rightarrow f(u,v)=0.$$

第 11 章　基本代数结构

代数结构，或称代数系统，是具有一种或几种代数运算的集合，本章将对三种最基本的代数系统——群、环和域进行阐述.

11.1　代数的运算

19 世纪，随着数学的发展和人类认识的深化，运算的概念和可以运算的对象大大超出了数的范围，除了数外，还有多项式、函数、向量、矩阵、变换、映射等，它们都能进行运算.虽然这些对象不同，相应的运算方法各异，但是这些运算却有许多共同的性质.对这些共同的性质进行统一研究，不仅能使人们清楚地看到本质的东西而不被各种具体对象的个性所迷惑，同时统一的抽象研究使这些概念及性质具有非常广泛的适用性.

定义 11.1.1　设 $\boldsymbol{A},\boldsymbol{B},\boldsymbol{C}$ 是三个非空集合，按照某一法则把任意 $\boldsymbol{a}\in\boldsymbol{A}$ 和 $\boldsymbol{b}\in\boldsymbol{B}$ 与 $\boldsymbol{C}$ 中唯一确定的元素 $\boldsymbol{c}$ 对应，则称这一对应为集合 $\boldsymbol{A}$ 和 $\boldsymbol{B}$ 到 $\boldsymbol{C}$ 的一个代数运算.如果 $\boldsymbol{A}=\boldsymbol{B}=\boldsymbol{C}$，则称这一对应为集合 $\boldsymbol{A}$ 上的一个代数运算.

通常用“$\circ$”或“$\oplus$”来表示运算，相应地称为“乘法”或“加法”.于是元素 $\boldsymbol{a}\in\boldsymbol{A},\boldsymbol{b}\in\boldsymbol{B}$ 与 $\boldsymbol{c}\in\boldsymbol{C}$ 的对应可以写成

$$\boldsymbol{c}=\boldsymbol{a}\circ\boldsymbol{b} \text{ 或 } \boldsymbol{c}=\boldsymbol{a}\oplus\boldsymbol{b}.$$

这里的“乘法”与“加法”不总是指通常的乘法与加法，仅表示代数运算所确定的对应关系.

例 11.1.1　设 $\boldsymbol{A}=\mathbf{K}^{m\times n},\boldsymbol{B}=\mathbf{K}^{n\times p},\boldsymbol{C}=\mathbf{K}^{m\times p}$，规定

$$\boldsymbol{A}\circ\boldsymbol{B}=\boldsymbol{AB}\ (\boldsymbol{A}\in\mathbf{K}^{m\times n},\boldsymbol{B}\in\mathbf{K}^{n\times p}),$$

则“$\circ$”是从集合 $\boldsymbol{A}$ 和 $\boldsymbol{B}$ 到 $\boldsymbol{C}$ 的代数运算.这是矩阵的乘法.

例 11.1.2　设 $\boldsymbol{A}=\{$所有整数$\}$，$\boldsymbol{B}=\{$所有不等于零的整数$\}$，$\boldsymbol{C}=\{$所有有理数$\}$.规定

$$\boldsymbol{a}\cdot\boldsymbol{b}=\frac{a}{b}(\boldsymbol{a}\in\boldsymbol{A},\boldsymbol{b}\in\boldsymbol{B}),$$

则“$\circ$”是从集合 $\boldsymbol{A}$ 和 $\boldsymbol{B}$ 到 $\boldsymbol{C}$ 的代数运算.也就是普通的除法.

例 11.1.3　设 V 是数域 $\mathbf{P}$ 上的线性空间，加法运算是 V 上的代数运算，$\mathbf{K}$ 中的数与 V 中向量的数乘运算是 $\mathbf{K}$ 和 V 到 V 的代数运算.

常用的是集合 $\boldsymbol{A}$ 上的代数运算.在这样的代数运算下，可以对 $\boldsymbol{A}$ 中任意两个元素加以运算，而且所得结果还在 $\boldsymbol{A}$ 中，所以当$\circ$或$\oplus$是集合 $\boldsymbol{A}$ 上的代数运算时，也称集合 $\boldsymbol{A}$ 对于代数运

算，或$\oplus$是封闭的.

一些常见的代数运算都适合某些从实际中来的规律.

定义 11.1.2 设$\circ$是集合 $\boldsymbol{A}$ 上的代数运算，如果对任意 $\boldsymbol{a},\boldsymbol{b},\boldsymbol{c}\in\boldsymbol{A}$ 都有

$$(\boldsymbol{a}\circ\boldsymbol{b})\circ\boldsymbol{c}=\boldsymbol{a}\circ(\boldsymbol{b}\circ\boldsymbol{c}),$$

则称代数运算$\circ$满足结合律.

如果代数运算$\circ$满足结合律，则三个元素的运算结果与运算顺序无关.使用归纳法可以推出在代数运算满足结合律时，多个元素的运算结果与运算顺序无关.代数运算大多数满足结合律.但有些代数运算，如数的减法与除法，不满足结合律.

定义 11.1.3 设$\circ$是集合 $\boldsymbol{A}$ 上的代数运算，如果对任意 $\boldsymbol{a},\boldsymbol{b}\in\boldsymbol{A}$ 都有

$$\boldsymbol{a}\circ\boldsymbol{b}=\boldsymbol{b}\circ\boldsymbol{a},$$

则称代数运算$\circ$满足交换律.

数的加法与乘法，矩阵的加法，集合的交与并都满足交换律.但有些代数运算，如数的减法与除法，矩阵的乘法，线性变换的乘法等，不满足交换律.结合律和交换律都只同一种代数运算发生关系.

现在要讨论同两种代数运算发生关系的一种规律.

定义 11.1.4 设$\circ$和$\oplus$是集合 $\boldsymbol{A}$ 上的两种代数运算，如果对任意 $\boldsymbol{a},\boldsymbol{b},\boldsymbol{c}\in\boldsymbol{A}$ 都有

$$\boldsymbol{a}\circ(\boldsymbol{b}\oplus\boldsymbol{c})=(\boldsymbol{a}\circ\boldsymbol{b})\oplus(\boldsymbol{a}\circ\boldsymbol{c}),$$

则称代数运算$\circ$对$\oplus$满足左分配律.如果

$$(\boldsymbol{b}\oplus\boldsymbol{c})\circ\boldsymbol{a}=(\boldsymbol{b}\circ\boldsymbol{a})\oplus(\boldsymbol{c}\circ\boldsymbol{a}),$$

则称代数运算$\circ$对$\oplus$满足右分配律.如果代数运算$\circ$对$\oplus$同时满足左分配律和右分配律，则称$\circ$对$\oplus$满足分配律.

集合的并对于交满足分配律，交对于并也满足分配律；数的乘法对加法满足分配律，而数的加法对乘法不满足分配律；在 $\mathbf{K}^{m\times n}$ 上，矩阵的乘法对加法满足左分配律，也满足右分配律.

11.2 群及其基本性质

18 世纪 30 年代，年轻的法国数学家 E.Galois 开创性地提出了群的概念，用群论彻底解决了“根式求解高次方程”的问题，并由此发展了一整套关于群和域的理论——Galois 理论.代数学获得了突破性的进展.

11.2.1 群的定义

群是具有一个代数运算的代数系统，定义如下：

定义 11.2.1 设$\circ$是非空集合 G 上的代数运算，满足

(1)(结合性)$(\boldsymbol{a}\circ\boldsymbol{b})\circ\boldsymbol{c}=\boldsymbol{a}\circ(\boldsymbol{b}\circ\boldsymbol{c})$，$\forall\boldsymbol{a},\boldsymbol{b},\boldsymbol{c}\in \mathrm{G}$；

(2)(有单位元)存在单位元 $\boldsymbol{e}\in \mathrm{G}$，使对 $\forall\boldsymbol{a}\in \mathrm{G}$ 有 $\boldsymbol{e}\circ\boldsymbol{a}=\boldsymbol{a}\circ\boldsymbol{e}=\boldsymbol{a}$；

(3)(有逆元)对 $\forall \boldsymbol{a}\in G$,存在 $\boldsymbol{b}\in G$,使得 $\boldsymbol{a}\circ\boldsymbol{b}=\boldsymbol{b}\circ\boldsymbol{a}=\boldsymbol{e}$,此时称 $\boldsymbol{b}$ 为 $\boldsymbol{a}$ 的逆元,记为 $\boldsymbol{a}^{-1}$,则称 G 关于代数运算$\circ$构成一个群．如果代数运算$\circ$还满足交换律,即对 $\forall \boldsymbol{a},\boldsymbol{b}\in \boldsymbol{G}$ 有 $\boldsymbol{c}\circ\boldsymbol{b}=\boldsymbol{b}\circ\boldsymbol{a}$,则称 G 关于代数运算$\circ$构成交换群或 ***Ab***el 群.

如果 G 的代数运算.仅满足条件(1),则称之为半群;如果 G 的代数运算.满足条件(1)和(2),则称之为幺半群.

现在看几个例子.

例 11.2.1　线性空间的向量对于加法构成交换群,单位元是零向量 $\boldsymbol{\theta}$,$\boldsymbol{\alpha}$ 的逆元是$-\boldsymbol{\alpha}$.

例 11.2.2　数域 **P** 上线性空间 V 的全体可逆线性变换关于变换的乘法构成群:当 V 是欧氏空间时,V 的全体正交变换关于变换的乘法也构成群.但它们都不是交换群．

例 11.2.3　集合 $G=\{\boldsymbol{A}\mid\boldsymbol{A}\in\mathbf{K}^{n\times n}$ 且 $\boldsymbol{d}\mathrm{et}\boldsymbol{A}=1\}$对于矩阵乘法构成一个群．

这是因为,对 $\forall \boldsymbol{A}\circ\boldsymbol{B}\in G$ 有 $\boldsymbol{d}\mathrm{et}\boldsymbol{A}=\boldsymbol{d}\mathrm{et}\boldsymbol{B}=1$,从而 $\boldsymbol{d}\mathrm{et}(\boldsymbol{AB})=\boldsymbol{d}\mathrm{el}\boldsymbol{Ad}\mathrm{et}\boldsymbol{B}=1$,即 $\boldsymbol{AB}\in G$,这表明矩阵乘法是 G 上的代数运算.结合律显然成立.对 $\forall\boldsymbol{A}\in G$ 有 $\boldsymbol{EA}=\boldsymbol{AE}=\boldsymbol{A}$ 且 $\boldsymbol{d}\mathrm{et}\boldsymbol{E}=1$,所以单位矩阵是单位元;又 $\boldsymbol{d}\mathrm{et}\boldsymbol{A}^{-1}=(\boldsymbol{d}\mathrm{et}\boldsymbol{A})^{-1}=1$ 且 $\boldsymbol{AA}^{-1}=\boldsymbol{A}^{-1}\boldsymbol{A}=\boldsymbol{E}$,所以 $\boldsymbol{A}$ 的逆元是 $\boldsymbol{A}^{-1}$,故 G 对于矩阵乘法构成一个群．

例 11.2.4　例 11.2.3 的集合 **A** 对于代数运算$\oplus$构成交换群,0 是单位元,0 的逆元是 0,而 1 的逆元是 1.但 **A** 对于代数运算$\circ$不构成群,因为 0 无逆元．

例 11.2.5　所有整数的集合 **Z**,所有有理数的集合 **Q**,所有实数的集合 **R**.所有复数的集合 **C**,对于数的加法都构成交换样,单位元是 0.**Q** 和 **R** 对于数的乘法只构成幺半群,因为零没有逆元非零有理数(实数,复数)集合对于数的乘法构成交换群,单位元是 1.

例 11.2.6　置换群设 $I=\{1,2,\cdots,n\}$是前 n 个自然数所成的集,I 上的一一映射 σ:

$$\sigma(k)=i_k(k=1,2,\cdots,n)$$

称为 n 元置换,其中 $i_1,i_2,\cdots,i_n$ 的一个排列.用如下记号来表示 σ:

$$\sigma=\begin{pmatrix}1 & 2 & \cdots n\\ i_1 & i_2 & \cdots i_n\end{pmatrix}.$$

例如,$\sigma=\begin{pmatrix}1 & 2 & 3\\ 2 & 3 & 1\end{pmatrix}$就是一个三元置换,它把 1 映成 2,2 映成 3,3 映成 1.在这种表示法中,上面一行不一定非按自然顺序排列不可,也可以把上面一行写成 $1,2,\cdots,n$ 的任意一个排列,这时下面一行的排列自然也应做相应改变,例如,上面那个三元置换也可以写成

$$\sigma=\begin{pmatrix}1 & 2 & 3\\ 2 & 3 & 1\end{pmatrix}=\begin{pmatrix}3 & 2 & 1\\ 1 & 3 & 2\end{pmatrix}=\begin{pmatrix}1 & 3 & 2\\ 2 & 1 & 3\end{pmatrix}.$$

把全体 n 元置换构成的集合记作 S_n.由于 n 个数的不同全排列的总数共有 $n!$ 个,所以 S_n 含有 $n!$ 个不同的元素.现定义置换 σ,τ 的乘法如下:

$$\begin{aligned}\sigma\circ\tau &=\begin{pmatrix}1 & 2 & \cdots & n\\ \sigma(1) & \sigma(2) & \cdots & \sigma(n)\end{pmatrix}\begin{pmatrix}1 & 2 & \cdots & n\\ \tau(1) & \tau(2) & \cdots & \tau(n)\end{pmatrix}\\ &=\begin{pmatrix}1 & 2 & \cdots & n\\ \sigma(\tau(1)) & \sigma(\tau(2)) & \cdots & \sigma(\tau(n))\end{pmatrix}.\end{aligned}$$

可见 $\sigma\circ\tau$ 也是一个 n 元置换,所以这样定义的置换乘法是 S_n 上的一个代数运算.例如

$$\sigma\circ\tau=\begin{pmatrix}1&2&3\\2&3&1\end{pmatrix}\begin{pmatrix}1&2&3\\1&3&2\end{pmatrix}=\begin{pmatrix}1&2&3\\2&1&3\end{pmatrix}.$$

同理

$$\tau\circ\sigma=\begin{pmatrix}1&2&3\\1&3&2\end{pmatrix}\begin{pmatrix}1&2&3\\2&3&1\end{pmatrix}=\begin{pmatrix}1&2&3\\3&2&1\end{pmatrix}.$$

由此可见,置换的乘法不满足交换律.但易证明置换的乘法满足结合律.

如果取

$$\varepsilon=\begin{pmatrix}1&2&\cdots\\1&2&\cdots\end{pmatrix},$$

则对任意 $\sigma\in S_n$ 有 $\varepsilon\circ\sigma=\sigma\circ\varepsilon=\sigma$,所以 ε 是 S_n 的单位元.

又对任意 n 元置换

$$\sigma=\begin{pmatrix}1&2&\cdots&n\\\sigma(1)&\sigma(2)&\cdots&\sigma(n)\end{pmatrix}.$$

取

$$\tau=\begin{pmatrix}\sigma(1)&\sigma(2)&\cdots&\sigma(n)\\1&2&\cdots&n\end{pmatrix},$$

则有 $\sigma\circ\tau=\tau\circ\sigma=\varepsilon$,即 $\tau=\sigma^{-1}$.

综上所述,S_n 关于置换乘法构成一个群,称之为置换群,它是一个非交换群.

置换群在代数里占有一个很重要的地位,它是抽象群概念的第一个重要来源.Galois 在解决方程的根式求解问题时,就用到了根的置换概念.

定义 11.2.2 如果群 G 含有无限多个元素,则称为无限群;如果群 G 只含有限多个元素,则称为有限群,这时 G 所含元素个数称为 G 的阶,记为 $|G|$.

例 11.2.3 的集合 **A** 对于代数运算⊕构成的群是有限群,其阶为 2.

例 11.2.6 中的 n 元置换群是有限群,其阶为 $n!$.

11.2.2 群的基本性质

现证明一些对所有群都成立的性质.

性质 1 群的单位元是唯一的.

如果 e 和 e' 都是 G 的单位元,则 $e=e\circ e'=e'$.

性质 2 群中每一元的逆元是唯一的.

对任意 $a\in G$,如果 b 和 c 是 a 的两个逆元,则由 $a\circ b=b\circ a=a\circ c=c\circ a=e$,得

$$b=b\circ e=b\circ(a\circ c)=(b\circ a)\circ c=e\circ c=c$$

性质 3 消去律成立,即若 $a\circ x=a\circ y$,则 $x=y$;若 $x\circ b=y\circ b$,则 $x=y$.

用 a^{-1}左乘等式 $a\circ x=a\circ y$ 的两边,得 $a^{-1}\circ(a\circ x)=a^{-1}\circ(a\circ y)$,于是$(a^{-1}\circ a)\circ x=(a^{-1}\circ a)\circ y$,即 $e\circ x=e\circ y$,故 $x=y$.

同样,在等式 $x\circ b=y\circ b$ 两边右乘 b^{-1},得 $x=y$.

性质 4　对群 G 中任意元 $\boldsymbol{a}$ 和 $\boldsymbol{b}$,方程

$$\boldsymbol{a}\circ\boldsymbol{x}=\boldsymbol{b} \text{ 及 } \boldsymbol{y}\circ\boldsymbol{a}=\boldsymbol{b}$$

在 G 中有唯一解.

事实上,用 $\boldsymbol{a}^{-1}$左乘方程 $\boldsymbol{a}\circ\boldsymbol{x}=\boldsymbol{b}$ 的两边,得 $\boldsymbol{x}=\boldsymbol{a}\circ\boldsymbol{b}\in G$,它是方程 $\boldsymbol{a}\circ\boldsymbol{x}=\boldsymbol{b}$ 的解.

设 $\boldsymbol{x}_1,\boldsymbol{x}_2$ 是此方程的两个解,则有 $\boldsymbol{a}\circ\boldsymbol{x}_1=\boldsymbol{a}\circ\boldsymbol{x}_2$,由消去律即得 $\boldsymbol{x}_1=\boldsymbol{x}_2$,因而解唯一.同理可证 $\boldsymbol{y}=\boldsymbol{b}\circ\boldsymbol{a}^{-1}$是方程 $\boldsymbol{y}\circ\boldsymbol{a}=\boldsymbol{b}$ 的唯一解.

性质 5　对群中任意元 $\boldsymbol{a}$,有$(\boldsymbol{a}^{-1})^{-1}=\boldsymbol{a}$.

事实上,由 $\boldsymbol{a}\circ\boldsymbol{a}^{-1}=\boldsymbol{a}^{-1}\circ\boldsymbol{a}=\boldsymbol{e}$.即得$(\boldsymbol{a}^{-1})^{-1}=\boldsymbol{a}$.

性质 6　对群中每一对元 $\boldsymbol{a}$ 和 $\boldsymbol{b}$,有$(\boldsymbol{a}\circ\boldsymbol{b})^{-1}=\boldsymbol{b}^{-1}\circ\boldsymbol{a}^{-1}$.

$$(\boldsymbol{a}\circ\boldsymbol{b})\circ(\boldsymbol{b}^{-1}\circ\boldsymbol{a}^{-1})=[\boldsymbol{a}\circ(\boldsymbol{b}\circ\boldsymbol{b}^{-1})]\circ\boldsymbol{a}^{-1}=\boldsymbol{a}\circ\boldsymbol{a}^{-1}=\boldsymbol{e}$$

$$(\boldsymbol{b}^{-1}\circ\boldsymbol{a}^{-1})\circ(\boldsymbol{a}\circ\boldsymbol{b})=[\boldsymbol{b}^{-1}\circ(\boldsymbol{a}^{-1}\circ\boldsymbol{a})]\circ\boldsymbol{b}=\boldsymbol{b}^{-1}\circ\boldsymbol{b}=\boldsymbol{e}$$

故$(\boldsymbol{a}\circ\boldsymbol{b})^{-1}=\boldsymbol{b}^{-1}\circ\boldsymbol{a}^{-1}$.

在群中,定义元素的方幂如下:

定义 11.2.3　设 $\boldsymbol{a}$ 是群 G 中任一元素,n 是正整数,规定

$$\boldsymbol{a}^0=\boldsymbol{e},\boldsymbol{a}^1=\boldsymbol{a},\boldsymbol{a}^{n+1}=\boldsymbol{a}^n\circ\boldsymbol{a},\boldsymbol{a}^{-n}=(\boldsymbol{a}^{-1})^n$$

于是在一个群 G 中,元素 $\boldsymbol{a}$ 的任意整数次幂都有定义 .

性质 7　对群 G 中任一元素 $\boldsymbol{a}$,有

$$\boldsymbol{a}^m\circ\boldsymbol{a}^n=\boldsymbol{a}^{m+n},(\boldsymbol{a}^m)^n=\boldsymbol{a}^{mn}$$

其中 m,n 是任意整数.

性质 8　如果 G 是交换群,则

$$(\boldsymbol{a}\circ\boldsymbol{b})^n=\boldsymbol{a}^n\circ\boldsymbol{b}^n$$

其中 $\boldsymbol{a}$ 和 $\boldsymbol{b}$ 是群 G 的任意元素,n 是整数 .

以上两个性质的证明请读者给出.

下面定理给出了半群成为群的一个充分必要条件.

定理 11.2.1　半群 G 是群的充分必要条件是,对 G 中任意两个元素 $\boldsymbol{a}$ 和 $\boldsymbol{b}$,方程 $\boldsymbol{a}\circ\boldsymbol{x}=\boldsymbol{b}$ 与 $\boldsymbol{y}\circ\boldsymbol{a}=\boldsymbol{b}$ 在 G 中有唯一解.

证明:必要性由性质 4 即得.下证充分性.

先证 G 有单位元.任取 $\boldsymbol{c}\in G$.以 $\boldsymbol{e}$ 表示方程 $\boldsymbol{c}\circ\boldsymbol{x}=\boldsymbol{c}$ 的唯一解,则对任意 $\boldsymbol{a}\in G$,方程 $\boldsymbol{y}\circ\boldsymbol{c}=\boldsymbol{a}$ 有解 $\boldsymbol{b}\in G$.于是

$$\boldsymbol{a}\circ\boldsymbol{e}=(\boldsymbol{b}\circ\boldsymbol{c})\circ\boldsymbol{e}=\boldsymbol{b}\circ(\boldsymbol{c}\circ\boldsymbol{e})=\boldsymbol{b}\circ\boldsymbol{c}=\boldsymbol{a}.$$

又因为 $\boldsymbol{c}\circ\boldsymbol{a}=(\boldsymbol{c}\circ\boldsymbol{e})\circ\boldsymbol{a}=\boldsymbol{c}\circ(\boldsymbol{e}\circ\boldsymbol{a})$,所以方程 $\boldsymbol{c}\circ\boldsymbol{x}=\boldsymbol{c}\circ\boldsymbol{a}$ 既有解 $\boldsymbol{a}$,又有解 $\boldsymbol{e}\circ\boldsymbol{a}$.由解的唯一性可知 $\boldsymbol{e}\circ\boldsymbol{a}=\boldsymbol{a}$,这表明 $\boldsymbol{e}$ 是 G 的单位元对任意 $\boldsymbol{a}\in G$,以 $\boldsymbol{b}$ 表 $\boldsymbol{a}\circ\boldsymbol{x}=\boldsymbol{e}$ 的解,即有 $\boldsymbol{a}\circ\boldsymbol{b}=\boldsymbol{e}$.由于 $\boldsymbol{a}\circ(\boldsymbol{b}\circ\boldsymbol{a})=(\boldsymbol{a}\circ\boldsymbol{b})\circ\boldsymbol{g}=\boldsymbol{e}\circ\boldsymbol{a}=\boldsymbol{a}$,故 $\boldsymbol{b}\circ\boldsymbol{a}$ 是 $\boldsymbol{a}\circ\boldsymbol{x}=\boldsymbol{a}\circ\boldsymbol{e}$ 的解,但 $\boldsymbol{e}$ 也是它的解.

由解的唯一性知 $\boldsymbol{b}\circ\boldsymbol{a}=\boldsymbol{e}$,从而 $\boldsymbol{b}$ 是 $\boldsymbol{a}$ 的逆元.故 G 是群.

11.2.3　子群

子群的概念在群的研究中是非常重要的.

定义 11.2.4　如果群G的非空子集H对于G的运算也构成群.则称H是G的一个子群.

子群H的单位元正是G的单位元.事实上,若G的单位元为$\boldsymbol{e}$,而H的单位元为$\boldsymbol{e}'$,则一方面有$\boldsymbol{e}'\circ\boldsymbol{e}=\boldsymbol{e}'$,另一方面$\boldsymbol{e}'$作为H的单位元有$\boldsymbol{e}'\circ\boldsymbol{e}'=\boldsymbol{e}'$,故$\boldsymbol{e}'\circ\boldsymbol{e}=\boldsymbol{e}'\circ\boldsymbol{e}'=\boldsymbol{e}'$.由方程$\boldsymbol{e}'\circ\boldsymbol{x}=\boldsymbol{e}$在G中有唯一解得$\boldsymbol{e}=\boldsymbol{e}'$.如果$\boldsymbol{a}\in$H,则$\boldsymbol{a}$在H中的逆元就是它在G中的逆元.

这是因为,如果$\boldsymbol{b}$是$\boldsymbol{a}$在H中逆元,$\boldsymbol{c}$是$\boldsymbol{a}$在G中的逆元,则有$\boldsymbol{b}\circ\boldsymbol{a}=\boldsymbol{e}=\boldsymbol{c}\circ\boldsymbol{a}$,于是由消去律得$\boldsymbol{b}=\boldsymbol{c}$.

例 11.2.7　任意群G本身和只含G的单位元$\boldsymbol{e}$的子集$\{\boldsymbol{e}\}$显然是G的子群,称之为G的平凡子群.

一个群G还可能有除平凡子群之外的其他子群,这样的子群称为非平凡子群或真子群.

例 11.2.8　设n为整数.在全体整数集合$\mathbf{Z}$关于数的加法构成的群中,子集

$$n\mathbf{Z}=\{ni\mid i\in\mathbf{Z}\}$$

为$\mathbf{Z}$的一个子群.当$n\neq0$或$n\neq\pm1$时,$n\mathbf{Z}$是$\mathbf{Z}$的真子集.例如,取$n=2$,则$n\mathbf{Z}$就是全体偶数对于加法所成的群.

例 11.2.9　设V是欧氏空间,V的正交变换群是V的可逆线性变换群的子群.

判定群的子集是否为子群,有如下的充分必要条件.

定理 11.2.2　设H是群G的非空子集,则以下条件等价:

(1)H是G的子群;

(2)如果$\boldsymbol{a},\boldsymbol{b}\in$H,则$\boldsymbol{a}\circ\boldsymbol{b}\in$H,$\boldsymbol{a}-1\in$H;

(3)如果$\boldsymbol{a}\circ\boldsymbol{b}\in$H,则$\boldsymbol{a}\circ\boldsymbol{b}^{-1}\in$H.

证明:由条件(1)得到(2)和(3)是显然的.反之.如果条件(2)成立,则H对于运算∘封闭,且任意$\boldsymbol{a}\in$H有逆元;又由$\boldsymbol{e}=\boldsymbol{a}\circ\boldsymbol{a}^{-1}\in$H知,H含单位元;结合律在H中自然成立,故H构成一个群,从而它是G的子群.如果条件(3)成立,则对任意$\boldsymbol{a}\in$H有,$\boldsymbol{e}=\boldsymbol{a}\circ\boldsymbol{a}'\in$H,于是$\boldsymbol{a}^{-1}=\boldsymbol{e}\circ\boldsymbol{a}^{-1}\in$H;如果$\boldsymbol{a},\boldsymbol{b}\in$H,则$\boldsymbol{a}\circ(\boldsymbol{b}^{-1})^{-1}\in$H,即得条件(2).

例 11.2.10　设H1和H2是群G的两个子群.证明H1∩H2也是G的子群.

证明:因为$\boldsymbol{e}\in H_1$,$\boldsymbol{e}\in H_2$,所以$\boldsymbol{e}\in H_1\cap H_2$,即$H_1\cap H_2$非空.对任意$\boldsymbol{a},\boldsymbol{b}\in H_1\cap H_2$有$\boldsymbol{a},\boldsymbol{b}\in$H1,$\boldsymbol{a},\boldsymbol{b}\in H_2$,由定理11.2.2(2)知,$\boldsymbol{a}\circ\boldsymbol{b}-1\in H_1$且$\boldsymbol{a}\circ\boldsymbol{b}-1\in H_2$,从而$\boldsymbol{a}\circ\boldsymbol{b}^{-1}\in H_1\cap H_2$故$H_1\cap H_2$是G的子群.

本节最后指出,在群的定义11.2.4中,代数运算是用乘法"∘"来表示的,但采用什么符号来表示一个群的代数运算无关紧要,在有的情形用加法"⊕"来表示更为方便.按照习惯,相应地把单位元改称为零元,并用$\mathbf{0}$来表示;把元素$\boldsymbol{a}$的逆元改称为负元,并用$-\boldsymbol{a}$来表示.于是群的定义中的条件(1)(2)(3)就相应改写如下:

(1)′(结合性)$(\boldsymbol{a}\oplus\boldsymbol{b})\oplus\boldsymbol{c}=\boldsymbol{a}\oplus(\boldsymbol{b}\oplus\boldsymbol{e})$.

(2)′(有零元)$0\oplus\boldsymbol{a}=\boldsymbol{a}\oplus0=\boldsymbol{a}$.

(3)′(有负元)$\boldsymbol{a}\oplus(-\boldsymbol{a})=(-\boldsymbol{a})\oplus\boldsymbol{a}=0$.

当群G的元素满足$\boldsymbol{a}\oplus\boldsymbol{b}=\boldsymbol{b}\oplus\boldsymbol{a}$时,它是交换群.对应于群的性质1～5,有如下结论:

性质1′　群的零元是唯一的.

性质2′　群中每一元的负元是唯一的.

性质3′　如果$\boldsymbol{a}\oplus\boldsymbol{x}=\boldsymbol{a}\oplus\boldsymbol{y}$,则$\boldsymbol{x}=\boldsymbol{y}$;如果$\boldsymbol{x}\oplus\boldsymbol{b}=\boldsymbol{y}\oplus\boldsymbol{b}$则$\boldsymbol{x}=\boldsymbol{y}$.

性质 4′　对群 G 中任意元 $\boldsymbol{a}$ 和 $\boldsymbol{b}$，方程

$$\boldsymbol{a} \oplus \boldsymbol{x} = \boldsymbol{b} \text{ 及 } \boldsymbol{y} \oplus \boldsymbol{a} = \boldsymbol{b}$$

在 G 中有唯一解 $\boldsymbol{x} = (-\boldsymbol{a})$由 $\boldsymbol{b}$ 和 $\boldsymbol{y} = \boldsymbol{b} \oplus (-\boldsymbol{a})$.

性质 5′　对群中任意元 $\boldsymbol{a}$，有 $-(-\boldsymbol{a}) = \boldsymbol{a}$.

性质 6′　对群中每一对元 $\boldsymbol{a}$ 和 $\boldsymbol{b}$，有 $-(\boldsymbol{a} \oplus \boldsymbol{b}) = (-\boldsymbol{a}) \oplus (-\boldsymbol{b})$.

元素 $\boldsymbol{a}$ 的 n 次幂也相应地改写为 $n\boldsymbol{a}$，即定义：

$$1\boldsymbol{a} = \boldsymbol{a}, (n+1)\boldsymbol{a} = (n\boldsymbol{a}) \oplus \boldsymbol{a}, 0\boldsymbol{a} = 0, (-n)\boldsymbol{a} = n(-\boldsymbol{a})$$

则性质 7～8 的指数规则就变成以下的“倍数规则”：

性质 7′　对群 G 中任一元素 $\boldsymbol{a}$，有

$$(m+n)\boldsymbol{a} = (m\boldsymbol{a}) \oplus (n\boldsymbol{a}), n(m\boldsymbol{a}) = (mn)\boldsymbol{a}.$$

其中 m, n 是任意整数.

性质 8′　如果 G 是交换群，则

$$n(\boldsymbol{a} \oplus \boldsymbol{b}) = (n\boldsymbol{a}) \oplus (n\boldsymbol{b})$$

其中，$\boldsymbol{a}$ 和 $\boldsymbol{b}$ 是群 G 的任意元素，n 是整数.

同样，判定群 G 的子集 H 构成子群的充分必要条件为：如果 $\boldsymbol{a}, \boldsymbol{b} \in \mathrm{H}$，则

$$\boldsymbol{a} \oplus (-\boldsymbol{b}) \in \mathrm{H}.$$

11.3　环与域

与群一样，环与域也是两个重要的代数系统，在高等代数中很早就已经接触过它们了，最初的数环和数域的概念实际上就是特殊的环与域.在这里，我们只是介绍环与域的最基本的性质及几类最重要的环与域.

11.3.1　环与子环

定义 11.3.1　设$\oplus$和$\circ$是非空集合 R 上的两种代数运算，分别称之为加法和乘法.如果 R 满足

(1)关于加法$\oplus$构成一个交换群；

(2)对任意 $\boldsymbol{a}, \boldsymbol{b}, \boldsymbol{c} \in \mathrm{R}$，有$(\boldsymbol{a} \circ \boldsymbol{b}) \circ \boldsymbol{c} = \boldsymbol{a} \circ (\boldsymbol{b} \circ \boldsymbol{c})$；

(3)运算.对于$\oplus$满足左右分配律，即对任意 $\boldsymbol{a}, \boldsymbol{b}, \boldsymbol{c} \in \mathrm{R}$，有

$$\boldsymbol{a} \circ (\boldsymbol{b} \oplus \boldsymbol{c}) = (\boldsymbol{a} \circ \boldsymbol{b}) \oplus (\boldsymbol{a} \circ \boldsymbol{c}), (\boldsymbol{b} \oplus \boldsymbol{c}) \circ \boldsymbol{a} = (\boldsymbol{b} \circ \boldsymbol{a}) \oplus (\boldsymbol{c} \circ \boldsymbol{a})$$

则称 R 为环.如果环 R 满足乘法交换律，即对任意 $\boldsymbol{a}, \boldsymbol{b} \in \mathrm{R}$，有 $\boldsymbol{a} \circ \boldsymbol{b} = \boldsymbol{b} \circ \boldsymbol{a}$，则称 R 为交换环.如果环 R 关于乘法存在单位元，则称之为含幺环.

例 11.3.1　全体整数集合 Z 对于数的加法及乘法构成交换环；同样的，**Q**，**R**，**C** 都是交换环.全体偶数对于数的加法和乘法也构成交换环，它不是含幺环.全体正(或负)整数对于数的加法和乘法不构成环，因为它无零元和负元.

例 11.3.2 数域 P 上 n 阶方阵的全体 $\mathbf{K}^{m\times n}$，对于矩阵的加法与乘法构成环，称之为矩阵环，但它不是交换环.$\mathbf{K}^{m\times n}$ 中所有整数矩阵的全体，对于矩阵的加法与乘法构成环；n 阶对角矩阵的全体，对于矩阵的加法与乘法构成交换环.

例 11.3.3 整系数多项式集合

$$\mathbf{Z}[x]=\{p(x)=a_nx^n+a_{n-1}x^{n-1}+\cdots+a_1x+a_0 \mid a_0,\cdots,a_n,n\in\mathbf{Z}\}$$

对于多项式的加法与乘法构成一个含幺交换环，乘法单位元为 1.但是

$$\mathbf{Z}[x]=\{p(x)=a_2x^2+a_1x+a_0 \mid a_0,a_1,a_2,n\in\mathbf{Z}\}$$

对于多项式的加法与乘法不构成环，因为 $\mathbf{Z}[x]_2$ 对于乘法不封闭.

例 11.3.4 易证例 11.3.1 的集合 **A** 按照所规定的加法⊕与乘法，构成一个交换环.

例 11.3.5 设集合 G 关于加法由构成一个交换样，定义 G 中的乘法为

$$\boldsymbol{a}\circ\boldsymbol{b}=0$$

则 G 关于加法⊕和乘法∘构成一个环，称之为零环.

由以上例子可见，环所讨论的对象也同群一样，相当广泛.

下面讨论环的一些基本性质.

(1)由于环 R 对于加法构成一个交换群，所以群的性质 $1'\sim8'$ 在环里都成立.

(2)由环 R 的定义可得下列性质：

$$\boldsymbol{a}\circ 0=0\circ \boldsymbol{g}=0,(-\boldsymbol{a})\circ\boldsymbol{b}=\boldsymbol{a}\circ(-\boldsymbol{b})=-(\boldsymbol{a}\circ\boldsymbol{b})$$

$$(-\boldsymbol{a})\circ(-\boldsymbol{b})=\boldsymbol{a}\circ\boldsymbol{b}$$

事实上，任取 $\boldsymbol{b}\in$ R，有

$$\boldsymbol{a}\circ\boldsymbol{b}=\boldsymbol{a}\circ(\boldsymbol{b}\oplus 0)=(\boldsymbol{a}\circ\boldsymbol{b})\oplus(\boldsymbol{a}\circ 0)$$

上式两边加 $-(\boldsymbol{a}\circ\boldsymbol{b})$，即得 $\boldsymbol{a}\circ 0=0$.同理可证 $0\circ\boldsymbol{a}=0$.再由

$$((-\boldsymbol{a})\circ\boldsymbol{b})\oplus(\boldsymbol{a}\circ\boldsymbol{b})=((-\boldsymbol{a})\oplus\boldsymbol{a})\circ\boldsymbol{b}=0\circ\boldsymbol{b}=0$$

即得 $(-\boldsymbol{a})\circ\boldsymbol{b}=-(\boldsymbol{a}\circ\boldsymbol{b})$.同样可证其余等式.

(3)在环 R 中可以定义元素 $\boldsymbol{a}$ 的正整数方幂 $\boldsymbol{a}^n$：

$$\boldsymbol{a}^1=\boldsymbol{a},\boldsymbol{a}^{n+l}=\boldsymbol{a}^n\circ\boldsymbol{a}$$

对于正整数 m,n 有

$$\boldsymbol{a}^m\circ\boldsymbol{a}^n=\boldsymbol{a}^{m+n},(\boldsymbol{a}^m)^n=\boldsymbol{a}^{nm}$$

如果 R 是交换环，则对任意 $\boldsymbol{a},\boldsymbol{b}\in$ R，二项式定理(用数学归纳法证明)

$$(\boldsymbol{a}\oplus\boldsymbol{b})^n=\boldsymbol{a}^n\oplus C_n^1\boldsymbol{a}^{n-1}\circ\boldsymbol{b}\oplus C_n^2\boldsymbol{a}^{n-2}\circ\boldsymbol{b}^2\oplus\cdots\oplus C_n^{n-1}\boldsymbol{a}\circ\boldsymbol{b}^{n-1}\oplus\boldsymbol{b}^n$$

也成立.

在环中，一般不能定义 $\boldsymbol{a}^0$ 与 $\boldsymbol{a}^{-n}$.另外，关于环 R 的乘法运算必须注意，由 $\boldsymbol{a}\circ\boldsymbol{b}=0$ 不一定能推出 $\boldsymbol{a}=0$ 或 $\boldsymbol{b}=0$；进而，由 $\boldsymbol{a}\circ\boldsymbol{b}=\boldsymbol{a}\circ\boldsymbol{c}$，不一定能消去 $\boldsymbol{a}$ 得到 $\boldsymbol{b}=\boldsymbol{c}$.

如同群有子群一样.在环中也有子环的概念.

定义 11.3.2 如果环 R 的一个非空子集 S 对于 R 的两种代数运算也构成环，则称 S 为 R 的一个子环.

例 11.3.6 在矩阵环 $\mathbf{K}^{m\times n}$ 中，n 阶整数矩阵的集合是 $\mathbf{K}^{m\times n}$ 的子环；n 阶对角矩阵的集合是 $\mathbf{K}^{m\times n}$ 的交换子环.

例 11.3.7 任意环 R 本身和只含 R 的零元 **0** 的子集{0}显然是 R 的子环，称之为 R 的平

凡子环.故任意环至少有两个子环.除平凡子环之外的其他子环称为非平凡子环或真子环.

例 11.3.8　在整数环 **Z** 中,全体偶数的集合是 **Z** 的子环;n**Z** 是 **Z** 的子环.

判定子环的一个充分必要条件如下.

定理 11.3.1　环 R 的非空子集 S 为子环的充分必要条件是:

(1)由 $\boldsymbol{a},\boldsymbol{b}\in$ S,可推出 $\boldsymbol{a}\oplus(-\boldsymbol{b})\in$ H;

(2)由 $\boldsymbol{a},\boldsymbol{b}\in$ H,可推出 $\boldsymbol{a}\circ\boldsymbol{b}\in$ H.

证明:条件(1)说明 S 对于加法运算是 R 的一个子群;条件(2)说明 S 对于乘法运算封闭.环 R 定义中的其他条件在 S 中自然成立,故 S 是 R 的子环.

14.3.2　域和子域

定义 11.3.3　设 F 是一个至少含有两个元的环,且在 F 中乘法还满足:

(1)(有单位元)存在单位元 $\boldsymbol{e}\in\mathbf{P}$,使对 $\forall\boldsymbol{a}\in\mathbf{P}$ 有 $\boldsymbol{e}\circ\boldsymbol{a}=\boldsymbol{a}\circ\boldsymbol{e}=\boldsymbol{a}$;

(2)(有逆元)对 $\forall\boldsymbol{a}\in\mathbf{P}$ 且 $\boldsymbol{a}\neq0$,存在 $\boldsymbol{a}-1\in$ F,使得 $\boldsymbol{a}\circ\boldsymbol{a}-1=\boldsymbol{a}-1\circ\boldsymbol{a}=\boldsymbol{e}$

(3)(交换性)对 $\forall\boldsymbol{a}\circ\boldsymbol{b}\in\mathbf{P}$ 有 $\boldsymbol{a}\circ\boldsymbol{b}=\boldsymbol{b}\circ\boldsymbol{a}$,则称 **P** 为域.

由定义可知,域 **P** 关于加法构成一交换群,域中非零元素关于乘法也构成一交换群.另外也可知,域 **P** 至少含有零元 **0** 和单位元 $\boldsymbol{e}$.

例 11.3.9　所有的数域,如 **Q**,**R**,**C** 等,都是域.

例 11.3.10　设 **K** 是数域,矩阵集合

$$P_1=\left\{\begin{bmatrix}a & & & \\ & a & & \\ & & \ddots & \\ & & & a\end{bmatrix}\middle|\, a\in\mathbf{K}\right\},\mathrm{P}_2=\left\{\begin{bmatrix}a & & & \\ & 0 & & \\ & & \ddots & \\ & & & 0\end{bmatrix}\middle|\, a\in\mathbf{K}\right\}$$

按矩阵的加法与乘法均构成域,且 P_1 的单位元是 $\boldsymbol{E}$ 而 P_2 的单位元是

$$\boldsymbol{E}_{11}=\begin{bmatrix}1 & & & \\ & 0 & & \\ & & \ddots & \\ & & & 0\end{bmatrix}$$

例 11.3.11　例 11.3.1 的集合 **A** 按照所规定的加法⊕与乘法∘构成域.

由于域是一个交换环,所以交换环的性质域都具有,而且域还有 **P** 的性质.

性质 1　如果 $\boldsymbol{a}\neq0,\boldsymbol{b}\neq0$,则 $\boldsymbol{a}\circ\boldsymbol{b}\neq0$.

事实上,如果 $\boldsymbol{a}\circ\boldsymbol{b}=0$,则当 $\boldsymbol{a}\neq0$ 时,在等式两边左乘 $\boldsymbol{a}^{-1}$,得 $\boldsymbol{b}=0$,与假设矛盾.

性质 2　乘法消去律成立,即若 $\boldsymbol{a}\neq0$ 且 $\boldsymbol{a}\circ\boldsymbol{b}=\boldsymbol{a}\circ\boldsymbol{c}$,则 $\boldsymbol{b}=\boldsymbol{c}$.

事实上,用 $\boldsymbol{a}^{-1}$ 左乘等式 $\boldsymbol{a}\circ\boldsymbol{b}=\boldsymbol{a}\circ\boldsymbol{c}$ 的两边,得 $\boldsymbol{b}=\boldsymbol{c}$.

在一个域里,当 $\boldsymbol{b}\neq0$ 时,有 $\boldsymbol{b}^{-1}\circ\boldsymbol{a}=\boldsymbol{a}\circ\boldsymbol{b}^{-1}$,我们不妨把这两个相等的元记为号,称为除法.相应地可以得到除法的一些运算规则.

(1)$\boldsymbol{a}\circ\boldsymbol{d}=\boldsymbol{b}\circ\boldsymbol{c}$ 的充分必要条件是$\frac{\boldsymbol{a}}{\boldsymbol{b}}=\frac{\boldsymbol{c}}{\boldsymbol{d}}(\boldsymbol{b}\neq\mathbf{0},\boldsymbol{d}\neq\mathbf{0})$;

(2)$\frac{\boldsymbol{a}}{\boldsymbol{b}}\oplus\frac{\boldsymbol{c}}{\boldsymbol{d}}=\frac{(\boldsymbol{a}\circ\boldsymbol{d})\oplus(\boldsymbol{b}\circ\boldsymbol{c})}{\boldsymbol{b}\circ\boldsymbol{d}}(\boldsymbol{b}\neq\mathbf{0},\boldsymbol{d}\neq\mathbf{0})$;

(3)$\frac{\boldsymbol{a}}{\boldsymbol{b}}\circ\frac{\boldsymbol{c}}{\boldsymbol{d}}=\frac{\boldsymbol{a}\circ\boldsymbol{c}}{\boldsymbol{b}\circ\boldsymbol{d}}(\boldsymbol{b}\neq\mathbf{0},\boldsymbol{d}\neq\mathbf{0})$;

(4)$\frac{\frac{\boldsymbol{a}}{\boldsymbol{b}}}{\frac{\boldsymbol{c}}{\boldsymbol{d}}}=\frac{\boldsymbol{a}\circ\boldsymbol{d}}{\boldsymbol{b}\circ\boldsymbol{c}}(\boldsymbol{b}\neq\mathbf{0},\boldsymbol{c}\neq\mathbf{0},\boldsymbol{d}\neq\mathbf{0})$.

事实上,给$\frac{\boldsymbol{a}}{\boldsymbol{b}}=\frac{\boldsymbol{c}}{\boldsymbol{d}}$两边左乘 $\boldsymbol{b}\circ\boldsymbol{d}$,得 $\boldsymbol{a}\circ\boldsymbol{d}=\boldsymbol{b}\circ\boldsymbol{c}$.反之,给 $\boldsymbol{a}\circ\boldsymbol{d}=\boldsymbol{b}\circ\boldsymbol{c}$ 两边左乘 $\boldsymbol{b}^{-1}\circ\boldsymbol{d}^{-1}$,得 $\boldsymbol{b}^{-1}\circ\boldsymbol{a}=\boldsymbol{d}^{-1}\circ\boldsymbol{c}$,此即$\frac{\boldsymbol{a}}{\boldsymbol{b}}=\frac{\boldsymbol{c}}{\boldsymbol{d}}$,从而(1)成立.

对(2),(3),(4)类似地证明.

最后介绍子域的概念.

定义 11.3.4 如果环 R 的子环 S 是域,则称 S 为 R 的一个子域.

例 11.3.12 有理数域 **Q** 是实数域 **R** 的子域,实数域 **R** 是复数域 **C** 的子域.

例 11.3.13 例 11.3.10 的 P_1 和 P_2 都是矩阵环 $\mathbf{K}^{m*n}$的子域.

判定子域的一个充分必要条件如下.

定理 11.3.2 交换环 R 的至少含两个元素的子集 S 为子域的充分必要条件是:

(1)由 $\boldsymbol{a},\boldsymbol{b}\in$ S,可推出 $\boldsymbol{a}\oplus(-\boldsymbol{b})\in$ H;

(2)由 $\boldsymbol{a},\boldsymbol{b}\in$ H,可推出 $\boldsymbol{a}\circ\boldsymbol{b}^{-1}\in$ H.

证明:条件(1)说明 S 对于加法运算是 R 的一个子群;条件(2)说明 S 中的非零元素对于乘法运算构成 R 的一个子群.又 S 中的元素满足加法交换律和乘法交换律,故 S 是 R 的子域.

参考文献

[1]张孝金,昝立博,杨兴东.高等代数[M].北京:科学出版社,2018.
[2]宋加友.高等代数思想方法及其技巧应用[M].西安:西北工业大学出版社,2020.
[3]任晓燕,唐贤芳,詹环.线性代数[M].北京:冶金工业出版社,2019.
[4]陈丽,温丹华,李先枝.高等代数[M].开封:河南大学出版社,2019.
[5]刘丽,韩本三.高等代数[M].北京:科学出版社,2018.
[6]车毅,张佳佳.高等数学:线性代数基础[M].成都:四川大学出版社,2018.
[7]何立国,赵雪梅.高等代数[M].北京:科学出版社,2018.
[8]徐乃楠,刘鹏飞,杜奕秋,等.高等代数[M].北京:清华大学出版社,2018.
[9]陈顺民,李金宝.高等代数[M].北京:北京师范大学出版社,2017.
[10]卢博,田双亮,张佳.高等代数思想方法及应用[M].北京:科学出版社,2017.
[11]郭龙先.高等代数思想方法解析[M].成都:四川大学出版社,2012.
[12]郭嵩.高等代数[M].北京:科学出版社,2016.
[13]孙珍.高等代数解题思想及问题解析[M].北京:北京工业大学出版社,2017.
[14]吴水艳.高等代数选讲[M].西安:西安电子科技大学出版社,2019.
[15]阮佶.高等代数[M].延吉:延边大学出版社,2020.
[16]武同锁,林鹄.高等代数解题方法与技巧[M].上海:上海交通大学出版社,2016.
[17]张之正,刘麦学,张光辉.高等代数问题求解的多向思维[M].北京:科学出版社,2019.
[18]袁明生,刘海,唐国平.线性代数[M].北京:清华大学出版社,2017.
[19]杜现昆,徐晓伟,马晶,等.高等代数[M].北京:科学出版社,2017.
[20]王晓翊,姜权.高等代数基础与数学分析原理探究[M].北京:中国原子能出版社,2019.
[21]赵建立,王文省.高等代数[M].北京:高等教育出版社,2016.
[22]李志慧,李永明.高等代数中的典型问题与方法[M].北京:科学出版社,2016.
[23]关丽杰,潘伟.高等代数理论与思想方法解析[M].北京:新华出版社,2014.
[24]邱森.高等代数[M].2 版.武汉:武汉大学出版社,2012.
[25]姚裕丰.高等代数中的几类数学思想方法[J].高师理科学刊,2016,36(5):62-65.
[26]张爱萍.探析数学思想方法在高等代数教学中的渗透[J].辽宁科技学院学报,2017,19(5):78-80.
[27]尹小艳.高等代数教学中数学思想与问题转化能力的培养[J].高师理科学刊,2017,37(9):71-73.
[28]李斐,郭卉.高等代数中一般化为特殊的数学思想方法[J].首都师范大学学报(自然

科学版),2020,41(3):17-19.

[29]张芳英,朱睦正.矩阵初等变换在高等代数中的应用及教学研究[J].河西学院学报,2020,36(2):117-122.

[30]江明辉,陈鹏.高等代数教学中结构化思想的培养[J].高师理科学刊,2015,35(1):61-64.

[31]邓凯,王小刚,朱立军.高等代数中多项式理论的教学实践与思考[J].高师理科学刊,2020,40(5):76-79.

[32]朱天辉,陈益智,古智良.同构思想在高等代数解题中的若干应用[J].惠州学院学报(自然科学版),2011,31(3):122-124.

[33]凌蕾花.高等代数学中的化归思想探究[J].通化师范学院学报,2014,35(12):86-88.

[34]严文利.一元多项式问题中的构造性证明方法[J].高师理科学刊,2019,39(12):52-54+57.

[35]王从徐.分块矩阵在行列式及逆矩阵计算中的应用研究[J].吉林化工学院学报,2020,37(5):65-69.

[36]李俊华,陈艳菊.浅谈数学思想在线性代数概念教学中的应用[J].教育教学论坛,2015(10):181-182.

[37]林建青.基于线性方程组理论应用的研究[J].景德镇学院学报,2019,34(6):46-49.

[38]徐丽媛,王翔宇,隋成柱.浅谈线性方程组的几何意义[J].白城师范学院学报,2016,30(8):7-10.

[39]刘媛媛.线性代数中的二次型应用[J].许昌学院学报,2018,37(12):5-7.

[40]苏妍.正定二次型的判别方法[J].现代盐化工,2019,46(2):135-136.

[41]鲍炎红.欧氏空间线性映射的标准形[J].安庆师范大学学报(自然科学版),2018,24(1):97-99.